普通高等教育"十三五"规划教材

新型生态科学系列

相对"物态"工程学的"生态"工程学科类之新视野：
Relative "Physical" Engineering: New Horizons in the Subject of
"Ecological" Engineering

生态工程与规划
Ecological Engineering and Planning

钟晓青　著

U0266141

科学出版社

北　京

内 容 简 介

生态工程是相对物态工程而言的。生态学的理念和尺度是三个层次(种内、种间和天人)生态关系的高效和谐,建立在世界是由生命及生命系统组成的唯生主义的基础之上。生态工程与规划是超越并包容物理思维、物理安全的生态思维和生态安全的生态机制、生态机巧的工程学之系列工艺的生态表达。

本书是在追求人类三层次生态关系无废无污、高效和谐的目标基础上,用循环经济、低碳经济和生态经济的物质开放式闭合循环生态机巧,建构废料和原料、碳源和碳汇的循环对接机制,以及和谐人类与动植物、与微生物、与大自然之间的协同进化、共生共存的生态关系,取得人类生态、经济、社会三方面的可持续发展。

本书可作为高等院校生态学专业的教材,作为文、理、工、农、医、经、管、法等交叉学科的参考读物,也可以作为生物学、地理学、环境学、规划(设计)学、工程学、经济学、管理学、物理学、化学、农学、哲学、医疗、卫生、养生、保健、文化、艺术、法律等相关专业的教材和教学参考书。

图书在版编目(CIP)数据

生态工程与规划/钟晓青著. —北京:科学出版社,2017.6
普通高等教育"十三五"规划教材·新型生态科学系列
ISBN 978-7-03-052726-4

Ⅰ. ①生… Ⅱ. ①钟… Ⅲ. ①生态工程-高等学校-教材 Ⅳ. ①X171.4

中国版本图书馆 CIP 数据核字(2017)第 100665 号

责任编辑:席 慧/责任校对:李 影
责任印制:吴兆东/封面设计:铭轩堂

科 学 出 版 社出版
北京东黄城根北街16号
邮政编码:100717
http://www.sciencep.com

北京中石油彩色印刷有限责任公司印刷

科学出版社发行 各地新华书店经销

*

2017年6月第 一 版 开本:787×1092 1/16
2018年1月第二次印刷 印张:17 3/4
字数:454 400

定价:49.80 元
(如有印装质量问题,我社负责调换)

前　言

李约瑟之问"近代科学为什么没有诞生在一直领跑世界的中国？"

很多种答案都不尽如人意，许多中国人都瞠目结舌，懊悔不已。

生态学的新答案是：李约瑟之问应该将"近代科学"改为"近代'物态'科学"。因为，观察、诘问、实践、升华三层次生态关系的人类生态文明指引的主导、主流学科，相对物态化思维的生态学之真正意义的生态科学，早就诞生并延续在中国，即使在 1840 年"坚船利炮"以后的物态化过程中，仍然是海纳百川，有容乃大。

在人与人之间的种内关系层次，两千年前的诸子百家就已经在生产生活实践中透析，"半部论语治天下"反映的就是"严于律己，宽以待人"的金科玉律，也就是当今世界根治人与人之间利益纠结之生态安全的秘诀或法宝。

在人与其他物种的种间关系层次，《黄帝内经》《本草纲目》《伤寒论》就是透析人类与动物、植物（甚至微生物）相互关系的见证，甚至为当代中草药物态化成果青蒿素的发现奠定了重要的基础。

在人与天（大自然）之间的生态关系层次中，以《道德经》为代表的"道法自然"学说，表征了中国人在古代就超越了现代层次的听天由命、人定胜天，进入了尊重自然的天人合一的境界。

伴随着工业革命以后的物态科学技术的突飞猛进，人类取得了物理、化学系统及物态工程的诸多奇迹，彻底地改变了世界，并具备了无与伦比的造就及毁灭地球的能力。由于对生态世界的漠视或者无知，不遵守生态法则，肆意改变生态秩序，藐视自身长期进化形成的生态习性。热衷于控制性的瞬态、离态、偏态、病态甚至死态的实验、试验，轻视长期的、稳定的生命要素、生态习性、生命常态过程的动态保持，相当的精力放在了无节制的欲望满足、偏态病态的纠正和治疗之中。

在追求物态科学技术的革新、革命中，人类及地球生命过程中的物态化扰乱成为"高科技"发展的重要方向，这也是人类从现实中的物态文明走向生态文明的进程中，必须用生态抑或物态思维指导工程与规划的重要分水岭，以及相应的立论、方式、方法、路径、目标和结果的重要区别所在。

海克尔之后的生态学，经历了动物、植物并行的近代生态学的并行期，在细胞学说之后、微生物的发现之后进入物种躯体生命科学的范畴，1940 年生态系统及生物地理群落的概念成为生态学突破个体、物种、种群、群落的层次进入宏微观生态系统的领域，至此，生命世界的雏形开始了对物质世界的包容和超越的新时代。

现代生态学的结构功能演变平衡的理论进展，凝练了生态位、竞争、共生、边缘优势、r-K 对策、生态容量、低碳、循环、生态经济等原理、法则和工艺，为物态工程的生态工艺化奠定了基础。

生态工程是建立在对宏、微两个尺度上的生命系统的常态维持、建构和表达的基础之上，是相对于物理学、化学原理构建的物理系统、化学过程的物态工程而言的。两者之间的重要区别是前者是生命系统的常态维持、维护、建构和表达，是顺势而为呵护生命；后者是物质系统的冶炼、锻造、控制和操纵，是自成体系的，但利害双刃物贵命轻。

世界是物质的，更是生命的。所有的物质都包括、被包括在大大小小的生态（命）系统之中。物质是生命的瞬态、离态、偏态、病态甚至死态。只见物质，不见生命，结果必定是在不同的生态层次，主观上、客观上对生命系统的常态、秩序、习性、结构、功能、演变、均衡造成不同程度的干扰。这些干扰，甚至是破坏，有些可以被生态系统的容量所包容，但是并非所有的肆意妄为都可以完好如初地被消融在生命系统的常态运行过程之中。

物理（态）学的理念和尺度是"拆分"思维，在追求"物质利益最大化"中创造了机械、机器及工业化的物质文明，建立在"世界是物质的，物质是在不断地运动"的唯物主义的基础之上。最简单、最重要的生态安全理念是人类三个层次（种内、种间和天人）生态关系的高效和谐，建立在世界是由生命及生命系统组成的哲学理念，以及对唯物主义包容和超越的唯生主义的基础之上。生态工程与规划是超越并包容物理思维、物理安全的生态思维和生态安全的生态机制、生态机巧的工程学之系列工艺的生态表达。

本书的第一篇为基本理论及关键技术，主要论述生态学、工程学、规划设计的基本理论，物理安全和生态安全、物理思维和生态思维的区别和联系，以及生态工程中的生态工艺的规划设计的表达方式、步骤和手法。主要从生态、工程、规划设计三个方面系统地讨论其切入点、关键点、制高点等理论和实操层面可能遇到的种种问题。

第二篇为微观生态工程与规划，包括基因、发酵、繁育、养生、医疗等生态工程与规划的实操案例。基因工程是生命科学化的一个重要的途径，双刃效应中也是生命科学偏离常态走向偏态、离态、病态、控制态甚至死态的一条歧途。其规划的要点是考虑生命常态的坍缩、变形，以及生命系统结构、功能、进化、均衡等制约因素中的尊重生态法则、延续生态习性、保持生态秩序的种种问题，目前这种肆无忌惮地串界、串门、串纲、串科、串属、串种的发展方向需要一定尺度的生态约束，并最终由物态工程向生态工程的方向发展。人类在对与微生物的生态关系中，发酵、发霉、发病是现实的认识水准，发酵生态工程与规划同样需要用物态工程思维向生态工程的转换。生命的繁育在长期的生存适应中，形成了一定的生态习性、生态秩序和生态规则，有性生殖是生命发育的基本准则，其他诸如扦插、嫁接、压条、埋条甚至克隆，一定要以协同进化、持续发展为终极目标。养生工程延续我国千年文化中对生命常态把握维持、偏态调整的非物理、化学思维，从人类三层次生态关系的互动中融合最新的高效和谐的生态理念。医疗生态工程与规划中，保持人类生态三层次生态关系调整的中医独立路径，与物理化学思维基础的西医特立独行（并行）、相互影响、相互融合的 5 条路径，是国家层面的医疗卫生发展的重要方向。

第三篇为宏观生态工程与规划，包括水资源、森林生态、生态农业、生态工业、生态城市等生态工程与规划的理论与实践。水资源生态工程与规划的要点是保持区域相对中心、独立的均衡、循环体系，重点放在江河湖海的水污染、水供给、水需求方面，注重产水模数、耗水系数的掌控和调节。森林生态工程与规划的要点是在低碳转型的时代背景中，利用碳源和碳汇对接的市场经济平台，建立区域的碳均衡、碳中和的生态经济、低碳经济、循环经济的机制，兼顾区域经济的均衡、贫困山区的扶贫脱贫，在排污权交易的经济机制上运用生态经济的机巧解决现实中的全球气候变化的世纪难题。生态农业工程与规划主要是在剥离、区分生命过程中物态化的异化及污染，回归生态生产的本原，限定物态生产的范围，与新农村建设的总体思路作相应的生态经济耦合。生态工业工程与规划主要是在物态生产为主体的工业过程中，运用无废工艺、废料与原料的循环连接，以及生态法则生态秩序的有所为有所不为的生态规范，与工业 4.0、互联网+等现代理念进行生态思维的融合，建构可持续发展的生态工业新体系。生态城市工程与规划主要是沿袭人类理想家园的畅想，从乌托邦、田园城市、园林城市到海绵城市，用生态开放式闭合循环缔造三层次生态关系高效、和谐、可持续发展的理想家园。

　　全书是在循环经济、低碳经济和生态经济理论的基础上，融合"物质开放式闭合循环"的生态机巧，建构"废料和原料"、"碳源和碳汇"的循环对接机制，重视生命常态、纠正偏态、防治病态的整体方案策略，在历经 35 年（1982～2017 年）的广东珠江三角洲、广西玉林、湖南张家界、四川泸州、甘肃陇南、宁夏贺兰山、黑龙江大兴安岭、吉林临江、福建三明等省市的 100 多项旅游、城市、区域、森林公园、自然保护区、风景名胜区等规划与工程的实际操作案例及理论升华中，跳出"学院派"式的象牙塔理论的模式，试图将生态学的新思维、新理念通过工程与规划设计的手法、步骤、过程表达出来，并以教材的形式呈现出来。

　　笔者才疏学浅，虽然三十多年夙夜在公，砥砺前行，撸起袖子加油干，主观上十分认真但客观上存在的缺点和疏漏在所难免，敬请批评指正。

钟晓青

2017 年 2 月于中山大学

目 录

第二篇　微观生态工程与规划

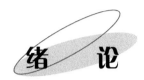

绪　论

在人类走向第四代"生态文明"的新时代，"生态"工程包含着对"物态"工程的包容和超越。物理系统和生态系统是有巨大差别的，生态工程是建立在生态系统之上的工程，面对的是包括人类在内的已知的 150 万种生物在种内、种间和天人三层次生态关系的高效和谐，也是人类经济、社会和生态可持续发展的"工程"保证。

生态学是对生物（包括人类）在处理种内、种间和天人三层次生态关系中的生存机巧并加以应用的科学学科。人类从丛林中走出来，凭借大脑的进化成为了生物类群中最高智商的生物，建起了统治地球已知的 150 万种生物的"独裁"并私有性的"人间城堡"。

在"城堡"中，人类在近现代凭借"物态"（以物理理论和技术为先导，相对"生态"而言）科技"拆分"世界，背对 150 万种其他物种将这个地球用"产权界定"（私相授受）的方式"瓜分完毕"。虽然工业革命之后人类改造自然、认识自然的能力大大增加，但是，由此建立起来的"追求物质利益最大化"的"天下为私"的人类模式，使人类作为"单优种群"，内部包含以下三层次生态关系。

（1）种内冲突：个人、团体、企业、种族、国家层次的利益纷争、宗教派别、意识形态等，甚至敌对、冷战和热战；

（2）种间恶劣：背对 150 万种物种，把大型顶级动物玩弄于股掌之间，导致 r 对策要么种群灭绝，要么就成为恶性传染病的"恶魔"，与人类打起了"阵地战"，如艾滋病病毒、埃博拉病毒、禽流感病毒，或打起了"游击战"，如疟原虫、血吸虫。

（3）天人关系：从"听天由命"到"人定胜天"，过分夸大人类的"主观能动性"。

如果不是"物态"（工业）革命的冲击，五千年的中华文明中"生态"与"经济""你中有我，我中有你"地缠绵，可能早已正式"联袂"粉墨登场。由于"蒸汽"动力的开始，人类找到了一条"极端飞跃"，同时也是"加速死亡"的"革新"之路。在经济利益的驱动之下，运用"物态"可以胁迫"生态"的"坚船利炮"方式，开创一个"物欲横流"、环境污染、经济危机、生态灾难的人类文明"污染"时代。

人类走进的是"孤寒众生，疾病缠绕，前景黯淡"的时代，因此，从"理念"和"工程"手段上修复种内、种间及天人三层次生态关系，实现对大自然的理性回归，生态理念的工程及规划学科任重道远。

生态的概念最通俗的理解是"生存生活的状态"。生态学的经典定义是"研究生物和环境及其相互关系的学科"。生存生活状态的最高境界是高效和谐。"无废无污"是高效和谐的必然结果和最直观、简单的标志，也是可持续发展的根本保证。

工程的概念是工艺与技术流程的最佳组合。工程是理论与方法、工艺与流程、材料与成品的最合理的转换。工程是物化了的、看得见摸得着的实施设施，也可以是经过精神演绎后的无形观念并通过影响潜意识后得到十分具体的行为表达。

生态工程的概念是运用生态学原理进行的生态工艺与生态流程的最佳组合，也是生态理论与方法、工艺与流程、材料与成品的最合理的转换。

0.1　"生态"工程的"物态"起源

在这个"近现代（物态）文明"的世界里，"物理思维"是时代的主旋律，"生态"工程的"物态"起源并不是"不可理喻"的事情，"邯郸学步"的历程包含更多"追本溯源""正本清源"。

"生态"工程是相对"物态"工程而言的。这是物理系统的构筑与生命系统的重建中的"物理"思维和"生态"思维理念上的重大区别。当然，"生态"工程中的生态理念对物理理念是包容和超越，而不是抛弃或对立。

生态学的理念和尺度是三个层次（种内、种间和天人）生态关系的高效和谐，建立在世界是由生命及生命系统组成的唯生主义的基础之上。物理（态）学的理念和尺度是"拆分"思维，在追求"物质利益最大化"的过程中创造了机械、机器及工业化的物质文明，建立在"世界是物质的，物质是在不断地运动"的唯物主义的基础之上。

"生态"工程与规划是超越并包容物理思维、物理安全的生态思维和生态安全的生态机制、生态机巧的工程学之系列工艺的表达。

0.1.1　国际生态工程的起源

1962 年美国著名生态学家奥德姆（H. T. Odum）首先提出了生态工程（ecological engineering）的概念，创立了生态学与人类工程实践与应用的新领域及新学科——"生态工程学"，并用"物态"思维的"物理方式"把它定义为"为了控制生态系统，人类应用来自自然的能源作为辅助能对环境的控制"。奥德姆认为"管理自然"就是"生态工程"，"是对传统工程的补充，是自然生态系统的一个侧面"。

20 世纪 80 年代后，"生态"工程在欧洲及美国逐渐发展起来，并出现了多种认识与解释，生态工程技术也被相应提出，仍然是"物态或物理"思维的所谓"在环境管理方面，根据对生态学的深入了解，花最小代价的措施，对环境的损害又是最小的一些技术"。

这显然是对生态系统"高效和谐"原理无知的"物理定义"，因为所谓"代价""最小""环境损害"这些都不是生态工程里"应有"的东西，生态工程是运用生态机巧原理解决"物理思维"产生的"拆分（对应还原）"、"断裂（对应驳接）"、"损害（对应自愈）"等问题的"生态"整合、拔高、连接、升华的生态理论之应用和实践的"旧机巧"和"新工艺"的组合。

生态工程起源于生态学的发展与应用，诞生、发展过程融入现代文明的主流"物理思维"是必然的、也是一个必需的过程，至今也不会排斥"数理化"方法在该类工程中的应用，"生态"的理念包容并超越"物态"思维，因为我们面对的是"有生命的开放、连续不断在运转的"生态系统。

0.1.2　国内生态工程的起源

在我国，生态工程的概念是由已故的生态学家、生态工程建设先驱马世骏院士在 1979 年首先倡导的。马世骏院士、王如松院士等在城市生态工程、农业生态工程等方面著述颇丰，引领了该领域的前期发展。

马世骏（1984）率先用"生态"学思维给生态工程下的定义为："生态工程是应用生态系统中物种共生与物质循环再生原理、结构与功能协调原则，结合系统分析的最优化方法，设计的促进分层多级利用物质的生产工艺系统。"其目的是将生物群落内不同物种共生、物质与能量多级利用、环境自净和物质循环再生等原理与系统工程的优化方法相结合，实现资源多层次和循环利用。

正因为如此，在我国对生态系统的发展与生态工程的建设提出了"整体、协调、再生、良性循环"的理论。生态工程的基础除了以生态学原理为支柱以外，还吸收、渗透与综合了许多应用学科，如农、林、渔、养殖、加工、经济管理、环境工程等多种学科原理、技术与经验。

0.1.3　国内生态工程的发展

在这个"近现代（物态）文明"的时代里，"物理思维"创造了几乎所有的人类文明的奇迹，没有它就没有汽车、火车、飞机、机器、电灯、电话，以及大炮、战舰、原子弹和导弹、卫星和航天器。没有"物理思维"，又何来人类社会的"工程"或"系列工艺"的概念、理论和实践？

因此，"生态"工程的"物态（物理）"起步，"邯郸学步"的历程在时代的"主旋律"（"物态"思维）中起始，这不奇怪，这就是一个用"物理"思维方式"拆分"生命的时代。

就连生态学本身都是在用"物理、化学、数学"的方式"解读"，观察、实验、试验中数理化的方式方法贯穿始终，就生物学里程碑式的成就——DNA 双螺旋结构的发现者沃森与克里克（物理和化学出身）也是"用物理化学方法研究生物学"，创立的是"他山之石，可以攻玉"的成功范例（他俩共同获得 1962 年的诺贝尔生理学或医学奖）。

这并不妨碍属于"生态"类学科的生态工程与规划学学科在"物态"思维中起步，逐步"否定之否定、质量互变、对立统一"地"螺旋式"前进。

生态工程的目标就是在促进良性循环的前提下，充分发挥"生态"及"物态"的生产潜力，用"开放式闭合循环"的生态系统"内生机制"彻底地消除环境污染，达到经济、社会、生态协同的可持续发展。

0.2　生态工程的高效和谐原则

生态工程追求的是"无废无污、高效和谐"的可持续发展，甚至与"近现代（物态）文明"追求"投入产出"之"物质利益最大化"有根本的区别，而且，是在兼顾已知的 150 万种伴生物种平等基础上的"公平和效率"。

生态工程是从生态系统的结构、功能、演变、平衡的和谐思想出发，按照生态学、经济学和工程学，甚至物理学、化学、数学等现代科学的原理，运用现代科学技术的各种 "物态工艺" 的成果，现代生态经济管理手段和专业技术操作经验、流程、监督机制等组装起来的，以期获得三层次生态关系上的 "无废无污、高效和谐" 的经济、社会、生态三大效益综合最优的现代人类的各种工程系统。

生态工程相对物态工程建设的良好模式必须遵守以下的一系列原则。

（1）"无废无污、高效和谐" 的原则：这是马世俊、王如松等于 1985 年提出来的生态学最重要的原则和目标之一。生态工程学的本质就是建立无废无污、高效和谐、开放式闭合性的良性循环。"丛林中" 的所有生物相互伴生达数十亿年，构建的是以食物链关系及 "开放式闭合循环" 为机制的 "无废无污、高效和谐" 的自然生态系统。人类从 "丛林中" 走出来以后，构建了自身的社会经济生态复合体系，同样可以用 "开放式闭合循环" 构建 "高效和谐"。"无废无污" 是生态系统或生态经济系统高效和谐地运转的标志、目标。因此，生态农业、生态工业、生态城市的建设及产业的 "绿化" 效果可以通过 "无废无污" 的生态工程及规划设计非常直观地表现出来。

（2）生态容量原则：生态系统作为生命的开放系统，在一定程度之内有自我调节能力，对污染有一定的自净能力和缓冲效果，这是生态系统的结构多样性和功能效益的具体体现。生态容量实际上是最大生态效益的数量表现。其存在原理告诉我们，人类的一切生产、生活活动在其容量之内，就能够在保持生态系统的高效、和谐的运转中达到 "持续与发展"、"生态与经济" 的高度统一。反之就会产生生态系统恶化（病态），生态系统崩溃（死态）的恶性循环。因此，从研究生态容量资源利用、生态经济效果相互关系入手，研究生态经济系统的结构和功能，建立起 "生态学思维" 以代替简单机械思维的物态工程，有着重大意义。

（3）公平和效率的原则："丛林中" 的生物的生存要素分配，比较 "公平" 但缺乏 "效率"。人类从 "丛林中" 走出来后，逐步以私有制提高了物质积累的整体效率，同时 "公平" 的问题就不断出现。从哲学的角度来看，"公平是相对的，而不公平却是绝对的"。世界上根本不存在绝对的公平，人类对自由、平等的美好愿望是可以理解的，但要把握住尺度。近两百年来，公平与效率问题一直是哲学家、经济学家、社会学家和法学家不断探索与争论的重大问题，尤其是在社会的政治、经济发生重大变化时，公平与效率的关系问题总是一再成为人们关注的焦点。生态工程及规划的公平和效率原则是 "物种面前种种平等"。

此外，生态工程与规划还必须因地制宜，根据不同地区、不同的历史阶段、不同的时空制约条件、不同的发展态势的具体情况来确定相适应及对应的生态工程模式。生态系统是一个有生命的，开放、多因素均衡的复杂系统，在生态工程的建设中要有序地提高系统的物质流、能量流、信息流、价值流，甚至废料链的转换、连接和循环累积性，加强与系统外部循环连接和交换，提高生态工程内部结构的有序化、多样化，增加系统功能的产出、表达与效率。

在生态工程及规划的实践中，强化自然生态系统中适当的人类社会经济的劳动、资金、能源、技术密集相交叉的集约经营模式，达到人类社会、经济、生态复合系统 "生态又经济" 方式的，既有高的产出，又能促进系统内各组成成分的互补、镶嵌、竞争与共生的互利互惠地协调发展。

0.3　生态工程的"开放式闭合循环"原理

　　　　　　生态工程与规划最基本的原理是生态系统的"开放式闭合循环"：开放式
　　　　　指的是随时随地可以输入及输出，闭合指的是"废料与原料"的首尾相接、生
　　　　　态位镶嵌，而循环的结果必然是整个系统健康有序地、"无废无污，高效和谐"
　　　　　地可持续发展。

　　循环是大自然生态系统周而复始、首尾相接、无废无污、高效和谐地运转的一个非常重要的过程，也是生态工程与规划学中最重要的基本原理和基本手法。以往的生态学教科书介绍生态系统的循环过程，经济学教科书介绍经济学循环过程（主要是资本循环），生态工程与规划学科应该认真地研究生态、经济及人类社会经济生态复合系统的"开放式闭合循环"的基本原理。

　　生态系统的物质循环包括生物地球化学循环（biogeochemical cycle）。生命系统的存在依赖于生态系统的物质循环和能量流动，二者密切相关，不可分割地构成一个统一的生态系统功能单位。能量流在生态系统之中沿食物链营养级向上一级营养单元的方向流动，在尺度较小的生态系统中流动是单方向的，所以小型生态系统（如城市、工厂、农场等）必须不断地由外界获取能量。在整个地球及宏观宇宙系统中，"能量既不能创生，也不会被消灭，只能从一种形式转换成为另一种形式（物理学能量守恒定律）"。

　　生态系统中的物质流动是循环的，各种有机物质经生产者积累、消费者传递，最终经过还原者分解成可被生产者吸收的形式，重返系统过程，进行再循环。

　　地球生态系统大尺度的循环主要有以下三大类。

　　（1）水循环（water cycle）：水是自然的驱使者，没有水的循环就没有生物地球化学循环，就没有生态系统的功能，生命就不能维持。

　　（2）气态循环（gaseous cycle）：各种物质的主要蓄库是大气和海洋，气态循环紧密地把大气和海洋联系起来，具有明显的全球性循环性质，以氧、二氧化碳、氮为代表，还包括水蒸气、氯、溴、氟等，都属于气态循环。

　　（3）沉积循环（sedimentary cycle）：沉积循环的主要蓄库是岩石圈和土壤圈，与大气无关。沉积物主要是通过岩石的风化作用和沉积物本身的分解作用，而转变成生态系统可利用的营养物质。沉积物转化为岩石是一个缓慢的物质移动过程。因此，这类循环是缓慢的、非气候性的、不显著的循环。以磷、硫、碘的循环为代表，还包括钙、钾、钠、镁、铁、锰、铜、硅等，其中磷循环最典型，它从岩石中释放出来，最终又沉积在大海中并转变为新的岩石。

　　可以根据以上三大类生物地球化学循环来抽象概括出其所有营养循环的模式。生物地球化学循环与能量流动是分不开的，二者相互依存，相互制约，营养物质进入生态系统，因光合作用而迅速进行循环，再经过还原者的作用进行再循环。

　　当能量流动经过食物链从一个营养级向另一个营养级运动时，营养物质也按同样的途径运动，所不同的是能量从生产者、消费者的身体中耗费，而营养物质却是在不同程度上进行再循环，返回到它们原来的化学状态。有些营养物质是包括在短期的循环之中，有些营养物

质暂时地储存在有机体内，有些则牢固地沉积下来或变成岩石。

所有的营养物质都以水为介质被带入生态系统，营养循环是与水的循环不可分割的。例如，土壤的淋溶、雨的渗透、微生物的还原、营养物质的输入输出等，整个营养循环的功能是离不开水的。水的循环又把陆地和水生生态系统连接起来，也就是把局部生态系统与地球生态系统结合起来。

按照生态系统的"物质开放式闭合循环"原理，建立起区域性或全球性的"废料和原料首尾相接"的物质循环的生态工程模式，把周而复始、"无废无污、高效和谐"的生态循环方式，通过生态工程与规划的"生态大循环、循环又经济"原理，达到种内、种间和天人三层次生态关系的持续境界。

0.4 生态工程的结构基础及功能表达

> 生态工程与物理工程在内涵和外延上都有极大的不同，要把生命系统的新陈代谢、吐故纳新、生长发育、自我繁殖及自我修复（自愈），以及"自动"等物理系统完全不具备的功能，通过因势利导的方式，通过结构上的"解构"与"优化"，取得功能上的完美及和谐。

结构是功能的基础，功能是结构的表达。

0.4.1 "生态"工程与"物态"工程的差异

生态工程是有生命的开放系统在生态系统层面上进行的"生态"工程，相对在物理系统层面上的"物态"工程，其中结构、功能、演变、平衡四大方面都存在着巨大的差异。

（1）结构方面：生态工程最初的步骤是对相应的目的生态系统的结构进行"解构"，这是一项十分复杂、耗时的工作。与物理工程中的物理系统的"物态"结构完全不同的是：生态系统没有启动、暂停和终止三大"开关"。生态系统远在人类诞生之前的数十亿年就"启动"了，而且一直都没有"停下来"，系统的结构中隐藏有大量的"生命密码"，被系统中的细菌、病毒、真菌、低等植物、高等植物及各种动物和人类"随身携带"着，而且还在随着时间的推移发生不断的时空变化，不能按"暂停键"，更不可以像对"物理系统"（如计算机、机器、汽车）那样"停机"、"归零"甚至"格式化"。生态工程的结构永远掩盖在"黑箱"，或者是半透明的"灰箱"之中，完全透明的"物理系统"之"白箱"几乎是不可能的。

（2）功能方面：结构是功能的基础，功能是结构的表达。生态工程对相应的目的生态系统的功能进行规划，建立在对结构的理解、解构和一定条件下的"重组"之中。与物理（态）工程所不同的是，生态系统作为生命系统，有新陈代谢、吐故纳新、生长发育、自我繁殖及自我修复（自愈），以及"自动"等物理系统完全不具备的功能。生态工程与规划必须注意"顺势而为、借题发挥"。

（3）演变方面：物理系统自建立并运转开始，总是有一个"从新到旧"最后到"报废"的过程，电视机、汽车、冰箱等，使用期限过后就"报废"，不会"一变二，二生四"地持续"繁衍下去"。而生命系统的"演变"是完全不同的，鸡、鸭、猪、牛养了一段时间后，幼仔长成了成年，并繁衍了一大批后代。所以生态工程与规划的对象不是物理系统那么简单，有自己的一些"生命"的特征，对城市生态系统、农业、渔业生态经济系统的相关规划要注意"春播一粒粟，秋收万担粮"的生态工程效果。

（4）平衡方面：物理系统的设计、建造、运转需要均衡的地方虽然多，但大多在当下的系统内部；而生态工程与规划的均衡不仅仅在内部，还有外部；不仅仅当下，还有生物进化中的历史遗留和遗传密码；150万种物种与人类在协同进化、食物链关系、竞争与共生、正反馈与负反馈、K对策与r对策等千丝万缕的联系，要达到种内、种间和天人关系三层次的高效和谐是有自己学科独特的研究范畴、理论体系和应用技巧的。

0.4.2　现实中人类"生态"工程的"物态"圈层误区

同样是面对自然或人为构造的生态系统，或者是人类社会—经济—自然复合生态系统，"物理思维"中的"物态"工程与规划会把系统看成所谓"以人的行为为主导，自然环境为依托，资源流动为命脉，社会体制为经络"的半人工生态系统，拆分的所谓"生态"结构可以是以下3个主要的集合。

（1）核心圈：人类社会，包括组织机构及管理、思想文化、科技教育和政策法令。物理思维之下把这些当成"核心部分"，还认为这是"生态核"。

（2）内部环境圈：常具有一定的边界和空间位置，包括地理环境、生物环境和人工环境，被看成"内部介质"，还被称为"生态基"。

（3）外部环境圈：包括物质、能量和信息及资金、人力等，还被称为"生态库"。

这种以人类为中心的所谓"生态工程"，其实是对"生态"的无知的"物理工程"而已。这种"解构"的方式方法必定带来的是人类与150万种伴生生物在三层次生态关系上的混乱，生态生产上的毁灭及"物态"生产上的一定程度的"强化"，而且是以牺牲生态系统"无废无污、高效和谐"为代价的。

0.4.3　生态工程的三层次生态关系解构与功能重建

正确的生态工程与规划对目的生态系统的解构如下。

（1）核心圈：人类及其伴生的已知的150万种生物物种，其中含有叶绿体的绿色植物、藻类、光合细菌是生产者，创造第一性生产力；动物是第二性生产者；人类是生态系统的消费者和经济系统的"物态生产"的生产者；微生物和腐生生物是还原者。生态思维之下这才是"核心部分"及"生态核"。

（2）三层次生态关系圈：种内关系包括人与人的关系，种间关系包括与其他动植物、微生物之间的关系，以及人类与大自然之间的生态关系、物质和能量的交换，这才是生态系统的"内部介质"，或称为"生态基"。

（3）生态效益及生态容量圈：包括生态系统中的物质流、能量流、信息流、价值流和"物态思维"下的资金、人力、物力等，以及"生态思维"下的生命系统的新陈代谢、生长发育、自我繁殖、自我修复及"永动机"式的自动机制或机巧，也可称为"生态库"。

如此，才能在"物种面前种种平等"的基础上，优化结构并追求"无废无污、高效和谐"式的人类社会经济生态复合系统可持续发展。

0.5　生态工程与规划的类型与层次

　　"世界是物质的，物质是在不断地运动的"，这种唯物主义的哲学观念没有错，也不会过时。但是，世界是物质的，也是生命的，几乎所有的物质都被包含在生命（态）系统之中，是这些有生命的开放系统中不可分割的重要组分之一。因此，从唯心主义到唯物主义，只有"唯生主义"才能包容这互相冲突的两大哲学悖论并超越之。

　　这样，世界上已知的150万种物种才会种内、种间及与大自然"高效和谐"，人类才会"待到山花烂漫时，她在丛中笑"。

　　生物学是"进化论"战胜"特创论"之后的大尺度、近距离地观察和实验、试验的产物，起源于"宏观"理论的比较、分类、区系和系统，从分类学中的一界学说（生物界）、两界学说（植物界、动物界）、三界学说（植物界、动物界、微生物界）、四界学说（植物界、动物界、真菌界、细菌界）、五界学说（植物界、动物界、真菌界、原核生物界、原生生物界）逐步走向宏观、微观两个大的研究方向，目前生命科学的主流是微观领域的"遗传基因解码"，期待未来有比较大的突破。

　　生态工程与规划属于宏观生命科学与工程学、规划学科的交叉领域，立足于宏观、微观生命科学的最新进展，主要以宏观生命科学中最大宏观尺度的生态学理论为其基本理论基础，采用城市规划、区域规划、生产力布局、园林设计、建筑设计等规划设计的手法和技巧，从生物基因、分子、细胞、组织、器官、个体、种群、群落、系统、景观到人类生态、经济、社会复合系统及整个宇观层次进行"生态"理念的整合、驳接、解构、重构、升华、凝练等方面的规划与设计，其目标是人类经济社会生态的"无废无污、高效和谐"地可持续发展。

　　生态工程与规划包括以下基本类型与层次。

　　（1）微观生态工程层次：包括基因、分子、细胞、组织、器官层次的生态工程方式的、人类社会的道德、秩序、法律、政策等方面的引导、推崇、监督、奖惩机制及对科学研究、医药开发、临床治疗、大规模传染病的宏观阻断等方面的理论和实践总结，并上升到定期、不定期的制度性"规划设计"的检讨、反思和修正。

　　（2）中观生态工程层次：包括个体中的经络、穴位、呼吸、消化、血液、生殖等系统的生态工程思维的保养、养生、理疗、诊断、调态（生态包括常态、病态、眠态和死态），种群中的种内、种间关系，包括竞争、共生、附生、寄生及生存对策和适应性进化的方向、状态和趋势的调节。

　　（3）宏观生态工程层次：包括群落、系统、景观到人类生态、经济、社会复合系统的结构、功能、演变和平衡的解构、重构、优化，功能上的调节、引导、完善和修正。

　　（4）宇观生态工程层次：包括国家国界之外所谓"高疆"层面的国际公海、南极极地、北极航道、临空之外的空域、太空层次的宇航、月球等太阳系空间的生态工程，还包括"一带一路"、"互联互通"，七大洲连接的高铁、高速公路、空运航线建设，克拉地峡"通航"的马六甲海峡新通道建设，巴拿马运河的复线贯穿太平洋和大西洋工程，非洲南美洲大陆东西向贯穿太平洋和大西洋，大西洋和印度洋铁路的生态工程与规划设计，对更大尺度的宇观层次进行生态理念的整合，驳接、解构、重构、升华、凝练等方面的规划与设计。

　　目前，国内外的生态工程研究与处理的对象，一般是按照自然生态系统来进行"物态"工程的方式、方法来对待。例如，对于各类湖泊、草原、森林等生态系统，仅仅是在自然生态系统中"加入"或"构造"原本没有的"人为结构"，如水利设施、道路系统、建筑、航道或土壤改良等"物态"工程。

　　当然，西方生态工程的"物态"研究方法的实践和应用，特别是"物态"思维中数理方式的定量化、模型化及其系统组分和机制的分析等方面，颇具生态系统"物理工程化"的特色。

　　生态工程与规划是在一定的程度上模拟自然生态系统中物质、能量转换原理并运用"系统工程"（可以是"物态"，也可以是"生态"思维性质）技术，去分析、设计、规划和调整人工生态系统的结构要素、工艺流程、信息反馈关系及控制机构，以同时获得经济效益和生态效益的一门新的、交叉性综合学科。生态工程建立在包容了"物态"思维的"生态"思维基础之上，是一门包括生物（态）工艺、物理工艺及化学工艺基础的，系统的生态工艺学或循环生态经济工程学。

　　在生态系统的演变和各种均衡的过程中，有两种基本功能在起着重要的作用：一是通过150 万种生物物种及其种间、种内相互协调形成的合作共存、互补互惠的共生与竞争的生存机制和相互制约、协同进化功能；二是以多层营养结构"生产—消费—还原"为基础的物质转化、分解、富集和循环再生功能。这两种功能的强弱决定了生态系统的兴衰及其稳定性。生态系统动态过程中，通常包含复杂的物理作用、化学作用和生物作用；其中生物起着传递者、触媒乃至建造者的作用。

　　生物在长期演化和适应过程中，不仅建立了相互依赖和制约的食物链联系，而且由于生活习性的演化形成了明确的分工，分级利用自然提供的各种资源。正是由于这一原因，有限的空间内才能养育如此众多的生物种类，并可保持相对稳定状态和物质的持续利用。

　　把自然生态系统中这种"多样性导致稳定性"的"高效和谐"结构原理应用到"人化的"生态系统中，设计和改造工农业生产工艺结构，促进系统组分间的再生和共生关系，疏通物质能量流通渠道，开拓资源利用的深度及广度，减少对外部"源"和"汇"的依赖性，促进生态经济社会复合系统持续稳定的发展，是包容"物态"型的"生态"型的生态工程与规划的根本目标。

复习思考题

1. 名词解释：
   生态工程　　物态工程　　生态理念　　物理思维
   高效和谐　　生态容量　　公平与效率
2. 简述生态工程的物态起源的渊源及过程。
3. 简述种内关系与种间冲突的区别与联系（试用人类种内、种间关系理论解释战争的生态属性和根源及其根治策略）。
4. 简述工艺、工程及物理系统、生命（态）系统的基本概念、区别及联系。
5. 怎样理解世界是物质的，更是生命的，物质是被包含在生命系统之中的？（怎样理解生态系统的尺度从一滴水到整个宏观宇宙的系统性、包容性和永动性？）

第一篇 基本理论及关键技术

　　生态工程与规划的基本立场是在宏观和微观生命科学"齐头并进"之中，拿起微观的"电子显微镜"及宏观的"望远镜"甚至"天文望远镜"，建立生命科学"顶天立地"的基本理论，并为发展的大方向、重要交叉路口的抉择、重大节点和关键点的把握等过去、现在及将来的学科发展既"拉车"又"看路"。

　　当人类社会意识到规章、道德、法律、社会秩序的建立与运转有严重超前于生命科学发展的弊病的时候，有意等待"生态学指引"及人类社会经济生态复合大系统涵盖人类社会及地球村、宇宙空间方方面面的时候，生态工程与规划的责任、义务和发展前景就会任重道远。

　　生命科学是由以宏观的生态学和微观的生理学为"主干"的系列学科组成的，有基础性的解剖、分类、形态、区系、系统、遗传及数理化等的"根系"学科，也有应用性的生物工程、生态工程、生态规划等"开枝散叶"、"开花结果"的高端学科。

　　放大尺度的生理学就是生态学，缩小尺度（可以小到细胞、分子层次）的生态学实际上就是生理学。在生态学家 A.G.坦斯黎（A.G.Tansley）创立"生态系统"的概念并被普遍接受之后，生命体的尺度从一个物种的"个体"，包容了种群（同种个体之和）、群落（不同种的个体之和）、环境（生物之外的一切有机、无机因子之和，以及生物与生物互为环境）成为一个紧密联系、密不可分的有机统一整体，这就是生态系统的概念。

　　从此，生态系统小到一滴含有细菌、藻类或病毒的水，大到一片森林、一块农田、一个城市、一个大的区域、一个国家、一个地球的大陆及海洋、整个地球、整个宇观层次的宇宙，都是一个有生命的开放性的生命系统或者生态系统。

　　"物态工程"的概念是物理、化学工艺与技术流程的最佳组合。工程的内涵是理化理论与方法、工艺与流程、材料与成品的"最合理"地转换。工程是"物化了"的看得见、摸得着的实体设施，也可以是经过精神演义后的无形观念并通过影响潜意识后得到十分具体的行为或物质表达。

　　"生态工程"的概念是运用生态学原理进行的生态工艺与生态流程的最佳组合，也是生态学"高效和谐、无废无污"理论与生态系统的结构、功能、演变、平衡的最佳融合与完善。

　　计划与规划是人类运用科学凝练、融合的理论对自身过去行为的反思、检讨和总结，并在其基础上对现在、将来的行为进行时间上的编排、空间上的组合，并综合优化、定性、定型和分步骤的行动方案的总称。

　　规划，规者，有法度也；划者，戈刀也，分开之意。规划是指有计划地去完成某一任务而作出比较全面的长远打算，是时间上的系列编排结合空间上的综合推敲和优化形成的系统程序、过程方略。

规划是对未来整体性、长期性、基本性问题的思考和考量、科学分析和决策的结果，规划也是融合多要素、多学科、多角度、利益综合均衡的某一特定领域的发展愿景。

生态工程与规划是生命科学机理与规划设计理论交叉、融会贯通的产物，从基本理论和关键技术方面来看，相关学科的所有理论和技术都与之相关，但提炼、整合、升华、凝结的关键在于生态学的中心理论和规划设计的手法运用及以后的工程表达。

第1章 生态工程与规划的关键术语

生态学、工程学和规划学都是发展比较成熟、定型的科学学科，各自的学科关键及融会贯通之后的要点可以凝练成为生态工程与规划的基本理论和关键技术，包括种内、种间及天人三层次生态关系中，"开放式闭合循环"基础上的"无废无污、高效和谐"。

学科及学术上的"关键词"是指对于提领、把握、精炼学科全局的中心、重心的那些主要或最重要的要素或因素的语言或词语的表达。

生态工程与规划中的关键目标、关键节点、关键过程、关键指标和关键词，分别指的都是对于生态可持续发展中的"高效和谐"之最为重要的因素。

学科的关键术语是学科提炼、升华、凝结后的学科关键词和标志词。判断一个理论或命题是属于"生态"还是"物态"的范畴，运用"关键词"的比照是其评价的尺度、标准和标志的捷径。

生态工程与规划学科的核心内涵在于对相关传统"物态"科学学科的包容和超越，在继承生态学的基本准则"生物与环境相互关系法则"的基础上，生态工程与规划学科的核心内涵是重新定位人类"理想家园"或"绿色家园"在三个生态经济关系层次之中的"高效和谐"，这三个层次的生态关系是：①种内关系；②种间关系；③人类与大自然的天人关系。

环境污染是"物态"技术"拆分"物质成为"产品+废料"之后不还原的后果，战争是人类种内的"物质利益"或"意识形态"上的冲突，短缺经济时代的"私有制"大大加速了人类经济社会物质生产和积累的速度和效率。但是，世界是人类的，也是在 20 亿年中协同进化、相伴而生的、已知的 150 万种生物物种的，人类社会和自然界所有物种的公平和效率是人类必须自律"垄断"社会的道德、法制、秩序的客观要求，也是人类自身"高效和谐"地可持续发展之必要和必须。

1.1 生态学关键术语

生态学可以提炼、凝结、升华、浓缩为一个字，这个字就是"度"。这个字可以把普通生态学的章节从光、热、水、气、地形、生物因子和个体、种群、群落、生态系统等章节在"最高、最低和最适"的"三基点原理"中提领起来。

生态学浓缩为两个字可以是"适应"，因为生态学的基本问题是"生物与环境之间的相互关系问题"，而这个基本问题早在生态学诞生之前，达尔文的进化论就已经归结为"适者生存"。不适应者被淘汰，适应者朝适应环境方向发生生理生态方面的变化（进化）。

3 个字概括生态学则为"生态位"；4 个字概括生态学则为"相生相克"；5 个字概括生态学则为"竞争和共生"；6 个字概括生态学则为"开放闭合循

环"……总之，生态学与所有的学科一样，是可以由厚到薄、由繁入简进行重点、要点及关键点提领的。

我们根据生态工程与规划学学科的"生态理念"，对其中区别于"物态"工程中的"物理思维"的"生态"工程，及其生态规划的理念和手法常用的、浓缩的、精炼的、升华的学科理论，进行了以下深入浅出地梳理和归纳。

1.1.1 生态容量（度）

生态系统作为生命的开放系统，在一定程度之内有一定的自我调节能力，对污染有一定程度的自净能力和缓冲效果，这是生态系统的结构多样性、组分镶嵌和功能完善的具体体现。

关于生态容量，生态学的历史上曾经有过以下几种观念和思潮。

（1）容量无穷大：大自然是取之不尽，用之不竭的天赐之物，人类可以毫不节制地、随心所欲地滥用资源，甚至把大自然比作"如来佛"，本事再大的人类，即使是"孙悟空"，也跳不出其"手心"。因此，自然资源可以"随意用"，人类没有"毁灭"地球的能力，至少在其之前自己就先行"毁灭"了。

（2）容量无穷小：这是另一个极端的自然环境不可触碰的思想和"一动就破坏环境"的悲观论调。

（3）不大不小"度"的概念（有限地、合理地利用资源）：现在大多数人都认识到在以上两种极端之间存在一个限度问题，这个限度就是生态容量或生态系统的自净、自我恢复、循环再生的容许范围。

生态容量实际上是生态系统结构做基础的功能性生态效益的数量表达。其存在原理告诉我们，人类的一切生产、生活活动在其容量之内，就能够在保持生态系统的高效、和谐的运转中达到持续与发展、"生态"工程的思维就在"高效和谐"的目标上高度统一。反之就会产生生态系统恶化（病态），生态系统崩溃（死态）的恶性循环。

因此，把握住生态容量的"度"，在生态经济系统结构优化和功能完善的基础之上进行生态工程与规划，有着重大的理论和实际意义。

1.1.2 适者生存的"丛林法则"（适应）

人类从"听天由命"到"人定胜天"，走进了一个人与自然相互关系"恶劣"的近、现代时期。虽然"天人和谐"从理念上深入人心，但人类近现代（物态）文明之后，以物理学牵头的现代科学技术飞速发展，对大自然及其已知的 150 万种其他物种的漠视，"改天换地"的"物态"工程已经是这个不仅仅是人类居住的地球村成为了一个巨大的"工地"，"村村点火、户户冒烟"、满目疮痍、污水横流、雾霾连天、沙尘遍地、气候变化、温室效应等比比皆是。

这是人间"物态"工程"惹"的祸，"生态"工程与规划的理念不应该是"人定胜天"，而应该是摆正人类在生态系统中与 150 万种物种协同进化的"位置"——适者生存。这也是达尔文之后，海克尔为生态学诞生下经典定义"生态学是研究生物与环境相互关系的学科"之前，总结出来的"生物与环境"到底是什么关系之问题的答案。

（1）先有无机环境，后有生物，生物是环境的产物。环境的定义是泛指生物周围的一切有机与无机因子之和。包括两个方面的含义：一是指生物周围的无机因素之和；二是指生物与生物互为环境。环境是相对生物而言的，但就其是一类本质为"物资"的客观存在的属性来说，无机环境是先于生物而存在的，生物是在环境中发生发展的。

（2）物竞天择，适者生存。这是生物进化理论的创始人达尔文的著名论断，也是生物与其环境之间相互关系的一种最根本的概括，包括人在内的各种生物都必须自觉不自觉地遵循这一颠不可破的自然法则。生物的适者生存法则又包括以下三个方面的内容。

a. 适应不了环境的生物被淘汰：这是适者生存最直观的解释，当今世界物种的不断出现灭绝及生物多样性受到严峻的挑战就是很好的证明。许多远古时代及古代的动物和植物只留下了化石而活体却消失了，一些在远古时代存在（能找到化石）而又现存于当代的动植物已为数不多，且被人们称作"孑遗"物种。大自然对不适应其不断变化的物种是残酷无情的，人类社会又何尝不是如此，对于那些与社会发展大环境格格不入的人、逆历史潮流而动的人、阻挡历史车轮的人也同样是无情淘汰的。

b. 环境的变化快过生物的适应变化：环境的变化是连续不断的，有时甚至是剧烈的、突发突变式的，而生物的适应性变化是缓慢的、相对静止的，甚至是潜移默化的。自然环境的变化小如光、热、水、气的时空改变，大到地震、水灾、火灾、全球性的冰川运动；社会环境的变化小如家庭环境变化、机关单位的人事更替等，大如整个社会、经济、政治制度的巨变、战争的威胁等，大小变化连续不断，有时甚至突如其来。生物的形态结构、生理生态、心理，以及各种人类行为的适应性变化是相对缓慢的，即使是人类中能够高瞻远瞩的"人杰"，其适应性变化也同样会因为受到其本身的社会、经济及生理生态方面的种种限制而在速度等方面明显慢于环境的变化。

c. 适应了环境的变化而生存下来的生物，朝适应环境的方向发生相应的适应性改变。这是自然界普遍存在的现象和事实，又可分成以下两大类型。

趋同适应：指不相同的生物在相同的生态环境条件下长期生存生活之后，会产生形态结构及生理生态特征及心理上的相同或相似的适应性变化。例如，法瑞学派代表人物布朗奎特把同一森林地段上的许多种类的植物按其适应严寒度过冬季的芽保护方式划分为五类：高位芽植物、低位芽植物、地上芽植物、一年生植物和地面芽植物。同一地段或同一生态环境里的各种植物尽管形态特征差异很大，但其适应严酷环境的适应方式却可以超越种类的限制，表现出趋同适应。

趋异适应：指相同的生物在不相同的生态环境条件下长期生存生活之后，会产生形态结构及生理生态特征及心理上的不相同或相异的适应性变化。例如，同样是马尾松，生长在山冈顶上的马尾松因风大而表现出叶短，甚至偏冠，因土壤水分的缺乏而表现出直根系发达，可深达十至二十几米；生长在山脚下的马尾松因立地条件好而树干通直圆满，因土壤水分充足及地下水浅而表现出须根系发达，深度仅仅分布在地表层土壤1米左右的地方。

（3）生物对环境的改造作用在一定的时空中是有限的。人类居住的地球在整个宏观宇宙之中只相当于撒哈拉沙漠中的一粒细小的、微不足道的沙子。相对生物来说，其宏观的自然环境在时空上是无限的，而包括人在内的所有生物的作用或在一定的时空中其改变环境的能力是相对有限的，即使是像高峡出平湖、卫星上天、登上月球、原子弹、氢弹、中子弹之类的人间奇迹相对整个浩瀚无垠的万千气象及自然运行规律来讲，仍然是微不足道的。

生物中能够较大规模主观能动地去改造环境的只有人类。人类改造自然环境的能力建立在正确地认识客观自然规律的基础之上。大自然是可知的，人类的认识是在实践中不断发展并且永无止境的，人类认识自然规律的目的是为了尊重自然规律，并且按客观自然规律办事，以取得相应的顺应自然、师法自然，甚至在一定的时空中改造自然的成功范例。

人类在认识自然、师法自然及改造自然的过程中，发挥其主观能动性的作用可以概括为两个方面：一是在正确地认识客观自然规律的时候，需要人类发挥出自己的聪明才智才有可能达到目的；二是在尊重客观自然规律并按之办事的时候，同样需要发挥人类的主观能动性。两者缺一不可，人类才真正在大自然的生存生活环境里找准了自己的位置。

1.1.3　共同生存法则（生态位）

"生态"工程与规划当然也会与"物态"工程一样，涉及"物质利益"的分配问题，包括设计者（乙方）、投资商（甲方）之间的利益分割，以及"工程"内部的人与人、人与其他物种的利益或生存空间（生态位）的分配问题。

西方经济学的第一原则是经济主体（包括个人、厂商、公司甚至国家）追求利益最大化。

所谓利益最大化，就是指用最少的投入获得最大的收益。这样造就了一个"物欲横流"的世界。在这个公开的、堂而皇之的"原则"之下，不能说每个人，最起码是很多人、很多企业、很多国家（民族）都是这样经营（经济）着自己的生活，包括金钱、事业、情感等，涉及人类社会生存的每个角落。

当我们以这条标准来进行"物态"工程规划时，什么都希望能用数学公式、物理模型模拟出来，锱铢必较地精准计算出"高的性价比"，往往是"唯利是图"抑或"见利忘义"。

在生态学中，生物的生存常态中有四种尺度：最大化、舒适、紧凑、生死线（对应生态学的最大、最小和最适三基点原则）。群体生活的常态是各自保持在"舒适、紧凑"时，相安无事且能长治久安，处于生死线上下时会拼命挣扎。全部都处于最大化状态是不可能的，种群数量较小的状态可能，但发展后也是不能长存的。一部分个体的"最大化"必定是挤压其他个体的"舒适、紧凑"生存空间，甚至是紧逼其"生死线"，并逼迫其做"殊死搏斗"的。

因此，"追求利益最大化"这种规则用在生态学、生态经济学上偏颇之极，用于现实中更是让传统中国文化"义利观"融入潜意识的中国人难以接受。在这个物欲横流的社会，每个人都希望自己"利益最大化"，而在与人相处中，自己的"利益最大化"往往是对别人的伤害（或者是侵犯别人的利益）。

根据生态学中的三基点原则（最高、最低和最适），以及竞争排斥原理（高斯法则），共存或伴生的物种，其生物个体的生态位交错及经济利益的长期共存的关系状态如图 1.1 所示。

图 1.1 中两个共存或伴生的物种各自拥有核心利益（生存必需）、适当利益（生活利益）和最大利益（优势空间）。有如下生态的常态及偏态的表达。

（1）必然冲突状态：各自保持或追求"利益最大化"，将压迫对方利益到生存极限，甚至超过生存极限（图 1.1 中各自侵入对方的 A 区或 B 区）；

（2）长期及永续共存法则：各自保持或追求"利益适当化"，将压迫己方的最大利益并保持自己正常的生活必需（图 1.1 中各自保持己方的 A 区或 B 区）；

（3）长治久安但缺乏经济效益的状态：各自保持或追求"严于律己，宽以待人"，各自压迫己方的最大利益、适当利益，只保持核心利益（将图 1.1 中各自的 A 区或 B 区都让出来）。

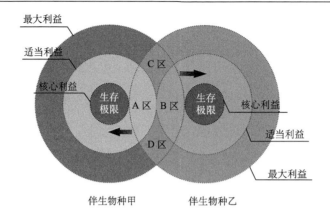

图 1.1　长期及永续共存法则：追逐及保持各方的适当利益

因此，人与人之间、企业之间、民族之间、国家之间，保持"严于律己，宽以待人"的"利益适当化"原则，则人类社会中的各种关系就会高效和谐。"生态"工程与规划就会在包容"物态"工程与规划的基础上超越之。

利益短暂，"情义"无价。"生态"工程与规划应该创造的是"惊天地、泣鬼神"的人间正义，不是不注重经济利益，而是在注重经济效益的基础上，倡导那种与"情义值千金"相比"钱财如粪土"的人间正道。

1.1.4　竞争和共生（相生相克）

"物态"工程与规划中，不可能设计"相冲突"的结构或部件，而"生态"工程与规划中"多样性导致稳定性"，生态系统中相生相克的连锁、循环关系比比皆是，割裂不得。

生态系统中任何两两组分之间（种内或种间）存在着以下两种不同类型的生态关系。

（1）一类是共生（相生）关系：与我国古代阴阳五行学说中的"水生木、木生火、火生土、土生金、金生水"相似。在生态经济系统中，火可以理解成能源；金理解成金属矿物；木理解成植被；水、土则可以理解为水源和土壤。生态学中的相生主要是指共生生态关系，如固氮根瘤菌与植物共生，植物提供营养给细菌养分，根瘤菌提供植物不能直接利用的空气中的氮素营养。

（2）另一类是竞争（相克）关系：同用上例说明，有"金克木、木克土、土克水、水克火、火克金"的相克循环关系。生态学中的相克主要是指竞争生态关系，如螳螂捕蝉，黄雀在后，通过食物链（扣）关系进行的相克生态关系。

在生态系统中，相生相克关系也可通过食物链（扣）关系上的正、负反馈来解释：正反馈生态系统中某一组分的增加（减少）通过生态链的累积放大（或缩小），最后将促进该部分本身的增加或减少。负反馈生态系统中某一组分的增加（减少），通过生态链关系的累积放大（或缩小），最后是抑制该部分本身的增加或减少。

对于一个稳定的生态系统来说，主导环一般是负反馈环，这样能够使生态系统本身的运转机制保持各种生物种群数量处于常态之中，避免"病态"甚至"死态"（灭绝）的出现。生态系统的"高效和谐"机制应用在生态经济系统之中，运用废料和原料首尾相接的"物质的开放式闭合循环"，可以达到循环经济的低成本、低风险和高效益的"无废无污"的效果。

1.2 工程学关键术语

> 工程学也可以提炼、凝结、升华、浓缩为一个字，这个字就是"活"。工程学浓缩为两个字可以是"适当"；3 个字概括工程学则为"流程化"；4 个字概括则为"结构功能"。

"物态"工程学是一门属于理工科的应用学科之一，是用物理、化学、数学等自然科学的原理来规划、设计有用"物体"的进程和过程，并产出"物质利益"的综合、系列工艺的综合或总和。"物态"性质的实践工程学也是研究自然科学的"物态"技术并探讨其在规划、实施各行业、产业中的应用方式、方法的一门学科，同时也研究"物态"工程进行的一般规律，并进行改良研究。

"物态"工程学或工学，也是通过研究与实践物理、化学、应用数学等自然科学和经济学、法律、哲学等社会科学的知识，来达到改良各行业中现有建筑、机械、仪器、系统、材料和加工步骤的设计和应用方式的一门学科。在高等教育体制中，将自然科学原理应用至工业、农业、服务业等各个生产部门所形成的诸多"物态"工程学科也称为工科或工学。

"物态"工程技能直接用来将金属、石头、砖块、木材、塑料等组装成零件，用来制作炸药、枪械、望远镜、子弹、机器、电视、冰箱、汽车、火车、飞机等。

工程技能是一项非常有趣和有创造性的"物态"专业技能，可以制造各种"机器"或"物件"，既可"娱乐"他人，也可以"受益"自己。

"生态"工程与规划要想超越"物态"工程，基本上需要重新审视、审读并充分地、科学地演绎以下的概念及关键词。

1.2.1 科学的严谨、求实与主观臆想

科学与伪科学，都是人类精神和物质世界中"生态"的类型，包括常态、新常态、反常态、病态或眠态等。作为人类主流意识的科学，应该对同属于人类常态的其他学说具有包容性，但也应该保持自身的纯正、自律、完善和严谨。

目前的"物态"工程与规划中，科学、宗教和玄学三大理论体系，牢牢地掌控着规划师（乙方）、投资商（甲方）、消费者（丙方）的精神和物质世界。

许多人都不能割裂、撇清与宗教的关系。宗教在几千年就存在并流行，曾经成为全世界，现在仍然是一部分国家的精神统治的主要支柱。

风水学（玄学）在中国民间很有市场。在香港、澳门及部分内地人群中，有些人十分饥渴地为那些"信则有，不信则无"的风水学"推断"买单。出手大方，笃信至诚。

当下是一个科学、宗教和许多学说并存的时代。科学的系统性、严谨性不容亵渎，还需正确地理解科学的包容性并在工程与规划的实践中正确地运用中。在诸多的科学学科中，生态科学中的"多样性导致稳定性"的科学新原理是生态思维的具体体现之一，用"生态"思维中客观世界的遗传多样性、历史多样性、生物（物种）多样性、系统多样性、景观多样性可以包容之。

"物态"系列的科学可以增加人类改造自然的能力，但是不可能满足个别人类或种族、

国家之"无限增长"的"私欲"。因此，人类高效和谐地可持续发展，"生态"系列的理论将占领"统帅"地位，将占据哲学、艺术、科学、道德、法律、经济、社会等学科的"制高点"，"生态"工程与规划理应做出表率并制订出系列可操作方案实践之。

1.2.2 "生态"抑或"物态"的途径

生命从无机环境中诞生，从简单到复杂。目前地球上所有的物种都有着进化上的亲缘关系，可以用一株枝繁叶茂的树状分支图来把所有的植物、动物和微生物直接或间接地连接起来。

曾经"丛林中"的人类靠头脑的进化，成为了这个地球生态系统的优势物种，甚至没有把其他物种当作"臣民"而只是当作"财产"，已经成为了地球人类社会中政治、经济系统（甚至包括生态系统）的"主人公"。

人类从"丛林"里走出来，从原始共产部落到私有制，并逐步建立起封建社会、资本主义及社会主义社会。在人类的"智慧圈"或"理智圈"中，建立了一个十分缜密、精巧、灵便、舒适的经济"城堡"。丛林中弱肉强食的丛林法则，成为人类过去的"记忆"，但也会不时地从潜意识里冒出来，支配人类的思想和行为。人类从听天由命、人定胜天到天人合一，走过了从迷信到神学到科学的生态历程。

在旧"丛林法则"的基础上，开始为人类探索"新丛林法则"的是中国古代农耕文明中的先贤，以《诸子百家》等多种著述为标志，以"仁者爱人"，"仁、义、礼、智、信"为具体内容，以"严于律己，宽以待人"、"修身、养性、治国、平天下"为标志。

但是，人类的"生态"哲学和科学实践，在 18 世纪被工业革命的"物态"所"粉碎"。从那时到现在，人类的"话语权"似乎是由核武器为标志的工业基础、军事实力在背后所支撑。整个世界陷入以人类创造的"物态"强迫人类自身"生态"的境地，"热战"之后，"冷战"不断。

工业革命之后，人类"经济"理应与"生态"融合，生态经济地发展人类的文明，积累财富并实现地球的高效和谐。只是很不幸的是"经济"走上岔路，没有与"生态"融合，却受"物态"科学中的带头学科数理化影响很深，"拆分"世界却不"还原"，剪断生态链关系，致使"物种网络关系"断头增多，资源浪费，环境污染，走上一条不可持续的岔路。人类不能越走越远，生态与经济的融合，回头应该才是"岸"。

我们当然相信"学好数理化，走遍天下都不怕"，肯定以物理学为领头学科的现代科学对世界的改变，赞赏"物态"研究成果使人类改造自然的能力大大提升，也相信人类在不断进步、不断整体"进化"。但是，地球人类的"不断"地文明和辉煌，却掩盖不了大量的理论偏见、现实的错误和人类肌体上的退化。所以，我们需要新的理论、新的学科和新的视野，更加迫切地需要的是各种学术层面上新的反思。

中国上下几千年，讲究"博古通今"，作为生态学的"过去式"的"历史学科"曾经为学科之首。工业革命之后，以物理学为学科龙头的"物态"研究统领了人类世界。现在是回归"生态"的时代，"生态"工程与规划肩负的历史使命是直接把生态学最新的理念通过工程规划及设计的方式应用于指导社会实践之中。

1.2.3 "生态"思维及"物态"工艺流程

"物态"工程与规划的主要依据是数学、物理、化学，以及由此产生的材料科学、固体力学、流体力学、热力学、输运过程和系统分析等。依照工程对科学的关系，工程的所有各分支领域都有以下主要职能。

（1）研究：应用数学和自然科学的概念、原理、实验技术等，探求新的工作原理和方法。

（2）规划：解决研究成果应用于实际过程中所遇到的各种问题。

（3）设计：选择不同的方法、特定的材料并确定符合技术要求和性能规格的设计方案，以满足结构或产品的要求。

（4）施工：包括准备场地、材料存放、选定既经济又安全并能达到质量要求的工作步骤，以及人员的组织和设备利用。

（5）生产：在考虑人和经济因素的情况下，选择工厂布局、生产设备、工具、材料、元件和工艺流程，进行产品的试验和检查。

（6）运转（操作）：管理机器、设备及动力供应、运输和通信，使各类设备经济可靠地运行。

（7）评估、监控及反馈：实时监控、评估、修正、反馈、研究及阶段目标、总体目标的修正。

"物态"工程与规划严格地遵循自然科学的逻辑与方式、方法、过程进行，是值得"生态"工程与规划学习与借鉴。科学是理性的，感性的"猜测"可以成为"假说"，通过科学的规范分析与实证之后被"证实"或"证伪"，但是，完全省略"工艺流程"或"过程"的"无端"猜测不属于"工程"或"规划"的科学范畴。

"生态"工程与规划的工艺流程和"物态"工程与规划相似，所不同的是除了研究数理化"物态"思维之外，"生态"学思维要占据主导、统领的地位，两者冲突之时，要尊重生态学客观规律。

1.3　规划学关键术语

> 规划学也可以提炼、凝结、升华、浓缩为一个字，这个字就是"谋"。工程学浓缩为两个字可以是"策略"；3 个字概括工程学则为"预则立"；4 个字概括则为"抓大放小"或"纲举目张"。

规划设计属于人类的智慧中的谋略。

人类的谋略根据能否见得了"阳光"，又分为"阴谋"（见不得光）和"阳谋"（见得阳光，可以公开讨论）两大类。

无论是"物态"工程与规划还是"生态"工程与规划，都属于正大光明的"阳谋"类。

1.3.1　预（豫）则立

《礼记·中庸》中有："凡事预则立，不预则废。言前定则不跲，事前定则不困，行前定则不疚，道前定则不穷"（预，亦作"豫"）。"凡事预（豫）则立，不预（豫）则废"的意思是做任何事情，事先谋虑准备就会成功，否则就要失败。毛泽东的《论持久战》中也引用了该句，表明了"没有事先的计划和准备，就不能获得战争的胜利。"

人类第一代华夏文明包含了许多"阳谋"性质的谋略（也就是现在的规划及设计成果），

如《孙子兵法》中的三十六计就是军事斗争中的"总体规划纲要"，具体到每一个战役，只要将其中的 36 种计策（或手法）与具体的实际相结合，就能"生成"具体的战术方案，甚至"排兵布阵"的具体步骤和实施过程。

中国有一个著名的寓言故事——愚公移山。原意是颂扬执著精神的，但从规划层面上看，愚公是不尊重规划的典型之一。

因为愚公建房之前不搞"规划设计"，房子建好之后才发现太行、王屋两座大山挡住去路，这种问题事先规划是不可能出现的，且出现后仍然不从科学规划的角度"两利相权取其重，两害相权取其轻"，错误地在"搬屋"和"搬山"之间选择需要"子子孙孙挖下去"的"搬山"。显然，"搬屋"的工作量比"搬山"仍然要小得多，且保护生态环境（"搬山"应该是生态灾难）。

1.3.2 抓大放小

所谓"抓大放小"，既是一种管理理念，也是一种管理方式。意思是抓住主要矛盾和矛盾的主要方面，搞好宏观控制，对次要矛盾和矛盾的次要方面进行微观调节。

其实，"抓大放小"更是"总体规划"中的第一"要诀"。

规划中，各种利益需要均衡、各种方向需要认真把握、各种抉择需要慎重选择，千丝万缕中要理出个"头绪"来，除了"捉对"进行分别比较之外，"抓大放小"十分重要也十分有效，把握住大方向不错、大原则不调和、大是大非不糊涂、大利益（私利）不被诱惑，就能够做出正确的、经得起时间和实践检验的规划。

1.3.3 纲举目张

纲举目张比喻做事（或规划中）抓住主要的环节、关键的节点（往往是几何中心或质量的重心，或马群中的"头马"、羊群中的"领头羊"），提领全局并带动次要环节。

成语解释中的"纲"是渔网上的总绳，比喻事物的主干部分；"目"是网眼，比喻事物的从属部分。提起大绳子来，所有的网眼一个个就都张开了。比喻抓住事物的关键，就可以轻松带动其他环节，也比喻条理分明，举重若轻。

战国吕不韦《吕氏春秋·用民》中有"壹引其纲，万目皆张"；汉班固《白虎通·三纲六纪》中有"若罗网之有纪纲而万目张也"；汉郑玄《诗谱序》中"举一纲而万目张，解一卷而众篇明。"

中国古代智慧就为今天的规划学打下了深厚的历史基础。

1.3.4 知行合一

知行合一，是指客体顺应主体，"知"是指科学知识，"行"是指人的实践，"知"与"行"的合一，既不是以知来吞并行，认为知便是行，也不是以行来吞并知，认为行便是知。

中国古代哲学家认为，不仅要认识（"知"），尤其应当实践（"行"），只有把"知"和"行"统一起来，才能称得上"善"。"致良知，知行合一"是阳明文化的核心：先有致良知，而后有知行合一。

明武宗正德三年（1508 年），心学集大成者王守仁在贵阳文明书院讲学，首次提出这一学说。所谓"知行合一"，不是一般的认识和实践的关系。"知"主要指人的道德意识和思想意念，"行"主要指人的道德践履和实际行动。因此，知行关系，也就是指的道德意识和道德践履的关系，也包括一些思想意念和实际行动的关系。王守仁的"知行合一"学说既针对朱熹，也不同于陆九渊。朱煮和陆九渊都主张"知先行后"。王守仁则反对将知行分作"两截"，知行是一个功夫的两面，知中有行，行中有知，二者不能分离，也没有先后。与行相分离的知，不是真知，而是妄想；与知相分离的行，不是笃行，而是冥行。王守仁的"知行合一"思想包括以下两层意思。

（1）知中有行，行中有知：王守仁认为知行是一回事，不能分为"两截"，"知行原是两个字，说一个工夫"。从道德教育上看，王守仁极力反对道德教育上的知行脱节及"知而不行"，突出地把一切道德归之于个体的自觉行动，这是有积极意义的。

（2）以知为行，知决定行：王守仁说："知是行的主意，行是知的工夫；知是行之始，行是知之成"。意思是说，道德是人行为的指导思想，按照道德的要求去行动是达到"良知"的工夫。在道德指导下产生的意念活动是行为的开始，符合道德规范要求的行为是"良知"的完成。

王守仁、朱熹、陆九渊都是"物态"文明工业革命以前的人物，他们从个人道德修养上讨论"知行合一"对当代人们在个人道德行为仍然有很重要的指导作用。但是，对于"生态"或"物态"工程与规划来说，由于社会化大生产的"分工"问题，规划是由一方具有专业素质的科学团队（乙方）完成的，而工程的实践则是另一部分人（投资方或甲方）执行的。于是，工程与规划中的"知行合一"问题便成为现实中的重大问题。很多规划只解决了"知"的问题，由于执行者的理解、偏好和执行力等使"行"搁浅。

1.4　生态工程与规划关键术语

生态工程与规划可以提炼、凝结、升华、浓缩的关键词，除以上生态学、工程学、规划学提炼出来的所有关键词以外，最主要的是"无废无污"和"高效和谐"。

对于"生态"工程与规划来看，并不完全像"物态"工程那样计算金钱及物质上的"投入与产出之比"，更多的是注重人类经济社会的生态安全和高效和谐地可持续发展。例如，近二十年国家进行的"三北防护林生态工程"、"长江防护林生态工程"、"沿海防护林工程"、"天然林保护工程"、"退耕还林工程"，以及"南水北调工程"、各城市的"蓝天碧水工程"等，如果仅仅是算"经济账"，怕是算不过来的。

"生态"工程与规划区别于"物态"工程与规划的关键词可以不完全地枚举如下。

1.4.1　无废无污、高效和谐

"无废无污、高效和谐"是马世骏院士和王如松院士于 1985 年提出来的生态学目标之一。生态工程与规划的本质就是建立无废无污、高效和谐、开放式闭合性的良性循环。

"丛林中"的所有生物相互伴生达数十亿年，构建的是以食物链关系及"开放式闭合循环"为机制的无废无污、高效和谐的自然生态系统。人类从"丛林中"走出来以后，构建了自身的社会经济生态复合体系，同样可以用"开放式闭合循环"构建"高效和谐"。

　　无废无污是生态系统或生态经济系统高效和谐运转的标志和目标。因此，生态农业、生态工业、生态城市的建设及产业的"绿化"效果可以通过"无废无污"的直观标志表现出来。

　　无废无污有以下几个层次。

　　（1）有废有污：有废料，也有污染，是最低层次；

　　（2）有废少污：有废料，有少量污染，是较低层次；

　　（3）无废有污：没有废料，但在生产、运输及使用过程中可能污染环境，是较低层次；

　　（4）有废无污：有废料，无污染（污染作无害化处理了），是中等层次；

　　（5）无废无污：无废料（采用无废工艺和生态经济循环消除废料），无污染，是生态经济系统高效和谐运转的最高层次。

　　事实上，无废无污是生态经济可持续发展追求的目标，也是资源最优配置和最有效利用的必然结果，是经济、社会和生态可持续发展最根本的保证。

　　生态协调发展是生态工程与规划的核心问题之一。生态工程就是指生态系统中生物与环境相适关系的动态平衡，它包括生产与生活、人类活动与环境负载能力（环境容量）、眼前利益与长远利益、局部利益与整体利益、风险与机会之间的动态均衡。

1.4.2　生态效益

　　"生态"工程与规划除了像"物态"工程与规划那样也可能非常注重经济效益或经济学上的投入产出之比之外，更加注重的是工程的生态效益和因此产生的社会效益。

　　生态效益不仅是像一些经济学家按经济效益的概念所理解成的"生态效果与生态投入之比"。生态效益应该是生态系统的个别及整体功能的外在表现，所以它可以具体地概括为生态系统的生物量生产、物质循环高效利用、相生相克及共生与竞争的对立统一产生的和谐效果，以及像涵养水源，保持水土，减少气体、水、固体和噪声的污染，防风固沙，美化环境等多种效益（特种效益）。

　　（1）生态系统的生物量生产：人类社会所利用的一切能源来自太阳能，但人类基本上不能直接利用而只能通过绿色植物的光合作用把太阳能转换成化学能并存储在光合的有机产物之中来间接地利用之。生态系统的食物链金字塔原理告诉我们，离开了生态系统的绿色植物的初级（第一性）生产的产物，世界上所有的生物都不能生存。由此可见，生态系统的生物量生产（包括植物的第一性生产和动物的第二性次级生产）对人类及其他顶级动物具有生死存亡的重大意义。

　　（2）生态系统的特种效益：人类社会的八千年文明史的建设使全世界范围内的人类生产生活形成了一系列的秩序和地域上固定的分布范围，对于像水、风、火、震、旱、雹等自然灾害，造成人民生命和财产上的损失，并对人类的生存生活造成威胁及在心理上造成的不安全感是非常明显的。保持良好的生态环境，对于渴望风调雨顺的人类至关重要，发挥森林及所有绿色植被的涵养水源、保持水土、防风固沙、美化环境、净化大气、植被碳汇等生态作用正日益受到人民群众的理解和支持。

　　（3）生态系统的服务功能（ecosystem service，ES）：对于人类社会发展经济所产生的水、气、固体、噪声、粉尘等污染，生态系统具有一定的净化和减轻减弱的作用，正确地利用生态系统的净化功能，对于我们人类的社会、经济及生态发展具有重要的理论和实际意义。

　　对于生态效益的评价问题，目前主要有实际指标和折合价值指标评价两大类，且均不太成熟，有待于进一步的研究探讨向较深入的方向发展。生态效益最深刻的内涵，是对生态系统的稳定性所贡献的促进或维护的力量。

1.4.3　"无极生太极"的哲理

如果说"物态"工程及规划采用的是"刚强"的"南拳北腿"方式的话，"生态"工程与规划"打"的则是"借力发力、以柔克刚"、"四两拨千斤"的"太极拳"。

"生态"工程与规划和"物态"工程及规划完全不同的是生态系统和物理系统的结构与功能的差异是十分巨大的，作为有生命的开放系统，"永动机"式地"自动"运转的关键机制是"物质的开放式闭合循环"。

循环是大自然生态系统周而复始、首尾相接、无废无污、高效和谐地运转的一个非常重要的过程。以老子、庄子为代表人物的道家崇尚自然，是辩证法和无神论的始祖之一，主张在"修身养性"中"清静无为"。核心理论"道法自然，无所不容"，与现代生态工程与规划理论中的"师法自然"及尊重客观自然规律如出一辙。"自然无为"中与大自然和谐相处，正是当代生态工程与规划中"高效和谐"的基本内涵。

图 1.2　蕴含深厚、深奥的生态工程与规划理论的"无极生太极"图

第一代"华夏文明"留下来的最早的"系统形象识别系统"（CIS）中的标志是"太极阴阳鱼"，曾经是中国古代"中医药"的志徽（图 1.2）。

古代的道家、医家、星象家之所以用"阴阳鱼"当作志徽或标识，是因为它不仅蕴含了现代人类及大千世界的普遍哲理，以及深厚、深奥的生态工程涵义，还表现出了人类第一代华夏文明的"和文化"。

阴阳鱼学名为太极图，图案黑白回互，中间以"S"形曲线分割，两侧宛如两条颠倒的小鱼。它是华夏文明中概括"阴阳易理"和认识世界的宇宙模型。

（1）太极图最外层的圆圈为太极或无极，表示宇宙万物乃由"元气"化生，无边无际，并不断"周而复始"地运动循环。

（2）圆内白鱼在左、头向上为阳，黑鱼为右、头在下为阴；整个图案"负阴抱阳"，阳首接阴尾，阴首也接阳尾，阴阳之间随时转换。

（3）黑、白鱼中又有小圈为白、黑鱼眼，展示阳中有阴、阴中有阳、左升右降；且阳为阴眼，阴也为阳眼。

（4）阴阳二鱼以"S"形曲线为隔，寓示在负阴抱阳中阴阳的平衡不是一刀切成的两半圆式的对称，也非天平式的平衡，而是变化的、此消彼长的阴阳均衡。而且，黑白间的界线十分明显，但寓意却是"你中有我，我中有你"，无边无界。

华夏文明中的"太极阴阳鱼"揭示的生态工程学的道理，至今仍然可以作为"深邃"的规划理论，用以解释人类生态中常态、病态和死态之间的生态转换。死是生的终结，生是死的涅槃，高潮过去是低潮，低潮之后又是新的高潮。

生态工程中的"开放式闭合循环"理论也蕴藏在"太极阴阳鱼"之中，循环经济的现代运作模式在其中也早已昭示。

复习思考题

1. 名词解释：

   丛林法则　　趋同适应　　趋异适应　　共同生存法则

   竞争和共生　　工艺流程　　纲举目张　　知行合一

   无废无污　　生态效益

2. 简述生态学最基本的法则"生物与环境相互关系原则"。

3. 根据"群居相安需为公"原则解释"严于律己，宽以待人"的生态学原理。

4. 简述工程学的关键理念、原则及术语，以及工艺流程的严谨性、必要性和重要性。

5. 简述规划中关键点、制高点、切入点的"纲举目张"效果。

第2章 生态工程与规划的核心概念

> 核心概念可能是学科的切入点、中心点和重心点，也是可以"因地制宜"及"与时俱进"的。生态工程与规划的核心概念相对"物态"工程及规划必须是融会贯通生态学、工程学及规划学之间的科学参数和重大原则、理念的深入浅出地表达。

"物态"工程及规划主要是由"视觉形态指标"来评判，感性成分远大于科学理性；"生态"工程与规划讲究的是生态学上的核心概念和科学内涵，是可以用生物多样性指标、生物量和生产力数量、生态效益的产值，以及生态系统的系列结构和功能的数量参数表达出来，并加以监控和评判的。

生态工程与规划学科的核心概念包括学科基本理论前提和框架，任何人类社会和大自然的理论和实际的科学问题的出发点、评价尺度、推论体系和行动方案都万变不离其宗。

2.1 人类及其他生物生存的 r-K 对策

弱肉强食在 K 对策和 r 对策之间已经有了长期进化的"默契"。植物一生中产下数以万计的果实、种子，成熟的雌鱼一次可产上万只卵，细菌十分钟可以繁殖数代，世界是由数量占绝大多数的 r 对策生物组成的。K 对策的顶级动物老虎、狮子等的正常捕食只是"末尾淘汰制"及"优胜劣汰"的"执法者"而已。

生态学不仅仅研究生态关系，生存生活的状态（包括常态、病态和死态；常态中又包括喜、怒、哀、乐四态），更重要的是，生态学还深入研究各类生物的"生存（态）对策"。

生态对策（ecological strategy）是指任何生物在某一特定的生态压力下，都可能采用有利于种生存和发展的策略。在生态对策上，生物种在各自的生态位置长期适应性进化，不仅仅继续"丛林法则"的野蛮和残酷，而且更多地表现出精妙的生存技巧。

对比之下，人类在不同的时期也可以反思或师法。

生态学把所有的生物分成两大类：K 对策（K-strategists）生物和 r 对策（r-strategists）生物。

（1）K对策者：王者对策，数量种类都很少，繁殖率较低，但生存能力超强，属于食物链顶端生物，如老虎、狮子、鲸鱼、豹子、豺狼等。物种的种群数量比较稳定，属于此类型的物种一般个体较大，寿命较长，繁殖力较小，死亡率较低，食性较为专一，生存能力（捕食）较强，其种群水平一般变幅不大，当种群数量一旦下降至平衡水平以下时，在短期内不易迅速恢复。

（2）r 对策者：r 对策者是典型的机会主义者，种群数量经常处于不稳定状态，变幅较大，易于突然上升和突然下降。一般种群数量下降后，在短期内易于迅速恢复。属于此种类型的物种，一般个体较小，寿命较短，繁殖力较大，死亡率较高，食性较广，是一种具有出生率高，寿命短，个体小，子代死亡率高，有较大的扩散能力，适应于多变的栖息生境的对策者。例如，雌鱼一次生育可产生过万的小鱼，这些小鱼对于捕食者毫无反抗意识和能力。但是，只要不被"吃完"，种群的恢复十分迅速。还有老鼠，一只老鼠 3 个月性成熟，就可以繁育，一次 10～15 只，一年下来，如果没有天敌（如蛇、猫、狼等）的捕食和人类的消控，繁殖数量十分可怕。还有植物，一次生产果实、种子成千上万，可食可用，种子被动物、风、水和人传播，保存在土壤中数年、数十年仍有发芽的活力。

（3）人类：依靠头脑进化成为 K 对策生物，但人类社会中，不同的类群也有采取 r 对策的生存者的策略，如韩信忍受胯下之辱。

食草动物相对食肉动物来说，是 r 对策生物，繁殖能力强（与老鼠相似）。正常的状态（生态系统的常态）中，植物的第一性生长最快，生产力和生物量积累成为生态系统中的基础物质和能量的"生产者"（r 对策）。然后，是按 10%能量转换形成的食草动物包括昆虫、小型和大型食草动物（r 对策）。再者，才是第一级肉食动物和顶级食肉动物（K 对策）。正常的食物链和营养级是 1940 年美国生态学家林德曼在研究明尼苏达州一个发育成熟的湖泊时发现的，被生态学归为 10%定理或林德曼定理。

"丛林法则"并不完全是表在、浅显的残忍，这其中蕴含着生态系统"非金钱交易"的"交换"。在美国黄石公园，顶级动物灭绝，人工放养了一批食草动物。时间长了，阳光草地上的鹿群生活悠闲、食物充足，只是开始出现"病态"。请来医生"打针吃药"都不管用，最后请来生态学家诊断，开出的"处方"是"放狼"或用中国成语"引狼入室"更为贴切。

狼来了。为了获得"免费的午餐"，狼群拼命追逐鹿群，落在后面的鹿成为狼的食物。但鹿群种群数量并没有因此消退，狼的捕食仅仅相当于人类社会管理学中的"末尾淘汰制"，鹿群由"病态"（腿细肚大的富贵病，与人类的"城市病" 相似）返回"常态"。当然，这是以一部分鹿的"死态"换来的，代价是有的，但回报也是丰厚的。并不完全体现只带贬义的"丛林法则"那种野蛮的感觉。

在草原上，游牧民族把狼当成保护神，因为有狼的存在，才能消控食草动物种群（如兔子、老鼠种群不会无"制约"增长），狼是草地的保护者。

2.2　化解资源约束的"魔咒"

　　　资源稀缺的本质是人类的超常欲望、私有制的不均等占有，以及人类认识和利用能力的局限性。只有人类保持三个层次生态关系的稳定和谐、自律人口规模[保持总和生育率（TFR）≈2，实现人口零增长]、控制欲望及提高科技水平（认识及利用能力），才能化解资源稀缺的"魔咒"。

人类在地球上生存最重要的资源是光、热、水、气、食物五大类。黑暗中人类能连续坚持 1 年左右。人体温度保持 37℃，空气气温保持 15～25℃为舒适，蛋白质 40℃以上变性。缺水的情况下人类只能存活 10 天左右；窒息 3 分钟能置人死地；缺少食物（不缺水）的情况下人类能存活 60 天左右。

光、热、水、气、食物五大类生存资源皆为"拜天所赐"，人类只要自律人口规模 [保持总和生育率（TFR）≈2 的零增长]，种内、种间关系和谐（不要内斗如战争、外斗如瘟疫），即可蓝天碧水，春华秋实，丰衣足食。

　　地球在整个宏观宇宙犹如沧海一粟，人类只是地球上已知的 150 万种物种之一，怎么可能出现资源稀缺呢？况且，人类已经进化成为地球生物圈中的顶级动物，生物圈里的所有植物、动物和微生物都可能也可以是人类的食物。整个宏观宇宙里的能源和物质都可能也可以是人类的资源。

　　"资源稀缺"作为经济学"假设"前提，是因为人类社会实行了"私有制"。在对"拜天所赐"的生存要素私有化后，80%的财富掌握在 20%的人类手中（帕累托定律），相对于那些 80%的人来说，资源当然"稀缺"。就人类整体来看，"资源稀缺"也可能在满足以下的条件时存在：

　　（1）有些资源存在但未被认识，谈不上利用；
　　（2）有些资源存在且被人类认识，但加以合理地利用的能力不够；
　　（3）已有的资源在时间、空间分布上及所有权错位；
　　（4）人类对资源的所有权界定及"分配公平"问题；
　　（5）人类不现实或超现实的欲望，致使"欲壑难填"。

　　因此，"约束欲望"及依靠科学技术，提高自己的认识能力和合理的利用能力是解决"稀缺"的途径之一。

　　现实世界中的粮食短缺，根本原因是经济上的"分配不公"。世界性的能源短缺，如化石能源面临枯竭。而太阳能、风能、水能、潮汐能、地热能、生物质能等无碳或低碳新能源人类认识到了，但利用能力不到位。例如，台风蕴藏着巨大的能量，每年造成沿海国家及海岛国家巨大经济损失，如果能够在认识的基础上加以合理利用，台风中的能量将会为人类造福。

　　从经济学角度上讲，相对人类的认识能力、利用能力和欲望满足，资源的稀缺性是存在的。但是，生态学及生态经济学需要在这个经济学假设的前提下，重新定义资源的稀缺性，并通过增加的人类认识及利用的能力来彻底消除稀缺性。

2.3　生存资源的重新分配

　　　　　　"付费"是人类在私有制基础上的"交换"规则，在一定程度上体现"公平"，
　　　　更多的是大大提升效率。但是，人类的"规则"也是人与人之间，人类与其他物
　　　　种之间，以及人类与大自然之间"交换"的障碍和人类分配不公的根源。

　　光、热、水、气、食物五大类生存资源皆来自大自然，人类曾几何时付过费？

　　"天下没有免费的午餐"这句经济学的名言，其含义是"做什么事都需要付出劳动，不要想着不劳而获"。同样含义的句子还有"天上不会自动掉馅饼"。

　　"免费午餐"这个词，始于 1933 年美国新政时期，为保守派政客和评论家所创用。美国著名评论家亨利·赫列特，在其著作中就多次用"免费午餐"来形容社会福利事业，以向公众解释"公共福利"其实十分昂贵。因为政府本身不能创造财富，政府的收入是从抽税而来。而执行福利政策过程中又形成了庞大的政府架构，这就是免费福利成本高昂的原因。

　　在现有的经济分配体制下，所有的地球资源都被"产权"界定。资本主义社会里"私有财产是神圣不可侵犯的"，各种社会体制里也没有不属于任何人、任何集体或国有的"财

产"。制度经济学中科斯定理更是把"产权界定"看成是"灵丹妙药"，包治自由市场经济的"百病"。

科斯的产权界定，没有想到"物种面前，种种平等"。分得土地的农民，那些原住居民中的动物和微生物都一并被人类取得了"产权"。

但是，从生态学上来看，人类是靠第一性生产（绿色植物的光合作用，又叫初级生产）和第二性生产（动物的生长，又叫次级生产）养活的"异养者"或非自养者。换句通俗的话说，人类靠的是自然界里的植物和动物提供的"免费餐"养活着的，人类从来都没有付过费，甚至从来就没有想过要付出些什么。

对地下矿藏、能源、土地的利用，人类给大自然付过钱吗？人类的回报是空气、水、土壤等危及地球其他物种的环境污染。

相反，人类关上用木材和动物皮毛（毡房）造成的"房子"，在里面却讨论人间"没有免费的午餐"的问题。80%的财富掌握在20%的人手里，有人富可敌国，有人温饱无着。这样的人间经济体制在经济学上再完美，在生态学、生态经济学上也必须有所改变，去发动一场"革命"也在所不惜。

2.4　循环经济的发展模式

　　　　　循环经济的核心是废料和原料首尾相接的"开放式闭合循环"，运用生态经济的机制并技巧化产品链、价值链和废料链的连接，否则会出现"循环不经济，经济不循环"事与愿违的恶果。

循环经济（cyclic economy），即物质"开放式闭合循环"经济，是指在人、自然资源和科学技术的大系统内，在资源投入、企业生产、产品消费及其废弃的全过程中，把传统资源链、产品链、价值链、信息链的经济，增加一个"废料变原料"的"废料循环链"，转变为依靠生态型"资源循环"的新经济模式。

环境污染的处理经历了以下"排"、"治"、"化"三个发展阶段。

（1）"排"：将废料一扔了之（但无处可扔），这种模式是行不通的；

（2）"治"：将废料当成"污染"，按国家标准处理到无害化程度填埋或焚烧（现行模式）；

（3）"化"：将废料按"循环经济模式"不仅做到资源合理利用，而且同时产生经济效益。

针对固体废物的"循环经济工艺模式"的"环环相扣"如下。

a. 第一环（主环）：资源、产品、消费、垃圾、资源化连接（转换节点）、资源或产品；

b. 第二环（次环）：物流中跑冒滴漏、生产工艺过程中的废料、报废过期产品等的再加工利用，转换成资源或产品；

c. 第三环（次环）：工厂与工厂或生产工艺与生产工艺之间的对接；

d. 第四环（节点及支点建设）：对城市及社会集中的废料或垃圾进行"物流闭合循环节点及支点设计"，对接整个社会区域的物质开放式闭合循环。

总之，循环经济学的建立开创了用生态学、经济学及生态经济学研究、分析解决环境问题的新途径，针对污染的生态经济本质和根源，另辟蹊径，在取得彻底消灭污染的基础上，同时兼顾生态、经济和社会效益。

传统经济是"资源→产品→废弃物"的单向直线过程，创造的财富越多，消耗的资源和产生的废弃物就越多，对环境资源的负面影响也就越大。循环经济则是实施"废料→原料"的转换，同时获得生态经济和社会效益，从而使经济系统与自然生态系统的物质循环过程相互和谐，促进资源永续利用。因此，循环经济是对"大量生产、大量消费、大量废弃"的传统经济模式的根本变革。

2.5　低碳经济的转型方式

煤、石油、天然气、可燃冰、页岩气等高碳能源的枯竭，以及排放二氧化碳造成地球温室效应，是全世界低碳转型的必然。低碳经济可以概括成为一句话：直接节能减排是手段，碳汇对接是基础，而无碳新能源替代才是根本。

全世界的低碳转型理念及节能减排的全球共识起源于《京都议定书》（全称《联合国气候变化框架公约的京都议定书》），是《联合国气候变化框架公约》的补充条款，由《联合国气候变化框架公约》参加国的三次会议制定，1997 年 12 月在日本京都通过。其目标是"将大气中的温室气体含量稳定在一个适当的水平，进而防止剧烈的气候改变对人类造成伤害"。

为了促进各国完成温室气体减排目标，《京都议定书》允许采取以下四种减排方式。

（1）两个发达国家之间可以进行排放额度买卖的"排放权交易"，即难以完成削减任务的国家，可以花钱从超额完成任务的国家买进超出的额度。

（2）以"净排放量"计算温室气体排放量，即从本国实际排放量中扣除森林所吸收的二氧化碳的数量。

（3）可以采用绿色开发机制，促使发达国家和发展中国家共同减排温室气体。

（4）可以采用"集团方式"，如欧盟内部的许多国家可视为一个整体，采取有的国家削减、有的国家增加的方法，在总体上完成减排任务。

节能减排、新能源替代及碳中和（碳源和碳汇的对接）成为低碳转型的社会框架中的三条脊梁。而具有生态公平与经济效率的碳源和碳汇对接（"正、负外部性"在对接中抵消）的碳均衡更是三条脊梁中的栋梁。

二氧化碳是植物光合作用的不可或缺的原料，减排二氧化碳的重要途径之一是利用本区域的森林及其植被的生物量生产过程同化之。因此，低碳经济没有必要因为节能减排的思维而走进"无碳"的误区。

现有的高碳能源仍然需要合理、经济地加以利用。有了碳汇中和及新能源替代的作用，节能减排的目标和责任也会大大降低。通过社会性地进行碳汇与碳源的对接或碳交易，将对经济的分配方式加以丰富。

按"汇"分配将对社会性保护森林、山区脱贫，在我国主功能区规划的限制保护区中经营包括"碳汇"在内的生态效益（作为社会公共物品），起到低碳转型的新经济和新制度的巨大作用。这也同时将催生建立在"碳中和"或"碳均衡"基础上的碳汇交易。

图 2.1 中的基本框架立足于我国年度碳源远远高于森林碳汇的现实，制定"排碳付费，碳汇卖钱"的基本交易原则，避免主观"制造"排放权指标并进行行政命令式的"分配"，建立带有经济杠杆形式的"碳排放权交易市场"。

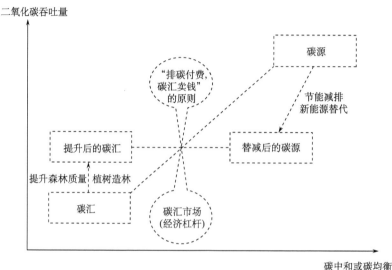

图 2.1　基于碳中和及新能源替代的我国温室气体减排基本框架设计（引自钟晓青，2015）

总之，碳中和是节能减排的生态机制及碳均衡的基础，新能源替代是化石能源枯竭前的必须及节能减排的根本，而直接的节能减排是近期、初期的过渡手段。

2.6　绿色 GDP：地球三大类"生产"的测度

"生产"是人类内部"分配"的理由，放到生物物种"种种平等"的地球生态世界里，生物生存的光、热、水、气四大生存要素由大自然赐予，第五生存要素食物来自 r 对策生物的生命体。真正意义上的生态经济"生产"应该是两大类：利用光、热、水、气四大生存要素的"生态生产"（第一性、第二性生产），以及人类社会化大生产（第三性生产）。后一类主要是人类利用物理化学原理进行的"物态"生产。绿色 GDP 的评价不仅要扣除"环境损失"，还应该加上"第一性和第二性"的"生态生产"。

改革现行的国民经济核算体系，对"环境资源"进行核算，从现行 GDP 中扣除环境资源成本和对环境资源的保护服务费用，其计算结果可称之为"绿色 GDP"。

GDP 总量 −（环境资源成本 + 环境资源保护服务费用）= 绿色 GDP

到目前为止，绿色 GDP 核算只涉及自然意义上的可持续发展，包括环境损害成本、自然资源的净消耗量。这只是狭义的绿色 GDP，应该把与社会意义上的可持续发展有关的指标纳入 GDP 核算体系。因此，在 GDP 的核算中，必须扣除安全生产事故造成的 GDP 损失，以及处理这些事故的支出；扣除社会上各种突发事件造成的 GDP 损失，以及处理这些事件的支出；扣除为了防范和处理市场不公正、腐败造成的损失。

　　从 20 世纪 70 年代开始，联合国和世界银行等国际组织在绿色 GDP 的研究和推广方面做了大量工作。2004 年以来，我国也在积极开展绿色 GDP 核算的研究。2004 年，国家统计局、原国家环境保护总局正式联合开展了中国环境与经济核算绿色 GDP 研究工作。

　　按可持续发展的概念，可持续收入或绿色 GDP 可在传统 GDP 的基础上，通过以下的环境调整而得到。

　　（1）当年环境退化货币价值的估计，即环境资本折旧。由于这种折旧通常可划分为两部分，其一为传统 GDP 中已部分计入的环境损害，如由于空气污染造成的农作物产量下降等；其二则为完全计入传统 GDP 中的环境损害，如野生生物物种的消失及自然景观的破坏等。因此，这一项目的调整主要指传统 GDP 中未计入的环境退化部分。

　　（2）环境损害预防费用支出（预防支出），如为预防风沙侵害而投资建立防护林带等。

　　（3）资源环境恢复费用支出（恢复支出），如净化湖泊与河流、土地复耕等；

　　（4）由于非优化利用资源而引起超额计算的部分。

　　因此，计算可持续收入（绿色 GDP）的公式为：

　　可持续收入（绿色 GDP）= 传统 GDP −（生产过程资源耗竭全部+生产过程环境污染全部+资源恢复过程资源耗竭全部+资源恢复过程环境污染全部+污染治理过程资源耗竭全部+污染治理过程环境污染全部+最终使用资源耗竭全部+最终使用环境污染全部）+（资源恢复部门新创造价值全部+环境保护部门新创造价值全部）

　　扣除 GDP 中不属于真正财富积累的虚假及不合理部分，便构成了真实 GDP，即"绿色 GDP（GGDP）"（GGDP，第一个 G 指 green）。

　　　　　　GGDP = 传统 GDP −自然部分的虚数−人文部分的虚数

　　GGDP 力求成为一个真实、可行、科学的指标，以衡量一个国家和区域的真实发展和进步，更确切地说明增长与发展的数量表达和质量表达的对应关系。

　　生态学与经济学融合的时代已经到来。比较经济社会大生产和生态的第一性、第二性生产的特征和内涵，发现两者之间的连接才是"生态经济统一"的基本方向之一。人类经济社会化生产应该考虑生态生产的基础和前提作用，生态的生产也应该考虑人类劳动和精神与物质成果。

　　自然生态系统中，生态（自然）生产包括植物利用光合作用的第一性（初级）生产（自养）和动物摄食植物而进行的第二性（次级）生产（异养）。现行的人类经济化大生产分为三次产业，通行的衡量或评估方法是 GDP 思维，按人类的成本与收益用金钱来度量，忽视生态系统的植物、动物的生物量生产，未计算生态系统的服务功能价值。比较生态生产和人类社会的生产发现以下几点。

　　（1）两者生产的结果计算基本上不重叠，可以相互连接起来。

　　（2）生态系统的生产应该突破只着重第一性生产的局限性，应该将消费、还原及环境要素，如光、热、水、气、地形、生物间的服务、矿物质的生成等方面计算进来。

　　（3）人类的 GDP 生产是将人类的劳动生产、交换、消费、流通、服务等方面计算出来，生态生产与人类社会生产之间的连接应该属于"第三性生产"的性质。

　　（4）生态系统的第一、第二、第三性生产的综合才应是生产的总和。

　　（5）绿色 GDP 应该是在现行的 GDP 的基础上，加上第一、第二性生产的综合才对。

　　所以，在运用经济学 GDP 思维和计算方式方法的基础上，对生态系统的植物、动物的生物量生产和生态系统的服务功能价值进行"支出法"或"收入法"计算，成为生态生产总值（EDP），并继续以上"三次生产理论"运用影子价格方法匡算我国的绿色 GDP（E-GDP）的总量，才是真正的绿色 GDP：

GGDP =（传统 GDP+第一性生产力+第二性生产力）-自然部分的虚数-人文部分的虚数

2.7　边缘化、边缘优劣势理论

> 边缘优势和边缘劣势同在，边缘化和中心化在一定条件下可以发生位置转换，"竞争边缘生态位"不仅仅是生态学中的"竞争排斥原理（高斯定理）"，也是生态经济学中应对老少边穷地区"后发优势"的金科玉律。

生态学对边缘化及中心化问题观察得更加仔细，理论更加完备。

生态观察：在一片同时种植的人工林（或稻田）中，哪里的树木（稻穗）可能长得最大？

答案是：边缘上。

在生态学上，这叫"边缘优势效应"。

原因：在生态系统中，位于边缘的物种由于只有一半（50%）需要和同种、同时间和空间上营养空间需求的物种做"殊死搏斗"。Gause（高斯）认为两个相同物种不可能同时长期地占有相同的生态位（高斯假说）。因此，位于边缘的物种具有另一半不需要和同种、同时间和空间上营养空间需求的物种做"斗争"的边缘优势，所以，在人工植物群落中，如人工杉木林、马尾松林、稻田、麦田、密集菜田中，边上的植株因为比中心的个体可能享受更多的"阳光雨露"而具有生长发育的优势（图 2.2）。

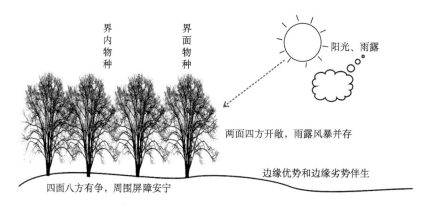

图 2.2　自然生态系统界面上的边缘优势与边缘劣势及生态边缘效应

同样的问题：在一片同时种植的人工林（或稻田）中，哪里的树木（稻穗）可能长得最小？

答案也是：边缘上。

在生态学上，这叫"边缘劣势效应"。

原因：植株（稻穗）的大小有遗传和后天生长环境双重因素，单纯考虑环境时，应该考虑到由于系统的边缘往往是外来干扰，如风暴、机械损伤、动物捕食等不利因素首当其冲的地方，于是与"边缘优势"并存的是"边缘劣势"。

由于边缘优势与边缘劣势效应，动物、植物、微生物等物种，都有明显的"竞争边缘生态位的"趋势。它们利用系统中心区域躲避边缘劣势，利用系统边缘竞争边缘优势。所以往往在水陆界面的岸边，陆生、水生及飞鸟三栖物种"大聚会"。

水生动物靠近岸边水域因为这里浮游生物丰富，陆生动物需要喝水、洗澡及寻找捕食机会，天空飞鸟更是喜欢滩涂食源，于是，陆地生态系统与水生生态系统交错的岸边、滩涂生态系统，可望成了物种多样性积聚的边缘效应的界面之一。

具有边缘优势效应的生态交错带的主要特征有食物链长，生物多样性高，种群密度大，种群之间竞争激烈，抗干扰能力差等生态特征。交界处易发生变异，系统脆弱，恢复周期长。

2.8　"先污染，后治理"的发展陷阱

有一条让经济学得出"先污染，后治理"谬论的曲线。其错误在于调制"环境质量与经济发展指标"之间关系曲线时，把"环境质量指标"用"污水或废弃物年度排放量"指标代替（偷换概念），这样"年度排放量"随经济增长到一定程度出现"拐点"就成了"环境质量会随着经济发展出现拐点"的有悖生态学常理的错误"推论"。

库兹涅茨曲线是美国著名经济学家库兹涅茨 1955 年所提出来的收入分配状况随经济发展过程而变化的曲线。1993 年 Panayotou 首次将这种环境质量与人均收入间的关系称为环境库兹涅茨曲线（EKC）。对文献比较全面地检索后发现，两种互相对立的研究结果交织在一起难解难分。两种观点如下。

（1）一部分文献支持环境库兹涅茨曲线"倒 U 形"的大量实证研究，认为随着经济发展及 GDP 水平的提高，环境损失会自然出现或不自然地出现"拐点"，于是"先污染后治理"的思潮蜂拥而至。例如，张晓（1999）利用时间序列数据，对我国人均 GDP 与人均废气排放量、人均 SO_2 排放量之间关系进行计量分析。其研究结果表明，我国经济增长与环境污染水平存在"倒 U 形"的"弱"环境库兹涅茨曲线关系。中国科学院可持续发展战略研究组（2001）的研究结果表明，我国经济增长与环境污染水平存在"弱"环境库兹涅茨曲线关系，并且目前仍正处于"倒 U 形"曲线的左侧，尚未达到转折点，即我国污染物排放总量呈逐年上升阶段。

（2）另一部分文献对突破生态容量及造成污染的"难以恢复"甚至"不可恢复"性的直觉反对，批评坐等"拐点"的虚幻性。解振华（2003）认为"西部开发绝不能走先污染后治理的道路"。徐匡迪（2004）提出"中国不希望重走先污染后治理的发展道路"。赵云君（2004）对环境库兹涅茨曲线提出质疑并进行了修正。钟茂初（2005）提出了环境库兹涅茨曲线的虚幻性并研究了对可持续发展的现实影响。

前者是观点提出者的支持者和"实证"者；后者是反对者，但正式发表的科学文献较少，论据不足，似乎难以动摇"先污染、后治理"的理论根基，没有找到"环境库兹涅茨曲线"的真正缺陷。

追本溯源，从经济学、生态学及生态经济的最新理论来重新规范与实证分析"环境库兹涅茨曲线"的来龙去脉。发现其根本的缺陷是在纵坐标轴的"环境损失（生态环境状况）"

是用"偷换概念"的方式，用的实际上是"污染物的年度排放量"（图2.3）。于是，"污染物的排放量"随着经济发展（GDP增长）到一定阶段的"减少"，呈现"倒U形"曲线变成了"环境损失"（质量下降）随着经济发展（GDP增长）出现"拐点"的谬误。

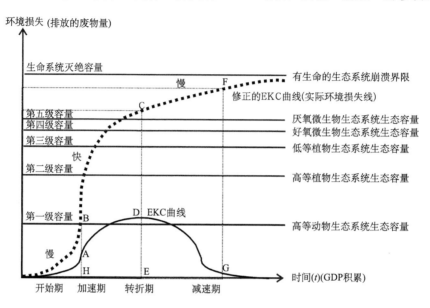

图 2.3　库兹涅茨曲线（EKC）及其"环境损失"修正曲线（引自钟晓青，2016）

这中间的差别就在于"环境损失"（质量下降）和"污染物的年度排放量"之间的内涵和外延都是不同的。"污染物的年度排放量"可以下降或永久性停止，但环境损失（超过环境容量的生态系统降级甚至崩溃）是不会随着"污染物的年度排放量"下降、暂时停止或永久性停止而同步地"下降或永久性停止"的。

这是一个"偷换概念"的错误推断。"污染物的年度排放量"可能有"拐点"，而"环境质量"一旦被破坏就"覆水难收"，是不可能随排放停止，而好转、恢复的。"先污染、后治理"的命题是一个不折不扣的弥天大谎。

2.9　企业排废的"有限责任"模式

经济学对环境污染的一种解释，实际上忽略了"一粒老鼠屎坏了一锅粥"的污染损害及放大效应，未加实证就假定这种"外部性损失"是一个小于"利润"的"常数"，而实际上可能外溢成为"无穷大"的损失，靠科斯的产权界定及"庇古税"根本无法清除。

外部性理论是经济学术语。站在厂商的立场上，购买原料生产产品是厂家的职责，排出的废料并污染环境就不属于企业的内部性，而是属于可以转嫁社会的"外部性"。

外部性亦称外部成本、外部效应（externality）或溢出效应（spillover effect）。外部性可以分为正外部性（或称外部经济、正外部经济效应）和负外部性（或称外部不经济、负外部经济效应）。有人认为外部性概念的定义问题至今仍然是一个难题，有的经济学家把外部性概念看作是经济学文献中最难捉摸的概念之一。所以，有的干脆就不提外部性的定义，如斯蒂格利茨的《经济学》、范里安的《微观经济学：现代观点》等就是这样处理的。不下定义就来分析这一问题往往是困难的。因此，经济学家总是企图明确界定这一概念。不同的经济学家对外部性给出了不同的定义。归结起来不外乎有以下两类。

（1）一类是从外部性的产生主体角度来定义，如萨缪尔森和诺德豪斯的定义："外部性是指那些生产或消费对其他团体强征了不可补偿的成本，或给予了无需补偿的收益的情形。"

（2）另一类是从外部性的接受主体来定义，如兰德尔的定义：外部性是用来表示"当一个行动的某些效益或成本不在决策者的考虑范围内的时候，所产生的一些低效率现象；也就是某些效益被给予，或某些成本被强加给没有参加这一决策的人"。

目前的经济学教科书在描述这类问题时（图 2.4），都有约定俗成地把边际外部损害（SP）或边际外部成本（MEC）当成"相对小"的量，暗示其在价格或价值上小于边际私人损害（MPD）或边际私人成本（MPC），于是，就有了通过"征税或收费"解决所谓"外部性"的经济学解释。但是，由于污染的排放后，可能造成伤人甚至死人的严重后果，排放到水域有造成水域生

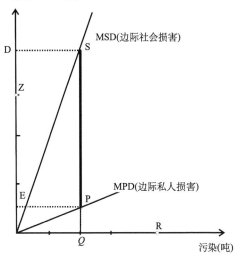

图 2.4　经济学关于环境污染外部性理论的误区（示 SP 足够大甚至无穷大）

图中 MPD 表示边际私人损害，MSD 表示边际社会损害，两者之间在污染物排放量 Q 时，有差值 SP（外部性）。同理，MPD 曲线也可表示边际私人成本（MC），MSD 曲线也可代表表示边际社会成本（MSC），两者之间在污染物排放量 Q 时有差值 SP 为边际外部成本（MEC）

态环境严重破坏，甚至根本不可能恢复的后果，所以边际外部损害（SP）或边际外部成本（MEC）不是"相对小"的量，而是在价格或价值上大于，甚至远远大于边际私人成本（MPC）的量。

如果我们定义边际外部损害（SP）或边际外部成本（MEC）在大于或等于企业的边际私人成本（MPC）时，边际外部损害（SP）或边际外部成本（MEC）只要"足够大"出现，通过"征税或收费"解决所谓"外部性"的经济学解释就不成立，因为这时如果"征税或收费"，企业就运转不下去，几乎所有的企业都会面临倒闭的困境。当出现"无穷大"时，更是如此。

因此，外部性对污染的解释，以及假设边际外部损害相当小的前提根本就不存在，通过征收"排污费或税"是不可能"将外部成本内部化的"。企业的废料或环境污染的根本在于循环经济、生态经济中的物料开放式闭合循环，在于"废料转换原料"的生态驳接。

2.10　区域排污权交易机制

这确实是一种用经济学分担"治理"成本的巧妙思维，让资源合理配置并产生生态经济统一的优化效果。只是初始排污权的确定及分配已经超出了经济

学的学科范畴，完全是一个生态机制及技巧的经济表达问题，生态技巧是核心，经济只是手段。

排污权交易（pollution rights trading）是一种经济学术语，使用经济学的方式方法把区域"生态容量"资源化、市场化的巧妙思维，对于整合全人类社会资源，消灭环境污染有重要的理论和实际意义。

排污权交易是指在一定区域内，在污染物排放总量不超过允许排放量的前提下，内部各污染源之间通过货币交换的方式相互调剂排污量，从而达到减少排污量、保护环境的目的。它主要思想就是建立合法的污染物排放权利，即排污权（这种权利通常以排污许可证的形式表现），并允许这种权利像商品那样被买入和卖出，以此来进行污染物的排放控制。

排污权交易起源于美国。1960 年，英裔美国经济学家科斯提出"排污权交易"的概念，1968 年美国经济学家戴尔斯最先建立了排污权交易的理论，并首先被美国国家环境保护局（Environmental Protection Agency, EPA）用于大气污染源及河流污染源管理。面对二氧化硫污染日益严重的现实，EPA 为解决新建企业发展经济与环保之间的矛盾，在实现《清洁空气法》所规定的空气质量目标时提出了排污权交易的设想，引入了"排放减少信用"这一概念，并围绕排放减少信用从 1977 年开始先后制定了一系列政策法规，允许不同工厂之间转让和交换排污削减量，这也为企业针对如何进行费用最小的污染削减提供了新的选择。之后德国、英国、澳大利亚等国家相继实行了排污权交易的实践。排污权交易是当前受到各国关注的环境经济政策之一。

排污权交易作为以市场为基础的经济制度安排，它对企业的经济激励在于排污权的卖出方由于超量减排而使排污权剩余，之后通过出售剩余排污权获得经济回报，这实质是市场对企业环保行为的补偿。买方由于新增排污权不得不付出代价，其支出的费用实质上是环境污染的代价。排污权交易制度的意义在于它可使企业为自身的利益提高治污的积极性，使污染总量控制目标真正得以实现。这样，治污就从政府的强制行为变为企业自觉的市场行为，其交易也从政府与企业行政交易变成市场的经济交易。可以说排污权交易制度不失为实行总量控制的有效手段。

排污权交易的难点在于区域排污容量的确定，以及初始排污权的分配原则和办法。

（1）首先由政府部门确定出一定区域的环境质量目标，并据此评估该区域的环境容量。

（2）推算出污染物的最大允许排放量，并将最大允许排放量分割成若干规定的排放量，即若干排污权。

（3）政府可以选择不同的方式分配这些权利（绿色基尼系数提供了两大类分配方式和方法），并通过建立排污权交易市场使这种权利能合法地买卖。在排污权市场上，排污者从其利益出发，自主决定其污染治理程度，从而买入或卖出排污权。

排污权交易要以污染物总量控制为前提，而污染物排放总量应当根据当地环境容量，也就是自净能力确定。但环境容量受多种不确定的因素影响，很难准确得出。因而实际确定的污染物总量只是一个目标总量，更多时候它表现为最优污染排放量（由边际私人纯收益和边际外部成本共同决定），也就是说如果排污权交易建立在最优污染排放量基础上，污染物排放总量极大可能超出环境容量，毫无疑问会构成对环境的破坏。

环境标准和排放标准的进一步准确化是排污权交易顺利进行的必备条件。环境标准从形式上看,似乎体现了各污染源之间的公平,但实际对于不同的排污企业,可能因为背景水平、治理难度等的差异并未公平地分摊削减污染的负荷。现行排放标准对于新兴污染控制政策的改革甚至产生一种限制。

排污权交易原则上禁止各功能区之间排污许可证的转让,但在特殊情况下可以。这就是当环境围绕压力大的地区向污染压力小的地区转让排污权时,适用两地环保部门协商制定的"兑换率"。然而由于兑换率直接涉及两地的经济利益,可以想象达成一致是非常困难的,又会增加政府的管理成本。

非排污者可以进入市场购买排污权,从理论上来说违反了污染者付费原则。实际上将一部分责任转嫁给无辜的非排污者,由于非污染者的原因减少了污染,意味着在环境自净能力许可范围内又可以多排放,这极不公平,长此以往,后患无穷。

此外,未能适当地考虑排污时间问题。效果良好地满足短期环境标准意味着除控制污染外还要控制时间。污染是一个复杂的问题,环境自净能力在不同的时期、不同的条件下有所不同。如果节省的排污权在同一时期使用,又恰好遇到自净能力差的时期,就等同于超标排放。

作为一种市场手段,建立排污权交易制度的关键问题之一就在于,如何合理地将初始排污权分配给数个污染源。初始分配权一般有两种方法可以来获得:可以在现有的排污者中分配;或者可以通过拍卖或抽签的方法在范围更广的申请者中分配。

对于局部的污染物而言,其中一些许可证可以免费发放;而对于全局性的污染物来说,许可证应该进行拍卖。但是,如何合理确定分配方式呢?如果采用免费发放的方式,政府管理部门就不能取得经济利益。而如果对初始排污权都进行拍卖,则有可能增加实施排污权交易制度的阻力。因为排污企业提供了就业机会,交纳了税收,生产了社会需要的产品,却需要以较高的竞标价格购得初始排污权,也可能影响投标人的积极性。投标人越少,拍卖者所能得到的价格就越低。怎样确定初始排污权的分配方式,对政府管理部门也可能成为难题。

排污权交易是用经济学手段解决环境污染问题的一种"市场交易"方法。但是,在初始排污权确定、分配、评估、交易、反馈等环境没有生态学全程参与,没有生态经济学思维和方法,是不可能达到预期目的的。

2.11 生态足迹的均衡尺度

生态足迹分析法是由加拿大生态经济学家 William 及其博士生 Wackernagel 于 20 世纪 90 年代初提出的一种度量可持续发展程度的方法,是基于土地面积的、最具代表性的可持续发展的量化指标。生态足迹的内涵就是人类要维持生存必须消费各种产品、资源和服务,每一项消费最终都是由生产该项消费所需的原始物质与能量的一定面积的土地提供的。因此,人类系统的所有消费在理论上都可以折算成相应的生态生产性土地的面积。在一定技术条件下,维持每个人某一物质消费水平并持续生存必需的生态生产性土地的面积即为生态足迹,它可以衡量人类目前所拥有的生态容量,也可以衡量人类随着社会的发展对生态容量的需求。生态足迹可以测度人类对环境的影响规模,又代表人类对生存环境的需求。

当一个地区的生态承载力小于生态足迹时，会出现生态赤字；生态承载力大于生态足迹时，则产生生态盈余。生态赤字表明该地区的人类负荷超过了其生态容量，要满足其人口在现有生活水平下的消费需求，该地区要么从地区之外进口欠缺的资源以平衡生态足迹，要么通过消耗自然资本来弥补收入供给流量的不足。相反，生态盈余表明该地区的生态容量足以支持其人类负荷，地区内自然资本的收入流大于人口消费的需求流，地区自然资本总量有可能得到增加，地区的生态容量有望扩大。在全球经济一体化和我国加入世界贸易组织（WTO）后，要保证一个地区的可持续发展，实现现代化，首先必须明晰本地区在环境与资源的需求与供给方面的现实状况，制定积极的、现实可行的发展战略，发挥优势，克服不足，在实现社会经济快速、稳步发展的同时，实现人与自然的和谐。

开展区域生态足迹研究具有重要的意义，因为一个区域范围内的自然界的可利用性和功能性，特别是不可取代的生命支持服务功能是未来区域发展的主要限制因素。可持续发展定量测度的核心是确定人类是否生存于生态系统的承载力范围之内。生态足迹方法通过将区域的资源和能源消费转化为提供这种物质流所必需的各种生物生产土地的面积（生态足迹需求），并同区域能提供的生物生产型土地面积（生态承载力或生态足迹供给）进行比较，能定量判断一个区域的发展是否处于生态承载能力的范围内。可持续发展的模式应是占用较少的生态足迹，而生产更多的经济产出的经济发展模式。

2.12　区域生态容量分配模式

这是一个为"排污权分配"奠定理论基础的生态经济学理论，选择"经济发展指标"为因变量，则得出发达国家或地区拥有更大的排污权，这对发展中国家或欠发达地区不公平。选择"生态容量指标"为因变量，则得出森林面积、耕地面积较多的国家或地区拥有更大的排污权，结果和上面的恰恰相反。

基尼系数（Gini coefficient）或坚尼系数，是 20 世纪初意大利经济学家基尼于 1922 年提出的，根据劳伦茨曲线所定义的，判断 "收入分配"的公平程度的指标，用闭区间[0，1]的比例数值表示。2010 年中国家庭的基尼系数为 0.61（表示收入差距很大），大大高于 0.44 的全球平均水平。2013 年国家统计局公布了过去十年中国基尼系数为 0.474（数值越接近 0，表明收入分配越是趋向平等，反之趋向不平等）。

王金南、张音波等在 2008 年通过对基尼系数内涵的扩展，提出了资源环境基尼系数的概念，提出了以绿色贡献系数作为判断不公平因子的依据。结果表明："中国资源环境的分配差异较小，不公平因子主要集中于西部经济欠发达地区"。笔者在《生态学报》上发表文章与王金南和张音波商榷，认为"基于 GDP 的中国资源环境基尼系数"分析的立论是不正确的，正确的应该是基于"环境或生态容量"的"生态基尼系数"。

环境基尼系数以 GDP 数据为纵轴，以污染排放量为横轴，得出 GDP 高的区域（富裕地区）比贫穷地区拥有更多的排污权或能源消耗权的所谓"公平"，实际上此种结论对欠发达地区（国内）或发展中国家（包括中国）是不公平的，也是不符合可持续发展要求的。

根据用"GDP 比重"计算出的结果，广东比较贫困的清远、韶关、云浮、河源是"非绿色模式"，而深圳、广州、中山"体现出的是一种绿色发展模式"。我国"中、西部地区需要转变发展模式"而富裕的"东部"就是"绿色发展模式"。这种"越富裕越有排污权消耗权"的理论与生态学的生态容量理论相背离，在我国及全世界，经济富裕与生态容量的正值往往错位，经济发达往往是建立在"资源耗竭"的"不可持续发展模式之上"。

这也是一年一度的世界气候大会自《京都议定书》以来争吵的原因。发达国家希望按"GDP 比重"权重分配二氧化碳的排污权，而发展中国家坚决反对。中国、印度主张按"人口权重"分配排污权，而大多数发展中国家要求发达国家要承担历史中累计排放的责任，并认为发达国家和不发达国家的发达地区对资源耗竭和环境污染负有不可推卸的责任。

《京都议定书》中有规定，碳排放权可以被本国的碳汇所抵消，因此，排污权或能源消耗权的参照应该是区域对应的生态容量，这才是排污权交易的基础。

生态容量的理论基础是生态系统的第一性、第二性生产理论、消费理论和还原理论，以及物质"开放式闭合"循环的"高效和谐、无废无污"原理和食物链网络稳定性机制。对于工业排放的 CO_2 等温室气体来说，以森林为主体的植被系统是"汇"，能作为"生产原料"来"一定程度（容量）"对应消化人类生产生活排放的"源"。对于有机废物，植被系统能作为"肥料"来与人类排泄物进行"废料变原料"式的转换。

根据生态容量来评价污染物排放（或资源消耗）比例的分配权重，才是基于生态容量的生态基尼系数。由于生态容量的准确计算和评估比较困难，而生态系统的自净作用（生态容量）主要是由生物量生产（第一性和第二性生产）、特种效益（涵养水源、保持水土、净化大气、减少污染等）和生态系统的整体维持功能三大部分组成。根据经济评估方法指标选用的"简单、易行、通用、标准"等原则，可以采用国家统计局、国家林业局根据森林一类资源调查（固定标准地监测，又叫做连续资源清查）和二类资源调查（林业上又叫做小班调查）得出的综合数据，也是统计指标中常用的、容易操作的"森林和耕地"指标来替代生态容量的"比例变化"。

生态容量与森林面积和耕地面积的比例变化关系是呈同步正相关的，因此，以森林面积与耕地面积的统计参数，近似代替生态容量的比例关系来计算生态基尼系数。

"生态容量"权重的绿色（生态）基尼系数的"修正"计算，与"GDP 比重"计算出的结果恰恰相反，发达的城市森林面积和耕地面积随着城市建成区（工业开发区）的发展而不断萎缩，如广东不公平性因子主要是深圳、广州、佛山、珠海等经济发达城市，其生态容量较小（创造生态效益的森林面积和耕地面积少），而排污、耗能较多。造成污染排放率或能源消耗率高于生态容量占有率引起不公平，需要节能减排。

相对欠发达的广东城市，如清远、韶关、河源等森林覆盖率较高，耕地面积多，生态容量较大，污染排放或耗能相对较少，目前仍然是"生态容量大于污染排放量"（整体而言，不排除局部污染）。因此，在广东现实中，山区的县市目前可以承接深圳、广州、佛山、珠海等城市产业升级、转型所带来的产业"迁移"，甚至可以在"排污权交易"中出售自己的"碳汇"或"排污权"。

基于生态容量的"绿色基尼系数"可以为污染物排放总量控制提供一定的依据，能够比较正确地反映资源消耗和污染物排放与环境之间的关系，判断各城市的资源环境利用水平的外部公平性，为政府进行在生态容量基础上的"污染物总量"控制提供生态经济学的理论支持，也可以为今后的国际通行、我国正在试点的"排污权交易"提供实际操作指南。

基于 GDP 计算的"资源环境基尼系数"也并不是完全没有道理，在衡量区域污染排放量与经济发展关系方面还是具有参考和指导意义的。因此，两者之间结合起来运用，对于衡量区域环境质量和经济发展的"公平和效率"是一种全新的思维方法。

复习思考题

1. 名词解释：

　　生态足迹　　排污权交易　　外部性　　绿色 GDP

　　边缘效应　　循环经济　　低碳转型

2. 用 r-K 对策机制解释"丛林法则"及新型种间生态关系。

3. 简述"物态"资源约束中的"生态"资源问题。

4. 如何用生态工程的思维破解"循环不经济，经济不循环"的魔咒。

5. 怎样理解化石能源枯竭及全球变暖问题？低碳经济的转型的三个要点及转换关键是什么？

6. 怎样理解地球的"物态"及"生态"的三大类"生产"，在此基础上的"绿色 GDP"应该如何测度？

7. 边缘化、中心化及生态边缘优、劣势理论在生态工程与规划中如何理解及应用？

8. "发展经济，就一定会破坏环境"的"先污染，后治理"思维方式对吗？为什么？

9. 区域生态容量的理论基础是什么？如何理解"排污权交易"及实施的方略？

10. 如何理解生态足迹中的生态需求、生态消费、生态均衡、生态盈余及生态赤字？

第3章　生态工程与物态工程的区别及联系

物态工程是人类"改天换地"甚至"战天斗地"的产物，从意识上人类认为自己的能力可以让"高山低头，河水让路"，从行动上利用"物态"技术成就，如炸药、机械、测量、钢筋、混凝土等"筑构"一个"人化"的新世界或新天地。

生态工程是人类成为"顶级"、"单优"种群以后，"独裁"、"垄断"这个与150万种其他伴生物种的三层次生态关系以后，对其种内关系中"物质利益最大化"、"唯利是图"、"见利忘义"后引起的人与人、种族与种族、国家与国家之间的矛盾，甚至"文明冲突"、冷战热战持续无穷无尽的"反思"和行动。

生态工程是对人类把大型动物玩弄于"股掌之间"，而细菌在和人类的"游击战"中抗人类126种抗生素的"超级细菌"出现，以及艾滋病、埃博拉、禽流感等病毒肆虐，而不得不反思种间关系的障碍何在的必然结果。

在天人关系上，从"听天由命"到"人定胜天"，走向"天人和谐"，生态工程就诞生了。

早期的人类社会中，人类的内部"生态"肯定会成为个体、集体及族群行为的"规范"之源。人与人之间亲缘关系、利益关系、安全关系等包含"生态"行为（经济）初步的"思考"，也一定会凝结、透析、升华成为人类秩序的传承。中国古代的诸子百家就包含了父子关系、夫妻关系、家庭关系、君臣关系、官民关系等生态关系的系列"规范"，甚至应用于现代社会，也同样是在人类三层次生态关系的生态经济科学"久经考验"的正确总结。

李约瑟之问"现代科学为什么没有诞生在近代的中国？"

我们认为"李约瑟之问"应该将"现代科学"改为"现代'物态'为主的科学"。"为什么没有诞生在近代的中国？"的答案，中国是在现代生态学正式诞生的五千年前，就开始"人类生态学"中的"人与人之间"、"人与其他物种之间"、"人与天（大自然）之间"的生态三层次关系的国家。

如果不是"物态"（工业）革命的冲击，蒸汽动力开始为人类找到了一条"极端飞跃"也同时"加速死亡"的"革新"之路，在"原料"和"市场"的驱动之下，运用"物态"可以胁迫"生态"的"坚船利炮"方式，开创一个"物欲横流"、"乌烟瘴气"、"经济危机"、"生态灾难"的人类文明"新"时代，我们还会在"跃进"中乐此不疲。

这就是需要反思的物理学思维及物态工程的近、现代文明的窘境。

物理学建立在精准的"实验"基础之上，是研究物质运动最一般规律和物质基本结构的学科。作为自然科学的带头学科，物理学研究大至宇宙，小至基本粒子等一切物质最基本的运动形式和规律，因此成为其他各自然科学学科的研究基础。

（1）传统的普通物理学包括：牛顿力学、热学、电磁学、光学、原子物理学，但不包括"相对论"和"量子力学"及物理学的前沿内容。随着科学的发展，"相对论"和"量子力学"，以及物理学的前沿内容渐渐地进入了普通物理学。

（2）物理学的理论结构充分地运用数学作为自己的工作语言，以实验作为检验理论正确性的唯一标准，它是当今最精密的一门自然科学学科。

（3）普通物理学着重介绍各种物理现象和基本的物理方法，大部分内容属于经典物理学的范围。其脉络主要是根据人们对日常生活现象的常识性划分。日常生活中的物理现象一般被分为力、热、声、光、电、磁等，普通物理也相应分为经典力学（含声学）、热学、电磁学和光学。

（4）在物理学的基础上，建立起来的物理系统。例如，电报、电话、无线电广播、电视、电冰箱、洗衣机、空调等，还包括比较尖端的机械性的复杂系统，如计算机、数据网络、汽车、火车、轮船、飞机等，还有武器枪械、地雷、飞弹、火箭、原子弹、氢弹、中子弹和激光武器。

生态学是德国生物学家恩斯特·海克尔于 1866 年定义的一个概念："研究生物体与其周围环境（包括非生物环境和生物环境）相互关系的科学"。目前已经发展为"研究生物与其环境之间的相互关系的科学"，有自己的研究对象、任务和方法的比较完整和独立的学科。

（1）生态系统指在自然界的一定的空间内，生物与环境构成的统一整体，在这个统一整体中，生物与环境之间相互影响、相互制约，并在一定时期内处于相对稳定的动态平衡状态。

（2）从生态学角度来看，地球表面从地下 11 千米到地上 15 千米高度是由岩石圈、水圈和大气圈组成的，在三个圈交汇处存在着生物圈，绝大部分生物是生活在地下 100 米到地上 100 米之间。

（3）生物最早是从水圈产生的，逐渐向深水发展，由于大气中氧气含量增加，在大气圈最外层因为宇宙射线的作用，氧分子重组形成臭氧层，臭氧层可以阻止危害生命的紫外线进入大气层，使得生物可以脱离水圈向陆地发展。陆地环境不同区域差异较大，为了适应环境，生物发展出许多不同种类。

（4）能量在不同的圈内流动，绿色植物吸收太阳光能，转换成化学能贮存，动物取食植物吸收植物的能量，太阳能绝大部分被大气圈、水圈和岩石圈吸收，增加温度，造成风、潮汐和岩石的风化裂解。地球本身的能量表现在火山爆发、地震中，也不断地影响其他各圈。能量的主要来源是太阳，在地球中不断地被消耗。

（5）物质则可以在各圈内循环，而没有多大的消耗，以二氧化碳形式存在的碳被植物吸收，经植物和动物的呼吸作用排出，被动植物固定在体内的水、钙和其他微量元素，一旦死亡会重新分解回到其他自然圈，有可能积累形成化石矿物，如植物遗骸形成煤、动物遗骸形成石油、硫细菌遗骸形成硫黄矿等。

在工业革命之后，世界的"物质性"本源被推崇，而"生命性"本源被遗忘。

就连"生物学"这个从英文"biology"翻译过来的学科名词，都是中国人"物态"思维的结晶，因为根据中文的语法"生物"这两个字是"生活的物质"的意思，典型的"物理思维"把"生命""物质化"的例子。如果把"生物"这两个字按中文意思"生活的物质"再翻译成为英语，应该是"bio-matter"而不是"bio-logy"。

在近、现代的主流文明里，甚至生物学、生态学中"物理模型"、"物理方式"的"拆分"研究也十分流行，这个贯穿"物理思维"的生态学"举步维艰"的时代，相对物态工程"出淤泥而不染，濯清涟而不妖"的生态工程确实需要相当艰苦的"抗争"。

3.1　物理系统及物理思维

物理思维开创了工业革命的新时代，为人类提升利用自然、改造自然的能力起到了关键的作用，为人类创造出"机械"、"能源"和"动力"，促进人类经济社会的物质财富的加速积累，改变了人类的价值观念和思维方式，"创新"成为时代主题，甚至派生出来"破四旧，立四新"的意识形态，人类几千年文明的"积累"及生物 20 亿年的进化在"物理思维"方式的"创新"中甚至被"归零"、"再启动"及"格式化"了。

物理学是一种把世界看成是"物质构成"而非"生命"组分的自然科学之一，注重于研究物质、能量、空间、时间，尤其是它们各自的性质与彼此之间的相互关系。物理学是关于"物化"大自然规律的知识，更广义地说，物理学探索分析大自然所发生的"物态"现象，以了解其"物质运动"的规则和窍门。

当代物理学已经数度更新，研究的领域可分为下列四大方面。

（1）凝聚态物理：研究物质宏观性质，这些物相内包含极大数目的组元，且组元间相互作用极强。最熟悉的凝聚态相是固体和液体，它们由原子间的键和电磁力所形成。凝聚态物理 1967 年由菲立普·安德森最早提出，一直是最大的研究领域。历史上，它由固态物理学衍生出来。

（2）原子、分子和光学物理：研究原子尺寸或几个原子结构范围内，物质-物质和光-物质的相互作用。这三个领域是密切相关的。因为它们使用类似的方法和相关的能量标度。它们都包括经典和量子的处理方法：从微观的角度处理问题。原子物理处理原子的壳层，集中在原子和离子的量子控制。分子物理集中在多原子结构及其内外部和物质及光的相互作用。光学物理只研究光的基本特性及光与物质在微观领域的相互作用。

（3）高能/粒子物理：粒子物理研究物质和能量的基本组元及它们间的相互作用，也可称为高能物理。

（4）天体物理：天体物理是物理的理论和方法应用到研究星体的结构和演变，太阳系的起源及宇宙的相关问题。天体物理的范围宽泛，运用了物理的许多原理，包括力学、电磁学、统计力学、热力学和量子力学。

1931 年卡尔发现了天体发出的无线电讯号。开始了无线电天文学。天文学的前沿已被空间探索所扩展。地球大气的干扰使观察空间需要用红外、超紫外、γ 射线和 X 射线，物理宇宙论研究在宇宙的大范围内宇宙的形成和演变，爱因斯坦的相对论在现代宇宙理论中起了中心的作用。20 世纪早期哈勃发现了宇宙在膨胀，促进了宇宙的稳定状态论和大爆炸之间的讨论。

1964 年宇宙微波背景的发现，证明了大爆炸理论可能是正确的。大爆炸模型建立在两个理论框架上：爱因斯坦的广义相对论和宇宙论原理。宇宙论已建立了宇宙演变模型；它包括宇宙的膨胀、暗能量和暗物质。

费米伽马射线太空望远镜的新数据和现有宇宙模型的改进，可期待出现许多可能性和发现。尤其是今后数年内，围绕暗物质方面可能有许多新的发现。

物理系统建立，相对生态系统明显有以下几个特点。

（1）物理系统从"零"开始：建成的物理系统可以装上一个特定的物理装置，取名"开关"。这很简单，但生态系统是完全不可能做到的。

（2）物理系统需要连接动力系统或自带"发动机"，换句话说，永动机在物理系统中被证明是不可能的。而生态系统却都是"永动机"，起码自养型肯定是，半自养和异养性生态系统也同样会"自动运转"，只是运转的方向可能是人类所不希望的。

（3）物理系统都有从"新"到"旧"的过程：通过齿轮（图 3.1）、螺丝、镶嵌、滚珠、抵卡等方式连接的机械"接口"会不断磨损（润滑油可以延缓一些时间），最后走向报废。生态系统不存在磨损问题。

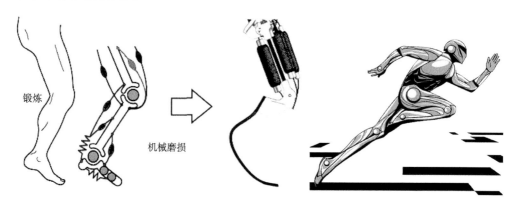

图 3.1　物理系统及物理思维

3.2　生态系统及生态思维

> 生态思维是工业革命时代造就的《寂静的春天》里催生的，是在对"物理思维"包括对世界物质本源的"检讨"中诞生的，世界是物质的，但几乎所有的物质都是包含在"生命系统"之中的，我们不能"视生为物"、"生命物化"地造就这样一个"物欲横流"的"污浊世界"，应该还地球一个"万类霜天竞自由"的"朗朗乾坤"。

生态学是一种把世界看成是"生命构成"的"开放式闭合循环系统"的自然科学之一，注重于研究包括人类在内的已知的 150 万种生物三层次（种内、种间和大自然）之间的相互关系。在这个"物化"大自然的"物理思维"的时代，甚至生态系统中紧密不可分的生物和环境"共同体"也被"物化"成为两个互相分割的部分，按"物理思维"方式"物质化"为"资源"，还可以分别称之为"生物资源"和"环境资源"。然后，分别用物理学的"拆分思维"分析研究大自然（生命综合体、综合生态系统）所发生的"物态"过程及其现象，以"物理思维"的方式研究探讨其"物质运动"的"规则"和"窍门"。

3.2.1　物态文明中诞生的生态科学：视生为物

生态学诞生之前，达尔文以博物家的身份乘坐英国皇家海军小猎犬号军舰环游世界并收集生物标本，在单个标本的逐渐累积中，一些"连续"的生物性状即使通过物理思维的"串联"起来，也看起来是这个"生命组分"在生物系统进化上的"关联"，于是，"物竞天择，适者生存"的理论诞生，虽然是在把生命看成是"物质"或"物种"的概念基础之上。

生态学诞生以后，用物理、化学实验、试验的方法贯穿"生态学"的始终，在植物生态学和动物生态学的"并行期"之后，又一项物理学的发明"阴差阳错"地使这个"并行期"终结，这就是虎克的显微镜发明后，在解剖热水瓶的瓶盖软木塞的时候，意外地发现了"细胞结构"。于是，物理思维、物理方法又一次揭示了"生命系统的联系"，至此植物、动物，甚至微生物都在"细胞"的基础上统一了起来。

1935 年，英国生态学家亚瑟·乔治·坦斯利爵士（Sir Arthur George Tansley）受丹麦植物学家尤金纽斯·瓦尔明（Eugenius Warming）的影响，明确提出生态系统的概念。同时期，不约而同的是前苏联林学家苏卡乔夫提出了"生物地理群落"，即与"生态系统"相近似的概念。

实际上，世界是物质的，但几乎所有的物质都包含其中，是其中的一个组分的"唯生主义"理论的"萌芽"已经出现，只是事到如今还没有被人们充分地认识到。

1940 年，美国生态学家林德曼（R. L. Lindeman）在对明尼苏达州的赛达伯格湖（Cedar Bog Lake）进行定性定量的"数理"分析后发现了生态系统在能量流动上的基本特点（"物理思维"的方式）：①能量在生态系统中的传递不可逆转；②能量传递的过程中逐级递减，传递率为 10%左右。

这也就是现代生态学十分著名的"林德曼定律"又叫"百分之十定律"。实际上，多年来"物理思维"中的"物质循环能量的单向流动"一直困惑着生态学本身，既然"能量既不能创生，也不能被消灭，只能从一种形式转变成为另一种形式（物理中的"能量守恒定律"）"，那"能量的单向流动"是怎么回事？

"林德曼定律"中的"百分之十"是从植物、草食动物、肉食动物到人类"四级"的"生物之间"的"捕食"性"传递"，到"还原者分解"又回到"生产者积累"，不完全是"太阳补能"的过程，能量在生态系统中并未"消失"，怎么是"单向流动"，最多也只是生物之间转换或传递的"单向"。在大尺度的生态系统中，能量"散失"在地球系统之中，台风、地震、海啸从何而来？

"物理思维"中的生态学研究，在定性定量方面确有相当的建树，而且，也是目前生态学定位研究中的主要方法手段之一。但是，"物理思维"中的生态学研究最大的缺失是关于三层次"生态关系"的精准、长期、反复实证的"人类"层次的观察、实验或试验。

3.2.2　生态学诞生之前的生态学研究：人与人、人与其他生物、人与大自然三层次生态关系的研究

早在古代，中国的先贤们就阐述了"天地与我并生，而万物与我为一"（《庄子·齐物论》）的重要的生态哲学思想，其中以老子和庄子为代表的道家学派对人与自然的关系进行了深入探讨。这一时期，人与生态系统的矛盾并不突出。

"诸子百家"是对春秋、战国、秦汉时期各种学术派别的总称，也是根据现代科学"引证溯源"的方式可以追溯的中国最早的"生态（学）关系"，以及经济学、法律、社会学的

学术源头之一。诸子指的是中国先秦时期管子、老子、孔子、庄子、墨子、孟子、荀子、鬼谷子等学术思想的代表人物，百家指的是儒家、道家、墨家等学术流派。

据《汉书·艺文志》的记载，"诸子百家"中数得上名字的一共有189家，4324篇著作。其后的《隋书·经籍志》及《四库全书总目》等书则记载的"诸子百家"实有上千家，只不过是流传时间较长、范围较广、影响较大、最为著名的不过几十家而已。现代社会中有较为系统的文献可查并发展成学派的，只有法家、道家、墨家、儒家、阴阳家、名家、杂家、农家、小说家、纵横家10家。

中国在古代创造了灿烂的文化艺术，有五千多年有文字可考的历史，文化典籍极其丰富。在春秋战国时期，各种思想学术流派的成就，与同期古希腊文明相辉映，以孔子、老子、墨子为代表的三大哲学体系，形成诸子百家争鸣的繁荣局面。以孔子、孟子为代表的儒家思想在不同程度地影响历代的社会经济秩序，甚至影响到与中国相邻的国家和欧洲及阿拉伯国家。

从春秋战国开始，未来究竟是个什么样的社会模式？就成了举世瞩目的大问题，并在思想界引起了一场百家争鸣式的大辩论。当时代表社会各个阶级、阶层利益的诸子百家，纷纷提出各自的主张，围绕这个问题而进行的思想交锋，儒、法两大思想流派最有代表性。另外还有墨家、道家、阴阳家、兵家等学派，可谓学派林立，学术与言论的开明为以后儒、法两家的中国传统的主流代表思想形成创造了条件。

中国对理想社会模式的思考比欧洲中世纪的乌托邦要早得多。只是诸子百家的思想主要停留在君臣关系和官民关系及个人修养几个方面，只是相当于生态学上的"种内关系"层次，或经济学上的"节制欲望，资源稀缺"的命题。

面对古代产业的单一性（基本上只有农业和手工业、商业三类），经济主要是在奖励农耕生产，节约政府开支和庶民粮食消费之上。诸子百家理论相比两千年后亚当·斯密的《国富论》在重商主义和重农主义的价值与财富论的理论深度上毫不逊色，只是没有强调"自由市场经济"那只"看不见的手"而已。

1. 人与人种内生态关系基础上的儒家学说：仁者爱人（严于律己，宽以待人）

儒家是在中国文明史经历了夏、商、周的近1700年之后，由春秋末期的思想家孔子所创立。儒家学说在总结、概括和继承了夏、商、周三代"亲亲"、"尊尊"传统文化的基础上形成的一个完整的思想体系。

儒家的代表人物还有孟子和荀子，作品有《论语》《孟子》《荀子》。作为战国时期重要的学派之一，它以春秋时孔子为师，以六艺为法，崇尚"礼乐"和"仁义"。提倡"忠恕"和不偏不倚的"中庸"之道，主张"德治"和"仁政"，是一个重视"道德伦理教育"和人的"自身修养"的学术派别。

儒家特别强调教育的功能，认为重教化、轻刑罚是国家安定、人民富裕幸福的必由之路。主张"有教无类"，对统治者和被统治者都应该进行教育，使全国上下都成为道德高尚的人。

在政治上，主张以礼治国，以德服人，呼吁恢复"周礼"，并认为"周礼"是实现理想政治的理想大道。至战国时，儒家分有八派，重要的有孟子和荀子两派。

孟子的思想主要是"民贵君轻"，提倡统治者实行"仁政"。在对人性的论述上，他认为人性本善，提出"性善论"。与荀子的"性恶论"截然不同，荀子之所以提出人性"本恶论"，也是战国时期社会矛盾更加尖锐的表现。

儒家的理论从现代生态学理论看来，精细地提炼了人与人、庶民与官家、国君与臣子之间应有的、规范的、长期和平共处的生态关系（种内关系）。从现代经济学理论看来，资源稀缺是相对人的无限欲望而言的，主张"中庸"、"德治"和"仁政"，重视"道德伦理教育"和人的"自身修养"，处理"民贵君轻"的统治与被统治的生态经济关系。

2. 人与人种内生态关系基础上的墨家学说：兼爱、尚贤、节用、尊天、事鬼

墨家是先秦学派之一，起源于儒家。创始人墨翟，世称墨子，这也就是墨家之名的由来。墨家这一学派以"兼相爱，交相利"作为学说的基础：①兼，视人如己；②兼爱，即爱人如己。③"天下兼相爱"，就可达到"交相利"的目的。

墨家政治上主张尚贤、尚同和非攻，经济上主张强本节用，思想上提出"尊天事鬼"。同时，又提出"非命"的主张，强调靠自身的力量从事。

墨家有严密的组织，成员多来自社会下层，相传皆能赴汤蹈火，以自苦励志。其徒属从事"谈辩"者，称"墨辩"，从事武侠者，称"墨侠"，领袖称"巨子"。墨家纪律严明，相传"墨者之法，杀人者死，伤人者刑"（见《吕氏春秋·去私》）。

墨翟死后，分裂为三派。至战国后期，汇合成两支：一支注重认识论、逻辑学、数学、光学、力学等学科的研究，是谓"墨家后学"（亦称"后期墨家"）；另一支则转化为秦汉社会的游侠。

尚贤、尚同是墨家的基本政治纲领。墨家与儒家并称"显学"。墨家的观念具体包括以下几点。

（1）伦理观：提出"兼爱"，主张爱不应有亲疏、上下、贵贱、等级的分别。他认为天下之所以大乱，是由于人不相爱。

（2）政治观：主张"尚贤"、"尚同"，提倡选任贤才，消除阶级观念，使天下大治，主张"非攻"，反对一切侵略战争。

（3）经济观：反对奢侈的生活，主张节俭，提出"节用"、"节葬"、"非乐"的思想。

（4）宇宙观：提出"非命"，认为命运不能主宰人的富贵贫贱，强调只要通过后天的努力就可以改变。为了求福避祸，他又主张"尊天"、"事鬼"。

由于墨家从创始人墨子到主要的代表人物，都是社会中底层的学者，所以墨家更能体会到战乱时期社会中劳动人民的凄惨生活。所以相对于儒家的过分讲求"礼"，墨家更注重刻苦、节俭的生活习惯，而且不吝于做低层的劳动工作，被儒生辱为"淫巧之技"。生活上的偏差，立场上的对立，以及思想上比"仁爱"更难遵从的"兼爱"，使得墨家并未得到统治者的支持，日后发展不大。

墨家虽然整体衰落，但其影响至今深远。从科学上说，墨家的认识论、逻辑学、数学、光学、力学等学科的研究，为中国古代的四大发明奠定了思想和方法上的基础。从生态学上看，"天下兼相爱"的理念是调节种内关系、种间关系及天人关系的金科玉律。从经济的角度看，反对奢侈的生活，主张节俭，提出"节用"、"节葬"、"非乐"的思想，可以是中文"经济"二字（从日文翻译而来）中"经世济民"的最先前的解释。

3. 人与人种内生态关系基础上的法家学说：以法治国之"王子犯法与庶民同罪"

法家是战国时期的重要学派之一，因主张以法治国，"不别亲疏，不殊贵贱，一断于法"，故称之为法家。春秋战国时期，管仲、李悝、商鞅、慎到、申不害等开创了法家学派。以后韩非综合商鞅的"法"、慎到的"势"和申不害的"术"，以集法家思想学说之大成。

春秋战国时期，法家思想作为一种主要派系，提出了至今仍然影响深远的"以法治国"

的主张和观念。这就足以见得他们对法制的高度重视，以及把法律视为一种有利于社会统治的强制性工具。这些体现法制建设的思想，一直被沿用至今，成为中央集权者稳定社会动荡的主要统治手段。

当代中国及世界法治的诞生就应该是受到中国古代法家思想的影响。法家思想对于一个国家的政治、文化、道德方面的约束还是很强的，对现代法制的影响深远。

法家在经济上主张废井田，重农抑商、奖励耕战。政治上主张废分封诸侯（国），设立郡县制，强化中央集权的君主专制。强调"王子犯法与庶民同罪"，并仗势用术，以严刑峻法进行统治。思想和教育方面，则主张以法为教，以吏为师。其学说为君主专制的大一统中央集权的王朝建立，提供了理论根据和行动方略。

法家主张"以法治国"，而且提出了一整套的理论和方法。这为后来直接为建立中央集权的秦朝提供了有效的理论依据，后来的汉朝继承了秦朝的集权体制及法律体制，成为中国古代封建社会的政治与法制争相仿效的政治经济的主体。

法家重视法律，反对儒家的"礼"，反对贵族垄断经济和政治利益的世袭特权，要求土地私有和按功劳与才干授予官职。法律的作用就是"定纷止争"，也就是明确物件的所有权。"兴功惧暴"，鼓励人们立战功，而使那些不法之徒感到恐惧，兴功的最终目的是为了富国强兵，取得兼并战争的胜利。

法家反对保守的复古思想，主张锐意改革。他们认为历史是向前发展的，一切的法律和制度都要随历史的发展而发展，既不能复古倒退，也不能因循守旧提出"不法古，不循今"的主张。韩非则集法家大成，提出"时移而治不易者乱"，把守旧的儒家讽刺为守株待兔的愚蠢之人。

法家对全世界的影响是诸子百家中最大的，由于中国历代政权总是在儒家和法家两家主流意识形态中交替，一般是乱世之中法家取宠，而和平年代儒家盛行。

4. 人与人种内生态关系基础上的道家学说：清心寡欲，顺其自然，无为而治

道家是一种思想流派，以老子、庄子为代表。道家崇尚自然，有辩证法的因素和无神论的倾向。主张清静无为，反对斗争。提倡道法自然，无所不容，自然无为，与自然和谐相处。

西汉初年，唐朝初年、汉文帝、汉景帝、唐太宗、唐玄宗均曾以道家思想治国，使人民从前朝苛政之后得以休养生息。中国历史上称之为"文景之治"、"贞观之治'、"开元盛世"。

先秦各学派中，道家虽然没有儒家和墨家有那么多的门徒，地位也不如儒、墨两家崇高。但随着历史的发展，道家思想以其独有的宇宙观及对社会和人生领悟，在哲学思想上呈现出长久的价值与生命力。佛教传入我国后，也受到了道家的影响，佛教的禅宗在诸多方面受到了老子、庄子等道家前辈的启发。

汉朝董仲舒提出过"罢黜百家、独尊儒术"，中国历朝历代的政权多在儒家和法家两家主流意识之间摇摆，大多不再接受道家思想的影响。道家从汉朝开始就鲜有被官方主流采纳的历史，但仍然继续在推动中国古代诸子百家思想的发展中扮演着重要角色。

宋代明理学为了对抗外来的佛教，重新发现了道家中尚存无几的理性主义的思想，从庄子残本中学来"内圣外王"的概念，从老子残本中又汲取"格物致知"的思想以为己有。在印度引进的佛教和本土宗教道教的碰撞之中，佛教各带禅宗也在诸多方面受到了老子、庄子的"无为"的启发。

宋朝之后成吉思汗千里相会从山东长途跋涉而来的道教丘处机道长，其后代元世祖忽必烈在元朝初年把道教定为国教。

现代的道家早已落寞千年，寥寥无几。仍然提倡道法自然，无所不容，自然无为，与自然和谐相处。道家思想作为一种哲学学派，现在已经演化成为一种宗教信仰，全国有很多道观散落在深山之中。

道家多长寿。清心寡欲，与世无争。从生态上来看，饮食清淡、欲望节制、生活规律、情绪平稳，怎能不健康长寿。从经济上讲，生活成本低、生活节奏慢、生存效率高，只要心安理得幸福指数也能攀升。只是对国家、民族的"责任"，在那"世外桃源"里不闻不问了。

中国人对"过日子"思考得很多，对可能至人类及地球"毁灭"的学问却是"未敢越雷池一步"。中国传统文化中的"修身、养性、治国、平天下"的学问不就是今天我们生态工程学要深入讨论的"新丛林法则"问题吗？很多当年被当作"封建思想"的"国学"，对于调节人类种内、种间及天人三层次生态关系堪为金科玉律，拍打掉粘在上面尘封已久的"尘土"，依旧"金光闪闪"。

3.2.3　物态文明中"物理思维"主流意识的副产品：物欲横流，环境污染

国外工业革命以后的朴素的"生态觉醒"，最早倡导人与自然和谐共处的，不是动物学家、植物学家和微生物学家，更不是"生态学家"（那时的生态学已经"诞生"，但还不是独立的研究领域，依附在"生物学"中的一个小"门类"而已），而是新英格兰的文学作家亨利·戴维·梭罗（Henry David Thoreau）。在其 1849 年出版的著作《瓦尔登湖》中，梭罗对当时正在美国兴起的资本主义经济和旧日田园牧歌式生活的远去表示痛心。在康科德四乡的生活中，对静谧的原始森林、清澈的湖水（后被改编成为获得奥斯卡奖的电影《金色池塘》）、与世无争世外桃源的生活，以艺术的笔调记录在《瓦尔登湖》一书中。为此，梭罗被西方世界特别是以后兴起的"生态伦理学"称为"生态文学批评的始祖"。

按照这种思维，比他早一千多年的我国东晋诗人、文学家、退休官吏陶渊明的《桃花源记》并之简洁、上口、深邃、美妙多了。

工业革命中"物理学"的"拆分思维"、"开关思维"、"投入产出的算计"、"物质利益最大"的行为模式，酿成人间环境污染"十大公害事件"的严重后果。

1962 年，美国海洋生物学家蕾切尔·卡逊（Rachel Carson），发表震惊世界的生态学著作《寂静的春天》，提出了农药 DDT 造成的生态公害与环境保护问题，唤起了公众对环保事业的关注。

1964 年，环境污染的直接受害者——罹患癌症的蕾切尔·卡逊，在一片诋毁和公开地谩骂中去世。美国化工巨头孟山都公司甚至还颇有针对性地出版了《荒凉的年代》一书，对蕾切尔·卡逊及环保主义者进行了攻击，书中甚至还渲染了 DDT 等杀虫剂被禁止使用后，各种昆虫大肆传播疾病，导致大众死伤无数的"惨剧"。当然，这掩盖不住 DDT、六六六等剧毒农药最终被禁止使用，颁发的诺贝尔奖又被收回的事实。

1970 年 4 月 22 日，美国哈佛大学学生丹尼斯·海斯（Dennis Hayes）发起并组织保护环境活动，得到了环保组织的热烈响应，全美各地约 2000 万人参加了这场声势浩大的游行集会，旨在唤起人们对环境的保护意识，促使美国政府采取了一些治理环境污染的措施。后来，这项活动得到了联合国的首肯。至此，每年 4 月 22 日便被确定为"世界地球日"。

1972 年，瑞典斯德哥尔摩召开了"人类环境大会"，并于 6 月 5 日签订了《斯德哥尔摩

人类环境宣言》，这是保护环境的一个划时代的历史文献，是世界上第一个维护和改善环境的纲领性文件，宣言中，各签署国达成了七条基本共识；此外，会议还通过了将每年的 6 月 5 日作为"世界环境日"的建议。

会议把生物圈的保护列入国际法之中，成为国际谈判的基础，而且，第三世界国家成为保护世界环境的重要力量，使环境保护成为全球的一致行动，并得到各国政府的承认与支持。在会议的建议下，成立了联合国环境规划署，总部设在肯尼亚首都内罗毕。

1982 年 5 月 10 日至 18 日，为了纪念联合国人类环境会议 10 周年，促使世界环境的好转，国际社会成员国在规划署总部内罗毕召开了人类环境特别会议，并通过了《内罗毕宣言》。在充分肯定了《斯德哥尔摩人类环境宣言》的基础上，针对世界环境出现的新问题，提出了一些各国应共同遵守的新的原则。

《内罗毕宣言》指出了进行环境管理和评价的必要性，以及环境、发展、人口与资源之间紧密而复杂的相互关系。宣言指出："只有采取一种综合的并在区域内做到统一的办法，才能使环境无害化和社会经济持续发展。"

1987 年，以挪威前首相格罗·布莱姆·布伦特兰（Gro Harlem Brundtland）夫人为主席的联合国环境与发展委员会（WCED）在给联合国的报告《我们共同的未来》（*Our Common Future*）中提出了"可持续发展"（sustainable development）的设想：

原文："Sustainable development is development that meets the needs of the present without compromising the ability of future generations to meet their own needs."（可持续发展指既满足当代人需求，又不影响后代人的发展能力）。

1992 年 6 月 3 日至 4 日，"联合国环境与发展大会"在巴西里约热内卢举行。183 个国家的代表团和联合国及其下属机构 70 个国际组织的代表出席了会议，其中，102 位国家元首或政府首脑亲自与会。这次会议中 1987 年提出的"可持续发展战略"得到了与会国的普遍赞同。会议通过了《里约环境与发展宣言》又称《地球宪章》，这是一个有关环境与发展方面国家和国际行动的指导性文件。

全文纲领 27 条确定了可持续发展的观点，第一次在承认发展中国家拥有发展权力的同时，制订了环境与发展相结合的方针。然而，条款中"到 2000 年，生物农药用量要占农药的 60%"这一号召，因为生物农药性价比的问题，至今仍是一纸空文。

这次会议还通过了为各国领导人提供下一世纪在环境问题上战略行动的文件《联合国可持续发展二十一世纪议程》《关于森林问题的原则声明》《气候变化框架公约》与《生物多样性公约》。

《联合国气候变化框架公约》计划将大气中温室气体浓度稳定在不对气候系统造成危害的水平。非政府环保组织通过了《消费和生活方式公约》，认为商品生产的日益增多，引起自然资源的迅速枯竭，造成生态体系的破坏、物种的灭绝、水质污染、大气污染、垃圾堆积。

从里约热内卢到东京，到哥本哈根、德班，到巴黎气候大会，新的"低碳"经济模式应当是大力发展满足居民基本需求的生产，禁止为少数人服务的奢侈品的生产，降低世界消费水平，减少不必要的浪费。

3.2.4　生态系统及物态系统的特征、区别和联系

生态系统相对物理系统明显有以下几个特征。

（1）生态系统包含旷古的遗传密码，不能从"零"开始：生态系统不可能像物理系统那样可以装上一个"开关"，其结构和功能、演变和平衡均已存在。

（2）生命系统"自养性"，本身就是"永动机"：生态系统具有生命的四大特征——新陈代谢、吐故纳新、生长发育、自我繁殖；自愈（在一定程度受伤可以自己愈合或生态恢复）；自动（初生动物一诞生就会自己觅食）。这一切物理系统都是不可能的（当然，仿生工程正朝这个方向在努力，但进展缓慢）。

（3）生态系统中的组分（生物个体）可能从"幼"到"老"，但整个系统却无明显的"新""旧"过程：生态系统具有新陈代谢、吐故纳新、生长发育、自我繁殖及食物链关系，K 对策、r 对策，物质开放式闭合循环等功能，最终通过不断地"进展演替"达到一个与地带、气候等相适应的一元（克列门茨的单元演替顶级）、多元（坦斯黎的多元演替顶级）或者多种格式（怀迪克的演替格式）的演替顶级（地带性群落或生态系统）的状态。这种"顶级"状态当然是生态工程与规划的最高目标，实际中面对的生态"退化地"，恢复生态工程及规划就是如此。

（4）不断演进或运转的生态系统，人类只能"寓主观调控于客观顺势而为"：周边（或置身）的生态系统在人类之前早已起步，不能设置"开关"，只有"常态、病态、眠态和死态"，想停"它"不会停，其中包含的亿万年生命的"密码"就在人类的身体"里里外外"。只能"顺其自然，顺势而为"，在认识其规律尊重客观规律的基础上，发挥主观能动性。

用物理学的"拆分思维"研究生态学及生态系统，是当代生态学的主流之一。比如说，完整"无缝"的生态系统的组成成分被"拆分"为以下 4 部分。

（1）非生物的物质和能量："物质"和"能量"都是物理概念，"物质"中包含着微生物群落，"能量"大多是有机物质，且大多是光合作用的产物。

（2）生产者（producer）：指利用光合作用同化二氧化碳、光能转换并储存在有机物之中的绿色植物。所谓"生产"，也是人类创造出来的概念，包括"劳动"、"工作"或物理学的"做功"的思维。

（3）消费者（decomposer）：指取食或捕食的第一级食草动物和第二级食肉动物。它们"食草或食肉"，被定义为"消费"及"消费者"。

（4）分解者（consumer）：指微生物中的细菌、真菌。它们把植物、动物的排泄物、枯枝落叶、死亡残体"分解"并"归还"给土壤或大气，建立起"开放式闭合循环"中不易觉察的"一环"。

实际上，生态系统中有着"起源、亲缘关系"的植物、动物和微生物，它们都只是"新陈代谢、吐故纳新"，也就是所谓"生产、消费及还原"。植物的生产不也是对生命要素阳光、水分、二氧化碳等的"消费"吗？动物"吃"植物既是对植物的"消费"也是第二性生产（长肉）；微生物"主观"上无所谓"还原"，因为它们也是维系自身生命过程的"新陈代谢"而已。

生态系统中各司其职、结构功能镶嵌相连，无所谓"投入产出"，也无所谓"成本与效益"，生存的"机会"在数亿年的进化中融化为"K 对策与 r 对策"的生存机巧，这是"丛林中"的"各尽所能，按需分配"，是一种层次的"无废无污，高效和谐"。人类的"生态学"本身，受时代主流"物理思维"或"拆分思维"的影响，创造出来的这些人为的"术语、概念、名词"，已经严重地困扰着人类社会自身的逻辑、道德、规则、法律和秩序。

"质本洁来还洁去",生态思维"追本溯源",厘清这些"一团乱麻"式的人类社会的"陈规陋习",还生态系统一个"朗朗乾坤"。

生态系统各个成分的紧密联系,这使生态系统成为具有一定功能的有机整体。通常生态系统还可以被"两分法"拆分为"生物和环境",当然,会强调这是"一个不可分割的整体"。

(1)环境:许多教科书上认为是生态系统的"非生物组成部分",包含阳光以及其他所有构成生态系统的基础物质——水、无机盐、空气、有机质、岩石等。虽然阳光是绝大多数生态系统直接的能量来源,水、空气、无机盐与有机质都是生物不可或缺的物质基础,但这样的定义第一是忽视"环境"的生命属性,强调"物质"的"物态思维"太过于"赤裸",第二是忘记了"生物与生物"互为"环境"。

(2)生物:分个体(单个)、种群(相同的个体之和)和群落(不同种类个体之和),很容易"一窝蚂蚁看十年",搞成"熊猫生态学"、"老鼠生态学"之类,变成"条块分割、本位主义"严重影响"宏观综合"、"高屋建瓴"的大尺度、大视野的生态学的科学定位和实践的指导作用。

生态思维相对物理思维明显有以下几个特点。

(1)生态思维是"客观顺势、因势利导"思维,物理思维是"主观控制、过程掌控";

(2)生态思维是"整合",物理思维是"拆分";

(3)生态思维是"灰箱"甚至"黑箱"调控,物理思维是"白箱"细节设计和制造;

(4)生态思维是"常态、病态、眠态、死态"的"调态",物理思维是"冶炼、铸造、运行、润滑、疲劳、老化、报废";

(5)生态思维是"新陈代谢、生长发育",物理思维是"投入产出、成本效益";

(6)生态思维是"高效和谐、无废无污",物理思维是"物质利益最大化";

(7)生态思维是"种内、种间和天人关系",物理思维是"坚船利炮、原子核武器"的"威慑"、"恫吓";

(8)生态思维是"德高为师,身正为范",物理思维是"强权政治、霸权主义";

(9)生态思维是"穷则独善其身,达则兼济天下",物理思维是"己所欲,强施于人";

(10)生态思维是"求同存异、各美其美、美人之美",物理思维是"排除异己、天下一统";

(11)生态思维是"克己复礼基础上"的"天下为公",物理思维是"私有财产神圣不可侵犯(私有制)"上"个人人性、人权解放"上的"天下为私";

(12)生态思维是"毫不利己、专门利人",物理思维是"唯物利己,见利忘义";

(13)生态思维是"多样性导致稳定性",物理思维是"简单导致完善";

(14)生态思维是"自律",物理思维是"制度";

(15)生态思维是"尚智",物理思维是"恐公";

(16)生态思维是"普度众生",物理思维是"视生为物、化生为物";

(17)生态思维是"物种面前,种种平等",物理思维是"人本主义,以人为本";

(18)生态思维是"循环",物理思维是"割裂";

(19)生态思维是"无始无终、始就是终、终就是始",物理思维是"创新(始)而终";

(20)生态思维是"厚德载物",物理思维是"厚物薄德"。

3.3　物理工程及物理安全

　　　　物理工程是人类利用"物态"技术"人化自然"的技术及工艺活动，结果是"自然物化"。伴随工业革命以来的物理技术的发展，工程内部的"物理安全"只是包括操作人员的安全守则和操作规程的制定和不断完善，还没有想到人类的"物理思维"对人类生态造成的危害及"生态安全"。

　　物理学的本质是把世界的本原归结为"物质"研究其宏观及微观的运动规律。物理学并不研究自然界现象的"生态"机制，只能在某些现象中感受自然界的"物态"规则，并试图以这些"机械"规则来解释自然界所发生的任何事情。人类在"物理思维"中用有限的智力总试图去"人工模拟"自然，并试图"人化"自然，这就是物理学甚至是"物理思维"中所有"自然科学"共同追求的目标。

3.3.1　物理方法及思维过程

　　物理学的方法和科学研究过程为：

　　　　提出命题 → 理论解释 → 理论预言 → 实验验证 →修改理论

　　现代物理学是一门理论和实验高度结合的"精确"科学，其探索的问题及相关理论的产生过程如下。

　　（1）物理命题一般是从新的观测"物态"（而不是生态）事实或实验事实中提炼出来，或从已有"物态"原理中推演出来；

　　（2）首先尝试用已知"物态"理论对命题作解释、逻辑推理和数学演算，如现有"物态"理论不能完美解释，需修改原有模型或提出全新的（仍然是）"物态"（而不是"生态"）的理论模型；

　　（3）新的"物态"理论模型必须提出预言，并且预言能够被"物态"实验所证实；

　　（4）一切物理（物态）理论最终都要以"物态"观测或实验事实为准则，当一个"物理思维"理论与"物态"实验事实不符时，就面临着被修改或被推翻的结果。

　　当今物理学和科学技术的关系是两种模式并存，相互交叉，相互促进，"没有昨日的基础科学就没有今日的技术革命"，物理工程与工业革命以来的人类社会的生产和生活紧密地联系在一起。例如，核能的利用、激光器的产生、层析成像技术（CT）、超导电子技术、粒子散射实验、X 射线的发现、受激辐射理论、低温超导微观理论、计算机的诞生，以及电灯、电话、冰箱、消毒碗柜等等都是物理工程或物理思维的结晶。

　　几乎所有的重大新（高）技术领域的创立，事先都在物理学中经过长期的酝酿。物理学直接推动了人类近、现代（物态）文明的诞生和发展。

3.3.2　物理工程及"物态"后果

　　工业（物态）文明是人类文明发展史的一个重要阶段，也可以相应地按照时间顺序把物理工程分为以下 6 个阶段。

　　（1）16 世纪初到 18 世纪工业革命前，工业文明首先在西欧兴起的"动力革命"物理工程起步阶段；

（2）工业革命开始以后到 19 世纪末，人类真正进入工业社会，同时工业文明从西欧扩散到全球的物理工程普及阶段；

（3）20 世纪上半期，工业文明全面到来，人类社会出现了第三代近现代文明与第一代华夏文明、第二代伊斯兰文明"冲突"的巨大震荡，最终进入"唯物主义"替代"唯心主义"成为世界主流意识的物理工程腾飞阶段；

（4）"物态文明"树立的"原料及产品"的"扩张"、"霸权"、"殖民"意识引发的两次世界大战后到 20 世纪 60 年代，"物态"工业文明中的物理工程"顺利"推进，但震惊世界的"十大污染公害事件"相继出现，死伤人数不亚于一场小型的"战役"；

（5）20 世纪 70 年代以来，"物态"工业文明继续发展，但对物理工程的"反思"正式以"一系列科学新门类"的方式登上历史舞台；

（6）21 世纪以后，计算机、互联网推动了工业 4.0 版的快速发展，相对"物理思维"的"生态思维"出现，物理工程开始向生态工程转变。

物理工程是按照物理、化学原理进行工艺化、技术化后系列实施的人类活动及成果、成效的"物化"。按照工业化中的物理工程的发展速度，人类社会经过了前工业化、工业化和后工业化 3 个时期。发达国家的后工业化时期一般从 20 世纪 40 年代开始，大规模地铸造、锻压、组装技术和链接工艺在材料上的革新之后，建立起机器制造的重工业和加工为主的轻工业，加上大规模集成电路、芯片基础上的电脑技术和数据通讯网络所构成的"物质"机制，使人类的经济状态和生活方式不断发生"物态"技术革命上的腾飞。

物理工程中，工人在操作过程中及工程过程中的事故不断，工程安全开始从"物理安全"的角度被提上了日常日程。面对工伤及工程事故，工程内外的"安全操作规范"在各个行业都相继制订了出来，并在落实的过程中被不断完善。但是，即使这样，新、旧行业中的"物理安全"问题层出不穷，煤矿塌陷、火灾、爆炸，以及重大的核电站事故至今仍然是新闻的焦点所在。

3.3.3 狭义及广义的物理安全

物理安全分析了物理安全设计、配置及操作方面的因素，保护人员、设施及其操作所需的环境和相关制度、流程，并在此基础上针对每一个安全隐患问题研究相关技术，提出预防策略，旨在建立基于物理、技术和行政等多方面有效控制的物理安全机制，构筑安全的物理工程。

狭义的物理安全还应包括由软件、硬件、操作人员组成的整体系统的物理安全，即包括系统物理安全。信息系统安全体现在信息系统的保密性、完整性、可用性三方面。传统意义的物理安全包括设备安全、环境安全、设施安全及操作安全。

物理安全主要是针对"工程内外"的主要是涉及的操作人员的自身 "安全"，基本上没有涉及人类长期、可持续发展的整体利益，以及操作人员之外的其他物种及"自然环境"的伤害和生态安全。

广义的物理安全包括人类在思想观念层次上依托、依靠、使用物理原理、器械（包括武器）造就的安全观念。例如，个人层次上的携枪防身，国家层次"武装到牙齿"的"武力威慑"，以及"落后就会挨打"、"先进就会霸权"的近现代及当代的航空母舰、原子核武器的"物理安全"，已经成为当代人类社会的主流观念。

3.4　生态工程及生态安全

　　　　　生态工程是相对物理工程、物理安全中被忽略的，包括人类在内的所有生物三层次（种内、种间和天人）生态关系的"无废无污、高效和谐"而建立的生态系统"常态"、"新常态"的恢复工程，"病态"的调整工程及"眠态"的保持及唤醒工程，"死态"的转换甚至阻止工程。生态安全是地球生物包括人类的协同进化和整体和谐。

　　相对物理（物态）安全，生态安全是指生态系统的结构和功能正常运转、健康和完整的"常态"（而不是"病态"）的过程。生态系统完整性和健康的整体"常态"的水平，尤其是指包括人类在内的 150 万种物种的生存与进化的"人为"不良风险最小及不受"人为"威胁的状态。

　　狭义的生态安全概念是指自然和半自然（包括"人化"）生态系统的安全，即生态系统完整性和健康的整体水平"常态"反映。"常态"健康系统是稳定的和可持续的，在时间上能够维持它的组织结构和自治，以及保持"一定程度"的对胁迫的恢复能力。

　　若将生态安全与人类经济社会的"物态"保障程度相联系，生态安全可以理解为人类在"物态"生产、生活和健康等方面不受"人为"生态破坏与环境污染等影响的保障程度，包括饮用水与食物安全、空气质量与自然环境等基本要素。

　　广义的生态安全相对"物理安全"而言，当然也涵盖或包括"物理安全"，最基本的是三层次（种内、种间和天人）生态关系的"无废无污、高效和谐"。人类的行为应该防止生态系统的退化（相对区域顶级群落而言）对经济发展的环境基础构成的潜在生态威胁，主要是指生物多样性指标降低、生物量及生态结构的简化甚至破坏，三层次生态关系的恶化而削弱、影响，甚至阻碍人类生态经济社会的可持续发展。

　　随着人口的增长和社会经济的发展，人类活动对环境的压力不断增大，人地矛盾加剧。尽管世界各国在生态环境建设上已取得不小成就，但并未能从根本上扭转环境逆向演化的趋势。由环境退化和生态破坏及其所引发的环境灾害和生态灾难没有得到减缓，全球变暖、海平面上升、臭氧层空洞的出现与迅速扩大，以及生物多样性的锐减等全球性的，关系到人类本身安全的生态问题，一次次向人类敲响警钟。

　　因此，不管作为个人、聚落、住区，还是作为区域和国家的安全，都面临着来自生态系统的挑战。生态安全与国防安全、经济安全、金融安全等已具有同等重要的战略地位，并构成国家安全、区域安全的重要内容。保持全球及区域性的生态安全、物理安全和经济的可持续发展等已成为国际社会和人类的普遍共识。

　　生态安全的概念早在 20 世纪 70 年代就已被提出，但是由于生态安全内涵的丰富和复杂性，以及人们对生态安全的研究尚不够深入，因而一直也未能形成统一并普遍接受的定义。

　　相对物理安全，生态安全的概念还存在以下两方面的局限性。

　　（1）忽视生态风险的随机性：指特定生态系统中所发生的非期望事件的概率和后果，容易忽略其脆弱性（指一定社会政治、经济、文化背景下，某一系统对环境变化和自然灾害表现出的易于受到伤害和损失的性质）的一面；生态安全是指在外界不利因素的作用下，人与自然不受损伤、侵害或威胁，人类社会的生存发展能够持续，自然生态系统能够保持健康和完整。

（2）忽视生态安全的动态性：仅把生态安全看成一种"常态"，而没有考虑到生态安全的动态性。针对这一局限，生态安全可以定义为人与自然这一整体免受不利因素危害的存在状态及其保障条件，并使得系统的脆弱性不断得到改善。生态安全的实现是一个动态过程，需要通过脆弱性的不断改善，实现人与自然处于健康和有活力的客观保障条件。

生态安全相对物理安全还具有整体性、不可逆性、长期性的特点，其内涵十分丰富。生态安全的本质主要是生态风险和生态脆弱性。生态风险表征了环境压力造成危害的概率和后果，相对来说它更多地考虑了突发事件的危害，对危害管理的主动性和积极性较弱。而生态脆弱性应该说是生态安全的核心，通过脆弱性分析和评价，可以知道生态安全的威胁因子有哪些，它们是怎样起作用的，以及人类可以采取怎样的应对和适应战略。

重视了这些问题，就能够积极有效地保障生态安全。因此，生态安全的科学本质是通过脆弱性分析与评价，利用各种手段不断改善脆弱性，降低风险。

我国的生态安全形势十分严重，土地退化、生态失调、植被破坏、生态多样性锐减并呈加速发展趋势，生态安全已经向我们敲起了警钟。

总之，相对物理工程及物理安全，生态工程所追求的生态安全是人类可持续发展的根本保证，不是"物质利益最大化"的"物理（态）思维"所能够兼顾的，需要人类的新视野、新观念和新作为。

3.5　物理工程与生态工程的本质区别及联系

　　　　二者的根本区别在于"生命性"和"物质性"，抑或"生态"与"物态"之区别。地球上已知的150万种生物与人类相伴而生，无处不在。即使在人体内外寄生、附生、共生的微生物的个体数量也要相当于地球的总人口（大约70亿）。因此，任何一项物理工程，斟酌"三层次生态关系"上的高效和谐，才是地球人类的千秋万代、可持续发展的生态工程的理念和具体的策略。

有人认为："物理学是人们对'无生命'自然界中物质的转变的知识做出规律性的总结"。这种运动和转变应有两种：①是早期人们通过感官视觉的延伸；②是近代人们通过发明创造供观察测量用的科学仪器，实验得出的结果，间接认识物质内部组成建立起来的。

物理学从研究角度及观点可分为微观与宏观两部分。宏观是不分析微粒群中的单个作用效果而直接考虑整体效果，是最早期就已经出现的，而微观物理学是随着科技的发展理论逐渐完善的。

诺贝尔物理学奖得主、德国科学家玻恩认为"物理是一种智能"，他说："与其说是因为我发表的工作里包含了一个自然现象的发现，倒不如说是因为那里包含了一个关于自然现象的科学思想方法。"

物理学之所以被人们公认为一门重要的科学，不仅仅在于它对客观世界的规律作出了深刻的揭示，还因为它在发展、成长的过程中，形成了一整套独特而卓有成效的思想方法体系。正因为如此，使得物理学当之无愧地成了人类智能的结晶，文明的瑰宝。

大量事实表明，物理思想与方法不仅对物理学本身有价值，而且对整个自然科学，乃至社会科学的发展都有着重要的贡献。有人统计过，自20世纪中叶以来，在诺贝尔化学奖、生理学或医学奖，甚至经济学奖的获奖者中，有一半以上的人具有物理学的背景。这意味着他们从物理学中汲取了智能，转而在非物理领域里获得了成功。

反过来，却从未发现有非物理专业出身的科学家问鼎诺贝尔物理学奖的事例。这就是物理智能的力量。

这就是地球上的"生命的"世界中，所有的"生命"都被"物（质）化"以后的可喜（抑或可怕）之后果，但是，这是当代人类社会的"主流意识"甚至被当成唯一的"科学"观念。

总之，当今世界科学的主流中，物理学是对自然界概括规律性的总结，是概括经验科学性的理论认识。从"物态思维"而非"生态思维"（图3.2）来看，物理学还具有以下六大性质。

图 3.2　生态思维及物态思维的形象识别图标（LOGO）：自动及他动，有始有终及以终为始、无始无终

（1）真理性：物理学的理论和实验揭示了自然界的奥秘，反映出物质运动的客观规律。

（2）和谐统一性：神秘的太空中天体的运动，在开普勒三定律的描绘下，显出多么的和谐有序。物理学上的几次大统一，也显示出美的感觉。牛顿用三大定律和万有引力定律把天上和地上所有宏观物体统一了。麦克斯韦电磁理论的建立，又使电和磁实现了统一。爱因斯坦质能方程又把质量和能量建立了统一。光的波粒二象性理论把粒子性、波动性实现了统一。爱因斯坦的相对论又把时间、空间统一了。

（3）简洁性：物理规律的数学语言，体现了物理的简洁明快性，如牛顿第二定律、爱因斯坦的质能方程、法拉第电磁感应定律。

（4）对称性：对称一般指物体形状的对称性，深层次的对称表现为事物发展变化或客观规律的对称性，如物理学中各种晶体的空间点阵结构具有高度的对称性。竖直上抛运动、简谐运动、波动镜像对称、磁电对称、作用力与反作用力对称、正粒子和反粒子、正物质和反物质、正电荷和负电荷等。

（5）预测性：正确的物理理论，不仅能解释当时已发现的物理现象，更能预测当时无法探测到的物理现象。例如，麦克斯韦电磁理论预测电磁波存在，卢瑟福预言中子的存在，菲涅尔的衍射理论预言圆盘衍射中央有泊松亮斑，狄拉克预言电子的存在。

（6）精巧性：物理实验具有精巧性，设计方法的巧妙，使得物理现象更加明显。

物理学确实十分"完美"，就连生态学的过去、现在和将来的定性定量定位的研究，也不可能离开物理学理论和方法的支撑和指引。

但是，生态学的理论与物理学有着根本的不同，那就是：这个世界是生命的，而不仅仅是物质的，所有的物质都包含或被包含在"生命系统"之中。因此，从生态学（生态思维）上看，以上物理学的六大性质有如下"生命性"的质疑。

（1）相对"真理性"：物理学的理论和实验揭示的只是自然界"物态"而不是"生态"的奥秘，反映出的是"物质运动"的客观规律，而不是生命系统的机制或机巧（至少只是包含在生命结构中微观"物态"层次中的分子、原子状态，而且是离态、瞬态、偏态及死态的结果）。

（2）物理"和谐统一性"：开普勒三定律、牛顿三大定律、万有引力定律、麦克斯韦电磁理论、爱因斯坦质能方程及相对论、光的波粒二象性理论等只是把世界"物质化"及其"物理概念"中的质量、能量、粒子性、波动性、时间、空间的统一，并不是整个宇宙生态系统中结构、功能、演变及平衡的规律的根本所在，在尺度上也只是体现"物质性"，而非"生命性"。

（3）"简洁性"中的机械性：物理规律经过高等数学语言的抽象，诸如"没有厚度的平面、没有质量的点、无穷小、无穷大"等数学严谨的定义、推导和计算，体现了数学、物理的"简洁明快性"。牛顿第二定律、爱因斯坦的质能方程、法拉第电磁感应定律等都十分地"简练"，但是，这种"片面的深刻，抽象地凝练"造就的是"简单及稳定"的"机械论"，与生态系统的"多样性导致稳定性"的思维方式恰恰相反。

（4）物态中的"对称性"：从"一般指物体形状的对称性"演绎"深层次的对称表现为事物发展变化或客观规律的对称性"是"物态"技术发展过程中的经典总结。各种晶体的空间点阵结构具有高度的对称性，竖直上抛运动、简谐运动、波动镜像对称、磁电对称、作用力与反作用力对称、正粒子和反粒子、正物质和反物质、正电荷和负电荷等的对称似乎这个"物质世界"就只有对称，而且似乎只是"捉对"式的对称。物理学的这些精准的观察与试验并没有错，其局限性仍然是在"物质性"及"生命性"的基础"立论"之上，生命系统的"对称"与"不对称"，以及"捉对"、"多维"、"跨时空"性的"对称"与"不对称"共存，而且是"多样性导致稳定性"的"进化"与"退化"的思维。

（5）"预测性"掩盖不了的"随机性"：经典的物理理论在初期发展的历史阶段，不仅能解释当时已发现的物理现象，更能预测当时"无法探测"到的物理现象。确实有过麦克斯韦电磁理论预测电磁波存在、卢瑟福预言中子的存在、菲涅尔的衍射理论预言圆盘衍射中央有泊松亮斑、狄拉克预言电子的存在的科学事实。还曾经有过"拉普拉斯决定论"的"躁动"，但是，"物态"研究中严密实验参数控制下的"精确模拟、预测"，掩盖不了"生态"条件下的时空"随机性"和"不可控性"。生命系统中包含旷古而来的遗传密码，比严密实验参数控制下"物态"的离态、瞬态、偏态、死态实验中的过程要复杂得多。

（6）实验的"精巧性"及现实的"灵动性"：严密实验参数控制下的物理实验具有"精巧性"，设计方法的巧妙，过程的透明，使得物理"现象"更加凸显和表达，数理模型、公式一经建立，就十分"经典"实用。但是，应用的时效性仅限于"严密实验参数控制"，对有生命开放式的生态系统由于严重的塌缩往往是不合适的。

生态学与工程学融合的时代已经到来。比较"物态"性质的人类社会大生产和"生态"性质的第一性、第二性生产的特征和内涵，发现两者之间的连接才是生态工程包含物理工程的重要途径。生态工程相对物理工程有如下的区别和联系。

（1）生态工程是"生命"工程，物理工程是"物质（物态）"工程：区别在于后者是"视生为物"或"化生为物"，只见"物质"不见"生命"。两者的联系是生态工程可以包含物理工程，可以在改善三层次生态关系的基础上，同时筑构"物理工程"或者化之升级为"生态工程"。

（2）生态工程是"喜新不厌旧"的"调态"，物理工程是"破旧立新"的"筑构或铸造"：在人类生态的"常态、病态、眠态、死态"之中，保持"常态"和"新常态"是生态工程规划的目标、标志和结果，与"物理工程"的"冶炼、铸造、运行、润滑、疲劳、老化、报废"的理念不一样的是，更多的是"状态调整"而不是"另起炉灶"的"创新"。

（3）生态工程是"新陈代谢、生长发育"，物理工程是"投入产出、成本效益"：生态工程的目标是人类经济社会生态层次上的"高效和谐、无废无污"，"物质利益最大化"的经济效益上的投入产出要让位于人类可持续发展的根本利益。

复习思考题

1. 名词解释：
   物理系统　　物理思维　　物理工程　　物理安全
   生态系统　　生态思维　　生态工程　　生态安全
2. 简述物态（理）系统与生态系统的特征、区别及联系。
3. 简述物理工程与生态工程的区别及联系。
4. 简述物理安全与生态安全的区别及联系。
5. 应用物理安全及生态安全理念分析当今世界生态工程中宏观、中观及微观层次的深层次问题。

第4章 生态工程与规划的基本理念和基本手法

> 理念是规划与设计的灵魂，理念错误即使手法再精妙也有可能是南辕北辙的结果。生态工程与规划最基本的理念是三层次生态关系上的高效和谐，人类经济社会生态的可持续发展，而不是"天下为私"意识中的物质利益最大化、唯利是图和见利忘义。

柏拉图认为所谓的理念或形式及"不可被人感到的一般事物"不是神创造出来的，是人类通过认识实践活动从自然存在中发现、界定、彰显、抽取出来的。人是理念和各种事物的彰显者和创造者。

"理念"的形成和产生过程是人们约定俗成的过程。理念作为一个名词概念是人类认识实践活动的产物和结果。

人类的认识是一个不断进步，永无止境的过程，随着人类对可感个体事物认识的进步和发展，可感个体事物具有的普遍性规律和性能正在被人类不断地发现，一个又一个新的理念正在被人类不断地创造出来。人们用来表述和界定理念的普通名词数量随着新理念的产生和冠名也在不断地增加。

（1）"理念"是人类"可感"的从"个别"到"一般"事物的组成部分或组成元素，是人类通过认识实践活动，从可感个体、群体及社会事物中发现、界定、彰显和抽取及凝结出来的形象、意识甚至原则。

（2）"理念"是人类认识实践活动中总体把握、模糊识别、抽象化与具象化之间反复凝练的必然产物和"概念化"的结果。人类语言表述和界定的一切事物都与自然存在和人的认识实践活动两者有密切关系，都是人类在日常生活中，通过认识实践活动从作用和刺激人类感官的自然存在中发现、界定、彰显、截取、抽象出来的，都是具有一定边界、限制、规定和冠名的对立统一体或矛盾体。

（3）"理念"这个专用名词表述和界定的是人类可以感觉到的事物，同人类的感觉和知觉认识行为有密切关系，是人类通过感觉认识行为，从自然存在的事物中发现、界定、彰显和抽取出来的自然事物。

（4）"理念"表述和界定的、人感觉不到的一般个体事物同人类的认识行为也有密切关联，是人通过对两个或多个可感个别事物的比较，发现和界定了这两个或多个个别事物具有的普遍性和共性规律后，从自然存在的事物中发现、界定、彰显和抽取出来的自然事物。

规划设计是对过去的继承，现实的推敲、解剖、诊断和修正，是对未来的时间上和空间上交织的步骤、过程、结果的编排和预测。因此，"理念先行"是挑选总规划师、规划团队和规划程序、规划过程、规划目标甚至规划预期结果的先决条件之一。

"理念"在生态工程与规划中是大方向上的决断，而规划的手法只不过是实施过程的技巧和机巧。

"手法"是人类处理事物、材料、过程的方式方法。常用于工艺、美术或文学方面，含有技巧、工夫、作风等意义。包括待人处世的方式、方法等。狭义的"手法"指魔术或美容行业项目操作时使用的"手的动作"或系列步骤。一些宗教仪式"以手结印"及中国武术中的"内功修炼"、"拳法套路"过程中的手势的配合也叫"手法"。

规划设计的"手法"研究和探讨最早出现在中国古典园林设计的经典著作之中，《园冶》中就系统地讨论了"造园"的基本范式和常用手法，开创了规划设计中研究、琢磨、推敲、提炼手法的先例，至今仍然是诸多规划设计学科门类中最经典、最实用的方式、方法和技巧之一。

立足于生物学、生态学及生命科学大学科的生态工程与规划，由于"生态思维"比拼并包容"物理思维"，因此，微观层次的分子、细胞、组织、器官、物种个体、种群、群落、生态系统、景观（生态系统之和）及人类社会经济生态复合系统各种宏观、微观层次的生态工程规划，将以中国古典园林设计的生态理念和手法为基础，向微观、宏观两个层次呈"T"字形拓展（宏观层次越来越宽，微观层次越来越深）。

4.1　规划的综合理念

> "不谋全局者不足以谋一域，不谋万世者不足以谋一时"，各种各样的规划基本理念相同，具体到"一域"、"一时"的情况理念会有所差别，但"全局"、"万世"的整体观念是不可或缺的。

生态工程与规划最基本的理念是三层次生态关系上的高效和谐，人类经济社会生态的可持续发展。

目前，人类社会中的各种规划基本上归纳为以下 3 种类型。

（1）自上而下强制型：大多数规划都是这种类型，如对所属地区的总体规划、控制性详细规划和实施性详细规划等；

（2）自下而上放任型：在局部区域的下属单位、企业制订的发展规划，企图推动整个区域的发展并成为区域发展的标杆或试验场；

（3）控制与引导双轨型：反复、周期性制订的上上下下修正的规划。

目前，世界的主流经济体制既不是完全放任的"自由市场经济"，也不是完全由政府包办的"计划经济"，而是在这两个极端间的"混合经济"。东欧及前苏联的"计划经济"体制崩溃并不能证明"经济的计划性"是行不通的。当今世界，几乎所有的国家、所有的正规企业都在制订经济计划或发展规划，在"信息不对称"的世界里由于互联网、大数据、云计算的诞生，经济计划或规划是难以替代的。

既不能重蹈"绝对强制"的"计划模式"覆辙，也不能采用"自由放任"的市场模式，新的"规划"要求在自上而下与自下而上的力量之间进行磨合、平衡，并转向"双向、互动、互求"的混合型的发展规划。

在西方国家称为"非正式规划"，即利用咨询、讨论、谈判、交流、参与等措施，在"正式的规划"途径之外，开辟一条不完全是官方的意见的"交流和协商"的通道。通过制订公平准则，建立公开的规划体系，广泛吸收各种利益集团（政府、部门、社团、企业等）参与规划的全过程，以寻求解决区域发展中的各种利益冲突的方法和途径，提高范围内各发展组分履行规划的自觉性和可操作性。这对传统规划编制思维的革新是有重要意义的，虽然这个过程可能意味着大量的时间、人力、物力的耗费，但却是使各种规划由图纸走向实施的重要保障。这种"协商式"的规划可以处理包括生态防护建设、经济结构的调整、环境污染的防治、土地资源整合等要求，也可运用在目前已经频繁出现的有关经济发展与生态机制耦合的发展机遇问题的决策方面。

4.1.1　"全局"及"万世"的理念

对于所有的规划，无论是微观层次还是宏观层次，全局观念和持续发展是基本的，也是十分必需和必要的，否则，杀鸡取卵、竭泽而渔、吹糠见米的结果是可想而知的。

"不谋全局者不足以谋一域"讲的是"全局"和"一域"的关系，规划其实就是大局和小局的关系。"一域"要服从"全局"，"小局"要服从"大局"。

规划最忌讳的是只看到眼前的局部，只看到一个单位一个地区的利益。一叶障目，不见泰山。"一域"蔽眼，不见全局。只有从战略的、宏观的、全局的角度进行规划设计，才能有一种"登泰山而小天下"的气势和胸怀，也才能打开视野，扩展胸襟，从更大更广的时空范围寻找和把握机遇、制订关键步骤和对策。以规划谋全局者，一域一隅才能因势而上，赢得发展。

"不谋万世者不足以谋一时"，讲的是"万世"与"一时"，也就是长远和眼前的关系。规划讲的就是全面、协调、可持续的发展。"可持续"就是"万世"，就是长远。规划中要谋"万世"讲长远，而不能只谋"一时"只顾眼前。事实上，不谋"万世"竭泽而渔者，眼前也不可能有真正的发展。

4.1.2　"综合"发展的"多目标"理念

宏观的生态工程与规划具有多阶段、综合发展目标的特点，要兼顾多个"约束条件"下的均衡解。例如，城镇体系或者生态城市工程及规划就是以生态及经济生产力的"布局"为核心任务，城市生态、经济、政治、交通集聚的体系规划就是以多个角度、综合发展目标为取向的。

粗放型的经济增长模式是用国民生产总值和国民收入的总量与速度的增加掩盖自然资源衰竭、环境功能退化所代表的真正经济成本，但如今我们已经直接感受到了漠视环境成本所带来的昂贵代价。

生态工程与规划中越来越认识到"经济增长"与"社会发展"是两个完全不同的概念，超越经济增长范畴的社会综合发展目标必须在生态规划中找到解决或缓和的途径。

规划从内容看，越来越由"单目标"的物质建设规划或经济布局规划为主转向"综合"的发展目标规划，规划中的社会因素与生态环境因素越来越受到重视，生态机制基础上的规划技巧成了未来规划的新手法和新内容。

4.1.3　"整体"规划"分区"设计理念

传统的规划由于将规划视野过多囿于"物态"经济生产领域，因而将"物理工程"作为规划研究的重点，而将区域中其他基质空间（生态基质：生态系统）作为一种支撑发展的"成本"或者"投入"，"物态"与"生态"的"二元分割"的规划思维特征非常明显。

人类经济和社会的发展不仅创造了越来越多生态经济系统日益模糊的各种表象空间形态，而事实上也从更为深刻的层面将"物态"与"生态"的发展紧密地联系到了一起。第一性、第二性生态生产力及第三性"物态"生产力的知识型经济将从根本上改变人类社会的生态关系。"生态"不再是作为为"物态"单纯提供生产要素的依附地，而实现了多种要素的相互组合流动。经济、社会、生态价值被重新发现和理解，生态的持续发展是以生态系统的健康成长为基础的。

生态工程与规划强调生态系统"整体性"的理念，生态系统的组分是不可分割的，"物理思维"的拆分可以分别进行分析、诊断，但"整体"及"整合"的理念是要贯穿始终的。

从规划的角度上看，整体规划分部、分区设计，"拆分"的同时应该注意"开放式闭合循环"式的生态组装或"还原"。

4.1.4　"灵活性"与"弹性"的理念

规划不是"死板"的"教条"，而是在生物多样性基础上的"随机应变"，面对纷繁复杂的基因、物种、种群、生态系统及景观多样性，规划的"大理念"、"大方向"、"大原则"基础上的"灵活性"与"弹性"同样十分重要。

多方案的对策可以随实操者（投资运营方或"甲方"）的习惯、偏好而"量身定做"，规划的"弹性"理念表现在生态系统的结构、功能、演变和均衡的多样性上，但"万变不离其宗"。

保证弹性和调控程度的平衡是衡量规划有效性的标准，可以将原来以"行政手段"为主的政府规制型规划转变为以"市场"或价值手段为主的"市场兼容型"规划，将原来"统得过死"并过于具体的"刚性"规划转变为应变能力较强的"弹性"规划。

规划更应体现出多目标、多方案的"弹性"特征，在难以预料的人类生态、经济与社会过程中，使生态发展具备更大的应变性，防范各种生态风险与波动。

4.1.5　"抓大放小"之"因势利导"理念

传统"物态"规划效率低下，而难以对生态发展起到真正调控与引导作用，其中一个重要原因是尚未找到其真正赖以调控区域生态发展的"权力砝码"或者"手柄"（关键点）。

生态规划不同于其他综合的"物态"经济社会发展规划（计划）的根本之处，是"抓大放小"和"因势利导"。在森林群落中，长期的林木分化和自然稀疏会导致结构中优势种、建群种、确限种、特征种以及区系成分的分化与合拢，生态规划的要点就像草原上牧民牧马一样，识别并驾驭头马，马群的移动方向就可以"顺势而为"。

在市场经济环境中，规划设计的引导如同法规、税收等一样，是政府握有为数不多而行之有效的调节经济、社会、生态可持续发展的重要手段之一。

4.1.6　重视"过程"把握"节点"的工艺理念

生态工程规划不可能像简单物理系统那样可以装上"开关"，或者输入指令就可以获得"预定结果"。

规划中的总体规划相比于详细规划，更具有宏观性、长远性、战略性的特征。因此，如何将总体规划的种种"终极合理目标"转化为具体可行的"行动过程",是关系到详规实际落实"落地"的关键。

这就要求我们必须强化对实施步骤、实施措施等"节点"及"过程"的研究,特别是适应生物多样性机制的生态系统的结构和功能过程,而这却正是以前"物态"规划较为忽略的重要内容。

4.1.7 "制高点"、"切入点"和"控制点"的"三点"理念

规划方案"有话则长,无话则短",展开可以是包括基础研究、过程推导、方案比较、偏好选择、风险评估、变数预测、结果掌控的一套"丛书",浓缩或精炼起来可以是以下几个关键点。

(1)制高点:物态规划中有一个理论上的"高点",占领"高点"规划的大立论是驳不倒的;空间规划中有一个"海拔上(标高上)"的"高地",站在这里可以"一览众山小"。生态规划中这不仅仅是理论、空间上的"高屋建瓴"之点,更是三层次生态关系高效和谐的生态伦理、道德上的"高地"。

(2)切入点:也就是近、中、长、远期规划中,现在立刻要实施的节点,不是胡乱"一哄而上",而是有一个近期的"突破点",可以达到"首战必胜"的"头彩"之提领作用。

(3)控制点:规划有可能像国家政策一样"一统就死,一放就乱",在"灵活性"和"原则性"之间会有一个"掌控点",作为大河之堤坝,大海之海岸,能够起到"安全墙"的防护作用。

在经济模式的转轨过程中,规划依然延续了无所不包的面面俱到、笼统繁杂的定式。由于对生态系统中许多变动因素无法把握,甚至规划了许多无法调控的内容,不仅耗费了大量的规划精力与财力,也影响甚至削弱了规划的权威性、科学性。因此,规划的"三点"理念如果落实下去,会起到意想不到的效果。

4.2 规划的基本手法

规划设计中研究、琢磨、推敲、提炼"普适性设计技巧"并生成"系列范式"或"手法"的学科首推延续三千年的中国古典园林设计。因此,我们立足于园林设计的生态理念手法,归结生态工程与规划的基本定式或基本规划方法(手法)。

中国人发明的围棋,规则简单到只要把黑子、白子放到棋盘中的十字交叉处即可。但是,19乘以19等于361个交叉的棋盘却蕴藏着巨大的玄机。学习围棋最重要的是背熟前人积累下来的"定式"并逐步理解和应用,如果学习围棋不背定式,可能连业余初段的水平都达不到。这种水平的"棋手"遭遇初段的对弈结果是:让其先摆满"九宫格"(也就是先让9子)也不可能赢。

这就是所谓"站在巨人肩上"的研习道理。规划设计的"手法"与中国围棋的"定式"异曲同工,可以帮助许多初学者及"老手"解答遇到的"新问题"。

规划设计最基本的手法,归结为一句话就是"历史现状科学分析、发现深层次关联问题并制定对策"。因此,调查研究是规划的必要的前期工作,必须要弄清规划对象的自然、社

会、历史、文化的背景，以及经济发展的状况和生态条件，找出建设发展中拟解决的主要矛盾和问题。

调查研究也是对规划对象从感性认识上升到理性认识的必要过程，调查研究所获得的基础资料是规划定性、定量分析的主要依据。规划特定对象的情况可能十分复杂，进行调查研究既要有实事求是和深入实际的精神，又要讲究合理的工作方法，要有针对性，切忌盲目繁琐。

"生态"与"物态"规划的调查研究工作的基本手法由以下 3 个方面的构成。

（1）现场踏勘或历史现状研究：规划工作者必须对规划对象的概貌、来龙去脉、历史传承、现状问题等"物态系统"及"生态系统"进行结构、功能、演变及平衡的科学分析，必须认真地运用最先进的理论进行历史资料收集、现场踏勘和综合研究。

（2）深层次问题的分析研究：这是调查研究工作的关键，将收集到的各类资料和现场踏勘中反映出来的问题，加以系统地分析整理，去伪存真、由表及里，从定性到定量研究规划对象发展变化的内在决定性因素及深层次的关联问题，从而提出解决这些问题的对策，这是制订生态工程规划方案的核心部分。

（3）立足高远，制订分步骤的对策方案：抓住关键点、占领制高点、选好切入点，制订分期分批、量身定做、高瞻远瞩的对策，并在实施中不断检讨其可操作性。

无论是微观、中观、宏观，甚至宇观的生态工程规划都必须遵循以上的基本手法。值得一提的是：科学规划不是"猜答案"的游戏，省略"研究过程"及"逻辑通道"推出"规划对策"的所谓"策划"或"规划"都属于玄学、巫术、迷信的范畴。科学规划具有研究过程的连续性、理论上的先进性、结论上严密的科学逻辑性。科学规划经得起细节上的推敲、规划师将按照国家法律承担"终身负责制"的责任。

具体深入到规划问题及对策层面，规划设计"细腻"的手法在历史的长河中不断经过"筛选"，以"空间组合规划"的园林设计为样板，有如下手法可以为所有微观、宏观生态工程的规划所借鉴。

中国古典园林将规划设计的手法归结成为以下四大类。

（1）筑山：传统的"筑山"手法主要是指用石块砌叠假山、奇峰、洞壑、危崖，造"假山"景；现代园林中把"筑山"的手法与生态理念结合，演绎成为凭空"捏"造、化"意"为山、顺"势"造景、顺"景"造势和修山"着"意 5 个具体的手法。

（2）理水：传统的"理水"手法主要是指按地形设浅水小池、筑石山喷泉、放养观赏鱼类，栽植荷莲、芦荻、花草、造水石景，布置山塘、溪涧、乱泉、湍流，造溪涧景，堆砌巨石断崖引水倾泻而下造瀑布景；现代园林中把"理水"的手法与生态理念结合，演绎成为"引"水造景、借"流"发挥、用水"活"景、随心翻"浪"和动感"雾"化等手法。

（3）构物：中国人发明了亭、台、楼、阁、堂、馆、轩、榭、廊、桥、舫、照壁、墙垣、梯级、磴道、景门等"中国元素"的构筑设施，并结合雕塑、小品、楹联、牌匾，运用"点、屏、引、补"、"藏、露、抑、扬"等园林设计手法，传景、连景、框景、串景、借景。

（4）绿化：中国园林讲究"虽由人作，宛自天开"，小桥流水、风花雪月、鸟语虫鸣、松涛阵阵，在植物造景及园艺上面下足了功夫，培养了像牡丹、梅花、红茶花（曼陀罗）、茉莉花等中国特有的品种系列，还从外来种中驯化了莲花、菊花、郁金香、月季、玫瑰、水仙、唐菖蒲（剑兰）等诸多品种。

　　中国自南北朝以来，发展了自然山水园。园林造景，常以模山范水为基础，"得景随形"，"借景有因"，"有自然之理，得自然之趣"。中国古典园林，一山、一水、亭台楼榭，无不蕴含丰富的中国文化。具有代表性的苏州园林典型特征的拙政园、留园、网师园和环秀山庄，产生于私家园林发展的鼎盛时期，以其意境深远、构筑精致、艺术高雅、文化内涵丰富，而成为中国江南园林的典范和代表。

　　中国古典园林反映了中国古代的哲学思想、人文历史和地理特点，表现在"天人合一"的自然观。中国造园崇尚师法自然，园林的地形地貌是自然山水景观的高度艺术概括，追求"虽由人作，宛自天开"的最高境界。所以我国古典园林的选址多在山水形胜之地，或至少有水通源之地，不然则通过挖湖堆山，因势利导而创造巧夺天工的山水园林。

　　借景是我国古典园林造园中的最重要的和造景中追求空间无限外延的重要手段，《园冶》中有"夫借景，林园之最要者也"。通过远借、邻借、仰借、俯借、应时而借等诸多手法，将有一定界限并相对于外界环境隔绝封闭的园林空间形成与外界虚实相连的整体。

　　造园中采取"俗则屏之，嘉则收之"的手法，将外界美景纳入园中，形成局部大环境的完美统一。既扩大了园林空间，又丰富了园林景观层次。

　　"巧于因借"之最佳范例，当属北京颐和园之西借玉泉山和层峦叠嶂的西山，山取其远而形成两个层次的景深，景深远远超越于颐和园的界域，构成北京西北郊整体的环境美，同时也与其他园林相互借景，并彼此呼应成趣。

　　中国古典园林的布局讲究随形就势，宜山则山、宜水则水、顺应基址特点而建造。颐和园的建造可以说充分利用了原基址独特的地貌，结合水利疏导，依托山林之势建造了具有湖山之美的旷世名园，是造园艺术与水利工程完美结合的典范，既有科学的内涵也具艺术的外貌和深邃的文化内涵。

　　中国古典园林植物的种植形式一律采用自然式，与园林风格高度一致。私家园林和大型园林的小空间多采用单株、双株、多株及丛植的形式，运用少量的树木配置艺术，概括而表现天然植被的气象万千。例如，苏州拙政园的海棠春坞、梧竹幽居等景点的植物配置，既简洁而又寓意深刻，给人以无限遐想的空间。

　　植物配置展示的是不同植物的个体美和个体之间配置的和谐美，力求其姿态和线条显示其自然天成之美，因为林木茂然最易让人联想到大自然界丰富繁茂的山林景观和原生态的植被群落景观。

　　古典园林不论是私家宅院，还是皇家园圃以至寺观园林，园中之建筑布局因山就水、随形就势、错落有致。以丰富的形式和多变的布局，融合于自然园林环境之中。同时利用形状各异的门窗作为媒介和框景，将园林之美景收入视野，构成一幅幅美丽的画面，把建筑室内小空间与舒适宜人的外部园林大空间渗透融合为一体。

　　中国园林的意境是园主人真情实感的投入和表达，是其精神品质的体现和升华，情在景中、景在情中，是情景交融的最高境界和情感的艺术表现，是园主人一种审美境界的精神体现。

　　园林中更是常用高度概的园林题咏进行点景，升华景物的意境，使其由物质空间上升到精神空间，使游赏者在吟诵中产生共鸣，得到精神境界的陶冶和升华。

　　中国古典园林常见的造景手法可归纳为借景、对景、框景、漏景、障景等。

　　（1）借景是将园外景象引入并与园内景象相叠合的造园手法，也是中国古典园林最重要的造园手法之一，这种手法可弥补空间尺度小且耗费财力的不足。典型的借景佳例，如颐和园昆明湖远借西山、玉泉山，拙政园远借北寺塔，沧浪苍邻借葑溪水等。

（2）对景是主客体之间通过轴线确定视线关系的造园手法，由于视线的固定，视觉观赏远不如借景来得自由。对景有很强的制约性，易于产生秩序、严肃和崇高的感觉，因此常用于纪念性或大型公共建筑，并与夹景、框景相结合，形成肃穆、庄严的景观。

（3）框景是有意识的设置框洞式结构，并引导观者在特定位置通过框洞赏景的造景手法。框景对游人有极大的吸引力，易于产生绘画般赏心悦目的艺术效果。杜甫诗句："窗含西岭千秋雪，门泊东吴万里船"，则是框景效应的最佳写照。

（4）漏景又称泄景，一般指透过虚隔物而看到的景象。虚隔物包括花窗、栅栏和隔扇等。景物的漏透一方面易于勾起游人寻幽探景的兴致与愿望，另一方面透漏的景致本身又有一种迷蒙虚幻之美。利用漏景来促成空间的空灵与渗透是中国造园的重要手法之一。

（5）障景是在游路或观赏景点上设置山石、照壁和花木等，挡住视线，从而引导游人改变游览方向的造景手法。障景使园林增添"藏"的韵味，也是造成抑扬掩映效果的重要手段，因此为历代园林所广泛应用。

园林造景有如撰文画画，有法而无定式。同一景色画家可用不同笔法表现之，摄影师可从不同角度拍摄之，同一园林也可用不同构思设计。几百座江南庭园千变万化，各有所妙。

故园林造景有独特的立意，做到"虽由人作，宛自天开"的意境就可称为佳作。每个庭园造景时，不可忽视动观和静观的景色，通常狭小的庭园应以静观为主，动观为辅。遵循"小中见大"的原理，创造出"有限中见无限"的美景，更重视障景、框景、借景等手法的应用。

在相对较大的园林中，应以动观为主，静观为辅，更应注重空间的分割，通过对景、夹景、添景等各种手法，造成或开朗、或收敛、或幽深、或明亮的空间，使景色更为丰富。

在现代的园林造景中，研究植物高低、色彩、质感、动势等的配置，组成优美的焦点景观，将会是更为重要的课题。

4.3　规划的风险及安全防范

　　　　规划的风险来自两大方面：一是规划方案的误差、错误导致整个规划的大方向错误或因局部、个别因素制约而"功亏一篑"；二是国家法律中"规划、建设终身负责制"导致规划设计师因规划失误而断送一生的前程和声誉。这两大风险一明一暗，都是规划从一开始就应该在"公"与"私"之间仔细斟酌的重大问题。

规划的"节约"是最大的节约，规划的"浪费"是最大的浪费。一个不遵循科学研究范式、过程和逻辑性科学结论和对策的规划，马虎潦草、简单随意、偷工减料甚至干脆就是"拍脑袋"的产物，将给人类社会带来难以预料的损失甚至灾难。

当然，由于科学仍然不是十分完善地处于"不断试错"的过程之中，"真理之沟从错误之河之中流过"，"你把所有的错误都关在门外，你也就把真理也关在门外了"。因此，科学的规划也会有因为时间、空间及认识的不同阶段造成的"阶段性失误"，但这并不影响人们在规划中"站得更高"和"看得更远"一些。

　　战略规划本身的最大风险，不是制订的规划无法执行，而是将错误决策强行贯彻下去，概括起来主要有以下几个方面。

　　（1）理念错误导致"立论"上原则、方向性失误：这种错误与时代背景有关，如文革时期的"形势大好"主调下面的"计划模式"，做出的"五年计划"与现在新形势下的"十三五"规划的理念是完全不同的。"物态"规划与"生态"规划的理念、目标、价值尺度和追求效果也是大相径庭的。

　　（2）大方向上正确而在细节上"功亏一篑"：细节决定成败，航天飞机发射的失败并不是整体设计问题，螺丝、发动机、燃料等方面上的一个细节问题，都可能导致"一着不慎满盘皆输"的结果。规划设计在大方向确定以后，也有细节决定成败的风险，很多桥梁、高楼的坍塌与设计师在力学结构上的计算失误有关。

　　（3）规划制订得过于"刚性"，缺乏应变的弹性及修正机制：大多数规划缺乏经常性、制度性的战略评估机制，当规划的执行出现困难和偏差时，只是抱怨规划制订不合理，或者希望加强执行力能解决问题，却很少分析问题、偏差出现的原因并采取纠正措施。

　　规划制订过程中规划师本身的生存及工作风险，概括起来主要有以下几个方面。

　　（1）过于相信自己的判断，跳不出自己专业的局限性：规划是一个多学科交叉的平台，特别是文、理、工三科的交融，需要总规划师超越自己的专业视野，发挥团队的作用，消除规划基础研究、历史溯源、现状诊断、未来预测、分析模拟等方面的专业盲区、死角，否则，规划方案可能由于"偏激"而产生巨大的偏差甚至不可估量的损失；

　　（2）过于满足甲方（投资方或委托方）的要求，丧失原则并过于短视：目前的规划师当被问到哪一单"规划"自己觉得做得好时，往往回答是"下一单会做得更好"。因为经常是规划在正式委托"下单"之后，一个月出来初步方案，几个月就"顺利完成"，而且是以"评审通过"为完成标志。因此，时间十分仓促。

　　（3）规划再好也是"参谋"，不是"决策者"，也不是"执行者或实施者"：规划属于"阳谋"，是服务于"投资方或委托方"的，操作过程中的失误可能会让规划者买单，这也是规划设计工作面临的巨大风险之一。

　　（4）规划是一种"决策"机制，"风险决策"收益可能很高，但规划师的风险却也是最大的：为了保障自身的安全并降低风险，规划采用方案和规划师"双重安全"的保守方式是很普遍的，这也与科学和稳妥的社会运行模式相吻合。

　　规划的评估有战略的适应性评估和战略的执行性评估两个方面，其目的、方法和运作程序都是不同的。前者的内容包括战略背景扫描、背景变化和不确定性分析、不确定性的影响分析、战略风险和不适应性评估、纠正方案和情景预案等；后者的内容包括执行情况总结、问题诊断分析、执行方案矫正、战略修订建议等。规划方案本身及规划师本人的"物理安全"及"生态安全"应该属于规划学及规划过程中必须重视的内容之一。

4.4　规划的组合方案与备选

　　　　规划设计可以根据保守决策或风险决策的方式，提供组合系列方案为不同偏好的决策者进行选择，其中，多套方案的设计蕴含规划本身的技巧和风险规避机制。

　　规划设计属于人类智谋中的"阳谋"，与另一类"阴谋"相比具有"可以摊在桌面上"推敲或者"见阳光"的特点。规划设计方案可以根据决策的风险性取"上、中、下"三策，也可以根据投资方或甲方的偏好提供"鱼和熊掌"两种方案备选。更多的是，提供系列的方案，逐一并全部梳理其优劣、得失、取舍之后，供其"在阳光下"、"公开透明"地"挑三拣四"。

　　规划设计的备选方案是指作为决策者用来解决政策问题、达成政策目标的可供利用的系列手段、措施或办法，用平面图、立面图、剖面图、效果图及说明书的形式成套地表达出来。备选方案的形式可以是多种多样的，依据规划目标、政策、路径、重点问题及性质的不同，备选方案可以表现为两极包络、系列递增（减）、反向策略（互斥方案）及各种可能应对等类型方案。包括：

　　（1）两极包络方案：寻找出"两个极端"方案以后，正确的答案往往就包含其中。因此，规划方案可以从"走极端"的方案解剖方面入手，推荐"适中"的规划方案。

　　（2）系列递增（减）方案：在风险逐步升高（降低）的方案中，得到的可能是效益逐步增高（降低）的回报，可以根据投资总额、周期、规模、风险和效益选择或展开系列方案。

　　（3）反向策略（互斥方案）：接受一系列方案中某一个方案时就排斥了其他方案。不同方案通过比较、筛选，只能保留其中的一个。

　　（4）针对性可能系列方案：针对不同的诉求、不同的阶段、不同的人群、不同的空间可以形成系列的方案进行选择。

　　（5）独立方案：在一系列方案中接受某一方案并不影响其他方案的接受。独立方案的特点是指自成体系，与其他提供的方案互不关联，没有内容和过程上的交织。

　　（6）混合方案：混合方案是实际工作中经常遇到的一类问题，分析和选择方法也比较复杂，是兼有独立方案和互斥方案两种形式的方案。只有这样，才能将人力、物力和财力等资源配置合理有效，为获得最佳的经济效益打下良好的基础。

　　具有可行性的若干备选方案应有如下两个特点：①各备选方案应该是基本平行的，也就是 A、B 等方案不可同时被采用。②各备选方案都具有不同的优缺点，难以简单地割舍。

　　备选方案的产生应遵循以下原则。

　　（1）创新原则：这是产生备选方案的首要原则，方案绝非"老生常谈"、"就事论事"，甚至"想当然"的产物。

　　（2）约束原则：不同约束条件下，对策的方案是不一样的。

　　（3）多样原则：多样性导致稳定性，思维应该发散，避免"自古华山一条路"的情况出现。

　　（4）时间原则：在时间的推敲上，必定出现轻重缓急的顺序。

　　（5）相互排斥原则：如此可以将所有可能的方案全部包含。

　　规划设计是在科学研究基础上的科学预测、决策的过程，在产生备选方案的过程中应当按照先散发后收敛的思维步骤，即先大胆地找寻，从不同方向上列举和设想出各种方案，数量越多越好，然后在此基础之上，对各种方案进行精心设计，严格论证和反复推敲，产生出满意的优选方案。

复习思考题

1. 名词解释：

　　规划　　　　计划　　　理念　　　　手法　　　纲举目张

　　抓大放小　　制高点　　关键点　　　切入点

2. 简述"不谋全局者不足以谋一域"的规划理念。

3. 简述"抓大放小"之"因势利导"的规划理念。

4. 简述生态工程与规划的基本手法和工艺流程。

5. 简述生态工程与规划的风险及安全防范问题。

第5章　生态工程与规划的步骤、过程及目标

> 工程本身就是工艺的集合，因此，生态工程与规划的过程、步骤是十分严谨的，包括基础科学研究、研究理论、规划手法、分析设计环节、逻辑结论及机巧编排等工艺过程，并在此基础上，寻找通向目标的多条途径，取得"殊途同归"的效果。

生态工程与规划是一个规划基础研究、最新理论应用、科学决策及方案的具体实施过程。最重要的是过程的严谨性和逻辑性、规划方案的可操作性和实施过程的透明、完善、修正和监控性。因此，整个规划从理念到手法，从起始到结束，有一整套的方法、过程和步骤。

（1）从战略制订到战略目标：没有战略眼光就没有健康的发展。规划的目标管理首要的是目标的制订，而这个目标必须围绕"理念"并具体落实到"战略"继而落实到"目标"的层面，需要进行科学设定。从"理念"到"战略"到"目标"是一个从意图到明确的过程，没有这个过程，战略只能是一种意图、一种打算，在一定程度上没有目标支撑的战略也只能是设想。有了"目标"、"理念"或"战略"就有了清晰的目的和方向。因此，制订"目标"的依据必须是"理念"或"战略"。没有脱离"理念"的目标，也没有不存在"目标"的战略。两者既是从属的关系，又相辅相成，缺一不可。

（2）从战略目标到战略规划：要想"纲举目张"，还必须把简单的"战略目标"用规划的形式将其相对具体化。这个具体的过程就是战略规划的制订。规划比目标而言相对具体，有组织、时间、步骤、途径、措施，甚至有方法。这是一个把目标"翻译"成"实施"的转变。

（3）从战略规划到分步实施：规划有了，谁来执行？这是规划实施的关键，但是，有人执行没有责任也是枉然。因此，最关键的还是目标责任及目标责任人的问题。在目标实施中，为了确保目标的达成，还必须加强实施过程的督导。督，就是对实施情况予以监督；督导就是在实施中予以必要的指导。监督的目的在于督办、督察、督促，在于催办、帮办、协办；在于强化对目标管理的执行力度。

（4）规划目标的刷新：以终为始是目标管理的最高境界。因此，从成果评价到目标刷新，也是一个自我超越的过程。经过评价的目标成果，正是新的目标管理的开始。它是依据、基准和下一个目标的平台。能否超越原来已经实现的目标，这在很大程度上反映了一个国家、一个领导者的雄心。

当然，"大跃进"是不客观的，"冒进"更是危险的，但是，"不进则退"也是必然的。所以，哪怕是百分之几或者百分之零点几的超越都是科学发展的进步。或增加，或递进，都要根据实际来进行选择性的规划设计及实施、监控。

5.1　规划设计的步骤

　　　　　　　规划设计主要有6个步骤：①先进理念和战略目标制订；②现状及历史渊源研究；③问题诊断及科学分析；④逻辑性科学对策方案；⑤实施及工程监控修正；⑥效果评价及经验、教训反馈。

　　规划设计的需求是十分普遍的，从个人到组织、从自然人到经济人到法人、从小企业到大公司、从区域到国家都需要制订发展规划。而且，规划需要专业人士、专业团队、专业资质来完成，但规划平台却是任何人都可以"操作的"。

　　换句话说，专业规划只是咨询服务的一个部分，任何可以"买单"的人或组织、企业、公司、政府都可以成为规划的"甲方"，成为规划服务的"享用"或"执行者"，而规划必须按照科学的程序、步骤、理论和方法完成。

　　规划的科学的程序及步骤如下。

5.1.1　先进理念和战略目标制订

　　理念是规划与设计的灵魂，用"物态"的理念，还是用"生态"包容的理念，结果是完全不一样的。人类"理想的家园"是三层次生态关系上的高效和谐，而"天下为私"、"物质利益最大化"、唯利是图和见利忘义只能使这个地球内外纷争不断，人类最后走向"穷途末路"。

　　立足于生物学、生态学及生命科学大学科的生态工程与规划，从微观层次的分子、细胞、组织、器官到宏观层次的物种个体、种群、群落、生态系统、景观（生态系统之和）及人类社会经济生态复合系统，"物种面前种种平等"、物料"开放式闭合循环"将贯穿始终，而"无废无污、高效和谐"是其必然的标志、目标和结果。

　　"不谋全局者不足以谋一域，不谋万世者不足以谋一时"，规划设计必须"站得高、看得远"，本身就是一门"背负青天朝下看"的学科，要站在"比人类更高的立场上"，用"天下为公"、"仁者无敌"的理念打造这个人类"单优"世界的"自由、民主、人权、博爱和宪政"。

　　理念"顶天"，规划的战略目标要"落地"。生态工程与规划要想取得"纲举目张"的效果，必须把"崇高的理念"用相对简单的"战略目标"并以规划的形式将其相对具体化。要相对具体，有组织、有时间、有步骤、有途径、有措施地把目标"翻译"或"表达"成为现实的改变。

5.1.2　现状及历史渊源研究

　　生态规划与物态规划"起点"不一样：生态规划从生物的起源、生态系统的结构、功能、演变、均衡的过程中"开始"；而物态规划往往从"七通一平"的图纸上开始。

　　生态规划要在生物进化和长期的定性、定量、定位的"生态监测"和"生态区系、区划"中开始，其过程包含很深的生物学宏观生态学机理及微观生理学机制，尊重生态客观规律及生物进化中的对策（r对策、K对策），以及生态技巧贯穿规划的始终。

生态工程与规划的现状及历史渊源研究工作包括以下几点。

（1）规划"红线"与"生态界线"的划定：物态工程规划都会有一条规划局盖了"骑缝章"的"红线图"，表示规划的范围。可这是一条"物质"的界线，不是"生态"界线，因为这条界线对人类社会、经济、法律、道德上的"标准"适用，对除人类以外的 150 万种生物物种"不适用"，"海阔凭鱼跃，天高任鸟飞"，还有昆虫、细菌、病毒等没有这条"物态"界线的概念。生态系统是有生命的开放系统。

（2）动植物区系和微生物的菌落问题：每一个区域都可能有"原著居民"，植物、动物和微生物在长期适应环境的过程中，形成特征种、确限种、优势种、广布种、随机种等共同的区系组成，"外来种"和"原生种"之间的生态竞争和共生、相吸和相斥，都应该是生态工程与规划的内生机制之一。有些"物态"思维中难以企及及解释的"疑难杂症"就迎刃而解了。

（3）物种多样性及种种平等问题：生物相伴而生协同进化进程中是 r 对策与 K 对策的契合，如今人类面对的生物之间的种内、种间关系是十分恶劣的。细菌在和"抗生素"打"游击"，艾滋病、埃博拉病毒和人类打起了"阵地战"，人类在"单优"种群的"傲慢"中出现的是越来越严重的生态"孤立"和"孤独"。

（4）生态系统的结构解剖问题：生态系统的结构解构，可以用物理、化学、数学的方式进行"只有片面才能的深入"的水平、垂直方面的剖析，年龄结构、层次结构、物理结构、数学结构、化学组成、生态链关系等。只是不要忘了"拆分"以后要"还原"，"片面"之后应该整合为"全面"。

（5）生态系统的功能表达问题：生态系统的功能更多地表现在对人类社会的"维持"方面，生态学中称之为生态系统的服务（ES），生态工程与规划的"现状及历史渊源"研究工作最重要的是进行"本底"的生态效益（三个方面：生物量生产、特种效益、生态系统服务）的评价，以便与规划目标和效果进行事后的比对。

区域及城市的生态工程与规划，除了增加以上的"生态本底"的基础研究之外，常规的现状和社会经济人文历史方面的程序也是不可或缺的。

（1）现场踏勘：规划工作者必须对区域的概貌、新发展地区和原有地区要有明确的形象概念，重要的工程必须进行认真的现场踏勘。

（2）基础资料的收集与整理：主要应取自当地政府、研究部门积累的资料和有关主管部门提供的专业性资料。

（3）分析综合：这是前期规划基础研究工作的关键，将收集到的各类资料和现场踏勘中反映出来的问题，加以系统地分析整理，去伪存真、由表及里，从定性到定量研究规划发展的内在决定性因素，从而为提出解决这些问题的对策打下坚实的基础。

当现有资料不足以满足规划需要时，可以进行专项性的补充调查，必要时可以采取典型调查、抽样调查和全面调查（解剖分析）的方式结合相邻区域的生态学定位研究和动植物、微生物的区系、区划研究进行。

规划设计及建设是一个不断变化的动态过程，调查研究工作要经常进行，对原有资料要不断地进行修正补充。规划所需的资料数量大，范围广，变化多，为了提高规划工作的质量和效率，要采取各种先进的科学技术手段进行调查、数据处理、检索、分析判断工作。

根据具体情况的不同，基础资料的收集可以有所侧重，不同类型、不同阶段的规划对资料的工作深度也有不同的要求。一般来说，规划应具备下列社会、经济、人文、历史、地理、地质等方面的基础资料。

（1）地质勘察资料：主要包括工程地质，所在地区的地质构造，地面土层物理状况，规划区内不同地段的地基承载力，以及滑坡、崩塌等基础资料；地震地质方面包括所在地区断裂带的分布及活动情况，规划区内地震烈度区划等基础资料；水文地质包括所在地区地下水的存在形式、储量、水质、开采及补给条件等基础资料。

（2）测量测绘资料：主要包括平面控制网和高程控制网、地下工程及地下管网等专业测量图，以及编制规划必备的各种比例尺的地形图等。

（3）气象资料：主要包括温度、湿度、降水、蒸发、风向、风速、日照、冰冻等基础资料。

（4）水文资料：主要包括江河湖海水位、流量、流速、水量、洪水淹没界线等。大河两岸区域应收集流域情况、流域区划、河道整治规划、现有防洪设施。山区城市应收集山洪、泥石流等基础资料。

（5）历史资料：主要包括历史沿革、行政隶属变迁、范围扩展及以往规划历史等基础资料。

（6）经济与社会发展资料：主要包括国民经济和社会发展现状及长远规划、国土规划、区域规划等有关资料。

（7）人口资料：主要包括现状及历年城乡常住人口、暂住人口、人口的年龄构成、劳动力构成、自然增长、机械增长、职工带眷系数等。

（8）自然资源资料：主要包括矿产资源、水资源、燃料动力资源、农副产品资源的分布、数量、开采利用价值等。

（9）土地利用资料：主要包括现状及历年城市土地利用分类统计、城市用地增长状况、规划区内各类用地分布状况等。

（10）企、事业单位的现状及规划资料：主要包括用地面积、建筑面积、产品产量、产值、职工人数、用水量、用电量、运输量及污染情况等。

（11）交通运输资料：主要包括对外交通运输和市内交通的现状和发展预测（用地、职工人数、客货运量、流向、对周围地区环境的影响及城市道路、交通设施等）。

（12）各类仓储资料：主要包括用地、货物状况及使用要求的现状和发展预测。

（13）区域行政、经济、社会、科技、文教、卫生、商业、金融、涉外等机构及人民团体的现状和规划资料：主要包括发展规划、用地面积和职工人数等。

（14）建筑物现状资料：主要包括现有主要公共建筑的分布状况、用地面积、建筑面积、建筑质量等，现有居住区的情况及住房建筑面积、居住面积、建筑层数、建筑密度、建筑质量等。

（15）工程设施资料：主要包括场站及其设施的位置与规模，管网系统及其容量，防洪工程等。

（16）园林、绿地、风景区、文物古迹、优秀近代建筑等资料。

（17）人防设施及其他地下建筑物、构筑物等资料。

（18）其他环境资料：主要包括环境监测成果，各厂矿、单位排放污染物的数量及危害情况，垃圾的数量及分布，其他影响环境质量有害因素的分布状况及危害情况，地方病及其他有害居民健康的环境资料。

资料需要尽可能的详尽，要对所有的资料"并联、串联、混合联"地进行"层次分析"，分清表在问题、浅层问题、深层次问题、根源性问题、关键问题等问题的性质。为以后的规划设计及"手法"的运用做好铺垫。

5.1.3　问题诊断及科学分析

规划中最重要的步骤就是"问题诊断及科学分析"，后面还有专门的章节进行分析。规划中面对各种层面和历史梯度的背景资料和现实格局，看清来龙去脉就实属不易，千头万绪中唯有运用科学理论、科学方法和科学流程才有可能取得正确的结果。

规划中常见的方法除了相关学科的专业方法之外，通行的研究方法有以下几类。

1）趋势外推模型方法　　这是一种数学思维，把资料上的数据无量纲化，然后根据最小二乘法确定一条离差平方和最小的曲线来讨论其发展趋势。这种趋势外推的方法在数理模型中很常用，如一元、二元、多元回归模型，指数模型等都属于此类。这是典型的"物理思维"模型，生态学研究中经常出现变数，甚至闹出笑话。

2）结构剖析逐步推敲方法　　诸如人体结构系统一般，生命个体的解剖学发展十分迅速和精准，对照生物组织、器官、细胞结构和动力系统、呼吸系统、循环系统、泌尿系统等的仿生工程学也有不少突破，如模仿鲸鱼身体流线形的潜水艇、蝙蝠定位的雷达系统等。生态工程与规划很多精巧的规划设计理念直接就是受生命结构系统的启发而成。另外，年龄结构、食物链结构、金字塔原理、开放式闭合循环等都可以直接用于规划设计的组分分配、模仿、填补、完善和对策。

3）框架界定及匡算方法　　对事物的发展，极端的情形很容易显现，因此，在把握"两个极端"之后，正确的答案就在这两个极端的"左右之间"。对于数量估计，最大值、最小值及拐点值往往可以通过数学的方式计算分析出来，所以，规划的匡算或"包络"方法往往十分奏效。

4）风险排除及规避方法　　规划中对于不确定因素引起的风险性分析是不可忽略的，每一项规划设计的举措都应该在所有可能的基础上做风险评估。正确计算风险存在的概率并同时在规划方案的抉择中一一附加说明，对于规划的正确决策有非常重要的意义。

规划中的问题诊断及科学分析的思想方法还必须与时俱进，采用最新的科学理念及方法（包括"物态"和"生态"两个方面），第一时间运用到前瞻性的规划设计之中去。

5.1.4　逻辑性科学对策方案

规划设计的对策方案绝不应该是"拍脑袋"的产物，一般应该遵循严格的科学逻辑推导出来，并且加以科学的验证。当然，研究过程中，可以大胆假设，但必须小心求证。

近年来的规划设计队伍中"鱼龙混杂"，存在以下几种方式完成规划设计的"抉择"。

（1）"三拍"式设计方案：拍脑袋决策、拍胸脯保证、拍屁股走人。

（2）"猜硬币"式的决策方式：对二分法的"答案"用抛"硬币"赋值的方式，"科学"决策。

（3）科学研究基础上的逻辑决策方式：认认真真地收集、取得研究资料和第一手原始数据，认真地研究分析，逻辑性地推导结论，经得起实验的检验和修正。

第一种方式无成本；第二种方式低廉成本；只有第三种方式才是真正的科学研究基础上的科学方案，具有科学研究的基本工艺流程，并循逻辑通道获得可以证实、抑或可以证伪的答案。

前两种模式的"规划方案"也回答了一些目前规划设计市场上收费混乱的真实原因，虽然有最低限价的要求，但几万、几千甚至不花钱的规划设计方案都可以大行其道。实际上是"拍脑袋"、"省略过程"的产物。

5.1.5　实施及工程监控和修正

生态工程与规划必须考虑到规划的实施、监控、反馈和修正问题，其中就有从战略规划到规划目标责任的过程、从规划目标责任到规划目标实施的过程及从规划目标实施到规划目标督导的过程。规划有了，谁来执行？这是规划实施的关键，但是，有人执行没有责任也是枉然。因此，最关键的还是目标责任及目标责任人的问题。

责任落实到位以后，就是带着责任进行目标的实施了。应该引起高度重视的是，在责任实施的转换中过程中，要讲求把责任量化成一个个可操作、可实现、可考量的具体目标，这种目标的设定和实施，一定要突出如下要点：目标是具体的、可以衡量的、可以达到的、具有相关性的、具有明确的截止期限的。

在目标实施中，为了确保目标的达成，还必须加强实施过程的督导。督导就是在实施中予以必要的指导，目的在于督办、督察、督促，在于催办、帮办、协办，在于强化对目标管理的执行力度。

5.1.6　效果评价及经验、教训反馈

生态工程与规划必须考虑到规划的效果评价及经验、教训反馈问题，其中就有从规划目标督导到规划目标实现的过程、从规划目标实现到规划目标评价的过程及从规划目标评价到规划目标刷新的过程。目标的实现，按规划的层级分类可以划分为整体目标、部门目标、班组目标、个人目标。按专业系统分类可以划分为管理目标、生产目标、营销目标、财务目标、技术目标等。按时间阶段分类可划分为愿景目标、长期目标、中期目标、短期目标、突击目标等。如果说督导的过程是以人为本的目标管理，那么，目标实现的过程分类就是客观实际的科学保证。

目标实现之后，并不等于过程的完结，还必须进行另一个过程——从目标实现到目标评价。这里有 3 点必须进行评价：一是评价实现目标的各种资源的使用情况，比如多少、优劣等；二是实现的目标是否还有弹性空间，比如是否可以当作基准、是否可以更加先进、是否可以保持相对稳定等；三是所实现的目标对于可持续发展能否带来推动和促进。

从成果评价到目标刷新，也是一个自我超越的过程。经过评价的目标成果，正是新的目标管理的开始。它是依据、它是基准、它是下一个目标的平台。能否超越原来已经实现的目标，这在很大程度上反映了一个国家、一个领导者的雄心。

5.2　规划的分析过程

各种具体的规划与设计过程除了与相关的专业知识紧密相关之外，也有一些常用的、普适的、简便的方法，如决策树、5WHY 分析法及曼陀罗思考法等。

　　规划的基础研究决定了规划的合理性、逻辑性和科学性，是规划设计中必不可少的环节。生态工程规划相对物态工程规划来说，其对象"生态系统"的结构和功能更加复杂和多变，而且不可能是在"七通一平"、"格式化"、"从零开始"的概念上进行。因此，规划的过程与科学研究的过程相耦合，不是一般的"纯基础研究"，而是基础研究上的直接"应用研究"。

　　任何理论要研究到能够应用的层次是很不容易的，而生态工程与规划就要求所有的规划基础研究在很短的时间内就能够工艺化、流程化及具体地规划设计方案化。因此，在规划设计的实践中，规划师必须在极短的时间内，即使是信息不对称、知识并不完备、技术并不十分成熟的情况下，即刻拿出对策来应对迫在眉睫的现实问题。

　　这种问题"紧逼"的模式，不是只有规划设计才会遇到，每个人、每个企业、每个国家时时刻刻都有这些必须第一时间马上反应的问题，当然也只有这样一些问题被拿出来，毕竟让专业的规划团队还是有一定的时间"研究研究"（虽然仓促）再回答。

　　所以，规划中有可能"永远没有完全熟透了，才能被摘下来的果子"，我们只能"尽可能地让果子尽量成熟以后再摘"。

　　以下列举几种比较通用的规划设计预决策方法。

5.2.1　决策树

　　决策树（decision tree）是在已知各种情况发生概率的基础上，通过构成决策树来求取净现值的期望值大于等于零的概率，评价项目风险，判断其可行性的决策分析方法，是直观运用概率分析的一种图解法。由于这种决策分支画成的图形很像一棵树的枝干，故称决策树，又称分类树。

　　决策树是一种树形结构，其中每个内部节点表示一个属性上的测试，每个分支代表一个测试输出，每个叶节点代表一种类别。

　　决策树（分类树）是一种十分常用的规划决策方法。虽然属于物理思维及物态科技的范畴，但在规划设计的实践中，能够化繁为简，这也是物态方法的优势之一。当然，其劣势也相伴而生，过于简化也会伴生"离谱"的结果。

　　决策树（分类树）的节点可以分成三类，分别用"□、○、△"符号表示。

　　（1）"□"　决策节点：是对几种可能方案的选择，即最后选择的最佳方案。如果决策属于多级决策，则决策树的中间可以有多个决策点，以决策树根部的决策点为最终决策方案。

　　（2）"○"　状态（机会）节点：代表备选方案的经济效果（期望值），通过各状态节点的经济效果的对比，按照一定的决策标准就可以选出最佳方案。由状态节点引出的分支称为概率支，概率支的数目表示可能出现的自然状态数目，每个分支上要注明该状态出现的概率。

　　（3）"△"　结果节点：将每个方案在各种自然状态下取得的损益值标注于结果节点的右端。

　　决策树也可以看成是一个图形表示的预测模型。代表的是对象属性与对象值之间的一种映射关系，树中每个节点表示某个对象，而每个分叉路径则代表某个可能的属性值，而每个叶结点则对应从根节点到该叶节点所经历的路径所表示的对象的值。

　　决策树仅有单一输出，若欲有复数输出，可以建立独立的决策树以处理不同输出。数据挖掘中决策树是一种经常要用到的技术，可以用于分析数据，同样也可以在规划设计及管理学中用来做预测和决策。

决策树可以用数学公式进行计算：

$$(X, Y) = (X_1, X_2, X_3 \cdots, X_k, Y)$$

式中，相关的因变量 Y 表示可以按照数理思维尝试去数量化（无量纲化）、分门别类或者更"一般（抽象）化"其内涵。其他的变量 X_1，X_2，X_3 等则表示相关联动的自变量。

"图形化"决策树的分析方法是"取舍"或者"剪枝"，这是决策树停止分支的方法之一。剪枝又分预先剪枝和后剪枝两种。

（1）预先剪枝法：预先剪枝是在树的生长过程中设定一个指标，当达到该指标时就停止生长，这样做容易产生视界局限，就是一旦停止分支，使得该节点成为叶节点，就断绝了其后继节点进行"好"的分支操作的任何可能性。

（2）后剪枝法：后剪枝中树首先要充分生长，直到叶节点都有最小的不纯度值为止，因而可以克服视界局限。然后对所有相邻的成对叶节点考虑是否消去它们，如果消去能引起令人满意的不纯度增长，那么执行消去。这种"合并"叶节点的做法和节点分支的过程恰好相反，经过剪枝后叶节点常常会分布在很宽的层次上，树也变得精简。后剪枝方法的优点是克服了视界局限效应，而且无需保留部分样本用于交叉验证，所以可以充分利用全部训练集的信息。但后剪枝法的计算量代价比预剪枝法大得多，特别是在大样本集中时，不过对于小样本的情况，后剪枝法还是优于预剪枝法的。

分类和回归首先利用已知的多变量数据构建预测准则，进而根据其他变量值对一个变量进行预测。在分类中，人们往往先对某一客体进行各种测量，然后利用一定的分类准则确定该客体归属哪一类。例如，给定某一化石的鉴定特征，预测该化石属于哪一科、哪一属，甚至哪一种。另外一个例子是已知某一地区的地质和物化探信息，预测该区是否有矿藏。

回归则与分类不同，它被用来预测客体的某一数值，而不是客体的归类。例如，给定某一地区的矿产资源特征，预测该区的资源量。

"图形化"及"计算法"决策树的分析方法应用实例如下。

为了适应市场的需要，某地准备扩大某种产品的生产。市场预测表明：①产品销路好的概率为 0.7；②销路差的概率为 0.3。

备选方案有三个：

（1）第一个方案是建设大工厂，需要投资 600 万元，可使用 10 年。如销路好，每年可赢利 200 万元；如销路不好，每年会亏损 40 万元。

（2）第二个方案是建设小工厂，需投资 280 万元。如销路好，每年可赢利 80 万元；如销路不好，每年也会赢利 60 万元。

（3）第三个方案也是先建设小工厂，但是如销路好，3 年后扩建，扩建需投资 400 万元，可使用 7 年，扩建后每年会赢利 190 万元。

需要对该产品的投资运营的路径进行规划设计及决策。

第一种"图形化"决策树方法求解：根据以上已知条件绘制 图 5.1。

第二种"公式化"决策树方法求解：根据以上已知条件计算各点的期望值为：

点②：$0.7 \times 200 \times 10 + 0.3 \times (-40) \times 10 - 600$（投资）$= 680$（万元）

点⑤：$1.0 \times 190 \times 7 - 400 = 930$（万元）

点⑥：$1.0 \times 80 \times 7 = 560$（万元）

比较决策点④的情况可以看到，由于点⑤（930 万元）与点⑥（560 万元）相比，点⑤的期望利润值较大，因此应采用扩建的方案，而舍弃不扩建的方案。把点⑤的 930 万元移到点④来，可计算出点③的期望利润值。

点③：$0.7 \times 80 \times 3 + 0.7 \times 930 + 0.3 \times 60 \times (3+7) - 280 = 719$（万元）

最后比较决策点①的情况。由于点③（719 万元）与点②（680 万元）相比，点③的期望利润值较大，因此取点③而舍点②。

这样，相比之下，建设大工厂的方案不是最优方案，合理的策略应采用前 3 年建小工厂，如销路好，后 7 年进行扩建的方案。

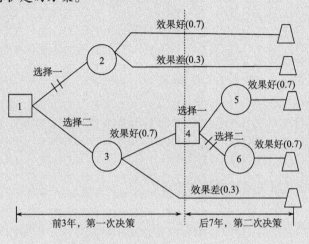

图 5.1　"图形化"决策树方法求解（示"剪枝法"）

5.2.2　5WHY 分析法

1. 5WHY 分析法的来源

5WHY 分析法又称五问法，"打破砂锅问到底"就是对一个问题连续以 5 个"为什么"依次自问，以追究其深层次及根本原因。虽为 5 个为什么，但使用时不限定只做"5 次为什么的探讨"，主要是必须找到根本原因为止。

5WHY 分析法的关键所在是鼓励解决问题的人要努力避开主观或自负的假设和逻辑陷阱，从结果着手，沿着因果关系链条，找出原有问题的根本原因。

这种方法最初是由日本丰田汽车公司老板丰田佐吉提出的，在发展完善其"制造方法学"的过程之中起到了重要作用。作为丰田生产系统（Toyota Production System）的基本组成部分，丰田生产系统的设计师大野耐一曾经将 5WHY 分析法描述为："重复五次，问题的本质及其解决办法随即显而易见"。

5WHY 分析法从以下 3 个层面来实施。

（1）为什么会发生？从"创造"的角度。

（2）为什么没有发现？从"检验"的角度。

（3）为什么没有从系统上预防事故？从"体系"或"流程"的角度。

每个层面连续 5 次或 N 次的询问，得出最终结论。只有以上几个层面的问题都探寻出来，才能发现根本问题，并寻求解决。

某汽车公司寻找停机的真正原因：

问题一：为什么机器停了？

答案一：因为机器超载，保险丝烧断了。

问题二：为什么机器会超载？

答案二：因为轴承的润滑不足。

问题三：为什么轴承润滑不足？

答案三：因为润滑泵失灵了。

问题四：为什么润滑泵会失灵？

答案四：因为它的轮轴耗损了。

问题五：为什么润滑泵的轮轴会耗损？

答案五：因为杂质跑到里面去了。

经过连续五次不停地问"为什么"，才找到问题的真正原因和解决的方法，在润滑泵上加装滤网。

如果没有以这种刨根问底的精神，很可能只是换根保险丝草草了事，真正的根源性问题没有解决，问题还会再次、多次重复出现。

2. 5WHY 分析法解决问题的基本步骤

1）第一部分：把握现状

（1）步骤 1：识别问题。在方法的第一步中，开始了解一个可能大而模糊或复杂的问题。掌握一些信息，但一定没有掌握详细事实。问：我知道什么？

（2）步骤 2：澄清问题。方法中接下来的步骤是澄清问题。为得到更清楚的理解，问：实际发生了什么？应该发生什么？

（3）步骤 3：分解问题。在这一步，如果必要，需要向相关人员调查，将问题分解为小的、独立的元素。关于这个问题我还知道什么？还有其他子问题吗？

（4）步骤 4：查找原因要点。现在，焦点集中在查找问题原因的实际要点上。你需要追溯第一手的原因要点。问：我需要去哪里？我需要看什么？谁可能掌握有关问题的信息？

（5）步骤 5：把握问题的倾向。要把握问题的倾向，问：谁？哪个？什么时间？多少频次？多大量？在问为什么之前，问这些问题是很重要的。

2）第二部分：原因调查

（1）步骤 1：识别并确认异常现象的直接原因。如果原因是可见的，验证它。如果原因是不可见的，考虑潜在原因并核实最可能的原因。依据事实确认直接原因。问：这个问题为什么发生？我能看见问题的直接原因吗？如果不能，我怀疑什么是潜在原因呢？我怎么核实最可能的潜在原因呢？我怎么确认直接原因？

（2）步骤 2：使用"5 个为什么"调查方法来建立一个通向根本原因的原因/效果关系链。问：

①处理直接原因会防止再发生吗？

②如果不能，我能发现下一级原因吗？

③如果不能，我怀疑什么是下一级原因呢？

④我怎么才能核实和确认下一级有原因呢？

⑤处理这一级原因会防止再发生吗？

⑥如果不能，继续问"为什么"直到找到根本原因。在必须处理以防止再发生的原因处停止，问：

⑦我已经找到问题的根本原因了吗？

⑧我能通过处理这个原因来防止再发生吗？

⑨这个原因能通过以事实为依据的原因/效果关系链与问题联系起来吗？

⑩这个链通过了"因此"检验了吗？

⑪如果我再问"为什么"会进入另一个问题吗？

⑫确认你已经使用"5 个为什么"调查方法来回答这些问题。

⑬为什么我们有了这个问题？

⑭为什么问题会到达顾客处？

⑮为什么我们的系统允许问题发生？

（3）步骤 3：采取明确的措施来处理问题。使用临时措施来去除异常现象直到根本原因能够被处理掉。问：

①临时措施会遏制问题直到永久解决措施能被实施吗？

②实施纠正措施来处理根本原因以防止再发生。问：

③纠正措施会防止问题发生吗？

④跟踪并核实结果。问：

⑤解决方案有效吗？

⑥我如何确认？

⑦建立为什么—为什么分析法的检查清单。

⑧为确认你已经按照问题解决模型操作，当你完成问题解决过程时，使用这个检查清单。

3. 5WHY 分析法询问与回答技巧

通常情况下，在询问为什么的时候，因为是发散性思维，很难把握询问和回答者在受控范围内。

比如：这个工件为什么尺寸不合格？因为装夹松动；

为什么装夹松动？因为操作工没装好；

为什么操作工没装好?因为操作工技能不足；

为什么技能不足？因为人事没有考评。

类似这样的情况，在 5WHY 分析中经常发现。所以，我们在利用 5WHY 进行根本原因分析时，一定要把握好以下一些基本原则。

（1）回答的理由是受控的；

（2）询问和回答是在限定的一定的流程范围内；

（3）从回答的结果中，我们能够找到行动的方向。

这实际上就是一种追根溯源、刨根问底的方式、方法。

5.2.3　曼陀罗思考法

曼陀罗思考法的原始理念最早起源于佛教，被日本的今泉浩晃加以规范、提升以后系统化利用，成为绝佳的计划及规划的工具之一。曼陀罗方法最终的目的是将理念及知识转变为实践的智慧及策略（规划方案）。按照此方法制作"备忘录"，微观层次上不仅仅是应付学业与解答工作上的各项疑惑，而且灵感将不断自然涌出；宏观层次上则可直接用于规划设计及创意的实践之中。其理论和实际意义有以下几点。

（1）它能够开发创意，能立即发现问题，提高学习与工作效率。

（2）它能掌握人际关系情况，能作为计划表，帮助人们走完丰富的一生。

就其形态来看，曼陀罗生活笔记共分 9 个区域，形成能诱发潜能的"魔术方块"。与以往条例式笔记相比较，可得到更好的视觉效果。一般逐条记录的笔记制作方法无法使人产生独特的想法和创意，因为思想唯有在向四面八方发展之时才可能产生创意，那种根据直线循规蹈矩的思考方式，称为"直线式思考"。反之，曼陀罗生活笔记能在任何一个区域（方格）内写下任何事项，从四面八方针对主题做审视，乃是一种"视觉式思考"。

人类思考必在感觉器官感觉事物之后，方能利用曼陀罗图形予以系统化，给予有方向感的利用，潜能便可在连续反应下持续被激发。

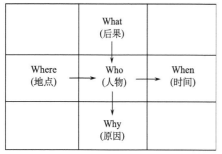

图 5.2　基本曼陀罗图
（时、地、人、因、果方式）

曼陀罗方法的 6 条路径：这 6 条路径其实就是英语当中所提到的六个常用问句（5W1H）：What、Why、Who、Where、When、How。每一件事情或主题，如果都可以透过这 6 条路径，就可以得到一个完整的景观了。在 6 条路径与曼陀罗图的搭配操作上，由于How 本身就是一种询问过程，它是融合在 5W 当中的，不管你在思考哪一个 W，都可以把 How 的精神跟态度加进来，也因此 How 并不出现在基本曼陀罗图中（图 5.2）。

这 5 个 W 摆在九宫格的"十"字当中，中心点是 Who，右边是 When，左边是 Where，下边是 Why，上边是 What。因此横轴上是 Where→Who→When，是空间—人—时间的安排；纵轴是 What→Who→Why，是一种问的安排，问做什么，问主体，问为什么这么做。

（1）Who、What、Why、Where、When 并不仅仅只是人、对象、价值观、空间、时间的简单对应，从 Who（人）当中还可以延伸出主体、对象、朋友、自我、欲望、生命、性格、态度。

（2）What（对象）可以延伸出行为、行动、动作、目的、目标、愿望、现象、人、事、物、结果。

（3）Why（价值观）可以延伸出理由、根据、原理、原则、理念、理想、潜在意识、为人处世。

（4）Where（空间）可以延伸出环境、处所、社会、状况、立场、构造、结构、网络。

（5）When（时间）可以延伸出人生、经验、成长、时代、时期、变化、期间、周期、机会、顺序、时机。

以人生规划为例子，我们可以将 5W 运用如下：

（1）对自己而言，什么人是最重要的，Who？

（2）What→自己正在做什么？想做什么？该做什么？必须做什么？

（3）Why→自己真正想做的理由是什么？为什么？

（4）Where→创造理想生活的必要事物（环境）在哪里（地点）？

（5）When→什么时候做最好？

除此之外，我们还可以延伸出很多的想法，诸如"自己希望过什么样的生活？为何过这样的生活，自己又做了什么？"等。

以 5W 为主的 6 条路径问法，再加上曼陀罗图的运用，可以大大提升我们的脑力，让我们发挥出更多的创意。只要勤加思索，相信每个规划师都可以发挥出无穷的创意。

曼陀罗思考法提供如魔术方块般的视觉式思考，其两种详细的基本形式举例说明如下。

（1）辐射线式：如用此法制作成"人际关系曼陀罗"，只需在九宫格最中央填上自己的名字，然后在周围填上自己最亲近 8 个人的名字，即形成自己最内圈的人际关系。接着，以此图为基础，将此 8 个人分别挑出放入另外 8 个曼陀罗的中央。如此一来，8×8=64 人的人际关系图便完成。依据这种方法，如果发现自己人际关系太小，则设法补救。

（2）顺时针式：如当设定一天的行程表时，应以每一格代表一小时，然后以中央方格为起点，依顺时钟方向将预定行程填入格内（图 5.3）。而当欲设定一周行程表时，应先过滤该周必须完成的事情、工作，乃至约会，找出最重要者作为曼陀罗的中心，接着仍以顺时针方向将七天的行程逐一填下。记录时，应注意文句须尽量简洁。8 个格子对一周七天，最后一定会剩下一个方格，可做附注使用。设计行程表就像企业界设定战略一般，将自己一天的行动计划记在

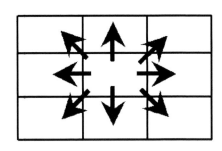

图 5.3　曼陀罗辐射线式及顺时针式思考法

曼陀罗备忘录中，即可大致看出能完成和无法完成的分别是些什么，从而一天节奏得以掌握，一周的节奏亦可以以此预估。换言之，将行程表管理好，一周的成功就能在自己的掌握之中。

曼陀罗方法是文科的"思辨"和理工科"观察、实验、试验"求证的交叉和集合，用人类的感性激发、推动理性，这是新思维、新概念、新成就的生成机制之一，也是规划设计的重要"套路"。

（1）灵感的产生不仅仅是不带"先入之见"的观察、实验、试验、阅读及思维"火花"，而是在以上过程中的采撷、凝视及苦思甚至冥想中的逻辑思辨。

（2）注视与凝视是由右脑负责，非直线型思考的右脑，会帮我们推演出一些精巧的"创意"。

（3）活用右脑的潜能，就是曼陀罗图观的效果，形象思维可以激发逻辑思维。

（4）必须集中注意力，观察、凝视、思索某个中心主题，把其他细枝末节全部去掉，自然而然许多感性就会泉涌而出，有了强烈的感觉，引起内心的震撼，才会开始理性思考和科学求证。

5.3　规划的目标确定

生态工程与规划的目标是实现种内、种间和天人关系三层次生态关系高效和谐的理想世界。经济学上的投入产出及"物质利益最大化"只是"物态"规划的目的且已经被"生态"工程与规划包含其中。

人类理想家园中不仅人与人之间"自由、平等、博爱"，人类社会物质极大丰富，劳动成为第一需要，各尽所能、按需分配；还有人类与其他动植物、微生物之间协同进化，种种平等；人类与大自然"天人合一"。

生态工程与规划的目的及目标终极理念就是建设人类的理想家园。

对于人类的"理想家园"，我国历史上孔子的"圣王"，庄子的"逍遥"，老子的"弱国寡民"，道教的"仙境"，陶渊明的"桃花源"，张鲁的"汉中"，曹雪芹的"大观园"，洪秀全的"太平天国"，康有为的"大同世界"为当今的和谐社会留下重要遗产。

我国神话小说《西游记》中描述了天上神仙境界、人间和阴曹地府"三界"的情境，特别是月宫、蟠桃园、蓬莱等仙山琼阁使人神往。

在欧洲，艾塞亚的"尘世天堂"，古希腊柏拉图的"理想国"，奥古斯丁的"上帝城"，英国莫尔的"乌托邦"，培根的"新大西岛"，哈林顿的"大洋国"，傅立叶的"法郎基"，欧文的"和谐村"，赫茨卡的"自由之乡"曾在人类思想史上留下无限的遐思。

17世纪初，意大利南方监狱一间阴暗、潮湿的牢房中坐着一位两鬓斑白的老人，他忽而凝神沉思，忽而低头挥笔疾书……

"这是个阳光明媚的美丽的地方。在这里，没有富人，也没有穷人，财富属于每一个人；这里没有暴力，没有罪恶，人们过着和平安详的生活——这就是太阳城。"

意大利思想家、作家康帕内拉那让人神魂颠倒的名著《太阳城》，就是这样在监狱中写成的。

在印度，还有甘地的"崭新印度"、泰戈尔的"精神性亚洲"，一批批思想家、政治家、学者从人与人之间的经济关系、利益分配、社会制度、个人的修身养性，甚至禁欲主义等方面开始空想并不断地实践着人类的"理想家园"。

以上的"理想人类社会"的探讨，都没有突破"人间"、"人与人的关系（种内关系）"的范畴，忽视人类与其他生物类群的种间关系和与大自然的天人关系，仍然是超越不了生存环境避免"物种覆灭"的生存生态危机的"片面"之作。

人类在不断进步，社会在不断发展，物质的丰富和精神境界的提升，使人类开始面对一系列新的严峻问题，并产生更深层次的思考。

经过人类社会最近数千年的发展，我们人类面临的新危机却已经不仅仅是"人与人之间"的经济关系、利益分配、社会制度、个人的修身养性等方面的"种内关系"矛盾，更面临着"种间关系"、"人与自然"的天人关系的长期矛盾。

我们的家园不能毁在人类自己的"文明"进程之中，从人与其他物种的关系、人与自然的关系的层面上思考，我们的家园应该是绿色的，是和谐的。

"绿色家园"、"和谐家园"才是我们地球人类现在和将来永久的梦想。

人类在宇宙中生存，地球是我们唯一的家。现实中人类面临的是能源枯竭、交通拥挤、粮食短缺、人口问题和环境污染这五大危机。建立在科学特别是生态科学上人类的"理性回归"是我们对未来"绿色家园"的大彻大悟。

高山、河流、平原、森林、沙漠、海洋、蓝天、白云、星星、月亮共同装点着我们家园的大背景，人与人之间、民族与民族之间、国家与国家之间、不同宗教之间、不同政治信仰意识形态之间，以及人类与已知的150万种伴生物种之间、人类与大自然之间的和谐共存，才是我们美好家园的终极目标。

5.4　规划的总体规划和详细规划方案

　　　　现行的"物态"或"物质"规划的总体规划、详细规划之思维方式，已经和人类的社会经济、法制的体制接轨并规划、有序、有效地运转，"生态"工程与规划可以对接、继承这一现行体制，主要是应该把人类"无废无污、高效和谐"的"理想家园"模式用规划设计方案的方式表达出来。

　　规划按照"物态"或"物质"规划的思维方式，可以分成总体规划（含概念规划）和详细规划两大类。其中详细规划又分成控制性详细规划和实施性详细规划。

　　总体规划的总原则是"抓大放小"，是在崇高的"可持续发展"及"绿色（理想）家园"的大理念下，抓住"大方向"、"大原则"、"大框架"。要认真地分析现状、历史渊源、历史传承、时空现状分布、布局和变化的科学过程，不需要"纠结"一些局部、细节、琐碎的事物。

　　详细规划是在总体规划中的控制参数中，对建筑密度、容积率、色彩、体量、造型、风格、质地、主题、氛围、分区、分部的要求进一步地控制（控制性详细规划）及落实（实施性详细规划）。

　　生态工程与规划可以对接、继承这一现行体制、制度、法律基础上的物态规划模式，重要的是，要将"生态"理念在包容"物理思维"的基础上，丰富人类"理想家园"建设的内涵，把人类"无废无污、高效和谐"地可持续发展的规划设计思维用具体的总规、控规的形式表达出来。

5.4.1　总体规划

　　总体规划是在一定区域内，根据国家社会经济可持续发展的要求和当地自然、经济、社会条件，对土地的开发、利用、治理、保护在空间上、时间上所做的总体安排和布局。

　　通过土地利用总体规划，国家将土地资源在各产业部门进行合理配置，首先在农业与非农业之间进行配置，其次在农业与非农业内部进行配置，如在农业内部的种植业、林业、牧业之间配置。

　　另外，《中华人民共和国土地管理法》还明确规定：国家编制土地利用总体规划，规定土地用途，将土地分为农用地、建设用地和未利用地。严格限制农用地转为建设用地，控制建设用地总量，对耕地实行特殊保护。因此，使用土地的单位和个人必须严格按照土地利用总体规划确定的土地用途使用土地。

　　总体规划主要包括城乡总体规划、区域总体规划、园区总体规划、都市区总体规划、开发区总体规划、高新区总体规划等。

　　（1）城市总体规划是为了实现一定时期内城市的经济和社会发展目标，确定一个城市的性质、规模、发展方向，合理利用城市土地，协调城市空间和进行各项建设的综合布局和全面安排，还包括选定规划定额指标，制订该市目标及其实施步骤和措施等工作的具体方案。

　　城市概念性规划是指对一定时期内城市性质、发展目标、发展规模、土地利用、空间布局及各项建设的综合部署和实施措施的总体把握。

（2）区域总体规划是立足某一特定区域发展实际，研究区域资源要素配置与特色资源开发利用，产业体系构建与重点产业发展，建设布局与空间结构优化调整，区域转型发展与体制机制创新，区域统筹与跨区域分工合作，人口与资源环境、经济与社会协调可持续发展的综合性规划，是对区域总体定位、战略思路、发展目标和重点任务的总体部署和推进各项工作顺利开展的行动指南。

（3）园区总体规划：在当前的经济形式下，全球性的金融危机所带来的新一轮经济组织形式的重构，必将是一个复杂多变和漫长的过程，逐步将影响到以实体经济为主的中国，尤其是对以产业聚集为手段、产业成本为竞争力的园区化发展，有非常深远的影响。产业园区的发展将更多的符合生态经济活动的核心规律，也将从一般性的成本竞争转向为效率的竞争和技术能力的竞争，将从一个规模化园区时代逐步走向"功能化园区"的时代。

（4）都市区总体规划是立足某一特定的都市区域发展实际，研究都市区域资源要素配置与特色资源开发利用，是对都市区总体定位、战略思路、发展目标和重点任务的总体部署和推进各项工作顺利开展的行动指南。

（5）开发区总体规划，是指对整个开发区进行科学合理规划，具体内容包括：规划期限、规划原则、产业结构、功能定位、战略目标、发展策略、空间布局、招商引资、保障措施等，具体模式有循环经济模式、总部基地模式、孵化器模式、产业集群模式等。

（6）高新区总体规划，是指实现一定时期内对高新区的发展目标，对高新区的产业结构、功能、空间及进行各项建设的综合布局和全面安排，还包括选定规划定额指标，制订该高新区远、近期目标及其实施步骤和措施等工作。

5.4.2　详细规划

在《中华人民共和国城乡规划法》第二条中，将详细规划分为控制性详细规划和修建性详细规划。

1. 控制性详细规划

控制性详细规划（regulatory plan）是以城市总体规划或分区规划为依据，确定建设地区的土地使用性质、使用强度等控制指标、道路和工程管线控制性位置及空间环境控制的规划。

《城市规划编制办法》第二十二条至第二十四条的规定，根据城市规划的深化和管理的需要，一般应当编制控制性详细规划，以控制建设用地性质，使用强度和空间环境，作为城市规划管理的依据，并指导修建性详细规划的编制。

控制性详细规划是城市、乡镇人民政府城乡规划主管部门根据城市、乡镇总体规划的要求，用以控制建设用地性质、使用强度和空间环境的规划。

控制性详细规划是城乡规划主管部门作出规划行政许可、实施规划管理的依据，并指导修建性详细规划的编制。

（1）所谓控制性详细规划就是平时大家所说的控规；

（2）修建性详细规划是具体落实成未来修建物的规划，以控制性详细规划为依据；

两者区别是：控制性详细规划是指标体系性的，用指标和色块指引和控制某地块的建设情况，属于指引性的详细规划，具有弹性，具有法定图则的性质；而修建性详细规划则是在控制性详细规划的基础上落实某个地块的具体建设，涉及建筑物平面的造型、道路基础设施的布局、环境小品的布置等，属于确定性的详细规划。

修建性详细规划是规划管理部门根据控制性详细规划要求审核总平面图,修建性详细规划必须按照控制性详细规划规定的功能分区、用地性质和指标进行布局。

城市、县人民政府城乡规划主管部门组织编制城市、县人民政府所在地镇的控制性详细规划;其他镇的控制性详细规划由镇人民政府组织编制。

城市、县人民政府城乡规划主管部门、镇人民政府(以下统称控制性详细规划组织编制机关)应当委托具备相应资质等级的规划编制单位承担控制性详细规划的具体编制工作。

编制要求:①编制控制性详细规划,应当综合考虑当地资源条件、环境状况、历史文化遗产、公共安全及土地权属等因素,满足城市地下空间利用的需要。②编制控制性详细规划,应当依据经批准的城市、镇总体规划,遵守国家有关标准和技术规范,采用符合国家有关规定的基础资料。

控制性详细规划应当包括下列基本内容。

(1)土地使用性质及其兼容性等用地功能控制要求;

(2)容积率、建筑高度、建筑密度、绿地率等用地指标;

(3)基础设施、公共服务设施、公共安全设施的用地规模、范围及具体控制要求,地下管线控制要求;

(4)基础设施用地的控制界线(黄线)、各类绿地范围的控制线(绿线)、历史文化街区和历史建筑的保护范围界线(紫线)、地表水体保护和控制的地域界线(蓝线)等“四线”及控制要求。

编制大城市和特大城市的控制性详细规划,可以根据本地实际情况,结合城市空间布局、规划管理要求,以及社区边界、城乡建设要求等,将建设地区划分为若干规划控制单元,组织编制单元规划。

镇控制性详细规划可以根据实际情况,适当调整或者减少控制要求和指标。规模较小的建制镇的控制性详细规划,可以与镇总体规划编制相结合,提出规划控制要求和指标。

控制性详细规划草案编制完成后,控制性详细规划组织编制机关应当依法将控制性详细规划草案予以公告,并采取论证会、听证会或者其他方式征求专家和公众的意见。

公告的时间不得少于 30 日。公告的时间、地点及公众提交意见的期限、方式,应当在政府信息网站及当地主要新闻媒体上公告。

控制性详细规划组织编制机关应当制订控制性详细规划编制工作计划,分期、分批地编制控制性详细规划。控制性详细规划编制成果由文本、图表、说明书及各种必要的技术研究资料构成。文本和图表的内容应当一致,并作为规划管理的法定依据。

(1)控制性详细规划文件包括:规划文本、规划图则、分图图则,规划说明及基础资料汇编。规划文本中应当包括规划范围内土地使用及建筑管理规定。

(2)控制性详细规划图纸包括:规划地区现状图、控制性详细规划图纸。图纸比例为1/1000~1/2000。修建性详细规划根据《城市规划编制办法》第二十五条至第二十七条的规定,对于当前要进行建设的地区,应当编制修建性详细规划,用以指导各项建筑和工程设施的设计和施工。

城市的控制性详细规划经本级人民政府批准后,报本级人民代表大会常务委员会和上一级人民政府备案。县人民政府所在地镇的控制性详细规划,经县人民政府批准后,报本级人民代表大会常务委员会和上一级人民政府备案。其他镇的控制性详细规划由镇人民政府报上一级人民政府审批。

城市的控制性详细规划成果应当采用纸质及电子文档形式备案。控制性详细规划组织编制机关应当组织召开由有关部门和专家参加的审查会。审查通过后，组织编制机关应当将控制性详细规划草案、审查意见、公众意见及处理结果报审批机关。

控制性详细规划应当自批准之日起 20 个工作日内，通过政府信息网站及当地主要新闻媒体等便于公众知晓的方式公布。控制性详细规划组织编制机关应当建立控制性详细规划档案管理制度，逐步建立控制性详细规划数字化信息管理平台。

控制性详细规划组织编制机关应当建立规划动态维护制度，有计划、有组织地对控制性详细规划进行评估和维护。经批准后的控制性详细规划具有法定效力，任何单位和个人不得随意修改；确需修改的，应当按照下列程序进行。

（1）控制性详细规划组织编制机关应当组织对控制性详细规划修改的必要性进行专题论证。

（2）控制性详细规划组织编制机关应当采用多种方式征求规划地段内利害关系人的意见，必要时应当组织听证。

（3）控制性详细规划组织编制机关提出修改控制性详细规划的建议，并向原审批机关提出专题报告，经原审批机关同意后，方可组织编制修改方案。

（4）修改后应当按法定程序审查报批。报批材料中应当附具规划地段内利害关系人意见及处理结果。

（5）控制性详细规划修改涉及城市总体规划、镇总体规划强制性内容的，应当先修改总体规划。

2. 修建性详细规划

修建性详细规划（site plan 或 constructive-detailed plan）是以城市总体规划、分区规划或控制性详细规划为依据，制订用以指导各项建筑和工程设施的设计和施工的规划设计，是城市详细规划的一种。

编制修建性详细规划主要任务是：满足上一层次规划的要求，直接对建设项目做出具体的安排和规划设计，并为下一层次建筑、园林和市政工程设计提供依据。对于当前要进行建设的地区，应当编制修建性详细规划，用以指导各项建筑和工程设施的设计和施工。

根据住房和城乡建设部《城市规划编制办法》，修建性详细规划一般应当包括下列内容。

（1）建设条件分析及综合技术经济论证。

（2）建筑、道路和绿地等的空间布局和景观规划设计，布置总平面图。

（3）对住宅、医院、学校和托幼等建筑进行日照分析。

（4）根据交通影响分析，提出交通组织方案和设计。

（5）市政工程管线规划设计和管线综合。

（6）竖向规划设计。

（7）估算工程量、拆迁量和总造价，分析投资效益。

修建性详细规划可以由有关单位依据控制性详细规划及建设主管部门（城乡规划主管部门）提出的规划条件，委托城市规划编制单位编制。

修建性详细规划需收集的基础资料，除控制性详细规划的基础资料外，还应增加：①控制性详细规划对本规划地段的要求；②工程地质、水文地质等资料；③各类建筑工程造价等资料。

　　规划流程如下。

　　（1）成立项目组。

　　（2）收集必要规划资料：上位规划资料；城市总体规划、分区规划或控制性详细规划资料及园区的发展规划；现行规划相应规范、要求；现有场地测量和水文地质资料调查；供水、供电、排污等情况调查。

　　（3）根据规范计算出本园区各项规划指标。

　　（4）确定路网和排水排污体系。

　　（5）确定需拆除及改造项目，并议定赔偿搬迁方案。

　　（6）确定活动中心与绿化位置。

　　（7）绘制总平面和竖向设计。

　　（8）各基本原则经济指标分析。

　　（9）编制文本说明。

　　（10）组织相关专业人员评审。

　　（11）报规划主管部审批。

　　修建性详细规划的成果（文件和图纸）如下。

　　（1）修建性详细规划文件为规划设计说明书。

　　（2）修建性详细规划图包括：规划地区现状图、规划总平面图、各项专业规划图、竖向规划图、反映规划设计意图的透视图。图纸比例为 1/500～1/2000。

　　规划说明书包括以下几点。

　　（1）现状条件分析；

　　（2）规划原则和总体构思；

　　（3）用地布局；

　　（4）空间组织和景观特色要求；

　　（5）道路和绿地系统规划；

　　（6）各项专业工程规划及管网综合；

　　（7）竖向规划；

　　（8）主要技术经济指标，一般应包括以下各项：①总用地面积；②总建筑面积；③住宅建筑总面积，平均层数；④容积率、建筑密度；⑤住宅建筑容积率，建筑密度；⑥绿地率；⑦工程量及投资估算。

　　图纸包括以下几种。

　　（1）规划地段位置图：标明规划地段在城市的位置，以及和周围地区的关系；

　　（2）规划地段现状图：图纸比例为 1/500～1/2000，标明自然地形地貌、道路、绿化、工程管线及各类用地和建筑的范围、性质、层数、质量等；

　　（3）规划总平面图：比例尺同上，图上应标明规划建筑、绿地、道路、广场、停车场、河湖水面的位置和范围；

　　（4）道路交通规划图：比例尺同上，图上应标明道路的红线位置、横断面，道路交叉点坐标、标高、停车场用地界线；

　　（5）竖向规划图：比例尺同上，图上标明道路交叉点、变坡点控制高程，室外地坪规划标高；

（6）单项或综合工程管网规划图：比例尺同上，图上应标明各类市政公用设施管线的平面位置、管径、主要控制点标高，以及有关设施和构筑物位置；

（7）表达规划设计意图的模型或鸟瞰图。

审批：相应的规划都应该报送政府各级主管部门审批、复核及备案。

复习思考题

1. 名词解释：

   容积率　　建筑密度　　规划红线　　平面图　　　立面图

   剖面图　　效果图　　　总体规划　　控制性详规　修建性详规

2. 简述规划设计的主要工作步骤。

3. 简述 5WHY 分析方法。

4. 简述曼陀罗分析方法。

5. 简述生态工程与规划的终极理念或人类的"理想家园"的建设及规划要点。

第二篇 微观生态工程与规划

> 微观层次的生态工程与规划包括生命科学的研究层次和产业化两大方面，甚至会影响人类的道德、法律、经济制度和可持续发展，是人类最终走向"理想家园"的重要途径之一。

生命科学包括以宏观的生态学和微观的生理学在内的系列学科组成的。放大尺度的生理学就是生态学，缩小尺度（可以小到细胞、分子层次）的生态学实际上就是生理学。生态系统的概念把生命的尺度从一个物种的个体到种群、群落与环境成为一个紧密联系、密不可分的有机统一整体。

生态工程包含微观和宏观两大层次，微观层次属于生命科学研究范畴及产业化推广的问题；而宏观层次基本上无所不包，只要把"无废无污、高效和谐"、"可持续发展"的理念贯彻下去，甚至可以将"物态"工程及"物理思维"都包含其中。

"物态"工程的概念是物理、化学工艺与技术流程的最佳组合。工程的内涵是数理化理论与方法、工艺与流程、材料与成品的"最合理"地转换。"生态"工程的概念是运用生态学原理进行的生态工艺与生态流程的最佳组合，也是生态学"高效和谐、无废无污"理论与生态系统的结构、功能、演变、平衡的最佳融合与完善。因此，微观层次的"数理分析"也不应该完全是"物理思维"上的生命"解剖"或者"物化"，生命有机系统的"特性"直接成为"生态思维"的基础，并将贯穿生命科学研究层次和产业化应用层次的始终。

微观层次的生态工程与规划包括基因工程、发酵工程、品种繁育工程、养生工程、医疗卫生工程等内容，也是对生命科学的研究层次和产业化应用方面的未来整体性、长期性、基本性问题的思考和考量、科学分析和决策的结果。微观层次的生态工程与规划也需要融合多要素、多学科、多角度、多方面利益综合均衡，慎重把握重大发展契机和方向及道路抉择的问题。

微观生态工程与规划是生命科学机理探讨和研究内部深层次、宽口径的重大问题，从基本理论和关键技术方面来看，生命科学"宏微同构"的机理及相关学科分支的所有理论和技术都与之相关，甚至还需要和最新的物理、化学、数学等学科的理论与方法保持同步，在提炼、整合、升华、凝结的过程中推动生命科学的研究与应用，在促进人类社会不断完善方面做出贡献。

第6章 基因生态工程与规划

　　植物细胞的全能性揭示了遗传信息全部包含在小小的细胞之中，随后又进一步证明染色体、DNA 结构及基因的存在，于是，人类的目光聚集在"基因解码"之中。要真正解开所有基因所对应的"遗传功能"并可以人工"表达"，刚刚起步的微观生态工程中的基因工程任重道远。

　　"物态"思维的基因工程等同于"打开潘多拉的盒子"，只能寄希望于"生态"思维注入基因工程中，创造奇迹。

　　生命经过亿年的进化历程，形成了"用进废退，获得性遗传"（拉马克理论）及"物竞天择，适者生存"（达尔文理论）的"优胜劣汰"或"劣胜优汰"的进化机制。根据孟德尔和摩尔根的遗传定理，自然繁衍中生物有性生殖中来自父系和母系的遗传因子融合后会出现以下三种类型的遗传后代。

　　（1）优优组合：父系的优良基因和母系的优良基因融合而成的优良后代，这种情形按照大种群大样本的遗传概率在 1%～5% 以下；

　　（2）劣劣组合：父系的劣质基因和母系的劣质基因融合而成的劣质后代，这种情形按照大种群大样本的遗传概率也在 1%～5% 以下；

　　（3）优劣（中等质素）组合：父系的优良基因和母系的劣质基因融合而成的优劣后代、或者父系的劣质基因和母系的优良基因融合而成的优劣后代，或者父系的中等基因和母系的中等基因融合而成的中等质素的后代，这 3 种情形后代的总数（之和）按照大种群大样本的遗传概率在 99%～95% 之间。

　　自然界中的遗传机制在后天的环境中，再加以"自然选择"或"自然淘汰"的"优胜劣汰"或"劣胜优汰"的进化机制，形成目前这个纷繁复杂的生物多样性世界。

　　自然进化的机制本来是"完美的"，但自从那个叫孟德尔的牧师在教堂的菜地进行豌豆杂交试验以后，人类就开始了"在上帝的乐园里开玩笑"的日子。

　　人类的第三代"近现代（物态）文明"的主流理念是"物态"思维"物理方式"的"拆分思维"，在生物学中物理、化学、数学的介入，特别是无机化学、有机化学、物理化学及生物化学之后，"物理思维"及物理、化学方法催生了分子生物学、合成生物学，基因工程犹如一把"寒光闪闪"的双刃剑，既可造福于人类，同时也会加速人类的灾难。

　　基因工程（genetic engineering）又称基因拼接技术和 DNA 重组技术。是在分子水平上对基因进行人工"操作"的生物技术，具体是将外源基因通过简单切割甚至体外重组后导入受体细胞内，使这个基因能在受体细胞内复制、转录、翻译表达的操作过程。

　　从实质上讲，基因工程的定义强调了外源 DNA 分子的新组合被引入到一种新的寄主生物中进行繁殖。这种 DNA 分子的新组合是按工程学的方法进行设计和操作的，这就赋予基因工程跨越天然物种屏障的能力，克服了固有的生物种（species）间限制，扩大和带来了定向改造生物的可能性，这是基因工程的最大特点。

人类憎恨疾病，对人体的遗传奥秘充满好奇和期望，"物态"思维的基因工程无疑是打开"潘多拉的盒子"，那么，"生态"思维的基因工程呢？至少要在基因工程中注入生命科学机理研究中最宏观层次、站得最高、看得最远的生态科学的理念、思维、方式方法及"生态禁忌"。

6.1 基因工程的历史、现状及应用领域

> "物态"性质的基因工程就是人工"基因"的改造，"物态"思维下的"物质产品"的工艺集成，在"近现代物质文明"的主流思维和"追求物质利益最大化"的洪流中，产品"新颖"、成果"卓著"。但是，"生态"思维下的基因工程面临重大的理论和方法的抉择，"宏微同构"中的"有所不为，有所作为"将成为时代的主流之一。

生物工程又称生物技术，是一门应用现代生命科学原理和信息及化工等"物态"技术，利用生物体或其产生的酶来对廉价原材料进行不同程度的加工，提供大量有用产品的综合性"物态"工程技术。

"物态"思维下的生物工程主要有基因工程、细胞工程、酶工程、蛋白质工程和微生物工程 5 个部分。其中"物态"性质的基因工程就是人们对生物基因进行改造，利用生物生产人们想要的特殊"产品"的工艺集成。

生物工程的基础是"物态"思维下的现代生命科学、技术科学和信息科学。"物态"生物工程的主要产品是为社会提供大量优质发酵产品，如生化药物、化工原料、能源、生物防治剂及食品和饮料，还可以为人类提供"物态"思维下的环境治理、提取金属、临床诊断、基因治疗和改良农作物品种等"物质产品"的服务。

基因工程是在分子水平对生物遗传做人为干预，21 世纪是一个"物态"思维下的基因工程世纪。

率先支持人类基因组工程的美国人吉尔伯特是碱基排列分析法的创始人，他提出："如果将一种生物的 DNA 中的某个遗传密码片段连接到另外一种生物的 DNA 链上去，将 DNA 重新组织一下，就可以按照人类的愿望，设计出新的遗传物质并创造出新的生物类型。"

这与过去培育生物繁殖后代的传统做法完全不同，它很像技术科学的工程设计，即按照人类的需要把这种生物的这个"基因"与那种生物的那个"基因"重新"施工"，"组装"成新的基因组合，创造出新的生物。这种完全按照人的意愿，由重新组装基因到新生物产生的生物科学技术，就被称为"基因工程"，或者称之为"遗传工程"。

人类基因组研究是一项生命科学的基础性研究。有科学家把基因组图谱看成是指路图，或化学中的元素周期表；也有科学家把基因组图谱比作字典，破解人类自身基因密码，以促进人类健康、预防疾病、延长寿命，其应用前景都是极其美好的。

人类 10 万个基因信息及相应的染色体位置被破译后，在动植物方面也有突破，为攻克疾病和提高农作物产量开拓了广阔的前景，并成为医学和生物制药产业知识和技术创新的源泉。科学研究证明，一些困扰人类健康的主要疾病，如心脑血管疾病、糖尿病、肝病、癌症

等都与基因有关。依据已经破译的基因序列和功能，找出这些基因并针对相应的病变区位进行药物筛选，甚至基于已有的基因知识来设计新药，就能有的放矢地修补或替换这些病变的基因，从而根治顽症。

　　基因药物将成为 21 世纪医药中的耀眼明星。基因研究不仅能够为筛选和研制新药提供基础数据，也为利用基因进行检测、预防和治疗疾病提供了可能。例如，有同样生活习惯和生活环境的人，由于具有不同的基因序列，对同一种病的易感性就大不一样。明显的例子有，同为吸烟人群，有人就易患肺癌，有人则不然。医生会根据各人不同的基因序列给予因人而异的指导，使其养成科学合理的生活习惯，最大可能地预防疾病。

6.1.1　基因工程的发展

　　基因工程的发展如下。

　　（1）1866 年，奥地利遗传学家孟德尔根据豌豆杂交实验发现生物的遗传规律，提出遗传因子概念，并总结出孟德尔遗传定律；

　　（2）1868 年，瑞士生物学家弗里德里希发现细胞核内存有酸性和蛋白质两个部分。酸性部分就是后来的所谓的 DNA；

　　（3）1882 年，德国胚胎学家瓦尔特弗莱明在研究蝾螈细胞时发现细胞核内包含有大量的分裂的线状物体，也就是后来的染色体；

　　（4）1909 年，丹麦植物学家和遗传学家约翰逊首次提出"基因"这一名词，用以表达孟德尔的遗传因子概念；

　　（5）1944 年，3 位美国科学家分离出细菌的 DNA（脱氧核糖核酸），并发现 DNA 是携带生命遗传物质的分子；

　　（6）1953 年，美国生化学家沃森和英国物理学家克里克宣布他们发现了 DNA 的双螺旋结构，奠定了基因工程的基础；

　　（7）1969 年，科学家成功分离出第一个基因；

　　（8）1980 年，科学家首次培育出世界第一个转基因动物——转基因小鼠；

　　（9）1983 年，科学家首次培育出世界第一个转基因植物——转基因烟草；

　　（10）1988 年，穆利斯发明了 PCR 技术；

　　（11）1990 年 10 月，被誉为生命科学"阿波罗登月计划"的国际人类基因组计划启动；

　　（12）1994 年中国科学院曾邦哲提出转基因禽类金蛋计划和"输卵管生物反应器"（oviduct bioreactor）及"系统遗传学"（system genetics）等概念、原理、名词和方法等；

　　（13）1996 年，第一只克隆羊诞生；

　　（14）1998 年，一批科学家在美国罗克威尔组建塞莱拉遗传公司，与国际人类基因组计划展开竞争；

　　（15）1998 年 12 月，一种小线虫完整基因组序列的测定工作宣告完成，这是科学家第一次绘出多细胞动物的基因组图谱；

　　（16）1999 年 9 月，中国获准加入人类基因组计划，负责测定人类基因组全部序列的1%。中国是继美、英、日、德、法之后第 6 个国际人类基因组计划参与国，也是参与这一计划的唯一发展中国家；

　　（17）1999 年 12 月 1 日，国际人类基因组计划联合研究小组宣布，完整破译出人体第

22 对染色体的遗传密码，这是人类首次成功地完成人体染色体完整基因序列的测定；

（18）2000 年 4 月 6 日，美国塞莱拉公司宣布破译出一名实验者的完整遗传密码，但遭到不少科学家的质疑；

（19）2000 年 4 月底，中国科学家按照国际人类基因组计划的部署，完成了 1%人类基因组的工作框架图；

（20）2000 年 5 月 8 日，德、日等国科学家宣布，已基本完成了人体第 21 对染色体的测序工作；

（21）2000 年 6 月 26 日，科学家公布人类基因组工作草图，标志着人类在解读自身"生命之书"的路上迈出了重要一步；

（22）2000 年 12 月 14 日，美、英等国科学家宣布绘出拟南芥基因组的完整图谱，这是人类首次全部破译出一种植物的基因序列；

（23）2001 年 2 月 12 日，中、美、日、德、法、英 6 国科学家和美国塞莱拉公司联合公布人类基因组图谱及初步分析结果。科学家首次公布人类基因组草图"基因信息"。

6.1.2　基因工程的产业化应用领域

1. 农牧业、食品工业

运用基因工程技术，不但可以培养优质、高产、抗性好的农作物及畜、禽新品种，还可以培养出具有特殊用途的动、植物。

（1）转基因鱼：生长快、耐不良环境、肉质好的转基因鱼（中国）。

（2）转基因牛：乳汁中含有人生长激素的转基因牛（阿根廷）。

（3）转黄瓜抗青枯病基因的甜椒。

（4）转鱼抗寒基因的番茄。

（5）转黄瓜抗青枯病基因的马铃薯。

（6）不会引起过敏的转基因大豆。

（7）超级动物：导入贮藏蛋白基因的超级羊和超级小鼠。

（8）特殊动物：导入人类基因具特殊用途的猪和小鼠。

（9）抗虫棉：苏云金芽孢杆菌可合成毒蛋白杀死棉铃虫，把这部分基因导入棉花的离体细胞中，再组织培养就可获得抗虫棉。

2. 环境保护

基因工程做成的 DNA 探针能够十分灵敏地检测环境中的病毒、细菌等污染。利用基因工程培育的指示生物能十分灵敏地反映环境污染的情况，却不易因环境污染而大量死亡，甚至还可以吸收和转化污染物。

基因工程做成的"超级细菌"能吞食和分解多种污染环境的物质（通常一种细菌只能分解石油中的一种烃类，用基因工程培育成功的"超级细菌"却能分解石油中的多种烃类化合物，有的还能吞食转化汞、镉等重金属，分解 DDT 等毒害物质）。

3. 医学基础研究

基因作为机体内的遗传单位，不仅可以决定我们的相貌、高矮，而且它的异常会不可避免地导致各种疾病的出现。某些缺陷基因可能会遗传给后代，有些则不能。基因治疗的提出最初是针对单基因缺陷的遗传疾病，目的在于用一个正常的基因来代替缺陷基因，或者来补救缺陷基因的致病因素。

用基因治病是把功能基因导入患者体内使之表达，并因其表达产物——蛋白质发挥了功能使疾病得以治疗。基因治疗的结果就像给基因做了一次手术，治病治根，所以有人又把它形容为"分子外科"。

我们可以将基因治疗分为性细胞基因治疗和体细胞基因治疗两种类型。性细胞基因治疗是在患者的性细胞中进行操作，使其后代从此再不会得这种遗传疾病。体细胞基因治疗是当前基因治疗研究的主流。但其不足之处也很明显，它并没有改变患者已有单个或多个基因缺陷的遗传背景，以致在其后代的子孙中还会有患病的可能。

无论哪一种基因治疗，都处于初期的临床试验阶段，均没有稳定的疗效和完全的安全性，这是当前基因治疗的研究现状。

可以说，在没有完全解释人类基因组的运转机制、充分了解基因调控机制和疾病的分子机制之前进行基因治疗是相当危险的。增强基因治疗的安全性，提高临床试验的严密性及合理性尤为重要。尽管基因治疗仍有许多障碍有待克服，但总的趋势是令人鼓舞的。

4. 医药卫生应用

医药卫生应用包括基因工程药品的生产及基因治疗 2 个方面。

1）**基因工程药品的生产**　　许多药品的生产是从生物组织中提取的。受材料来源限制造成产量有限，其价格往往十分昂贵。微生物生长迅速，容易控制，适于大规模工业化生产。若将生物合成相应药物成分的基因导入微生物细胞内，让它们产生相应的药物，不但能解决产量问题，还能大大降低生产成本。

（1）基因工程胰岛素：胰岛素是治疗糖尿病的特效药，长期以来只能从猪、牛等动物的胰腺中提取，100kg 胰腺只能提取 4～5g 的胰岛素。

（2）基因工程干扰素：干扰素治疗病毒感染过去的方法是从人血中提取，300L 血才提取 1mg。基因工程人干扰素 α-2b（安达芬）具有抗病毒，抑制肿瘤细胞增生，调节人体免疫功能的作用，广泛用于病毒性疾病治疗和多种肿瘤的治疗，是当前流行的病毒性疾病治疗的首选药物和肿瘤生物治疗的主要药物。

（3）其他基因工程药物：人造血液、白细胞介素、乙肝疫苗等通过基因工程实现工业化生产，将大大提高人类的健康水平。

2）**基因治疗**　　基因治疗是把正常基因导入患者体内，使该基因的表达产物发挥功能，从而达到治疗疾病的目的，这是治疗遗传病的最有效手段。基本方法是：基因置换、基因修复、基因增补和基因失活等。

运用基因工程设计制造的 DNA 探针检测肝炎病毒等病毒感染及遗传缺陷，不但准确而且迅速。通过基因工程给患有遗传病的人体内导入正常基因可"一次性"解除患者的疾苦。

但基因治疗技术尚未成熟，未成熟的关键问题在于以下几点。

（1）如何选择有效的治疗基因；

（2）如何构建安全载体，病毒载体效率较高，但却有潜在的危险性；

（3）如何定向导入靶细胞，并获得高表达。

6.1.3　重点研究领域：人类计划

信息技术的发展改变了人类的生活方式，而基因工程的突破将帮助人类延年益寿。一些国家人口的平均寿命已突破 80 岁，中国也突破了 70 岁。有科学家预言，随着癌症、心脑血管疾病等顽症的有效攻克，在 2020 至 2030 年间，可能出现人口平均寿命突破 100 岁的国家。到 2050 年，人类的平均寿命将达到 90~95 岁。

1987 年，美国科学家提出了"人类基因组计划"，目标是确定人类的全部遗传信息，确定人的基因在 23 对染色体上的具体位置，查清每个基因的顺序，建立人类基因库。

1999 年，人的第 22 对染色体的基因密码被破译，"人类基因组计划"迈出了成功的一步。可以预见，在今后的 1/4 世纪里，科学家有可能揭示人类大约 5000 种基因遗传病的致病基因，从而为癌症、糖尿病、心脏病、血友病等致命疾病找到基因疗法。

继 2000 年 6 月 26 日科学家公布人类基因组"工作框架图"之后，中、美、日、德、法、英 6 国科学家和美国塞莱拉公司 2001 年 2 月 12 日联合公布人类基因组图谱及初步分析结果。这次公布的人类基因组图谱是在原"工作框架图"的基础上，经过整理、分类和排列后得到的，它更加准确、清晰、完整。

人类基因组蕴涵有人类生、老、病、死的绝大多数遗传信息，破译它将为疾病的诊断、新药物的研制和新疗法的探索带来一场革命。人类基因组图谱及初步分析结果的公布，将对生命科学和生物技术的发展起到重要的推动作用。随着人类基因组研究工作的进一步深入，生命科学和生物技术将随着新的世纪进入新的纪元。

基因工程在 20 世纪取得了很大的进展，这至少有两个有力的证明：①转基因动植物；②克隆技术。

转基因动植物由于植入了新的基因，使得动植物具有了原先没有的全新的性状，这引起了一场农业革命。如今，转基因技术已经开始广泛应用，如抗虫番茄、生长迅速的鲫鱼等。

1997 年世界十大科技突破之首是克隆羊的诞生。这只叫"多莉"的母绵羊是第一只通过无性繁殖产生的哺乳动物，它完全继承了给予它细胞核的那只母羊的遗传基因。

"克隆"一时间成为人们注目的焦点。尽管有着伦理和社会方面的忧虑，但生物技术的巨大进步使人类对未来的想象有了更广阔的空间。

6.2　人类基因工程的发展阶段

> 基因工程发展目标有"物态"和"生态"两个大方向："物态"基因工程的发展方向以"物质利益最大化"为目标，"投入产出"经济效益的"利益驱动"促进的是科学研究的"异端化"和应用领域的"铜臭化"；"生态"基因工程的发展方向以"协同进化、高效和谐"为目标，划定禁区，杜绝物质效益"驱动"的科学研究的"异端化"，以及关注应用领域的生态安全，实现人类生态三层次生态关系的可持续发展。

自 20 世纪 80 年代初第一个转基因植物问世以来，转基因生物技术得到了迅猛的发展，并被应用于农作物品种改良及农业研究的其他领域。由于转基因技术的成功，极大地拓展了可使用种质资源的范围，使传统上只能在同一物种内或近缘野生种中利用资源的状况，扩大到可以将任何生物的基因转移到目标作物。

转基因技术的出现及其在农业上的应用为世界的粮食保障展示了无限的前景。到目前为止，已有大量来自细菌、真菌和高等植物的基因被成功地转移到了不同的栽培作物中。这些导入的外源基因在提高作物产量、改善作物品质，以及增强作物抗病虫、抗逆、抗除草剂等方面都起到了十分重要的作用，对世界粮食生产作出了重要的贡献。

一个被称之为"基因革命"的新兴生物技术革命不仅在世界粮食安全（food security）方面给人们带来了很好的机遇，同时也深刻影响着人们日常生活的方方面面。

然而，科学是一把无情的"双刃剑"，正当人们沉浸在转基因生物技术将带来无限机遇的欣喜之时，转基因产品也敲响了生物安全的警钟。人们对转基因技术的前景和转基因作物的利用及其利弊方面展开了激烈争论，生物安全问题已成为"瓶颈"，严重制约了转基因技术成果的广泛应用。

生物安全（bio-safety）是指转基因技术及遗传修饰体（genetically modified organisms, GMO）可能对植物、动物和人类健康，以及遗传资源和环境造成不利影响甚至危害的安全问题。

生物安全问题最早是在 20 世纪 70 年代初，针对重组 DNA 技术及其产品以及基因工程操作的安全性提出的。后来人们逐渐认识到由于转基因作物（或遗传修饰体）的生产不是用传统的方法，而是用"非自然"的方法，可能对人体健康和生态环境带来不安全的因素，而且还可能引发社会伦理道德方面的一些负面的影响。

转基因生物及其产品可能带来的生物安全问题是多方面的，如食品安全（food safety）、生态风险（ecological risk）、社会伦理问题（social and ethic concern）、转基因产品的标识和鉴定（labeling and detection）、公众接受程度（public perception），以及生物安全的管理与法规等。

外源转基因可以通过与同种作物的不同品种或其野生近缘种的天然杂交而逃逸到环境中，造成非转基因作物品种的污染和形成恶性杂草而给农田生态系统带来危害。外源基因通过基因漂移向农田生态系统逃逸的可能性很大，而这些基因通过野生近缘种作为桥梁还可以进一步扩散到其他亲缘关系更远的植物种类之中，可能带来的生态风险和影响也许是长期和目前难以预测的。

因此应该引起高度的重视，并进行深入的研究以便制订有效的应对策略和措施。转基因逃逸的途径、可能带来的生态风险，以及如何避免转基因作物向环境释放后引起基因逃逸等问题进行进一步的讨论研究是十分必要的。

6.2.1　"物态"基因工程的思维方式

基因工程是在分子生物学和分子遗传学综合发展的基础上于 20 世纪 70 年代诞生的一门崭新的生物技术科学。"物态"思维的定义表明，基因工程不仅针对动植物还针对人类的生殖细胞。改变生殖细胞 DNA 的技术统称为生殖系基因治疗（germ line therapy）。20 世纪初，基因工程还没有用于人体，但已在从细菌到家畜的几乎所有非人生命物体上做了试验，并取得了成功。事实上，所有用于治疗糖尿病的胰岛素都来自一种细菌，其 DNA 中被插入人类可产生胰岛素的基因。

基因工程技术使得许多植物具有了抗病虫害和抗除草剂的能力。在美国，25%的玉米都是转基因的。基因工程可以使番茄具有抗癌作用、使鲑鱼长得比自然界中的大几倍、使宠物不再会引起过敏，所以许多人便希望也可以对人类基因做类似的修改。毕竟，胚胎遗传病筛查、基因修复和基因工程等技术不仅可用于治疗疾病，也为改变诸如眼睛的颜色、智力等其他人类特性提供了可能性。

人类还远不能设计定做自己的后代，但已有借助胚胎遗传病筛查技术培育人们需求的身体特性的例子。例如，运用该技术，可使患儿的父母生一个和患儿骨髓匹配的健康孩子，然后再通过骨髓移植来治愈患儿。

随着 DNA 的内部结构和遗传机制的秘密被揭开，特别是当人们了解到遗传密码是由 RNA 转录表达的以后，生物学家不再仅仅满足于探索、提示生物遗传的秘密，而是开始跃跃欲试，设想在分子水平上干预生物的遗传特性。

如果将一种生物的 DNA 中的某个遗传密码片段连接到另外一种生物的 DNA 链上去，将 DNA 重新组织一下，就可以按照人类的愿望，设计出新的遗传物质并创造出新的生物类型，这与过去培育生物繁殖后代的传统做法完全不同。这种做法就像技术科学的工程设计，按照人类的需要把这种生物的这个基因与那种生物的那个基因重新"施工"，这个过程即为体外重组 DNA 的过程。

把目的基因装在载体上并通过载体将目的基因转运到受体细胞的这一过程，在一般情况下，转化成功率仅为百分之一。但是，在低温条件下通过氯化钙处理受体细胞和增大重组 DNA 浓度的方法可以提高转化率，采用氯化钙化处理后能增大受体细胞的细胞壁透性，从而使杂种 DNA 分子更容易进入。

另外，也可用基因枪法、激光微束穿孔法、显微注射法等方法直接将目的基因"转入"受体细胞（如受精卵细胞），取得人类在微观领域的一个又一个的突破。

6.2.2 "物态"基因工程的研究状况

运用"物理"思维"拆分"及"开关"世界的思维，在"物质利益最大化"的利益驱动机制之下，科学家们对揭开生命遗传的奥秘"趋之若鹜"，局部的、细碎的、十分微观层次的"发现"连同一系列的"发明"问世。

主张并大力推动基因工程的学者都十分看好基因工程并认为其前景无限，而反对者多为"外行"学者及"忧患"的民众，基本上拿不出"直接的科学证据"证明基因工程有害。虽然学术界内外普遍认同"科学双刃剑"、"科学应该有禁区"并制订了一些科学道德规范，如禁止克隆人等，但是，宏观生态学进化的机制、K 对策及 r 对策的 20 亿年的协同进化规则等并没有引起那些戴着"生物学家桂冠"，实际上却是一些充满"物理化学思维"的生物化学专家们的足够重视。

（1）英国：早在 20 世纪 80 年代中期，英国就有了第一家生物科技企业，是欧洲国家中发展最早的。如今英国已拥有多家生物技术公司。欧洲上市的生物技术公司中英国占了较大的比例。

（2）德国：德国政府认识到，生物科技将是保持德国未来经济竞争力的关键，于是在 1993 年通过立法，简化生物技术企业的审批手续，并且拨款 1.5 亿马克，成立了 3 个生物技术研究中心。此外，政府还计划斥巨资用于人类基因组计划的研究。

（3）法国：法国政府在这个领域起步较早，其中最典型的项目就是 1998 年在巴黎附近成立的号称"基因谷"的科技园区，这里聚集着法国最有潜力的新兴生物技术公司。另外 20 个法国城市也仿照"基因谷"建立了自己的生物科技园区。

（4）西班牙：马尔制药公司是该国生物科技企业的代表，该公司专门从海洋生物中寻找抗癌物质。其中最具开发价值的是 ET-743，这是一种从加勒比海和地中海的海底喷出物中提取的红色抗癌药物。ET-743 于 2002 年在欧洲注册生产，将用于治疗骨癌、皮肤癌、卵巢癌、乳腺癌等多种常见癌症。

（5）印度：印度政府资助全国 50 多家研究中心来收集人类基因组数据。由于独特的"种姓制度"和一些偏僻部落的内部通婚习俗，印度人口的基因库是全世界保存得最完整的，这对于科学家寻找遗传疾病的病理和治疗方法来说是非常宝贵的资料库。但印度的私营生物技术企业还处于起步阶段。

（6）日本：日本政府已经计划将用于生物技术研究的经费增加 23%。一家私营企业还成立了"龙基因中心"，是亚洲当时最大的基因组研究机构之一。

（7）新加坡：新加坡宣布了一项耗资 6000 万美元的基因技术研究项目，研究疾病如何对黄种人和白种人产生不同影响。该计划重点分析基因差异及什么样的治疗方法对亚洲人管用，以最终获得用于确定和治疗疾病的新知识，并设立高技术公司来制造这一研究所衍生出的药物和医疗产品。

（8）中国：参与了人类基因组计划，测定了 1%的序列，这为 21 世纪的中国生物产业带来了光明。这"1%项目"使中国走进生物产业的国际先进行列，也使中国理所当然地分享人类基因组计划的全部成果、资源与技术。

（9）美国：目前世界上最发达的国家，拥有最多的基础研究机构、最先进的仪器和科研团队，还有最多的基因工程的发明专利，以及"产业化"、"市场化"程度最高，占据了世界上主要基因工程市场份额的领导世界潮流的国家。

6.2.3 "物态"基因工程的研究阶段（分析及预测）

从宏观的角度看微观，小到了肉眼难辨。"物态"技术革命以后，"世界是物质的，物质是在不断运动的"的"唯物主义"占据了科学的主流意识，但是，"世界是物质的"虽然没有错，但这个世界实际上是由"生命"或"生命系统"或"生态系统"组成的，几乎所有的物质都是包含或被包含在生命（生态）系统之中，完全是生命系统的一个组成部分。

我们不能，特别是在"生命科学"的内部，不能"视生为物"，只见"物质"不见"生命"。生命科学的研究需要，也许永远需要物理、化学的方法，但是，20 亿年来 150 万种生物协同进化逐步建立起来的宏观及微观的生态秩序，运用基因工程改变、打乱是比较容易的，拨乱反正就难了。

总之，从"物态"基因工程的研究阶段，"生态"工程的分析及预测来看，"物态"基因工程可以划分以下几个时段。

1. 起源阶段（物理、化学起源）

1663 年英国物理学家罗伯特胡克用自制的复合"显微镜"观察一块软木薄片的结构，发现它们看上去像一间间长方形的小房间，就把它命名为"细胞"，这是人类第一次把目光聚焦植物微观层次的组织。1665 年其正式发表"发现了植物细胞"（实际上看到的是细胞壁：植物细胞的死态）的相关文章，当时命名的"cell"至今仍被使用。

物理学家胡克的功勋现在看来，不仅仅是把植物、动物、微生物这看似不关联的"三界"通过细胞统一了起来，更重要的是打开了生命科学世界通向微观的大门。

203 年之后的 1866 年，奥地利神父孟德尔在教堂的菜地里，根据豌豆花色的杂交试验（仍然属于生物学的宏观层次）发现生物的遗传基因规律，提出遗传因子概念，并总结出孟德尔遗传定律。

1868 年，瑞士生物化学家弗里德里希用化学方法进入微观世界，发现细胞核内存有酸性物质和蛋白质两个部分，酸性部分就是后来的所谓的 DNA。1882 年，微观世界的探寻中，德国胚胎学家瓦尔特弗莱明在研究蝾螈细胞时发现细胞核内包含有大量的分裂的线状物体，也就是后来的染色体。

1909 年丹麦植物学家和遗传学家约翰逊首次用"物理思维"的"拆分"方式提出"基因"这一名词，用以"具体物质承载"的方式表达孟德尔的遗传因子概念（实际上，生命科学中的遗传物质是生命机体中有机组分，不可能是由一个个独立的"基因"组分"连接"而成，这是现实中的"整体"和人类思维上的"拆分"问题）。1944 年 3 位美国化学家更是用"拆分"的方式，分离出细菌的 DNA（脱氧核糖核酸），并发现 DNA 是携带生命遗传物质的分子（这里用"生命遗传组分"应该比"物质"准确一点。因为死"物质"是不具备"遗传"生命功能的，或者说是丧失"遗传"生命功能的"生命遗传组分"后的物质）。

1953 年，美国生化学家沃森和英国物理学家克里克宣布他们发现了 DNA 双螺旋结构，奠定了基因工程的基础。1962 年两人因此获得诺贝尔生理学或医学奖，成为现代生命科学的里程碑式的人物。1969 年人类用"拆分"的方式，成功分离出第一个基因，这也标志着基因工程的物理、化学起源阶段完成。

2. 起步阶段（"物态"思维起源）

从用"拆分"的方式"分离"出基因，到通过基因枪法、激光微束穿孔法、显微注射法、病毒传递法等方法直接将目的基因"转入"受体细胞（如受精卵细胞），取得在微观领域的一连串的让人惊奇的突破。人类开始了缔造转基因物种的新时代：微观领域的"扰动"，宏观生态系统的"变化"似乎微乎其微，是生态容量的包容中人类的"辉煌胜利"？抑或是人类走向"灾难"的伊始？

1988 年穆利斯发明了 PCR 技术；1990 年 10 月被誉为生命科学"阿波罗登月计划"的国际人类基因组计划启动；1994 年中国科学院曾邦哲提出转基因禽类金蛋计划和"输卵管生物反应器"（oviduct bioreactor）及"系统遗传学"（system genetics）等概念、原理、名词和方法等；1996 年，第一只"克隆羊"多莉在英国的实验室里诞生，标志着"克隆人"的理论上和实际操作上已经不存在什么障碍。

在世界性"多莉效应"的争论中，大多数科学家及以美国为首的许多国家立法"禁止克隆人及相关科学实验"，科学应该有"禁区"开始付诸实践。但是，真正应该禁止什么？从什么角度进行禁止？哪些需要禁止？目前仍然没有在全世界形成统一的认识、标准、规范和奖惩制度。

3. 分流阶段（从"混沌"走向"清流"的趋势）

从宏观层次来看，物种个体的某一个"角落"（甚至连"角落"都算不上）的改变，会对生态系统的结构和功能、演变及均衡产生"根深蒂固"的影响吗？甚至会颠覆"系统"吗？有可能。因为基因工程修改的是遗传密码。

分流阶段的基因工程使用的工具包括：①酶：限制性内切核酸酶、DNA 连接酶；②载体：质粒载体、噬菌体载体、Ti 质粒、人工染色体。

一个完整的、用于"物态"生产目的的基因工程技术程序包括以下基本内容。

（1）外源目标基因的分离、克隆及目的基因的结构与功能研究。这一部分的工作是整个基因工程的基础，因此又称为基因工程的上游部分。

（2）适合转移、表达载体的构建或目的基因的表达调控结构重组。

（3）外源基因的导入。

（4）外源基因在宿主基因组上的整合、表达及检测与转基因生物的筛选。

（5）外源基因表达产物的生理功能的核实。

（6）转基因新品系的选育和建立，以及转基因新品系的效益分析。

基因工程最突出的优点是打破了常规育种难以突破的物种之间的界限，可以使原核生物与真核生物之间、动物与植物之间，甚至人与其他生物之间的遗传信息进行重组和转移。人的基因可以转移到大肠杆菌中表达，细菌的基因可以转移到植物中表达。

4. 规范发展阶段（"生态"化趋势）

生命的状态包括常态、病态、眠态和死态。微观基因工程的研究建立在"死态"，至少是"离态"的基础之上，用化学、物理的方式，很少是近距离的"活态"观察、实验、试验的产物。因此，规范发展阶段应该在思维方式、仪器工具、实验手段等方面革新，才有可能进入一个全新的研究阶段。

5. 理性发展阶段（宏微同构、协同进化）

宏微同构，基因解码不能只有物理化学方式，还应该与宏观生物学、生态学中的各种层次的生态关系结合起来，用宏观层次的普遍联系，推敲微观的基因结构、功能，为基因解码提供一种新思维、新方法及新途径。

6.3　"物态"基因工程的方法及过程

目前的基因工程的方法基本上都是物理、化学方法，属于"拆分"思维，主要是对常态、病态、眠态及死态的生物"检材"进行"离态"或"死态"中的"物态"鉴别及分析，脱离生命系统的正常运行机制、过程，能够得出一些研究"结论"，甚至取得一定程度的突破。但是，局限性也是十分明显的。

6.3.1　基因工程的方法

1. 获取目的基因

获取目的基因是实施基因工程的第一步。例如，植物的抗病（抗病毒 抗细菌）基因，种子的贮藏蛋白基因，以及人的胰岛素基因、干扰素基因等，都是目的基因。

要从浩瀚的"基因海洋"中获得特定的目的基因是十分不易的。科学家们经过不懈的探索，想出了许多办法，其中主要有两条途径：①一条是从供体细胞的 DNA 中直接分离基因；②另一条是人工合成基因。

（1）直接分离基因最常用的方法是鸟枪法，又叫散弹射击法。鸟枪法的具体做法是：用限制酶将供体细胞中的 DNA 切成许多片段，将这些片段分别载入载体，然后通过载体分别转入不同的受体细胞，让供体细胞提供的 DNA（即外源 DNA）的所有片段分别在各个受体细胞中大量复制（在遗传学中叫做扩增，如使用 PCR 技术），从中找出含有目的基因的细胞，再用一定的方法把带有目的基因的 DNA 片段分离出来。如许多抗虫抗病毒的基因都可以用上述方法获得。

用鸟枪法获得目的基因的优点是操作简便，缺点是工作量大，具有一定的盲目性。又由于真核细胞的基因含有不表达的 DNA 片段，一般使用人工合成的方法目的性更强。

（2）人工合成基因的途径主要有以下两条。

a. 一条途径是以目的基因转录成的信使 RNA 为模板，反转录成互补的单链 DNA，然后在酶的作用下合成双链 DNA，从而获得所需要的基因。

b. 另一条途径是根据已知的蛋白质的氨基酸序列，推测出相应的信使 RNA 序列，然后按照碱基互补配对的原则，推测出它的基因的核苷酸序列，再通过化学方法，以单核苷酸为原料合成目的基因，如人的血红蛋白基因、胰岛素基因等就可以通过人工合成基因的方法获得。

2. 目的基因与载体结合

基因表达载体的构建（即目的基因与运载体结合）是实施基因工程的第二步，也是基因工程的核心。将目的基因与载体结合的过程，实际上是不同来源的 DNA 重新组合的过程。如果以质粒作为载体，首先要用一定的限制酶切割质粒，使质粒出现一个缺口，露出黏性末端。然后用同一种限制酶切断目的基因，使其产生相同的黏性末端（部分限制性内切核酸酶可切割出平末端，具有相同效果）。将切下的目的基因的片段插入质粒的切口处，首先碱基互补配对结合，两个黏性末端吻合在一起，碱基之间形成氢键，再加入适量 DNA 连接酶，催化两条 DNA 链之间形成磷酸二酯键，从而将相邻的 DNA 连接起来，形成一个重组 DNA 分子。例如，人的胰岛素基因就是通过这种方法与大肠杆菌中的质粒 DNA 分子结合，形成重组 DNA 分子（也叫重组质粒）的。

3. 将目的基因导入受体细胞

将目的基因导入受体细胞是实施基因工程的第三步。目的基因的片段与载体在生物体外连接形成重组 DNA 分子后，下一步是将重组 DNA 分子引入受体细胞中进行扩增。基因工程中常用的受体细胞有大肠杆菌、枯草杆菌、土壤农杆菌、酵母菌和动植物细胞等。用人工方法使体外重组的 DNA 分子转移到受体细胞，主要是借鉴细菌或病毒侵染细胞的途径。例如，如果载体是质粒，受体细胞是细菌，一般是将细菌用氯化钙处理，以增大细菌细胞壁的通透性，使含有目的基因的重组质粒进入受体细胞。目的基因导入受体细胞后，就可以随着受体细胞的繁殖而复制，由于细菌的繁殖速度非常快，在很短的时间内就能够获得大量的目的基因。

4. 目的基因的检测和表达

目的基因导入受体细胞后，是否可以稳定维持和表达其遗传特性，只有通过检测与鉴定才能知道。这是基因工程的第四步工作。

以上步骤完成后，在全部的受体细胞中，真正能够摄入重组 DNA 分子的受体细胞是很少的。因此，必须通过一定的手段对受体细胞中是否导入了目的基因进行检测。检测的方法有很多种，如大肠杆菌的某种质粒具有青霉素抗性基因，当这种质粒与外源 DNA 组合在一起形成重组质粒，并被转入受体细胞后，就可以根据受体细胞是否具有青霉素抗性来判断受体细胞是否获得了目的基因。重组 DNA 分子进入受体细胞后，受体细胞必须表现出特定的性状，才能说明目的基因完成了表达过程。

6.3.2　基因工程的支撑技术

基因工程的支撑技术有以下几种。

（1）核酸凝胶电泳技术：生物大分子在一定 pH 条件下，通常带电荷，将其置于电场中，会以一定的速度向与其电荷性质相反的电极迁移，迁移速度称电泳速率。电泳速率与电场强度、分子所带的净电荷数成正比，与分子与介质的摩擦系数成反比。

（2）核酸分子杂交技术：由于核酸分子杂交的高度特异性及检测方法的灵敏性，它已成为分子生物学中最常用的基本技术，被广泛应用于基因克隆的筛选，酶切图谱的制作，基因序列的定量和定性分析及基因突变的检测等。具有一定同源性的原条核酸单链在一定的条件下（适宜的温室度及离子强度等）可按碱基互补合成双链。

（3）细菌转化转染技术：基因转染技术将特定的遗传信息传递到真核细胞中，这种技术不但推进了生物学和医学中许多基本问题的研究，也推动了诊断和治疗方面的分子技术发展，并使基因治疗成为可能。基因转染已广泛用于基因的结构和功能分析、基因表达与调控、基因治疗与转基因动物等研究。

（4）DNA 序列分析技术：人类基因组这部由 A（腺嘌呤）、T（胸腺嘧啶）、G（鸟嘌呤）、C（胞嘧啶）四个字母组成的宝库，保藏着几千年来人们迫切想知道的秘密，DNA 测序技术就好似"芝麻开门"这样的咒语，是我们打开宝库的金钥匙。DNA 测序技术，即测定 DNA 序列的技术。在分子生物学研究中，DNA 的序列分析是进一步研究和改造目的基因的基础。世界上第一个测定 DNA 序列的方法是由英国生化学家弗雷德里克·桑格尔发明的。自此 DNA 测序的速度就一直呈加速态势。

（5）寡核苷酸合成技术：寡核苷酸芯片的主要原理与 cDNA 芯片类似，主要通过碱基互补配对原则进行杂交，来检测对应片段是否存在、存在量的多少。它与 cDNA 芯片的本质差别在于寡聚核苷酸芯片固定的探针为特定的 DNA 寡聚核苷酸片段（探针），而后者为 cDNA。基因表达芯片的两个重要参数是检测的灵敏度和特异性。

（6）基因定点突变技术：定点突变是指通过聚合酶链反应（PCR）等方法向目的 DNA 片段（可以是基因组，也可以是质粒）中引入所需变化（通常是表征有利方向的变化），包括碱基的添加、删除、点突变等。定点突变能迅速、高效地提高 DNA 所表达的目的蛋白的性状及表征，是基因研究工作中一种非常有用的手段。

（7）聚合酶链反应技术：聚合酶链反应技术诊断幽门螺旋杆菌是否存在仅需微量的 DNA，而不需要活菌存在（这不同于其他幽门螺旋杆菌检测方法），它不仅可以检测胃内幽门螺旋杆菌，还可望检出胃以外部位，如牙斑、粪便内的幽门螺旋杆菌，还可用于流行病学调查，它的敏感性远远超过了其他方法，有利于确定细菌感染的来源及途径，是一种很有前途的幽门螺旋杆菌检测方法。

转基因技术的发展为提高农作物产量和解决全球人口不断增长而引发的粮食问题带来了无限机遇，但生物技术的应用和转基因作物的环境释放也带来了一系列生物安全问题。转基因产品是否会对植物、动物、人类健康、遗传资源和环境带来危害，已成为公众关注的焦点。诸多生物安全问题中最引人注目的问题之一就是转基因的逃逸及其可能导致的生态风险。

6.4　基因工程的规划要点及框架方案

　　　　基因工程研究的目的是"解码"生命过程的机理，其方法途径有理化途径（微观分析）及生物学途径（宏观比对或宏微比对）两大类。

　　　　立足于目前的物理、化学手段，继续"拆分"思维对生物"检材"进行"离态"的"物态"鉴别及比对分析是一个重要的发展方向；而在宏观生态进化层次的"常态、病态、眠态及死态"的基因比对，如果建立在生物进化树上的亲缘关系基础之上，利用界、门、纲、目、科、属、种的分类体系的同级"通用特征"进行梳理，可能会事半功倍。

　　基因工程运用 DNA 分子重组技术，能够按照人们预先的"设计"创造出许多新的遗传结合体及具有新奇遗传性状的新型产物。增强了人们"改造"动植物的主观能动性和预见性。而且在人类疾病的诊断、治疗等方面具有革命性的推动作用。所以，各国政府及一些大公司都十分重视基因工程技术的研究与开发应用，抢夺这一高科技制高点，其应用前景十分广阔。

　　但是，任何科学技术都是一把"双刃剑"，在给人类带来利益的同时，也会给人类带来一定的灾难。比如基因药物在一定程度上能"根治"遗传性疾病、恶性肿瘤、心脑血管疾病等，甚至人的智力、体魄、性格、外表等亦可随意加以改造，但是，基因克隆技术如果不加限制，任其自由发展，最终有可能导致人类的整体毁灭。

　　还有，尽管目前的转基因动植物在科学证据上，尚未发现对人类有危害的直接证据，但不等于说转基因动植物就是十分安全的。毕竟转基因动植物还是新生事物，需要实践慢慢检验。

6.4.1　规划前的警示

　　转基因生物和常规繁殖生长的品种在形态结构上基本上是"一模一样"的，因为是在原有品种的基础上对其部分细微的性状进行修饰或增加新的性状，或消除原来的"不理想"的性状，分类上的形态差异基本上表现不出来。

　　自然界物种的繁育是通过自然选择、近缘杂交、有性或无性繁殖，遵循物竞天择，适者生存的方式进化到今天的，历史上那些不适应的物种已经被淘汰，现存的物种在不断变化的环境中仍然面临不断地生存进化及适者生存问题。

　　转基因生物在一定程度上人为地"扰乱"了自然进化的进程，新的物种被创造出来，远远超出了近缘的范围，自然进化中只有同种才能"交配"，同科同属才能够"嫁接"，而转基因甚至可以跨界（界是生物学分类的最高级单位），这大大地突破了自然过程中的"属"的界线。

　　已经大规模应用于生产实践的转基因抗虫棉，就是为了防治棉铃虫，把一个昆虫上的病毒基因转移到棉花之中而获得。诸如此类的转基因物种，以及基因工程技术导致的可能出现的新组合、新性状会不会影响人类健康和环境，自然繁育的进程？还有，我们这种思维方式，是在制造新物种还是在制造新"病毒"？目前的人类还缺乏这方面的知识和经验，按目前的科学水平既不能证实，也不能证伪这些命题。

　　因此，一方面我们要在抓住机遇，大力发展基因工程技术的研究和探讨；另一方面，我们更应该从转基因生物的安全性方面制订正确的路径和方式、方法，还应该贯彻"有所为，有所不为”的“科学也应该有禁区”的原则。

人类应该小心：千万别打开潘多拉的盒子。

6.4.2　方法与主要途径

基因工程的方法与主要途径应该包括以下两个方面。

（1）微观方向：目前主要是物理、化学分析方法，在取样上偏重“死态”，基本上是100%的“离态”分析。要与时俱进地更新仪器设备、试剂和数据库，转换“物理思维”为“生态思维”，转变“控制”的欲望为“因势利导”。

（2）宏观方向：“功夫在诗外”，基因工程是微观领域研究，但作为生命整体系统，以及亿万年的遗传与进化，要避免其研究偏离“常态”、注重“病态”、忽视“眠态”、实操“死态”或“离态”的现状和趋势，要注重遗传“关联”和原生“环境”及“系统”的嵌合性、对偶性、耦合性、对称性、伴生性、协同性及博弈性。

人类疾病相关的基因是人类基因组中结构和功能完整性至关重要的信息。微观层次的研究方法，对于单基因病，采用定位克隆和定位候选克隆的全新思路，导致了亨廷顿氏舞蹈症、遗传性结肠癌和乳腺癌等一大批单基因遗传病致病基因的发现，为这些疾病的基因诊断和基因治疗奠定了基础。对于心血管疾病、肿瘤、糖尿病、神经精神类疾病（阿尔茨海默症、精神分裂症）、自身免疫性疾病等多基因疾病是疾病基因研究的重点。

人类基因组研究的一个关键应用是通过位置克隆寻找未知生物化学功能的疾病基因。这个方法包括通过患病家族连锁分析来绘制包含这些基因的染色体区域图，然后检查该区域来寻找基因。

位置克隆是很有用的，但是也是非常乏味的。20世纪80年代早期该方法第一次提出时，希望实现位置克隆的研究者们不得不产生遗传标记来跟踪遗传，进行染色体行走得到覆盖该区域的基因组DNA，通过直接测序或间接基因识别方法分析大约1Mb大小的区域。最早的两个障碍在90年代中期在人类基因组项目的支持下随着人类染色体的遗传和物理图谱的发展而被清除。然而，克服剩余的障碍仍然是艰难的。

所有这些将随着人类基因组序列草图的实用性而改变。在公共数据库中的人类基因组序列使得候选基因的计算机快速识别成为可能，随之进行相关候选基因的突变检测，需要基因结构信息的帮助。

对于孟德尔遗传疾病，一个基因的搜索在一个适当大小的研究小组经常在几个月实现。至少30个疾病基因直接依赖公共提供的基因组序列已经可以定位克隆到。

另外，在许多案例中，基因组序列发挥着支持作用，如提供候选微卫星标识用于遗传连锁分析，2001年中国上海和北京的科学家们用该方法发现遗传性乳光牙本质Ⅱ型基因。

基因组序列的可用性同样允许疾病基因的旁系同源性的快速识别，对于以上研究是有价值的。

（1）首先，旁系同源基因的突变可以引起相关遗传疾病。通过基因组序列使用发现的一个很好的例子是色盲（完全色盲）。另一个例子是由早衰1和早衰2基因提供的，它们的突变可能导致阿尔茨海默症的早期发生。

（2）第二个理由是旁系同源体可以提供治疗干预的机会。例子是在镰刀状细胞疾病或β地中海贫血的个体中试图再次激活胚胎表达的血红蛋白基因，它是由于β-球蛋白基因突变引起的。

　　在"在线人类孟德尔遗传数据库"（OMIM）和 Swiss-Prot 或 TrEMBL 蛋白质数据库中进行了 971 个已知的人类疾病基因的旁系同源体的系统检索。尽管这种分析也许会识别一些假基因，但 89%的匹配显示在新靶序列一个外显子以上的同源性，意味着许多是有功能的。这种分析预示了在计算机中快速识别疾病基因的潜能。

　　人体基因组图谱是全人类的财产，这一研究成果理应为全人类所分享、造福全人类，这是参与人类基因组工程计划的各国科学家的共识。目前，基因工程已经找到了一批人体遗传疾病的重要基因，如肥胖基因、支气管哮喘基因等。这类基因的发现每年都有新报道，其增进了人们对许多重要疾病机理的理解，并且推动整个医学思想更快的从"重治疗"转向"重预防"。

　　在人类基因组计划的推动下，涌现了几门崭新的学科，如基因组学（genomics）和生物信息学（bioinformatics）。一批世界级的大公司纷纷把它们的重心转向生命科学研究和生物技术产品。

6.4.3　存在问题分析

　　目前的基因工程研究，已经不仅仅是在科学的"象牙塔"之中，新兴的产业和人类社会的科学普及也在同步进行。一般人群对基因工程的了解是通过科幻小说、电影等重要的宣传普及渠道。科幻大片"侏罗纪公园"中演绎了这样的"恐怖"科幻故事：①种族选择的灭绝性生物武器；②基因专利战；③基因资源的掠夺战；④基因与个人隐私危机。

　　目前的宣传阵势给人们一种错觉，最为尖端的科学技术正在按部就班地快速推进，只要破译人类，不需要去管其他生物（其他生物只是作为少量比对的"模式生物"）的所有的遗传信息，就将对生物学、医学，乃至整个生命科学，以及社会科学中的道德、伦理等学科产生无法估量的深远影响。这实际上是一个极大的误区，也是目前该领域进展缓慢的原因之一。

　　目前基因组信息的"注释"工作仍然处于初级阶段，明显出现对人类、对病原"菌、病毒"的趋之若鹜，主要精力都放在了"急功近利"上，"火力"既不集中也不均匀。基本上不具备尊重、传承数百年来宏观生命科学在进化机制、分类、区系、系统、生态方面千辛万苦积累的成果意识，没有娴熟运用微观"拉车"、宏观"看路"的生命科学研究的"宏微同构"、"宏微互动"的理念和方法，随着将来对基因工程研究的进一步拓展，这些方面短板将会严重制约该学科的正常、快速、效率的发展。

　　对 DNA 上载有的遗传信息的解码，可以进一步了解细胞、组织、器官、物种个体生命活动中的机理过程，在人类的分子生物学水平上就可以比较深入地了解人类遗传疾病的产生过程，将大力推动人类这方面"顽症"甚至是"不治之症"的新的疗法和新药的开发研究。对于困扰人类千年的癌症、阿尔茨海默症等发病率较高的严重影响人类整体寿命疾病的病因研究，也将会受益于人类基因组遗传信息的破解。

　　目前，由于人类基因组计划完成之前其潜在商业价值就已经表现出来，利用这种"新概念"很多上市公司玩的是"资本运作"。还有大量的企业开始提供价格适宜，而且容易使用的基因检测服务，声称可以预测包括乳腺癌、凝血、纤维性囊肿、肝脏疾病在内的很多种疾病。在基因工程研究的初级阶段，已经在股市掀起一阵阵"风暴"，为这场人类的科技探索蒙上的"铜臭"的雾霾。

包括人类在内的生物基因工程对许多生物学研究领域都是包含着希望，并具有切实的帮助。现在，世界各国的科研人员都在通过生物基因工程研究所提供的信息，建立数据库并联网，可以随时查询到其他科学家发表的相关文章，包括基因的 DNA，cDNA 碱基序列，蛋白质立体结构、功能，多态性，以及和人类其他基因之间的关系。但是，这种"鸟枪法"的研究，在选题、布局、整体结构、主攻方向及辅助、配合等方面缺乏配合、协调，有点"一哄而上"、"随心所欲"和"各自为政"的味道。

仅把大肠杆菌、酵母、线虫、果蝇和小鼠列为模式生物是远远不够的。虽然也有对应基因的进化关系，可能存在的突变及相关的信号传导机制，也可能对人类基因组计划对与肿瘤相关的癌基因，肿瘤抑制基因的研究工作起到了重要的推动作用。但是，工作还可以更周全、更细致、更巧妙一些。

分析不同物种的 DNA 序列的相似性，会给生物进化和演变的研究提供更广阔的路径。事实上，人类基因组计划提供的数据揭示了许多重要的生物进化史上的"节点"事件，如核糖体的出现、器官的产生、胚胎的发育、脊柱的形成和免疫系统等都和 DNA 载有的遗传信息有密切关系等。但是，目前最重要的是人类遗传信息中，哪些基因组与制造人类的器官、组织有关，如果能够破解制造诸如心、肝、肺、肾、脾等器官的基因密码，对于人体的器官移植将是革命性的巨大进步。

目前，最重大的问题是基因工程的研究是课题导向，发表 SCI 论文的评估、报奖体制。而如何在国家甚至国际、全人类的层面上，进行统一规划、统一部署、协调步伐、分工合作，把有限的人力、物力投入到"人心齐，泰山移"的人类重大的生存工程中去，才是全世界最"燃眉之急"的重大问题。否则，基因工程的进度将会相互"撞车"、重复劳动，甚至在自相矛盾中"互相抵消"，速度也会大打折扣。

6.4.4 规划要点及框架方案

基因工程的发展方向及核心问题是结构基因组的解构及功能基因组的表达。要实现这一目标，急功近利地只针对人类是难以完成的。应该在模式生物的巧妙选择上，以及生物进化的形态分类、区系、系统的宏微互动中下工夫。

基因组的表达及其调控、基因组的多样性、模式生物体基因组研究等发展规划及其规划要点主要包括以下几个方面。

（1）物种基因组选择：进化树中物种的分布、区系，系统学的宏观、历史，进化秩序的定点、定位、定种研究；

（2）模式生物的选择：应该在生物的"趋同适应"及"趋异适应"中认真分析相同生境和不同生境中的生物形态识别特征、遗传特征和进化（或退化）的部位、程度及方式，并在此"宏微互动"的基础上，捉对、成组、分批、整群、动态地在监测其"常态、病态、眠态、死态"的过程中，立体地、全方位、多时段地定点、定位地选择模式生物群、组及"对"。

（3）结构基因组的"解构"：在"宏微同构"、"宏微互动"中增加"比对"、"推敲"的因素和部位、节点、结点和特征，为"解构"降低难度，增加机遇。

（4）功能基因组的表达：生物遗传基因的表达应该与生物生长发育的"节律"、"物候"、"年龄时间段"、"不良环境的对应反应"等因素有关，应该"以静制动"、多时间节点地对同一种生物、不同生物的比对、试错中，探讨其表达机制问题。

（5）互动研究：要注意更大、更小尺度的整体性、联动性和嵌合耦合性，更应注意生物结构和功能上的多样性，可以对一组模式生物的基因组做"主次转换"的互动研究。

目前，比较"局限"的人类基因组计划的整体发展趋势是：一方面在顺利实现遗传图和物理图的制作后，结构基因组学正在向完成染色体的完整核酸序列图的目标奋进；另一方面功能基因组学已经开始"跃跃欲试"。

1. 结构基因组学中开展对模式生物的研究

目前选定的模式生物只是包括小鼠、果蝇、线虫、斑马鱼、酵母等。对人体内所用共生菌群的基因组进行序列测定，并研究与人体发育和健康相关基因的功能。国际人类基因组单体型图计划目标是构建人类 DNA 序列中多态位点的常见模式。由于每个个体（除了孪生子和克隆动物）的基因组都有独特之处，因此有必要对个体之间的差异在基因组上进行定位。其完成将为研究人员确定对人类健康和疾病，以及对药物和环境反应有影响的相关基因提供关键信息。人类基因组多样性研究计划：对不同人种、民族、地域、特殊人群、疾病家族的基因组进行研究和比较。这一计划将为疾病监测、人类的进化研究和人类学研究提供重要信息。该计划包括以下研究。

（1）比较基因组研究：在人类基因组的研究中，模式生物的研究占有极其重要的地位。要突破选择基因组结构相对简单的生物作为模式生物的惯例，对于逐步弄清楚核心细胞过程和生化通路的生物都可以成为新的模式生物。而且，要朝着所有的生物互为模式生物的方向发展。这项研究的意义是：①有助于发展和检验新的相关技术，如大规模测序、大规模表达谱检验、大规模功能筛选等；②通过比较和鉴定，能够了解基因组的进化，从而加速对人类基因组结构和功能的了解；③模式生物间的比较研究，为阐明基因表达机制提供了重要的线索。目前对于基因组总体结构组成方面的知识，主要来源于模式生物的基因组序列分析。通过对不同物种间基因调控序列的计算机分析，已发现了一定比例的"保守性"核心调控序列。根据这些序列建立的表达模式数据库将对破译基因调控网络逐步地、渐进式地提供了充分的及必要的基础条件。

（2）功能缺失突变的研究：识别基因功能最有效的方法，可能是观察基因表达被阻断后在细胞和整体所产生的表型变化。在这方面，基因剔除（knock-out）是一种特别有用的工具。目前，国际上已开展了对酵母、线虫和果蝇的大规模功能基因组学研究，其中进展最快的是酵母。欧盟为此专门建立了一个称为欧洲功能分析网（European Functional Analysis Network）的研究网络。美国、加拿大和日本也启动了类似的计划。全世界应该建立一个协调机构，从"纵、横"两个方向捕捉"突变"火花。

随着作为模式生物的线虫和果蝇基因组测序的完成，将来也可能开展对这两种生物的类似性研究。一些突变株系和技术体系建立后，不仅能够成为研究单基因功能的有效手段，而且为研究基因冗余性和基因间的相互作用等深层次问题奠定了基础。

小鼠作为哺乳动物中的代表性模式生物，在功能基因组学的研究中具有特殊的地位。同源重组技术可以破坏小鼠的任何一个基因，但这种方法的缺点是费用高。利用点突变、缺失突变和插入突变造成的随机突变是另外一种可能的途径。对于人体细胞而言，建立反义寡核苷酸和核酶瞬间阻断基因表达的体系可能更加合适。蛋白质水平的剔除技术也许是说明基因功能最有力的手段。利用组合化学方法有望生产出化学剔除试剂，用于激活或失活各种蛋白质。

总之，模式生物的基因组计划为人类基因组的研究提供了大量的信息。今后，模式生物的研究方向是将人类基因组8万～10万个编码基因的大部分转化为已知生化功能的多成分核心机制。而要获得每一种人类进化"保守性"核心机制的精细途径，以及它们的紊乱导致疾病的各种途径的信息，将只能来自对人类自身的研究。

2. 结构基因组学中基因组多样性的研究

人类是一个具有多态性的群体。不同群体和个体在生物学性状及在对疾病的易感性与抗性上的差别，反映了进化过程中基因组与内、外部环境相互作用的结果。开展人类基因组多样性的系统研究，无论对于了解人类的起源和进化，还是对于生物医学均会产生重大的影响。

（1）对人类DNA的再测序：可以预测，在完成第一个人类基因组测序后，必然会出现对各人种、群体进行再测序和精细基因分型的热潮。这些资料与生物学、人类学、生态学、语言学、行为学的资料相结合，将有可能建立一个全人类的数据库资源，从而更好地了解人类的历史和自身特征。另外，基因组多样性的研究将成为疾病基因组学的主要内容之一，而群体遗传学将日益成为生物医药研究中的主流工具。需要对各种常见多因素疾病（如高血压、糖尿病和精神分裂症等）的相关基因及癌症相关基因在基因组水平进行大规模的再测序，以识别其变异序列。

（2）对其他生物的测序：对进化过程各个阶段的生物群落、种群、家族、特殊个体进行系统的比较DNA测序，将在宏观生物学中进化论、分类、区系、系统、生态学的发展成果的基础上，通过"宏微联动"机制揭开生命数十亿年的进化史。这样的研究不仅能勾画出一张详尽的多维度的"系统进化树"，而且将显示进化过程中最主要的变化所发生的时间及特点，比如新基因的出现和全基因组的复制机制。认识不同生物中基因序列的"保守性"，将能够使我们有效地认识约束基因及其产物的功能性的因素。对序列差异性的研究则有助于认识产生大自然生态多样性的基础。在不同生物体之间建立序列变异与基因表达的时空差异之间的相关性，将有助于揭示基因的网络结构，以及与生命整体的联系。

人类基因组研究的目的不只是为了读出全部的DNA序列，更重要的是读懂每个基因的功能，每个基因对细胞、组织、器官的生成及连接基因与某种疾病的种种关系，真正对生命进行系统地科学解码，从此达到从根本上了解认识生命的起源、种间、个体间的差异，以及种群遗传的秘密。目前，人类的遗传疾病产生的机制及长寿、衰老等困扰着人类的最基本的生存、生活及社会发展。

3. 功能基因组学中基因组的表达及其调控研究

通过功能基因组学的研究，人类最终将能够了解哪些进化机制已经确实发生，并考虑进化过程还可能有哪些新的潜能。一种新的解答发育问题的方法可能是，将蛋白质功能域和调控顺序进行重新组合，建立新的基因网络和形态发生通路。

也就是说，未来的生物科学不仅能够认识生物体是如何构成和进化的，而且更为诱人的是产生"修补"甚至"构建"新的生物体的可能潜力。基因工程在人类现代科学史上将竖起了一座新的里程碑，这是一项改变世界，影响人类生活的辉煌途径，随着"宏微联动"机制的拓展和娴熟应用，其的伟大意义将愈显昭彰。

（1）基因转录表达谱及其调控的研究：一个细胞的基因转录表达水平能够精确而特异地反映其类型、发育阶段及反应状态，是功能基因组学的主要内容之一。为了能够全面地评价全部基因的表达,需要建立全新的工具系统,其定量敏感性水平应达到小于 1 个拷贝/细胞,定性敏感性应能够区分剪接方式,还需达到检测单细胞的能力。近年来发展的 DNA 微阵列技术, 如 DNA 芯片等还在不断向前发展。

(2)蛋白质组学研究:蛋白质组学研究是要从整体水平上研究蛋白质的水平和修饰状态。目前正在发展标准化和自动化的二维蛋白质凝胶电泳的工作体系。首先用一个自动系统来提取人类细胞的蛋白质,继而用色谱仪进行部分分离,将每区段中的蛋白质裂解,再用质谱仪分析,并在蛋白质数据库中通过特征分析来认识产生的多肽。蛋白质组研究的另一个重要内容是建立蛋白质相互关系的目录。生物大分子之间的相互作用构成了生命活动的基础。组装基因组各成分间的详尽作图已在 T7 噬菌体(55 个基因)获得成功。如何在模式生物(如酵母)和人类基因组的研究中建立自动方法,认识不同的生化通路,是值得探讨的问题。

(3)生物信息学的应用:目前,生物信息学已大量应用于基因的发现和预测。然而,利用生物信息学去发现基因的蛋白质产物的功能更为重要。模式生物中越来越多的蛋白质构建编码单位被识别,无疑为基因和蛋白质同源关系的搜寻和家族的分类提供了极其宝贵的信息。同时,生物信息学的算法、程序也在不断改善,使得不仅能够从一级结构,也能从估计结构上发现同源关系。但是,利用计算机模拟所获得的理论数据,还需要经过实验的验证和修正。

目前的基因工程研究一方面进行了知识产权的保护;另一方面处于初级阶段的“瞎子摸象”过程,还需要“信息”互联互通。

一个叫“塞雷拉”的基因研究组一开始宣称只寻求对 200～300 个基因的专利权保护,但随后又修改为寻求对“完全鉴定的重要结构”的总共 100～300 个靶基因进行知识产权保护。1999 年,他们申请对 6500 个完整的或部分的人类基因进行初步专利保护。批评者认为这一举动将阻碍遗传学研究。

此外,“塞雷拉”数据库建立之初,同意与国际计划分享数据,但这一协定很快就因为其拒绝将自己的测序数据存入可以自由访问的公共数据库而破裂。虽然他们承诺根据 1996 年“百慕大协定”每季度发表他们的最新进展(国际计划则为每天),但不同于国际计划的是,他们不允许他人自由发布或无偿使用他们的数据。

2000 年,当时的美国总统克林顿宣布所有人类基因组数据“不允许”专利保护,且必须对所有研究者公开,“塞雷拉”才不得不决定将数据公开。这一事件也导致其的股票价格一路下挫,并使倚重生物技术股的纳斯达克受到重挫。两天内,生物技术板块的市值损失了约 500 亿美元。

目前,无论是结构基因组学还是功能基因组学的研究都十分缓慢。一个所谓“后基因组计划”开始,也就是在人类初步完成人类基因组计划(结构基因组学)以后,实际上是按“顺序”进入下一步的“功能基因组学”计划。其实质内容就是生物信息学与功能基因组学,核心问题是研究基因组多样性、遗传疾病产生的原因、基因表示调控的协调作用,以及蛋白质产物的功能等。

复习思考题

1. 名词解释

   基因　　　　转基因　　　基因工程　　　生态禁忌

   生物安全　　双刃剑　　　扰乱　　　　　模式生物

2. 自然界中存在天然的遗传机制及自然选择或自然淘汰或优胜劣汰吗？简述非基因工程途径的自然生态秩序及其扰乱问题。

3. 简述基因工程的历史、现状及发展趋势。

4. 简述"物态"基因工程的思维方式，以及方法途径的阶段性和目的性。

5. 简述"生态"基因工程的思维方式，以及宏微同构、协同进化、可持续发展的方法与途径。

第7章 发酵生态工程与规划

> 人类在长期的生存中，自从从"丛林中"走了出来，特别是"农耕"定居以后，食物有了剩余，储藏、加工问题就相伴而来。由于保鲜的困难，人类开始食用一些不新鲜甚至霉变的食物，久而久之，被动的及主动的发酵技术被人类逐步传承、革新、升华了出来。经过"手工加工—近代发酵—现代发酵"3个阶段的演绎，加上从人类"种间生态关系"上重新梳理、规范和设计，发酵生态工程前景无限。

发酵工程是指采用现代工程技术手段，利用微生物的某些特定功能，为人类生产有用的产品，或直接把微生物应用于工业生产过程的一种新技术。

发酵工程的内容包括菌种的选育，培养基的配制、灭菌，扩大培养和接种，发酵过程和产品的分离提纯等方面。目前的学科设置中，发酵工程是"轻工技术与工程"一级学科中的一个重要分支和重点发展的二级学科，在生物技术产业化过程中起着关键作用。

1）类型　　发酵有微生物生理学严格定义的发酵和工业发酵两大类。一般发酵工程中的发酵应该是工业发酵。

2）工艺及设备　　工业生产上通过工业发酵来加工或制作产品，其对应的加工或制作工艺被称为发酵工艺。为实现工业化生产，就必须解决实现这些工艺（发酵工艺）的工业生产环境、设备和过程控制的工程学的问题，因此，就有了发酵工程。

3）产业的连接　　发酵工程是用来解决按发酵工艺进行工业化生产的工程学问题的学科。发酵工程从工程学的角度把实现发酵工艺的发酵工业过程分为菌种、发酵和提炼（包括废水处理）三个阶段，这三个阶段都有各自的工程学问题，一般分别把它们称为发酵工程的上游、中游和下游工程。

4）生物学属性　　微生物是发酵工程的灵魂。近年来，对于发酵工程的生物学属性的认识逐渐明朗化，发酵工程正在走近科学。发酵工程最基本的原理是发酵工程的生物学原理。

5）生态关系性质　　属于人与微生物之间的"种间关系"问题。发酵生态工程是指利用人与微生物长期共存、伴生、共生的生态关系，保持同微观世界的"安全距离"并不离不弃，不远不近，提升、刺激、锻炼、生成自身的消化能力及免疫系统的工业化生产工艺的系列构成。

随着科学技术的进步，发酵技术也有了很大的发展，并且已经进入能够人为控制和改造微生物，使这些微生物为人类生产产品的现代发酵工程阶段。现代发酵工程作为现代生物技术的一个重要组成部分，具有广阔的应用前景。例如，用基因工程的方法有目的地改造原有的菌种并且提高其产量；利用微生物发酵生产药品，如人的胰岛素、干扰素和生长激素等。

发酵工程已经从过去简单的生产酒精类饮料、生产醋酸和发酵面包发展到今天成为生物工程的一个极其重要的分支，成为一个包括微生物学、化学工程、基因工程、细胞工程、机械工程和计算机软硬件工程的一个多学科工程。现代发酵工程不但生产酒精类饮料、醋酸和面包，而且生产胰岛素、干扰素、生长激素、抗生素和疫苗等多种医疗保健药物，生产天然杀虫剂、细菌肥料和微生物除草剂等农用生产资料，在化学工业上生产氨基酸、香料、生物高分子、酶、维生素和单细胞蛋白等。

从广义上讲，发酵工程由以下三部分组成。

（1）上游工程：包括优良种株的选育，最适发酵条件（pH、温度、溶氧和营养组成）的确定，营养物的准备等。

（2）中游工程：中游工程主要指在最适发酵条件下，发酵罐中大量培养细胞和生产代谢产物的工艺技术。这里要有严格的无菌生长环境，包括发酵开始前采用高温高压对发酵原料和发酵罐及各种连接管道进行灭菌的技术；在发酵过程中不断向发酵罐中通入干燥无菌空气的空气过滤技术；在发酵过程中根据细胞生长要求控制加料速度的计算机控制技术；还有种子培养和生产培养的不同的工艺技术。

（3）下游工程：下游工程指从发酵液中分离和纯化产品的技术，包括固液分离技术（离心分离、过滤分离、沉淀分离等工艺），细胞破壁技术（超声、高压剪切、渗透压、表面活性剂和溶壁酶等），蛋白质纯化技术（沉淀法、色谱分离法和超滤法等），最后还有产品的包装处理技术（真空干燥和冰冻干燥等）。

此外，根据不同的需要，发酵工艺还分类批量发酵：①一次投料发酵；②流加批量发酵，即在一次投料发酵的基础上，流加一定量的营养，使细胞进一步的生长，或得到更多的代谢产物；③连续发酵：不断地流加营养，并不断地取出发酵液。其中在进行任何大规模工业发酵前，必须在实验室规模的小发酵罐进行大量的实验，得到产物形成的动力学模型，并根据这个模型设计中试的发酵要求，最后从中试数据再设计更大规模生产的动力学模型。由于生物反应的复杂性，在从实验室到中试，从中试到大规模生产过程中会出现许多问题，这就是发酵工程工艺放大问题。

此外，在生产药物和食品的发酵工业中，进入美国的商品需要严格遵守美国联邦食品和药物管理局所公布的现行良好操作规范（CGMPs）的规定，并要定时接受有关当局的检查监督。

现代意义上的发酵工程是一个由多学科交叉、融合而形成的技术性和应用性较强的开放性的学科。发酵工程经历了农产手工加工—近代发酵工程—现代发酵工程3个发展阶段。

（1）手工加工：发酵工程发源于家庭或作坊式的发酵制作（农产手工加工），后来借鉴于化学工程实现了工业化生产（近代发酵工程），最后返璞归真，以微生物生命活动为中心研究、设计和指导工业发酵生产（现代发酵工程），跨入生物工程的行列。

（2）近代发酵：原始的手工作坊式的发酵制作凭借祖先传下来的技巧和经验生产发酵产品，体力劳动繁重，生产规模受到限制，难以实现工业化的生产。于是，发酵界的前人首先求教于化学和化学工程，向农业化学和生物化学学习，对发酵生产工艺进行了规范，用泵和管道等输送方式替代了肩挑手提的人力搬运，以机器生产代替了手工操作，把作坊式的发酵生产成功地推上了工业化生产的水平。发酵生产与化学和化学工程的结合促成了发酵生产的第一次飞跃。

（3）现代发酵：通过发酵工业化生产的几十年实践，人们逐步认识到发酵工业过程是一个随着时间变化的（时变的）、非线性的、多变量输入和输出的、动态的生物学过程，按照化学工程的模式来处理发酵工业生产（特别是大规模生产）的问题，往往难以收到预期的效果。

从化学工程的角度来看，发酵罐也就是生产原料发酵的反应器，发酵罐中培养的微生物只是一种催化剂，按化学工程的正统思维，微生物当然难以发挥其生命特有的生产潜力。

于是，追溯到作坊式的发酵生产技术的生物学内核（微生物），对发酵工程的属性有了新的认识。发酵工程的生物学属性的认定，使发酵工程的发展有了明确的方向，发酵工程进入了生物工程的范畴。

7.1　发酵工程的类型、现状及分析

微生物既可以帮人类"发酵"，也可以致人类"发霉"，这是人类与微生物种间生态关系的两个极端。人类躯体上环绕及体内微生物群落密布，饭前便后洗手、家备消毒碗柜、到处喷洒消毒水等举措固然可以让人类"干净"，同时也是一种形式的种间关系层次上的"隔绝"。

人类在认识不到微生物群落对人类的伴生关系的历史时期，就开始了一定程序或"工艺"的主食、副食的生产加工活动，并已经完全融合为人类日常生活中不可或缺的一部分，如发面馒头、包子、面包、蛋糕、糯米甜酒、白酒、红茶等。

面粉经发酵制成馒头就容易消化吸收，牛奶发酵制成酸奶也有同样效果，发酵过程使奶中糖、蛋白质有 20%左右被分解成为小的分子（如半乳糖和乳酸、小的肽链和氨基酸等）。奶中脂肪含量一般是 3%～5%。经发酵后，乳中的脂肪酸可比原料奶增加 2 倍。这些变化使酸奶更易消化和吸收，各种营养素的利用率得以提高。

酸奶由纯牛奶发酵而成，除保留了鲜牛奶的全部营养成分外，在发酵过程中乳酸菌还可产生人体营养所必需的多种维生素，如维生素 B1、维生素 B2、维生素 B6、维生素 B12 等。特别是对乳糖消化不良的人群，喝酸奶也不会发生腹胀、气多或腹泻现象。

鲜奶中钙含量丰富，经发酵后，钙等矿物质都不发生变化，但发酵后产生的乳酸可有效地提高钙、磷在人体中的利用率，所以在微生物的"帮助之下"鲜奶中的钙、磷更容易被人体吸收。

早在远古时代，人类的日常饮食中就已经含有乳酸发酵类的食品了，而在现代科学意义上的微生物学的发展历程却不到 200 年的历史。

（1）1857 年，法国微生物学家巴斯德研究了牛奶的变酸过程。他把鲜牛奶和酸牛奶分别放在显微镜下观察，发现它们都含有同样的一些极小的生物——乳酸菌。

（2）1878 年，李斯特（Lister）首次从酸败的牛奶中分离出乳酸乳球菌。

（3）1892 年，德国妇产科医生 Doderlein 在研究人类生殖系统中发现了对人类有益的分泌乳酸的微生物。

（4）1899 年，法国巴黎儿童医院的蒂赛（Henry Tissier），率先从健康母乳喂养的婴儿粪便中分离了第一株双歧杆菌菌种，并发现该菌与婴儿患腹泻的频率及营养都有明显关系。

（5）1905 年，斯塔门·戈里戈罗夫第一次发现并从酸奶中分离了保加利亚乳酸杆菌。

（6）1908 年，诺贝尔奖获得者俄国科学家伊力亚·梅契尼科夫正式提出了"酸奶长寿"理论。

（7）1915 年，Daviel Newman 首次利用乳酸菌临床治疗膀胱感染。

（8）1917 年，德国 Alfred Nissle 教授从第一次世界大战士兵的粪便中发现一株大肠杆菌。这类大肠杆菌现在仍然在使用，是为数不多的非乳酸菌益生菌（大肠杆菌超标会引起腹泻）。

（9）1920 年，Rettger 证明梅契尼科夫所说的保加利亚细菌（保加利亚乳杆菌）不能在人体肠道中存活，引起当时人们对发酵食品和梅契尼科夫的学说产生质疑。

（10）1922 年，Rettger 和 Cheplin 报道了嗜酸乳杆菌酸奶所具有的临床功效，特别是对消化功能促进。

（11）1930 年，日本医学博士代田稔在京都帝国大学医学部的微生物学研究室，首次成功地分离出来自人体肠道的乳酸杆菌，并经过强化培养，使它能"活着"到达肠内。这种菌后来引用代田博士的名字，这就是后来被称为"养乐多菌"的益生菌。

（12）1935 年，乳酸菌饮料"养乐多"问世，益生菌开始走向规模化、市场化和产业化。

（13）1957 年，Gordon 等在《柳叶刀》（The Lancet）发表了有效的乳杆菌疗法标准：乳杆菌应该没有致病性，能够在肠道中生长，当活菌数量达到 $10^7 \sim 10^9$ 时，明显具有有益菌群的作用。同时德国柏林自由大学的 Haenel 教授研究了厌氧菌的培养方法，提出"肠道厌氧菌占绝对优势"的理论。

（14）1962 年，保加利亚科学家从乳杆菌中分离出了 3 种具有抗癌活性的糖肽，首次报道了乳酸菌的抗肿瘤作用。

（15）1971 年，Sperti 用益生菌描述刺激微生物生长的组织提取物。

（16）1974 年，Paker 将益生菌定义为对肠道微生物平衡有利的菌物。

（17）1977 年，微生态学（micro ecology）由德国人 Volker Rush 首先提出。他在赫尔本建立了微生态学研究所，并从事对双歧杆菌、乳杆菌、大肠杆菌等活菌做生态疗法的研究与应用。Gilliland 对肠道乳杆菌的降低胆固醇作用进行了研究，提出了乳酸菌在生长过程中通过降解胆盐促进胆固醇的分解代谢，从而降低胆固醇含量的观点。

（18）1979 年，中国的微生态学研究开始，1988 年《中国微生态学杂志》创刊。

（19）2007 年，美国 Science 杂志认为：人类共生微生物的研究将可能是国际科学研究在以后取得突破的 7 个重要领域之一。

7.2 "发酵"或"发霉"过程的要素及应用

发酵是人类在历史上凭直觉、试错方法产生的一种食品、饮料、药品的工艺。当时甚至都没有与微生物科学及生态学、种间关系、共生、伴生、益生菌这些科学的理论及概念联系起来。凭直觉及固定的"程式"将这些传统工艺（或技艺）传承至今。

如今，从生态关系中的人与微生物的伴生理论来重新定义发酵工程，用生态工程的方式方法，包容其中的物理机械及化学反应，更多了一层人类种间关系的"发酵"或"发霉"，甚至"致病"、"免疫"的新思维、新方式和新途径。

从生态学的种内关系、种间关系来研究、探讨"发酵"及"发霉"的生理生态过程，就不仅仅是为人类生产抗生素、茶叶、白酒、红酒之类的"食品"、"用品"这样简单了。这关系到微生物的基因、分子、细胞、个体、种群、群落、生态系统及与人类的寄生、共生及相生相克的生态关系，以及物质能量的交换和行为互动。这才是人类超越目前发酵工业工程思维，且又包含之的发酵生态工程的内涵和外延所在。

7.2.1　食品的发酵工艺

早在公元前 3000 多年，居住在土耳其高原的古代游牧民族就已经制作和饮用酸奶了。到了现在，人们经过筛选，确定了酸奶发酵的最佳菌种，并把新的益生菌加入酸奶，让其保健价值更高。

一些蔬菜发酵后，蔬菜中的草酸等被分解，蛋白质水解后产生了有鲜味的肽和氨基酸。同时还生成了新的有机酸。发酵食品是人类巧妙地利用有益微生物加工制造的一类食品，具有独特的风味，丰富了我们的饮食生活，如酸奶、干酪、酒酿、泡菜、酱油、食醋、豆豉、乳腐、黄酒、啤酒、葡萄酒，甚至还包括臭豆腐和臭冬瓜。主要有谷物发酵制品、豆类发酵制品和乳类发酵制品几大类。

（1）谷物发酵制品：包括甜面酱、米醋、米酒等，这些食品中富含苏氨酸等成分，可以防止记忆力减退。另外，醋的主要成分是多种氨基酸及矿物质，有降低血压、血糖及胆固醇的效果。此外，还有馒头、面包、包子、发面饼等。

（2）豆类发酵制品：包括豆瓣酱、酱油、豆豉、腐乳等。发酵的大豆含有丰富的抗血栓成分，有预防动脉粥样硬化、降低血压之功效。豆类发酵之后，能参与维生素 K 的合成，预防骨质疏松症。

（3）乳类发酵制品：如酸奶、奶酪等含有乳酸菌等成分，能抑制肠道腐败菌的生长，又能刺激机体免疫系统，调动机体的积极因素，有效地预防癌症。

发酵后的馒头、面包比大饼、面条等没有发酵的食物营养更丰富，原因就在于所使用的酵母（细菌）。实验证明，酵母不仅改变了面团结构，还让它们变得更松软好吃，这也大大增加了馒头、面包的营养价值。

因此，常吃发酵食物有以下好处。

（1）发酵食物含有丰富的蛋白质。实验证明，酵母（细菌）富含多种维生素、矿物质和酶类。每 1 千克干酵母所含的蛋白质，相当于 5 千克大米、2 千克大豆或 2.5 千克猪肉的蛋白质含量。因此，馒头、面包中所含的营养成分比大饼、面条要高出 3～4 倍，蛋白质增加近 2 倍。

（2）营养物质有利于吸收。发酵后的酵母还是一种很强的抗氧化物，可以保护肝脏，有一定的解毒作用。酵母里的硒、铬等矿物质能抗衰老、抗肿瘤、预防动脉硬化，并提高人体免疫力。发酵后，面粉里一种影响钙、镁、铁等元素吸收的植酸可被分解，从而提高人体对这些营养物质的吸收和利用。

（3）适宜消化功能弱的人。食用经过发酵的面包、馒头有利于消化吸收，这是因为酵母中的酶能促进营养物质的分解。因此，身体瘦弱的人、儿童和老年人等消化功能较弱的人，更适合食用这类食物。

（4）同样，早餐最好吃面包等发酵面食，因为其中的能量会很快释放出来，让人整个上午都干劲儿十足。对于要减肥的人来说，晚餐最好少吃馒头，以免发胖。

但是，发酵食品中除了含有亚硝基化合物外，还涉及霉菌的污染。其中，霉干菜和豆豉中检出多达 5 种霉菌的菌株。除霉豆腐外，如长期食用，对人体有一定的潜在危害；有些酱菜、豆腐乳等的加工食品，为了保存可能还有添加防腐剂的情况，吃多了有害健康。

近年来，日本的科研人员经过对发酵食品的长期研究及试验所知，它的真正魅力在于其具有防病、治病、产生药理疗法的奇特功效。故日本的保健医师们建议：现代人应该提醒自己每天摄取一味发酵食品，这样可以维持健康、促进长寿及给人体带来活力。发酵食品带来的好处如下。

（1）对大脑：甜面酱、豆瓣酱、酱油及甜米酒等食品当中富含缩氨酸等成分，其可以防止记忆力减退。

（2）对血管：发酵的大豆含有丰富的抗血栓成分，它可以有效地溶解血液中的血栓等物，起到预防动脉硬化、降低血压之效力。另外，醋的主要成分是多种氨基酸及矿物质，它们亦能达到降低血压、血糖及胆固醇之效果。

（3）对心脏：豆类及酸牛奶能有效地控制血压和血中胆固醇数值的"上扬"，防止动脉发生硬化，减少心脏发生心肌梗死的现象，以保护机体的血液循环。

（4）对免疫：酸牛奶、奶酪及黄酒含有乳酸菌等成分，它可以刺激免疫系统，提高 NK 细胞（自然杀伤细胞，它可识别破损细胞及癌细胞，并将它们杀死、清除掉）和淋巴细胞的机能及活性，增强机体的抵抗力。

（5）对肠道：利用乳酸菌来发酵的食品，其均有调整肠腔内菌群的平衡，增加肠蠕动，使大便保持通畅，预防大肠癌等作用。

目前这方面的研究，物理思维中的"是"与"非"非常分明，看起来很是"辩证"，实际上是缺乏整体的、系统的"生态学思维"。

7.2.2　酿酒的发酵工艺

考古出土的距今 5000 多年的酿酒器具表明，中国古代黄帝时期、夏禹时代就存在酿酒这一行业，而酿酒之起源还在此之前。

现代科学才认识到酿酒的原料不同，所用微生物及酿造过程也不一样。《齐民要术》记载的制曲方法（那时候还没有微生物的概念）一直沿用至今，"酒曲"酿酒是中国酿酒的精华所在，后来也有少量的改进。

现代科学在微生物发酵理论上定义的酿酒工艺，是指利用微生物发酵生产含一定浓度酒精饮料的过程。酿酒原料与酿酒容器是谷物酿酒的两个先决条件。酿酒首先是根据不同香型、不同口感、不同风格、不同档次的要求确定酿酒工艺和生产条件，然后才是粮食加曲发酵、发酵完毕蒸馏出酒，存储，然后勾兑、过滤、再窖藏"老熟"，这就是半成品酒了。接着，将"老熟"以后的半成品过滤，经过灌装设备灌装入酒瓶，包装出厂销售。以下为其主要的工序及工艺流程。

（1）筛选除杂：做好开机前的准备工作，检查设备、工具是否完好；小麦粉碎前应加入 5%～10% 的水拌匀，润料 3~4 小时后粉碎；对原料进行筛选除杂，除去土、石等杂质。

（2）粉碎：根据原料粉碎细度的要求，调整磨粉机控制阀及原料流速。粉碎细度工艺要求如下。

　　a. 高粱粉：6~8 瓣，20 目筛下物重 40%~50%;

　　b. 五粮粉（高粱 36%、小麦 16%、大米 22%、糯米 18%）：4~6 瓣，玉米（8%）单独粉碎、8~12 瓣，20 目筛下物重 20%~25%;

　　c. 大曲粉：为麦仁粒，20 目筛下物重 30%~35%;

　　d. 曲粮粉：要有皮、有糁、有面，心烂皮不烂，冬粗夏细。60 目筛下物重 24%~28%。

　　（3）分类堆放：粉碎后的原料分类堆放，标明标识，严禁混杂。

　　（4）出库：原料出库时，辨明标识，分类发放，准确计量。

　　（5）配料拌和：将小麦、大麦、豌豆按 8∶1∶1 的比例搭配，加水（约占曲粉的 27%）、曲母（4%~8%），进行搅拌。要求拌和均匀、曲料干湿一致、无灰包、无疙瘩，曲料柔熟、不粘手。工艺要求水分含量为 36%~38%。

　　（6）成型：用全脚掌向曲模中心踩一遍，再用脚踵沿四边四角踩两遍，再踩平、踩紧、踩匀，踩完上面再翻转曲模踩下面，踩法同前，踩毕即倒出曲坯入房。

　　（7）入房培养：曲坯入房前，曲房地面先洒水 5~8 桶，待晾干后撒稻壳少许。

　　（8）出房验收：曲坯培养成熟后，按大曲质量验收标准（感官和理化指标）进行验收，分出等级，分别存放，搭配使用。

　　（9）入库贮藏：成曲入房后，分级存放，贮藏半年以后方可搭配使用。在贮藏过程中要注意防潮、防霉、防虫、防二次起火，经常通风保持库房干燥。

　　做好入房前的一切准备工作。曲坯入室要求垂直竖放，曲块间距一致，无倒曲。在培养中期，定时检查品温，及时通风排潮进行翻曲，加高曲堆层数，控制品温在 50℃左右，高温期品温维持在 58℃ 3 天以上。

　　在培养后期，当温度降到 42℃时，应及时加高曲堆层数，拉近曲间距并覆盖稻草来保温，关闭门窗曲坯温度还会升高到原来的顶火温度并保持 1~2 天。当曲堆进入后火期 42~44℃时，加盖稻草厚度维持曲温的缓慢下降，把曲坯的残余水分排出。

　　在整个培养过程中必须通风、排潮，窗户开放大小视各阶段工艺条件要求而调整。定期对曲房用千分之一高锰酸钾喷洒消毒。

7.2.3　红茶的发酵工艺

　　红茶属于中国六大茶类之一，属于发酵茶。红茶是我国常见的健康保健茶饮，它在人们的日常生活中随处可见。每一种茶叶其制作工艺都是不同的。下面以工夫红茶为例，简单介绍制作工艺。

　　（1）杀青：是指鲜嫩茶树叶经过一段时间的失水，使硬脆的梗叶成萎蔫失色状况的过程，这是红茶初制的第一道工序。经过萎凋（或杀青），可适当蒸发水分，叶片柔软，韧性增强，便于造型。此外，这一过程可使青草味消失，茶叶清香欲现，是形成红茶香气的重要加工阶段。杀青的方法有自然萎凋和槽萎凋两种。自然萎凋即将茶叶薄摊在室内或室外阳光不太强处，搁放一定的时间。槽萎凋是将鲜叶置于通气槽体中，通以热空气，以加速萎凋过程。目前普遍使用的是槽萎凋的方法，其速度较快且单位时间处理量大。

　　（2）揉捻：红茶揉捻的目的与绿茶相同，茶叶在揉捻过程中成形并增进色、香、味浓度，同时，由于叶细胞被破坏，便于在酶的作用下进行必要的氧化，利于发酵的顺利进行。

　　（3）发酵：这是红茶制作的独特、关键的阶段，也是区别于绿茶的特殊处理过程。经过发酵，叶色由绿变红，形成红茶、红叶、红汤的品质特点。其机理是叶子在揉捻作用下，组织细胞膜结构受到破坏，透性增大，使多酚类物质与氧化酶充分接触，在酶促作用下产生氧化聚合作用。其他化学成分亦相应发生深刻变化，使绿色的茶叶产生红变，形成红茶的色香味品质。目前普遍使用发酵机控制温度和时间进行发酵，发酵适度，嫩叶色泽红润，老叶红里泛青，青草气消失，具有熟果香。

（4）干燥：是将发酵好的茶坯，采用高温烘焙，迅速蒸发水分，达到保持干燥的过程。其目的有三：利用高温迅速钝化酶的活性，停止发酵；蒸发水分，缩小体积，固定外形，保持干度以防霉变；散发大部分低沸点青草气味，激化并保留高沸点芳香物质，获得红茶特有的甜香。

目前，茶的名称五花八门，按颜色就有红茶、绿茶、黑茶、白茶等。实际上，按生产工艺中有没有进行发酵，所有的茶叶只有红茶和绿茶两大类：经过发酵的是红茶；没有经过发酵的、直接翻炒或晒干的是绿茶。还有一类半发酵的乌龙茶和单丛茶，实际上还是经过了发酵，在两分法分类中还是应该属于红茶。

7.2.4　抗生素发酵工艺

早在 19 世纪人们就已经注意到微生物间的拮抗现象。1876 年，廷德尔发现青霉属的菌株能使试管中的细菌死亡。1877 年，朱伯特科学地阐述了细菌间的拮抗作用。1885 年，巴贝斯在固体培养基上观察到葡萄球菌抑制其他葡萄球菌和炭疽杆菌生长的现象。1888 年，弗罗伊登注意到绿脓杆菌和磷光杆菌有抑制其他微生物的能力。1894 年，梅契尼科夫研究了绿脓杆菌对霍乱弧菌的抑制，并注意到空气和水中的细菌也有抑菌作用。1929 年，弗莱明发现在污染青霉菌落周围的葡萄球菌有被溶解的现象，并把青霉产生的杀死葡萄球菌的物质命名为青霉素。

1939～1940 年，钱恩、弗洛里再次研究青霉及其所产生的青霉素，1941 年获得提纯制品，次年用于临床，治疗细菌感染的疾病。这是第一个用于医疗的抗生素。

1944 年瓦克斯曼等从链霉菌中发现了链霉素，并用于治疗结核病和细菌感染的疾病。从此人们对微生物产生抗生素的研究活跃起来。至今已发现微生物产生的抗生素约 6000 个，有实用价值的已有 100 多种。

产生抗生素的微生物大部分是土壤微生物，种类有丝状真菌、酵母、细菌和放线菌等，分布广泛。在已发现的抗生素中，由真菌产生的约占 13%、由地衣产生的在 1% 以下、由细菌产生的约占 12%、由放线菌产生的约占 67%。在放线菌所产生的抗生素中，约 90%是由链霉菌产生的。抗生素是微生物次级代谢产物，对微生物本身的生存影响不大。不同种微生物能产生同一种抗生素，同一种微生物也能产生结构不同的抗生素。

1976 年，当时的中国医学科学院微生物研究所从济南游动放线菌的培养液中，分离出创新霉素，在临床上对志贺氏菌引起的痢疾和大肠杆菌引起的败血症、泌尿系统感染、胆道感染有一定疗效，这是我国发现的一个新型结构的抗生素。

2015 年，屠呦呦的青蒿素获得诺贝尔生理学或医学奖。

根据抗生素的作用机制对其进行分类，主要有以下类型。

（1）抑制细胞壁合成（cell wall synthesis）：青霉素；

（2）抑制细胞膜功能（cell membrane damage）：多烯类抗生素；

（3）抑制蛋白质合成（protein synthesis）：四环素；

（4）抑制核酸合成（nucleic acid synthesis）：丝裂霉素。

抗生素是利用 r 对策生物之间的"互律"机制进行对病原菌的抑制作用。由于 r 对策生物的适应机制，抗生素的有效性不可能是一劳永逸的，需要不断筛选新的菌种，产生新的抗生素。目前，从垃圾中、土壤中、中草药中筛选、发酵来提取抗生素的方式方法方兴未艾，同时也期待有新的思想方法诞生。

7.3　发酵生态工程规划的手法及科学历程

发酵生态工程包括狭义的益生菌层次及有害菌等所有的微生物个体、种群、群落及系统层次的种间关系调控的过程和工艺。应该跳出目前这种围绕抗生素等药品，酒类、茶叶之饮品，面包、馒头之食品的狭义发酵工程的思维束缚，真正意义上地研究、探讨微生物与人类生存生活的竞争和共生，为人类奠定一个真正意义上的三层次生态关系的高效和谐。这也是广义发酵生态工程站得更高、看得更远、想得更深的真正含义所在。

微生物能够致人类生病（多为传染病），也能够造成食品、布匹、皮革、木材、衣物、纸张等发霉腐烂，这是微生物发霉的过程。现实中的发酵工程是不包括这一部分的，狭义的发酵工程只包括以上的食品、饮料和药品生产过程及其工艺，也就是益生菌的这一大块。

广义的发酵工程应该是人类与微生物作用的所有过程，包括发霉和发酵及有益和有害等所有的种间相互关系的基因、分子、细胞、个体、种群、群落、生态系统层面的机制和过程。涉及人类生产生活的方方面面。

7.3.1　微生物的普遍存在及人类的种间关系学说

我们发现的微生物已经很多，但实际上由于培养方式等技术手段的限制，以及作为 r 对策生物的变异及进化速度，人类现今发现的、命名的、分类的、掌控的微生物，还只占自然界实际存在的还在不断分异的微生物总数、总量的很少一部分。

微生物之间的种内、种间相互作用机制从来都没有得到相应的重视。例如，健康人肠道中即有大量细菌存在，称为正常菌群，其中包含的细菌种类高达上百种。在肠道环境中这些细菌相互依存、互惠共生。

食物、有毒物质甚至药物的分解与吸收，菌群在这些过程中发挥的作用，以及细菌之间、细菌与人类的生理过程的相互作用机制还不明了。一旦菌群出现种类、数量、质量及结构上的"失调"，就会引起人体的不适、腹泻、疼痛及痉挛，甚至严重的功能障碍。

随着医学研究进入分子水平，人们对基因、分子、DNA、氨基酸、蛋白质、碱基的化学遗传物质等专业术语也日渐熟悉。开始从"理化"结构的层次认识到，是"化学"遗传信息决定了生物体具有的生命特征，包括外部形态及从事的生命活动等，而生物体的基因组正是这些遗传信息的携带者。

因此，以"物态"思维方式"阐明"生物体基因组携带的"化学"遗传信息，有可能大大促进生命的起源和奥秘的"物质"性揭示。有人甚至认为在分子水平上研究微生物病原体的变异规律、毒力和致病性，对于传统微生物学来说是一场革命。只是，这种"视生为物"的"物理思维（或理化思维）"代替不了微生物个体、种群、群落及生态系统中的三层次生态关系的"互动"机制研究，这才是真正对传统微生物学的一场真正的革命。

7.3.2　农业病虫害中的种间关系致病机制理论及防控的新思维、新对策

据统计，全球每年因病害（植物与微生物种间关系紊乱）导致的农作物减产可高达 20%，其中植物的细菌性病害最为严重。从"物理化学思维"来看，除了培植在遗传上对病害有抗性的品种及加强园艺管理外，似乎没有更好的病害防治策略。所谓积极开展某些植物致病微生物的基因组研究，认清其致病机制并由此发展控制病害的"新对策"显得十分紧迫中，忽视植物与微生物之间的种间生态关系，寄幻想于控制微生物的遗传基因，显然不是一条事半功倍的途径。

经济作物柑橘的致病菌是国际上第一个发表了全序列的植物致病微生物，可是，对付这种"黄龙病"人类现在仍然是"黔驴技穷"的境地。对付一些在分类学、生理学和经济价值上非常重要的农业微生物，如胡萝卜欧文氏菌、假单胞菌、黄单胞菌的分子生物学研究等正在进行之中，但是很少有人从"种间生态关系"上去看问题并作为解决问题的出发点。忽视 r 对策生物的生态学特性中的非常强大、快速的"适应性"策略，幻想用药物、改变遗传结构、控制基因表达等"物理思维"的方式，将造成这个世界的生态灾难。

植物固氮根瘤菌是植物与细菌共生的典范之一，其生态技巧在于种间生态生存机制的契合，而不是化学解构中的遗传序列。目前对植物固氮根瘤菌的全序列测定已经完成，据说是借鉴已经较为成熟的从人类病原微生物的基因组学信息筛选治疗性药物的方案，可以尝试性地应用到植物病原体上。但是，植物固氮根瘤菌不是"病原菌"而是"有益微生物"。

用生物多样性保护机制，理顺人类、植物、动物及微生物之间的三层次生态关系，已经成为了生态防控的新思维、新对策。

7.3.3　环境保护中的"种间关系"污染降解机制及防控的新思维、新对策

在"物态"文明的"拆分思维"中，把原料拆分成为"产品+废料"，全面推进"物态"经济发展追求物质利益最大化的同时，滥用资源、破坏环境的现象也日益严重。面对全球人类生存环境的一再恶化，1962 年美国海洋生物学家蕾切尔·卡森的《寂静的春天》发表之后，"环境保护"成为全世界人民的共同呼声。

环境污染的根源及本质来源与人类与其他生物共同生存的生态系统中的种内、种间关系的恶劣，修复环境污染的根本途径是改善种内、种间的生态关系。而生物"除污"在直接的环境污染治理中潜力巨大，微生物参与治理则是好氧或厌氧发酵之生物除污的主流。一些微生物群落可以直接降解塑料、甲苯等有机物，还能直接处理工业废水中的磷酸盐、含硫废气、有机质，可以为土壤的改良增加"肥力"提供必不可少的先决条件。

7.3.4　极端环境微生物的研究：来自嗜极菌或超级细菌的警示

在极端环境下能够生长的微生物称为极端微生物，又称嗜极菌。这种超级细菌对极端环境具有很强的适应性，而且，很多的极端条件是人类创造的，如能够抵抗 100 多种抗生素的超级细菌就已经出现了。人类如果不再检讨与微生物之间的生态关系，凭借物理化学的防控

思维，在对抗 r 对策生物的 r 对策生存机制之中，绝对是处于"下风"的。

可是，微观层次的学者甚至认为极端微生物基因组的研究有助于从分子水平研究极限条件下微生物的适应性，加深对生命本质的认识。这种"物理安全"的危险意识，已经深入到了人类一些科学家的骨髓里，对人类生态安全的无知将对人类未来的可持续发展造成极大的障碍。

有一种嗜极菌，它暴露于数千倍强度的辐射下仍能存活，而人类在一个剂量强度下就会死亡。该细菌的染色体在接受几百万拉德 α 射线后粉碎为数百个片段，但能在一天内将其恢复。我们不能只看到"研究其 DNA 修复机制对于发展在辐射污染区进行环境的生物治理非常有意义"，更应该看到这种嗜极菌的存在将对人类造成巨大的生存危机。虽然开发利用嗜极菌的极限特性可以突破当前生物技术领域中的一些局限，建立新的技术手段，使环境、能源、农业、健康、轻化工等领域的生物技术能力发生革命，可是，我们应该深思的是：这种"开发利用"的方式是否犹如打开了"潘多拉的盒子"。

一方面，来自极端微生物的极端酶，可在极端环境下行使功能，将极大地拓展酶的应用空间，是建立高效率、低成本生物技术加工过程的基础。例如，PCR 技术中的聚合酶、洗涤剂中的碱性酶等都具有代表意义。极端微生物的研究与应用将是取得现代生物技术优势的重要途径，其在新酶、新药开发及环境整治方面应用潜力极大。另一方面，人类对这些极端微生物的"捉放机制"成熟吗？

人类体内特别是肠道里有很多细菌群落，如乳酸菌、双歧杆菌，还有其他厌氧菌可以帮助消化及抵御其他致病菌的侵入，也是人类自身健康均衡的重要组成部分。所以，应该从生态机制方面重新审视、研讨人类与微生物的伴生、共生及竞争、相生相克的生态关系，并不是完全可以用化学成分解构那么简单。

7.4　发酵生态工程规划的理念、方法及途径

> 发酵生态工程规划与发酵工程规划不一样的是前者是包容和超越后者的。我们应该在后者的大规模生产实践中拓展视野，总结及升华理论，把一些分散、零星的微生物特征、特性加以整合、提高及提炼，上升到种间生态关系的层次，不是用"消毒"的思维而是用"竞争和共生"的生态思维，使人与微生物及所有的伴生物种都能够协同进化、可持续发展。

目前，人类面临的形势是与微生物的种间关系空前紧张。"物理思维"中人类对付微生物的办法是消毒方式，从消毒药水（酒精、福尔马林、来苏水、小苏打等）到消毒柜（家用消毒碗柜、实验室用烘箱、烤炉、恒温箱等），到大规模使用的石灰、漂白粉、硫黄、农药等。结果是细菌、病毒和人类打完"阵地战"之后，又打起了"游击战"，流感、天花、霍乱、禽流感等时常冒出来"肆虐"人类，艾滋病病毒、埃博拉病毒、塞卡病毒公开和人类"叫板"，即使是"阵地战"人类也没有取得完全彻底的胜利，只是"被动防守"而已。

人类在微生物的种间关系中，从益生菌中获益不少，但认识层面及利用层面都面临着观念的更新和工程方式、方法的改变。就目前的知识水平来看，人类的发酵生态工程规划的理念、方法及途径至少需要以下方面的分析与探讨。

7.4.1　"生态安全"的理念

在这个主流文明为"物态"而非"生态"的世界里，唯物主义的理念"世界是物质的，物质是在不断运动的"是输入科学工作者的潜意识的。这种"视生为物"的偏激观念是典型的"反生主义"，世界是生命的，几乎所有的物质都是包含或者被包含在生命系统之中的。"世界是物质的"是"物理思维"，物质是生态系统中不可分割的组分及有机组成部分（涵盖无机成分）是生态思维。

还有，这个世界是由无所不在的微生物（包括细菌、病毒、真菌、类生物体等）组成的。即使是小型、大型动物及人类的身体之内，都充斥着数以亿计的细菌群落。这种 r 对策生物的 r 对策成为生物种类生存技巧的楷模。

可叹的是，人类在"狂妄自大"中对此视而不见，似乎能够"感知"的只是发酵、发霉及发病三种状态。人类在对付种内关系（人与人之间）的"物理思维"是先进武器，包括原子弹、航空母舰、导弹、隐形战机，结果是"强权政治"下的冷战、热战不断。在对付种间关系（人与动物、植物、微生物）中，特别是对付微生物中，是将发酵、发霉及发病三种状态分别处理的，"捉襟见肘"的困境或窘迫越来越使人类在"物理思维"、"物理安全"中呼唤"生态安全"时代的降临。

人类的"生态安全"是建立在生物多样性基础上的，是人类与已知的 150 万种伴生生物在种内、种间及天人三层次生态关系的高效和谐。

7.4.2　方法与途径

发酵生态工程的"生态理念"除了用物理仪器、化学成分来解构发酵过程之外，应该把微生物科学建立在生态学中的种内及种间关系、共生及伴生的"高效和谐"科学理论之上。

从生态学的种内关系、种间关系来研究、探讨发酵及发霉、发病的生理生态过程，就不仅仅是为人类产出抗生素、茶叶、白酒、红酒之类的药品、食品、用品这样简单了。这关系到微生物的基因、分子、细胞、个体、种群、群落、生态系统及与人类的寄生、共生及相生相克的生态关系，以及物质能量的交换和行为互动。这才是人类超越目前发酵工业工程思维，且又包含之的发酵生态工程的内涵和外延所在。

1. 生态学方法

从微生物群落的组成结构和物种构成入手，研究物种的生态位与种间的镶嵌及重叠性，寻找人类的伴生群落、拮抗因素和生存连接，保持相邻群落合适的"生态距离"，杜绝"灭绝"似的"消毒"、"阻隔"及"分离"，使人类处于 r 对策环绕及内渗的境遇中，能够"左右逢源"并"化敌为友"，避免长期隔离之后的"狭路相逢"。

因此，人类应该在"广结善缘"之中"未雨绸缪"，而不是像现在这样由于漠视微生物世界的客观存在，甚至自以为能够通过消毒、杀菌等阻断的方式"防患于未然"，而实际情况是在发酵及发霉、发病三态之间疲于奔命、穷于应付。

生态学方法最主要的是用"生态安全观"代替"物理安全观"，与所有的微生物"友好相处"而不是"处处树敌"、"草木皆兵"。

2. 微生物学方法

其不是微生物生态学方法，而是分子生物学、生物化学及生物物理方法。具体的是以人类基因组计划为代表的生物体基因组研究，而微生物基因组研究又是其中的重要分支。世界权威性杂志《科学》曾将微生物基因组研究评为世界重大科学进展之一。通过基因组研究揭示微生物的遗传机制，发现重要的功能基因并在此基础上发展疫苗，开发新型抗病毒、抗细菌、真菌药物，将对有效地控制新老传染病的流行，促进医疗健康事业的发展产生巨大影响。

从分子水平上对微生物进行基因组研究，为探索微生物个体及群体间作用的奥秘提供了新的线索和思路。为了充分开发微生物（特别是细菌）资源，1994 年美国发起了微生物基因组研究计划（MGP）。通过研究完整的基因组信息开发和利用微生物重要的功能基因，不仅能够加深对微生物的致病机制、重要代谢和调控机制的认识，更能在此基础上发展一系列与我们的生活密切相关的基因工程产品。包括接种用的疫苗、治疗用的新药、诊断试剂和应用于工农业生产的各种酶制剂等。通过基因工程方法的改造，促进新型菌株的构建和传统菌株的改造，全面促进微生物工业时代的来临。

3. 工程学途径

发酵生产乙醇、食品及各种酶制剂等，环保微生物能够降解塑料、处理废水废气等，并且可再生资源的潜力极大。

工业微生物涉及食品、制药、冶金、采矿、石油、皮革、轻化工等多种行业。通过微生物发酵途径生产抗生素、丁醇、维生素 C 及一些风味食品的制备等；某些特殊微生物酶参与皮革脱毛、冶金、采油采矿等生产过程，甚至直接作为洗衣粉等的添加剂；另外还有一些微生物的代谢产物可以作为天然的微生物杀虫剂广泛应用于农业生产。

通过对枯草芽孢杆菌的基因组研究，发现了一系列与抗生素及重要工业用酶的产生相关的基因。乳酸杆菌作为一种重要的微生态调节剂参与食品发酵过程，对其进行的基因组学研究将有利于找到关键的功能基因，然后对菌株加以改造，使其更适于工业化的生产过程。

对工业微生物开展的基因组研究，不断发现新的特殊酶基因及重要代谢过程和代谢产物生成相关的功能基因，并将其应用于生产及传统工业、工艺的改造，同时推动现代生物技术的迅速发展。

7.4.3　食品的发酵生态工程规划

发酵食品主要有谷物发酵制品、豆类发酵制品和乳类发酵制品三大类。由于常常与"发霉"相伴一起，常以"腌制"、"不新鲜"等备受诟病。

如果不是从人类与微生物的"伴生关系"的生态学思维去思考问题，那当然最好是"新鲜"为首选，只是人类与有益微生物的"擦身而过"，替代的恐怕就不是那么"友好"的群落了。

发酵食品是人类"巧妙地"利用"有益微生物"加工制造的一类食品，具有独特的风味，丰富了我们的饮食生活，如酸奶、干酪、酒酿、泡菜、酱油、食醋、豆豉、乳腐，甚至还包括臭豆腐和臭冬瓜，这些都是颇具魅力而长期为人们喜爱的食品。

因此，人类今后的食品发酵工程甚至发酵生态工程，应该从以下几个方面分步骤地推进。

（1）"整体"地继承"传统工艺"，生产传统食品而不必介意其生态学、微生物学，以及物理、化学上的不合理的解释；

（2）继续从生态学、微生物学及物理、化学上解构，以及提供其"合理的解释"，并在解构的基础上推陈出新，创造出类似的、更鲜美、更可口、更拉近人类与微生物群落多样性的距离；

（3）从传统的工艺中，重新观察、实验、试验生态学、微生物学及物理、化学思维上的过程、环节参数，甚至升华、凝练新的理论、创造新的方法、途径。

7.4.4　酿酒发酵生态工程规划

"酒是粮食的精灵"，中国古代黄帝时期、夏禹时代就开始酿酒，酒在人类的第一代华夏文明中占有物质与文化、意识和精神的重要阵地。

酒既是粮食，又是药品。更重要的是，酒解决了人类粮食作为高度浓缩的饮品之长期贮存，随时取用的生存生活的重大问题。

人们认识到酿酒的原料不同，所用微生物及酿造过程也不一样。在微生物发酵理论上定义的酿酒工艺，是指利用微生物发酵生产含一定浓度酒精饮料的过程。今后的酿酒发酵生态工程规划的要点如下。

（1）在传统工艺、品牌，如茅台、五粮液、泸州老窖（拥有国家文物级的 1573 年的老窖）基础上，继承发扬，保护品牌效应，控制产量；

（2）从目前的单一粮食及多种粮食的酿制，到非粮食类的、非主粮类的、植物根茎叶花果类的新型工艺开发方向的新产品、新理论、新途径；

（3）从传统的酿酒工艺中，重新观察、实验、试验微生物学、生态学及物理、化学思维上的过程、环节参数，甚至升华、凝练新的理论、创造新的方法、途径。

7.4.5　茶叶发酵生态工程规划

茶叶按生产工艺中有没有进行发酵分为红茶（经过发酵）和绿茶（直接翻炒或晒干）两大类，半发酵的乌龙茶和单丛茶属于红茶。目前，国内的茶叶品牌多数属于历史悠久的传承性品牌，如 1959 年全国"十大名茶"评比会评选的名茶包括西湖龙井、洞庭碧螺春、黄山毛峰、都匀毛尖、六安瓜片、君山银针、信阳毛尖、武夷岩茶、安溪铁观音、祁门红茶。中国系列名茶还包括江苏雨花茶、浙江惠明茶、安徽涌溪火青、黄山市的太平猴魁、休宁的屯溪绿茶、白毫银针、崂山绿茶、日照绿茶、恩施玉露、湖南蒙洱茶、四川青城雪芽、茉莉花茶、蒙顶甘露、峨眉竹叶青、云南普洱茶、滇红、湖南益阳黑茶等。

今后的制茶发酵生态工程规划的要点如下。

（1）在传统工艺、品牌，如西湖龙井、洞庭碧螺春、黄山毛峰、都匀毛尖、六安瓜片、君山银针、信阳毛尖、武夷岩茶、安溪铁观音、祁门红茶等的基础上，继承发扬，保护品牌效应，控制产量；

（2）从目前的传统工艺发酵和杀青，重视地域、气候、海拔、小气候等，向新型工艺开发方向的新产品、新理论、新途径发展；

（3）从传统的发酵与烘干、晒干的工艺中，重新观察、实验、试验微生物学、生态学及物理、化学思维上的过程、环节参数，甚至升华、凝练新的理论、创造新的方法、途径。

7.4.6　抗生素发酵生态工程规划

抗生素主要用于治疗微生物中的细菌感染，在兽医、动物饲养、食品和生物制品保藏，以及防治植物病害等方面也广泛应用。也正因为这样，不懂 r 对策生物的 r 对策生存机制的抗生素滥用的结果，是"培养"和"锻炼"细菌的生存能力。

抗生素原指微生物产生的、能在低浓度（以微克/毫升计）杀死或抑制细菌或真菌等微生物的物质。现在，将能抑制肿瘤、原虫等微生物产物也归入抗生素类。包括：①天然产生的抗生素；②经化学方法改造所得的半合成抗生素。

抗生素的化学结构种类繁多，主要有糖类、肽类、蛋白质类、核苷类、多烯类、多醚类、内酰胺类、大环内酯类、四环类、安莎类等。传统的工艺中，采取的细菌样株手法简单、来源单一、没有微生物群落伴生的生态关系支撑，导致在开发上成本越来越高，有效期却越来越短。

因此，今后的抗生素发酵生态工程规划的要点如下。

（1）在微生物群落伴生的生态关系机制的基础上，进行伴生、对生、簇生群落的遴选和甄别，将大大增加目前鸟枪法的筛选力度，更新观念并取得意想不到的效果；

（2）研究 r 对策生物的 r 对策生存机制，限制、规范抗生素滥用的市场机制，对已经培养出来的超级细菌要特别予以重视，加以重点的群落学、生态学的跟踪和监测；

（3）重新观察、实验、试验人类周边及体内的微生物学群落，可以采取物理仪器和化学方法，但是一定要在生态关系层次上，进行分子、细胞、个体、种群、群落及生态系统维度上的过程、环节参数的研究，甚至升华、凝练新的理论，创造新的方法，发现新的途径。

复习思考题

1. 名词解释

　　发酵　　发酵工程　　发霉　　发病　　超级细菌　　抗生素　　酒　　茶叶
2. 简述微生物的普遍存在及人类的种间关系学说。
3. 简述农业病虫害中的种间关系致病机制理论，以及防控的新思维、新对策。
4. 简述环境保护中的种间关系污染降解机制，以及防控的新思维、新对策。
5. 简述滥用抗生素的后果及其来自嗜极菌或超级细菌的警示。

第8章 繁育生态工程与规划

> 繁育是生命的本质特征之一。没有繁育就不会有生命的延续和进化，但是，有性繁殖和无性繁殖在人类的主观"意志"中有严重变形、变态、变相的危机趋势。从生命的常态运转中把握正确的动植物及人类的繁衍，对于维护所有生物正常的进化机制和生态秩序，以及人类的生态安全有生死攸关的重大意义。

　　1997 年英国罗斯林研究所克隆羊"多莉"（Dolly）培育成功之前，胚胎细胞核移植技术已经有了很大的发展。"多莉"的诞生是沿袭了胚胎细胞核移植的全部过程，这是世界上第一例经体细胞核移植出生的动物，被媒体宣传为克隆技术领域研究的巨大突破。

　　这一进展意味着在理论上证明了分化了的动物细胞同植物细胞一样也具有全能性。在实际操作层面上证明了利用体细胞进行动物克隆的技术是可行的，将有"无数"相同的细胞（相对于"有限的"生殖细胞）作为供体进行核移植，并且在与卵细胞相融合前可对这些供体细胞进行一系列复杂的遗传操作，从而为大规模复制动物和生产转基因动物提供了实际操作的方法。

　　在理论上，利用同样方法人亦可以被克隆，这意味着以往科幻小说中的"独裁狂人"克隆自己的想法，现实中实现其理论和实际距离已经并不遥远。

　　"多莉"的诞生，在世界各国的科学界、政界乃至宗教界都引起了强烈反响，并引发了一场由"克隆人"所衍生的人类繁育工程的道德、伦理、遗传、进化及生态秩序、生态安全等问题的大讨论。

　　各国政府有关人士、民间纷纷作出反应：克隆人类有悖于人间伦理道德。这是人类世界目前取得的比较一致的共识。美国等国公开反对并明文禁止克隆人及其相关的科学实验。但是，克隆技术的巨大理论意义和实用价值，促使分子生物学方面的科学家们加快了研究的步伐，从而使动物克隆技术的研究与开发进入一个又一个的高潮。随后的克隆牛、克隆猪相继诞生，只是人类已经"见怪不怪"了。

　　生物的正常繁殖方法是有性生殖。这种经过了数十亿年进化历程逐步完善的繁殖过程有明显的细胞功能的分化或"分工"：只有生殖细胞组成的精子和卵子的结合，才能孕育生命的胚胎，完成生命的交替。

　　有性繁殖是利用雌、雄受粉相交而结成种子来繁殖后代的方法，是由亲本产生的有性生殖细胞（配子），经过两性生殖细胞（如精子和卵细胞）的结合成为受精卵，再由受精卵发育成为新的个体的生殖方式。

　　实际上，不经过两性生殖细胞结合，由母体直接产生新个体的生殖方式，分为分裂生殖（细菌及原生生物）、出芽生殖（酵母菌、水螅等）、孢子生殖（蕨类等）、营养生殖（草莓葡匐茎等），具有缩短植物生长周期，保留母本优良性状的作用的无性生殖在生产上应用比植物细胞的全能性理论要早得多。

在植物的繁育工程中常用植物营养器官的一部分，如花芽、花药、雌配子体等材料进行无性繁殖。花药、花芽、雌配子体常用组织培养法离体繁殖，生根后的植物与母株法的基因是"基本"上相同的。用这种繁育方式繁殖的苗木称为无性繁殖苗。主要方法包括：扦插、嫁接、压条、营养繁殖、组培。

无性繁殖中品种退化、容易"染毒"影响品质等诸多问题，也警示我们：在今后相当长一段时间中，无性繁殖在生物进化与自然选择的生态机制方面，是不可能完全替代正常的有性繁殖的。

从 20 世纪 80 年代起，我国进行了大规模的植物良种基地建设，并对 40 多个主要造林树种及上千个花卉、蔬菜、粮食作物品种开展了不同水平的遗传改良，取得了显著成效。特别是林木良种繁育工作，充分利用种源、林分和个体选择的结果，按照自然区划和树种特点，建立不同层次的种子生产基地。

当前存在的主要问题是繁育工程的生态理念缺失，经济利益主导繁育工程行为，产业化的趋势中难免急功近利，在物种种质资源保护，特别是生物多样性的保护及开发方面，种质资源退化、品种趋同、单一等问题影响着繁育工程的走向及可持续发展。

8.1　繁育工程的目的、手段及策略

在生物的常态繁殖中，包含着生物的竞争与选择的生态进化机制。有性繁殖的生态机巧不可以被完全地扰乱，甚至全部地、部分地替代。可是，人类以"社会化大生产"的方式，大规模地在植物无性繁殖中嫁接、扦插、压条、组培，掩盖有性生殖的"脚踏实地"。这种速度快、周期短、出苗整齐、花期果期精确掌控且规模化、市场化，实生苗的萎缩现象伴随着无性系的"退化"前景堪忧。而且，动物的克隆（无性繁殖）更是使克隆人已经没有了技术上的"障碍"，繁育生态工程中的生态伦理、生态安全、生态陷阱、生态禁区问题被逐次提上了日程。

目前，我国的繁育工程包括植物和动物两大体系。动物的繁育主要是有性生殖，其中一些种类的繁殖过程中有一些"人工授精"的成分，基本上还是建立在良种繁育中心、野生动物繁育基地、大学、科研院所的试验场基础上。

植物的繁育分为林业中的造林工程和园林园艺苗木、花卉及粮食作物、蔬菜几个板块。园艺苗木、花卉以扦插、组培等无性繁殖为主，蔬菜、水果、粮食作物等以有性繁殖的实生苗为主。造林树种除南方的桉树采用组培苗以外，主要还是在建立苗圃的基础上，繁育实生苗为主。

大规模植物繁育工程，可以用始于 20 世纪 60 年代的我国林木良种繁育工作为例。作为"采种"基地建设，我国对几乎所有的主要造林树种都划定了采种"母树林"。在南方（主要是长江南岸的诸省，以及福建、广东、广西、云南），对杉木、柳杉、马尾松、樟木、擦木、楠木、湿地松、金钱松、华山松、黄山松、柏木、福建柏等造林树种都建立了试验性"种子园"。

从 1980 年起，随着我国林木良种遗传改良工作的全面开展，进行了大规模的林木良种基地建设。在树种改良的选择上，既重视开展乡土树种资源的利用与遗传改良，又有针对性地引进外来优良树种并开展选育工作。全国约有 80 个主要造林树种在不同水平上开展了林木选育工作，包括开展种源试验、林分选择和个体选择的研究，取得了大量的科研成果。

从 20 世纪 50 年代中期以来，全国对 80 个主要造林树种开展了种源试验研究；80 年代根据种源试验结果制订出 16 个树种种子调拨区。摸清了 30 个乡土树种的地理变异规律，区划了种群范围，提出了优良种源区。通过区域试验表明增益在 10 % 以上，有的树种开展了种源、林分、家系三层次的试验研究。

20 世纪 80 年代通过树种改良研究，选育出主要造林树种优良家系 1526 个、优良无性系 69 个、阔叶树优良品系 157 个、经济树种新品系 108 个、划定优良种源区 24 个、选出优良种源 153 个。这些良种既有我国主要乡土造林树种，如杉木（*Cunninghamia lanceolata*）、马尾松（*Pinus massoniana*）、红松（*P.koraiensis*）、云南松（*P.yunnanensis*）、白榆（*Ulmus pumila*）、油茶（*Camellia oleifera*）等，也有引进成功的外来树种，如美国的湿地松（*P.elliottii*）、火炬松（*P.taeda*）、刺槐（*Robinia pseudoacacia*），澳大利亚的澳洲桉（*Eucalyptus niphophila*）、大叶相思树（*Acacia auriculaeformis*）及一批欧美杨等。对濒危树种，如秃杉（*Taiwania cryptomerioides*）、珙桐（*Davidia involucrata*）、银杉（*Cathaya argyrophylla*）、望天树（*Parashorea chinensis*）、桫椤（*Alsophila spinulosa*）、天目铁木（*Ostrya rehderiana*）、普陀鹅耳枥（*Carpinus putoensis*）等的濒危原地、异地保存和繁殖技术也开展了研究。

8.1.1　动植物繁育的目的

动植物繁育的目的受市场导向、经济效益的严重影响，在动物的优良品种选育方面，家畜的"速生快长"、"瘦肉型"思维几乎主导了整个选种、育种的方向。

花卉培育中的外来植物，如蝴蝶兰、君子兰、郁金香、唐菖蒲等将乡土植物的驯化工作"迟滞"了数十年之久。

作物中的转基因大豆、油菜、番茄、棉花等开始大规模地育苗及投入种植。

而林木培育中主要停留在"经营木材"而不是"经营生态效益"的造林树种的选择上。在树种改良的目的上，由单纯追求速生性状转向定向培育，强调最终产品的质量和抗性性状。20 世纪 80 年代初，我国林木改良注重于产量指标，优树选择以（木材）速生性状为主，对杉木、马尾松等 7 个针叶用材树种，杨树、桦树等 10 个阔叶树种，开展了工业"用材林"的定向选育的研究。分别进行建筑材、纸浆材、胶合板材、矿柱材等良种选育工作，选育出工业"用材"优良种源 76 个、优良家系 424 个、优良无性系 152 个。在抗性育种方面，杨树抗虫、抗病、耐盐碱等方面的良种选育工作也取得一定的成果。

动植物繁育目的中的生态理念，关系到人类的生存与可持续发展，去除"铜臭"，回归生物进化的"正途"，维护生态秩序的"常态"、治疗"病态"，保护"眠态"，理解"死态"中生命的"涅槃"，需要人类重新从生态法则、生态伦理、生态哲学、道德法律制度、经济社会运行机制等方面"改革"，涉及诸多既得利益集团，包含许多社会"分配不公"，困难重重、任重道远。

8.1.2　动植物繁育的手段

动植物繁育工程中动物的繁育主要是有性生殖，植物的繁育以扦插、组培等无性繁殖为主。有性生殖指的是两性生殖细胞精子和卵细胞结合形成受精卵，由受精卵发育成新个体的过程。无性生殖指的是不需要经过两性生殖细胞的结合，由母体直接产生新个体的过程。所以是否有两性生殖细胞的结合是无性繁殖与有性繁殖的本质区别。

植物的无性繁殖主要有以下类型。

1. 嫁接

嫁接技术是华夏文明的农耕文明起源中，源于我国的战国时期的农耕技术之一，在古今农业生产及植物学研究中均有广泛的应用。一般认为，只有同科同属的植物才能嫁接。

在自然状态中，不同科属的植物由于相互交错而形成连理枝、同根生的现象，给了人们"形成层"接触而融合的启示。于是，远缘嫁接也就成为了嫁接技术研究的一个重要组成部分，成功的远缘嫁接在提高植物的观赏价值和产量、改进品质及育种实践等方面都有重要作用。

大多远缘嫁接由于嫁接不亲和而难以实现，那么如何通过改进操作方法克服嫁接不亲和已成为嫁接研究中的难点问题。近年来，越来越多的证据表明，嫁接能引起植物可遗传的变异，尤其是科与科之间及其不同目的远缘嫁接，已经逐渐成为创造新种质资源的一种重要手段。虽然嫁接引起的可遗传变异已逐渐被人们认可，但其诱变机制还有待进一步研究。

生产意义上的嫁接是指有目的地将一株植物的芽或枝等器官（接穗）接到另一株带有根系的植株（砧木）上的过程。远缘嫁接是指亲缘关系较远的种间、属间、科间甚至是目间以上的植物之间的相互嫁接。根据嫁接所用砧木和接穗亲缘关系的远近，可将远缘嫁接分为种间远缘嫁接、属间远缘嫁接和科间及其以上远缘嫁接。

（1）种间远缘嫁接：种间嫁接是生产上最为常见的嫁接组合方式，在果树、蔬菜、花卉和农作物之间都有应用。例如，苹果与海棠、李与杏、李与毛桃、柚子与橘子、柚子与柠檬、红松与油松、番茄与马铃薯、茄子与番茄、牡丹与芍药、毛杜鹃与西洋杜鹃等都是种间嫁接。由于其砧木和接穗（互为砧木与接穗）的亲缘关系较近，对嫁接方法要求不严格，"形成层贴合"的嫁接方法就可使嫁接植株成活。

（2）属间远缘嫁接：属间远缘嫁接指同一科内不同属之间植物间的嫁接。不同属之间的远缘嫁接的情况要比同属植物之间的情况复杂一些，有些嫁接组合很容易成活，而有些嫁接组合成活则较难。亲缘关系相对较近的瓜类和一些果树的嫁接组合就较易成功，如西瓜与南瓜、西瓜与葫芦、黄瓜与南瓜、哈密瓜与南瓜、杏与桃、梨与苹果、桃与梨、核桃与枫杨、枇杷与石楠、桂花与女贞等。此外，一些花卉植物间和豆类植物间的嫁接组合也较容易成活，如菊花与青蒿、仙人球与虎刺、大豆与扁豆、绿豆与大（黄）豆。而一些亲缘关系较远的嫁接组合则不易成活，如柳属与杨属、番茄与枸杞等。

（3）科间及其以上远缘嫁接：科之间及其目之间远缘嫁接是指不同科之间或者亲缘关系更远的植物间的嫁接。这种嫁接在一般情况下难以实现，但若嫁接和管理得当也能成功。在树木上的科之间及其以上远缘嫁接的实例大多来自史料记载，现存的成活植株比较罕见。近年来，科间及其以上的远缘嫁接在农作物上的成功实例较多，包括棉花与蓖麻、棉花与向日葵、蚕豆与向日葵、绿豆与甘薯、小麦与甘薯、大豆与甘薯、花生与甘薯、油菜与蓖麻、大豆与番茄、大豆与蓖麻、大豆与生姜、大豆与洋姜等。此外，有些学者还利用试管苗进行远缘嫁接，嫁接组合包括绿豆与长寿花、大岩桐与鸡冠花、鸡冠花与大岩桐、长寿花与大岩桐、长寿花与鸡冠花等。

对于较易成活的一些嫁接组合，现在大多都有成熟的嫁接方法，其中以芽接和枝接较多，只要注意材料选择、嫁接时间、操作细节和解绑时间。

对于一些较难成活的嫁接组合来说，则需要注意嫁接方法的改进，如适当增长削切斜面、改进削切方法、适当推迟解绑时间和适当增大环境湿度等都有利于提高嫁接成活率。另外，选择合适的品种组配亲和嫁接也是能否成活的关键。科之间及其以上的远缘嫁接对嫁接方法要求较高，必须采用一些特殊方法才能成功。另外，娴熟的操作也是嫁接成功的关键。

2. 扦插

扦插繁殖也是华夏文明的农耕文明起源中，祖先于 3000 多年前发明的技术。在生产实践中不断创新与发展。

20 世纪以前扦插繁殖主要应用于天然"易生根"的植物，如柳树、杨树、木槿、月季等。20 世纪 40 年代以来，人工合成生长素的成功，以及有关扦插生根机理的揭晓，温度、湿度、光能等环境调控技术及设备的出现，使难生根植物的扦插繁殖技术有了很大的突破。只要操作得当，几乎所有的植物都可以在细胞分裂素的诱导下，扦插繁殖成功。

扦插也叫插枝、插条，是人们把切断的一段植物枝条（有时是一段根、芽或其他营养器官）的基部插入基质（也叫插壤）里，使基部产生不定根，上部发出不定芽，形成一个独立生长的个体。插穗虽然是植物营养器官的一部分，却有和母株一样的遗传性，在适宜的条件下，能和母株一样生长发育、开花结果。

扦插苗和种子繁殖苗有所不同，种子繁殖是通过父本和母本的生殖细胞交配形成的种子来繁殖，后代具有双亲的遗传特性，这种苗叫实生苗。实生苗的繁殖方式叫有性繁殖，扦插苗是由植物营养器官直接生长发育而成的植物，是母体生长的延续，没有经过有性过程，因此，扦插苗是无性繁殖或营养繁殖的产物。

扦插是无性繁殖中最简便易行，应用最广的一种方法。主要分为枝插、根插、芽插、叶插和果实插等，但以枝插、根插和叶插为主。

扦插繁殖被广泛应用于蔬菜、水果、花卉园艺材料、林木种苗、中药材等领域。主要作用为保持植物品种的遗传特性，拓宽繁殖渠道，最大限度提高植物的繁殖系数，快速、高质、高效繁殖苗木，调节和利用植物的阶段发育规律等。

扦插繁殖也被广泛应用于木本乔木植物的生产繁殖中。我国南方已开展扦插繁殖的树种有杉木、马尾松、红豆杉、桉树、木麻黄、红椎、鹅掌楸、香樟、相思树、柚木、花梨木、银杏、青钱柳、峨眉含笑、黄杨、加勒比松、湿地松、火炬松、红枫、红叶石楠、红花荷、桂花、樱花、紫薇、红花茶、油茶（白花）、金花茶、油桐等千余个树种。几乎所有园林苗木都在大规模繁育中采用扦插的方式。

3. 埋条或压条

埋条就是将比较高大的乔木母树的树冠下部健壮的枝条部分"环剥"后（难生根树种可以涂一些生长素）横"埋"入土中，使之"生根"成苗的一种繁殖方法。

埋条分连体及离体两种方式。离体埋条育苗时大多用 1 年生苗干作种条，入秋是林木埋条育苗的一个比较好的季节。

1）离体　　离体埋条的方法有不带根和带根两种，在南方则秋、冬和春季均可进行（夏季"环剥"时易感染病菌）。种条应选择侧芽饱满的健壮枝条。春埋宜浅一些，秋、冬宜深一些。黏性土浅些，沙质土深些，覆土 2～4 厘米厚。

（1）不带根埋条：在整好的苗床上开深 3 厘米左右的沟，将种条平放在沟内，前一根种条的基部与后一根种条的梢部重叠 30 厘米左右。放好后立即覆土踏实，浇透水，并在床面覆盖，保持床面湿润。

（2）带根埋条：选择高 2 米、粗 1.5 厘米、芽子饱满的 1 年生苗木作种条，埋前剪去根部准备埋向上方的一部分侧根。埋条时，先在苗床内顺床开 5～6 厘米深的沟，埋根处应挖成深一些的坑，坑的大小以根能全部埋入坑内为原则。然后苗木平放在沟内，再覆土，并在根部封一土堆，以利保墒。

出苗后，应及时揭去覆草，浅锄松土。当萌条长成完整的植株后，即可用利铲切断，分离成独立的苗木，其他管理方法与扦插育苗大致相同。

2）连体　　连体埋条是在植物母株上，利用"环剥"的方法空中包裹土壤促其生根的方式（高空压条），以及靠近地面的树枝"环剥"后低压进入地面土壤促其生根的方式（埋条）。

4. 组培

自 1902 年德国植物生理学家 Haberlandt 提出"细胞全能性"理论以来，植物组培经过近 100 年的发展，已日趋完善和成熟，在植物的快速繁殖、脱毒、基因工程方面发挥了巨大的作用。组培就是在实验室利用植物幼嫩组织、叶芽、花芽中的细胞在培养基中培养，然后炼苗、移栽的繁育方法。近年来，随着人们生活质量和思想素质的提高，对园艺植物的需求日益加剧，然而许多高优品种因繁殖周期长、效率低、变异等因素的影响，限制了其规模化、产业化的发展。组培方法比较广泛地应用在园艺花卉、大规模造林等产业化实践之中。

（1）快速繁殖：组培技术可利用植株的愈伤组织、细胞、器官等经初代及继代培养获得完整的植株，一个单株一年可繁殖几万到几百万株植株，且组培技术能较好保持母株的优良性状。因此成为了园艺植物生产上广泛应用的一项技术，尤其在名贵花卉和树种的繁殖中显得特别重要。目前不仅藤本、草本类的园艺植物可利用组培技术快速繁殖，灌木、乔木也可利用组培技术快速繁殖。

（2）脱毒：目前非洲菊、百合、香石竹、菊花等都可以通过茎尖培养获得无毒苗木。有的病毒使用茎尖培养难以脱毒或脱毒率低，用热处理和茎尖培养相结合的方法培育无病毒母本苗效果较好。百合珠芽经 50℃热水处理 40 分钟培养 30 天后，切取 0.8～1.0 毫米茎尖培养，其脱毒率达 100%。水仙试管芽 37℃热水处理 30 天采用 0.2～0.3 毫米微茎尖培养，可有效脱除多种病毒。花卉脱毒后具有花色艳丽、花朵大、产量高等优点，大大提高了其观赏价值和商品性。

（3）基因工程：基因工程育种能够定向修饰花卉的性状，可培育出新型花卉品种，对观赏植物种质资源的创新，打破种间杂交障碍，定向选育新品种提供了更为先进的手段。Holtonand 等将合成蓝色翠雀素必需的酶基因转到玫瑰中，从而获得蓝色的玫瑰。矮牵牛、菊花等也通过转基因技术获得了新的变异类型。抗性育种是现代花卉育种的重要目标之一，通过导入不同功能的基因可获得具有抗病、虫、旱等抗性的品种。

组培技术已得到广泛的重视和应用，逐步向工厂化和商品化过渡。目前组培在园艺植物的快繁和脱毒方面应用较多，取得产业化、规模化的巨大经济、社会效益。

5. 克隆

克隆是英文"clone"或"cloning"的音译，而英文"clone"则起源于希腊文"Klone"，原意是指以幼苗或嫩枝插条，以无性或营养的方式繁殖。克隆中文确切的意思如"无性繁殖"、

"无性系化"及"纯系化"。

世界上第一头克隆绵羊"多莉"的诞生与三只母羊有关。一只是怀孕三个月的芬兰多塞特母绵羊，两只是苏格兰黑面母绵羊。

芬兰多塞特母绵羊提供了全套遗传信息，即提供了细胞核（称之为供体）；一只苏格兰黑面母绵羊提供无细胞核的卵细胞；另一只苏格兰黑面母绵羊提供羊胚胎 "孕育"环境的子宫，是"多莉"羊的"生"母。其整个过程简述如图 8.1 所示。

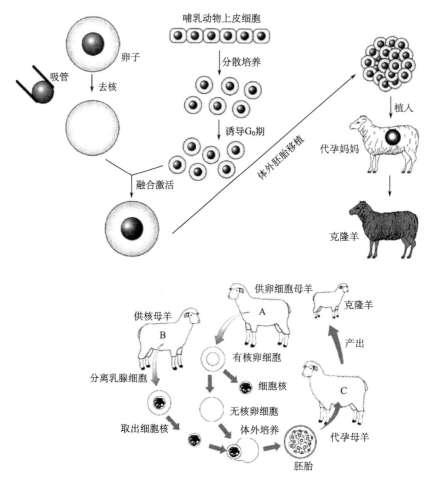

图 8.1 "多莉"的诞生及无性繁殖（克隆）方法（引自罗斯林研究所，1998）

（1）从芬兰多塞特母绵羊的乳腺中取出乳腺细胞，将其放入低浓度的营养培养液中，细胞逐渐停止了分裂，此细胞称之为供体细胞；

（2）给一只苏格兰黑面母绵羊注射促性腺素，促使它排卵，取出未受精的卵细胞，并立即将其细胞核除去，留下一个无核的卵细胞，此细胞称之为受体细胞；

（3）利用电脉冲的方法，使供体细胞和受体细胞发生融合，最后形成了融合细胞，由于电脉冲还可以产生类似于自然受精过程中的一系列反应，使融合细胞也能像受精卵一样进行细胞分裂、分化，从而形成胚胎细胞；

（4）将胚胎细胞转移到另一只苏格兰黑面母绵羊的子宫内，胚胎细胞进一步分化和发育，最后形成一只小绵羊；

（5）出生的"多莉"小绵羊与多塞特母绵羊具有完全相同的外貌。

从理论上讲，"多莉"继承了提供体细胞的那只芬兰多塞特母绵羊的遗传特征，它是一只白脸羊，而不是黑脸羊。分子生物学的测定也表明，其与提供细胞核的那头羊，有完全相同的遗传物质（确切地说，是完全相同的细胞核遗传物质。还有极少量的遗传物质存在于细胞质的线粒体中，遗传自提供卵母细胞的受体），"母女"俩就像是一对隔了 6 年的"双胞胎"。

5 年以后的 2003 年 2 月，兽医检查发现"多莉"患有严重的进行性肺病，这种病在目前还是不治之症，于是研究人员对它实施了安乐死。据罗斯林研究所透露，在被确诊之前，"多莉"已经不停地咳嗽了一个星期。"多莉"的尸体被制成标本，存放在苏格兰国家博物馆。

绵羊通常能活 12 年左右，而"多莉"只活了 6 岁，它的早夭再次引起了人们对克隆动物是否会早衰的担忧。克隆动物的年龄到底是从 0 岁开始计算，还是从被克隆动物的年龄开始累积计算，还是从两者之间的某个年龄开始计算？就"多莉"本身而言，它刚出生时是 6 岁还是 0 岁或者是中间的某个岁数，这是一个很难回答的问题。

正值壮年的"多莉"死于肺部感染，而这是一种老年绵羊的常见疾病。据科学家维尔穆特透露，以前"多莉"还被查出患有关节炎，这也是一种老年绵羊的常见疾病。

无性生殖与有性生殖的过程与结果是有巨大差异的。

"多莉"早夭的原因，引起了广泛的关注，关注点主要在以下几个方面。

（1）克隆的起点问题：克隆动物确实存在早衰现象，它们从一出生起身体的衰老程度就类似于被克隆个体，所以它们的寿命被缩短。就"多莉"事件而言，数字上也比较符合这个推测。但是克隆动物是否存在不可避免的早衰问题，还缺乏有力的证据，根据以后许多的克隆实验表明，早衰问题并不普遍。

（2）物理、化学过程的伤害：克隆技术过程中的一些物理、化学手段的"操作"，导致了"多莉"的健康隐患，使得它容易患病。克隆动物的健康问题十分普遍，就世界各地的报道来看，克隆动物畸形、流产等的概率是相当高的。

（3）免疫机制遗传了吗？"多莉"属于普通患病死亡，关节炎和肺部感染是绵羊的常见疾病，特别是对于室内饲养的绵羊来说患病的可能性更大。所以，"多莉"相对于正常有性生殖的新生幼儿，从母体中带来的、哺乳动物的"母乳"喂养的免疫机制，其"缺失"是十分明显的。

事后的争论还在持续，众说纷纭、莫衷一是，很难得出一个确切的结论，"多莉"的死可能反映了克隆动物的普遍规律，也可能只是个案。与以往的胚胎移植培养不同，"多莉"是从 6 岁母羊乳腺细胞建立的细胞系培育出的世界上第一只用成体细胞发育成的哺乳动物，其具有的意义至少有以下几个方面。

（1）动物细胞全能性："多莉"的诞生证明高度分化成熟的哺乳动物乳腺细胞，仍具有全能性，还能像胚胎细胞一样完整地保存遗传信息，这些遗传信息在母体发育过程中并没有发生不可回复的改变，还能完全恢复到早期胚胎细胞状态。最终仍能发育成与核供体成体完全相同的个体。

（2）细胞功能高度分化：以往的遗传学认为，哺乳动物体细胞的功能是高度分化了的，不可能重新发育成新个体。与这一理论相反，"多莉"终于被克隆出来了。它的诞生推翻了形成了上百年的上述理论，实现了遗传学的重大突破，为开发新的哺乳动物基因操作提供了动力，是一个了不起的进步。

（3）物理化学方法"操作"可行：成功地找到了供体核与受体卵细胞质更加相容的方法。过去对高度分化细胞的核移植不能成功的原因，是供体核与受体卵细胞周期的不兼容性，因而发生染色体异常、细胞核可能发生额外的 DNA 复制和早熟染色体聚合成非整倍体或者发生异常。克隆"多莉"的实验解决了高度分化了的体细胞核移植成功的关键性技术。

（4）作为核供体的母细胞可"挑选"：以往用于基因移植的方法比较原始，仅能插入一个基因并且很不精确。而克隆"多莉"的方法可使移植的细胞在成为核供体之前诱发精确的遗传变化，又能精确地植入基因。然后选择技术帮助准确地挑选出那些产生令人满意变化的母细胞来作为核供体，这样就能用同一个体的许多细胞繁殖出遗传表现完全相同的动物个体。

克隆技术成功的实践意义如下。

（1）纯化物种：应用克隆技术，繁殖优良物种。常规育种周期长还无法保证 100% 的纯度；用克隆这种无性繁殖，就能从同一个体中复制出大量完全相同的纯正品种，且用时少、选育的品种性状稳定，不再分离。

（2）生物"药厂"：建造动物药厂，制造药物蛋白。利用转基因技术将药物蛋白基因转移到动物中并使之在乳腺中表达，产生含有药物蛋白的乳汁，并利用克隆技术繁殖这种转基因动物，大量制造药物蛋白。

（3）克隆整体，移植器官：建立实验动物模型，探索人类发病规律。克隆异种纯系动物，提供移植器官。采用克隆技术，可先把人体相关基因转移到纯系猪中，再用克隆技术把带有人类基因的特种猪大量繁殖产生大量适用器官，且能同时改变器官的细胞表面携带人体蛋白和糖分特性，当猪的器官植入患者体内时，免疫排异反应减弱，成功率提高，使用会更加安全。

（4）恐龙复活，灭绝动植物复苏：拯救濒危动物，甚至复活已经灭绝动植物。克隆技术的应用可望人为地调节自然动物种群、群落的数量及结构，达到人类的"操控"境界。

总之，克隆技术是人类掌握的动物、植物、微生物无性繁殖的最具有双刃剑性质的生物技术之一，既可能造福人类，也可能加速人类的覆灭。因此，科学是应该有禁区的，人类应该加强这方面的道德、伦理、法制及生态安全方面的研究。慎重地对待这把科学的"双刃剑"，千万不要打开"潘多拉的盒子"。

8.1.3　动植物繁育的策略

生物 20 亿年的进化历程中，细胞分化是进化特征之一。目前并没有证据证明具有生殖功能的细胞中携带的遗传信息、密码，与非生殖细胞——体细胞的一致或者完全相同。所谓细胞的全能性只能证明所有的细胞携带的遗传信息能够无性繁殖，并不能证明生殖细胞与体细胞可以在功能上"替代"。

而且，有性生殖是来自雌雄、父母双方的遗传信息的排列组合，产生优优、劣劣组合（小于 5% 的概率）及优劣组合（90%～95% 的概率），然后接受"物竞天择、适者生存"的进化淘汰。这种生存机制不可能被单性生殖的 100% 一致的无性繁殖所完全取代。

因此，坚持在动植物繁育的策略中"脚踏实地"地走常规的有性生殖、实生苗的大方向是不可动摇的，无性繁殖作为产业化下的辅助手段受到重视也无可厚非，但是，动物克隆要十分慎重。科学应该有禁区，克隆人的时机目前尚未成熟，严令禁止是必须的。

8.2　动植物繁育工程的方式、方法及途径

　　　　　　　良种繁育是一项艰巨、细致、繁琐的科学工程。坚持正常的动物的有性生殖、植物的实生苗是工作的大方向。我国是人类文明中农耕的发源地之一，良种壮苗的传统贯穿农业种植、养殖过程的始终。千年遗留的传统是遴选良种，动物中留选种畜、植物中培育母树，全部通过"良种及种苗场"的方式实施专门化的经营和管理，生产和育种分开管理及经营，经千年的实践证明是行之有效的。

　　我国动植物繁育工作是在育种研究的丰富成果的基础上开展起来的。在建设良种繁育基地的过程中，实行了生产、科研、管理部门三结合，试验、示范、推广三结合，由管理部门牵线搭桥，由科研部门做技术支撑，由生产部门具体操作，充分利用科研成果，建立了不同类型的良种繁殖基地。

　　一方面充分开发利用优良种源区，提高优良种源区的种子产量，并在适宜的区域内推广；另一方面又按不同优良品种在不同地区培育优良的种源，利用个体选"优"的成果建立良种场、种子园、采穗圃和繁殖圃生产良种。

　　因此，当前在生产上使用的良种，包括由全国、省市良种审定委员会审定和认定的优良品种、优良家系、优良无性系，基本上全部来自优良种源区内经过选择的动物优良品系、植物种子园、林木母树林。

8.2.1　按自然区划和良种的分布，规划建设良种繁育基地

　　全国性的良种繁育基地一般以省为单位，按照自然状况和物种的特性，布局本省主要物种的良种繁育基地。有的物种由于自然分布所限或生态习性要求的特殊，可以全国统一考虑布局设点，如植物开花结实的活动积温、有效积温要求高的树种，气候适应的动物物种，可以考虑南方热量充足和北方严寒的实际情况，以适宜的地区繁育为主。

　　（1）动物良种品系：鸡、鸭、鹅、猪、牛、羊、马各自有传统的、新型的优良品系，建立良种繁育场，基础研究加以市场化经营，在品种保护、延续、进步等方面有重要意义。

　　（2）植物采种基地：在主要植物种子生产区内选择种源好、地域连片、总产量高且较稳定的产种区建设采种基地，实行重点保护，加强采种管理，提高种子产量。优良种源区优先列入采种基地范围内，重点建设，所产种子作为初步改良的种子使用。有的地方主要种子资源集中在天然植被区，因而大片的天然植被划定为采种母树林，作为生产种子的主要基地。例如，东北地区的红松、长白落叶松、樟子松等，南方的马尾松、黄山松、金钱松、杉木、柳杉、南方红豆杉等。

　　（3）林木良种基地：根据不同树种遗传改良的程度，良种基地建设的内容包括种子园、母树林、采穗圃、繁殖圃和测定示范林，生产遗传品质得到不同程度改良的种子。根据良种基地建设的任务，划分为林木良种繁育中心、省级重点良种基地和一般良种基地。林木良种繁育中心是应用现有先进科技手段，实行科学管理，开展种质资源收集、保存、利用，进行

林木良种选育、引进、试验、繁殖、示范、推广，以不断提高林木良种生产水平，培育、生产优良繁殖材料和以保持其纯度为主要目的的一级良种繁育基地。

（4）园址选择：良种基地建设在园址选择上存在的问题，主要是有的基地不能根据树种的生态学特性，恰当地选择满足母树大量、稳定结实条件的园址，对地理位置和园址内在条件考虑不周，包括种子园的气候条件、结实积温不够，开花期的阴雨连绵、晚霜危害，地段阳光不足、土壤贫瘠、坡度过陡、土壤积水等。由于选地不当而加重了灾害性天气的影响，引起大幅度减产的例子也很突出。

8.2.2　良种繁育工程的主要方式

在建设动物良种场、植物种子园的前期，由于建设规模大、起步快，特别是植物所使用的繁殖材料是由各地选择的良种品系、优树，实行边选优、边做种源试验，边建园、边测定的办法，因此建设良种基地所用材料在选择、配置与性状要求上存在着以下问题。

（1）选择优树在种源试验结果之前，影响部分优树质量和种子园质量。这一点在后期建设中初步得到解决，逐渐淘汰了质量不高的优树。

（2）选优标准为"经营木材"的思维，强调了数量性状指标，偏重于个体的生长量，忽视了结实量，对抗性、材质等性状兼顾得不够。

（3）有的地方由于本地优良遗传材料不足，而不加甄别地采用其他地区选择的无性系，而且配置不当。由于不同品系的地域差而花期各异，如在广东省杉木花期为 2 月中、下旬，在福建省为 3 月中旬，浙江、湖北省为 3 月下旬，由于品系与地域的错误搭配而造成减产。由于上述原因而带来了种子园初植密度大、品系繁杂，加大了测定的工作量和建园成本，间伐去劣后母树分布不均匀，母树营养生长过旺，以及种子园种子应用范围受到限制等问题，严重影响种子园的产量。

良种场比较严重的问题是品系混杂，串种严重。有些品系近亲繁殖，引起品系退化，形成良种不良的衰退现象。

8.2.3　良种基地的经营管理

良种基地市场化经营的困境、我国农业的分散经营及形不成规模等问题困扰着良种繁育工程的运转和维持。各种良种基地经营管理粗放，影响质量和产量。良种基地建成后的常规管理取决于投入，当前良种基地的投入与产出、经营与管理水平都有待改善。

动物的良种基地，需要比常规动物饲养更加严格的检疫、卫生、隔离条件，而且时时不可松懈，经营管理成本较高，完全按市场化经营有可能出现入不敷出，国家对良种场的补贴却十分有限，所以科研、生产、销售、推广工作困难重重。

植物的良种场同样面临疫病检疫、林内卫生、花粉隔离等问题，而且比动物更麻烦的是，许多品种种在一起"串粉"现象严重，周边 5 千米特别是不断改变的"上风方向"的生殖隔离区，实际上非常难以实施。现面临以下问题。

（1）"八字宪法"实施成本较高：农业八字宪法包括"土、肥、水、种、密、保、管、工"，对于种苗场字字都需落实。一方面现有的土壤水肥条件难以满足大量开花结实的需要；另一方面又未能进行土壤肥力和树体营养状况分析，有的虽然进行了施肥，但盲目性较大，甚至使母树营养生长过旺，反而影响正常的开花结实。

（2）营养充足，种子败育：在花粉管理上，除了设置隔离区，采取人工辅助授粉外，难以解决开花结实期间恶劣自然灾害对结实影响的问题，使母树授粉不良，种子干瘪败育。

（3）丰收难存，小年不继：植物的育种大小年比较严重，丰收的年份种子难以储藏，小年的种子又歉收，这样缺乏"稳态收获"的问题也是市场化经营上的难题。

1985 年及 1987 年南方杉木主要产区授粉期的倒春寒使种子大量减产。据对福建省 4 个种子园调查，授粉不良球果达 74.5%。在树体管理方面，有的种子园初期缺株形成母树不均匀，有的因后期密度大，间伐不及时而致使植株密度失调，影响产量。有的因病虫害防治不及时，导致落果坏果。

辽宁省兴城油松种子园受松梢螟、球果螟、小卷蛾等害虫危害，单产严重下滑。在采收管理上，采收工具，采收、加工方法没有太大改进，特别是随着树体增高，母树上部结实的优良种子往往不能采收，造成较大损失。粗放管理已成为阻碍种子园提高产量的关键问题。

在建设基地中繁殖方式存在的问题，主要是在建设种子园的前期过分强调无性系种子园，未能根据不同树种的特性，分别建立无性系种子园和实生种子园，不但提高了建园成本，而且影响了建园速度和效果。例如，云南松、桉树等树种建立无性系种子园曾遇到不少困难，效果也不理想，而建设实生种子园的条件比较好，技术简单、成本低、结实期也不晚。

总之，动植物繁育工程中究竟用什么良种、用什么繁殖途径来建立良种园，目前在理论和实际工作中仍需要不断地探索。

8.3　动植物繁育工程的生态理念、原则及途径

动植物繁育工程属于生态学中的第一性生产力（植物繁育与生长）及第二性生产力（动物繁育与生长），包含 r 对策生物的植物和部分 K 对策动物（总和生育率不高）两大类型。因此，在品种繁育中"速生快长"的"长肉"思维及"木材经营"的"成材"思维，加上经济效益的计量导向，对生物物种的进化机制、生态伦理、生态秩序、生态安全及人类经济社会的可持续发展都构成重大误区、歧途、陷阱和危机。

19 世纪三大科学发现之一的进化论，虽然还有不同的声音反对之，但是，其关于生物进化的基本规律、基本原则是有重大理论和实际意义的。

进化论是指研究生物发生发展过程史中生命扩大适应范围、增加生存余地的发展状况的科学结论。随着进化论的发展，产生了现代综合进化论，而现代进化学绝大部分以达尔文的进化论为指导，埃尔温·薛定谔的《生命是什么》为主体方向，进化论已为当代生物学的核心思想之一。

进化论有三大经典证据：比较解剖学、古生物学和胚胎发育重演律。进化论除了作为生物学的重要分支得到重视和发展外，其思想和原理在其他学术领域也得到广泛的应用，并形成许多新兴交叉学科，如演化金融学、演化证券学、演化经济学等。

现实中，通过"变种氨基酸"跟踪物种的同源性，得出了以下一些生物进化与物种栽培方面的推断。

（1）**种群是生物进化的基本单位**：生物进化的基本单位是种群，不是个体。种群是指

生活在同一区域内的同种生物个体的总和。一个种群中能进行生殖的生物个体所含有的全部基因，称为种群的基因库。其中，某一基因在其种群等位基因总量中所占的比率，称为基因频率。种群的基因频率若保持相对稳定，则该种群的基因型也保持相对稳定。

（2）**突变为生物进化提供材料**：突变引起的基因频率的改变是普遍存在的。诚然，突变发生的自然频率是相当低的，如改变染色体数目（降低后代繁殖率）的染色体平衡易位（罗氏易位）在人类的发生率只有 1/500～1/1000。种群是由大量的个体组成，每个个体具有成千上万的基因，这样，每一代都会产生大量的变异。突变的结果可形成多种多样的基因型，使种群出现大量可遗传变异。这些变异是随机性的，不定向的，为生物进化提供原料。但突变大多有害，可以经过自然选择而过滤。

（3）**自然选择主导着进化的方向**：突变的方向是不确定性的，一旦产生，就在自然界中受到选择的淘汰。自然选择不断淘汰不适应环境的类型，从而定向地改变种群中的基因频率向适应环境的方向演化。

（4）**隔离是物种形成的必要条件**：隔离使不同物种之间停止了基因交流，一个种群中所发生的突变不会扩散到另一个种群中去，使不同的种群朝不同的方向演化。隔离一般分为地理隔离和生殖隔离两类。

长期的地理隔离使相互分开的种群断绝了基因交流，结果导致了生殖隔离。生殖隔离是指进行有性生殖的生物彼此之间不能杂交或杂交不育。生殖隔离又可分为受精前的生殖隔离和受精后的生殖隔离。生殖隔离一旦形成，原来的一个物种的种群就会因为趋异适应变成两个物种的种群（生态型或变种）。

8.3.1　繁育工程的生态理念

繁育工程的生态理念就是必须尊重生物进化的客观自然规律，即不能违背亿万年来形成的生态习性、生态秩序和生态安全的原则。

我们重新梳理进化论的脉络，以期获得目前人类的繁育工程的生态学新理念。

从进化的观点看，同时生存的不同生物种在时间的维度上可以回溯到一个共同祖先。因此，按照祖裔关系可以将现时生存的和曾经生存过的生物相互连接起来，这种表示祖裔关系的生物进化系统称为种系发生亲缘谱。

生物的种系发生与连接在图形上十分形象地表达为"一棵树"。如果从树根到树顶代表时间的向度，主干代表共同进化路线，大小分枝代表相互关联的进化联系，这就构成所有物种亲缘关系谱或进化树。所谓进化形式就是进化在时间与空间上的特征，也就是种系发生的特征，具体表现在进化树的形态上。枝干的延续和分枝方式、树干的倾斜方向和在空间上的配置、树干的中断等，它代表着种系发生中线系进化、种形成、绝灭等方面的特征。

在谱系进化中有两种性质不同的进化改变。一种是形态结构及其功能由简单、相对不完善到复杂和相对完善的前进性（进步的）改变，称之为进化；正向进化的结果是造成生物的等级从低级到高级。另一种进化改变是线系分枝，叫做分枝进化；分枝进化的结果是产生新的分类单元和生物歧异度的增长（趋异适应产生的生态型或变种）。广义的正向（进展）进化包括除分枝进化以外的各种进化改变，既包括前进的（进步的、正向的）进化改变，也包括非前进（逆行的、反向的）的甚至退化的改变。既无进展进化，又无分枝进化，也无逆行进化的情况称为（进化）停滞，如活化石之类的情况。所有的进化方式包括以下几种。

（1）**适应辐射**：在相对较短的地质时间内，从一个线系分枝出许多其他的分类单元，叫做辐射。由于辐射分枝通常是向不同的方向适应进化的，所以又称为适应辐射。

（2）**趋同进化**：不同的物种线系在相同的环境条件下，各自独立地进化出相似的特征叫做趋同进化。形态结构的进化趋同往往是由于功能的相似，而功能的相似又往往是由于适应于相似的环境。

（3）**平行进化**：简称平行，是指两个或多个有共同祖先的线系，在其祖先遗传的基础上分别独立进化出相似的特征。通常平行与趋同不易区分，一般说来平行进化既涉及同功又涉及同源。

假若后裔间的相似程度大于各自的祖先之间的相似程度，则可称为继承，若后裔之间的相似程度与其祖先之间的相似程度有所改变，则可称为趋异（适应）。

大尺度进化的模式分为以下两种。

（1）**渐变模式**：认为形态进化速度多少是恒定的、匀速的，形态进化是逐渐的；形态改变主要是线系进化造成的，大多发生在种的生存期间，与种形成无关，种形成（线系分枝）本身只是增加新的进化方向。

（2）**间断模式**：认为形态进化速度是不恒定、非匀速的，快速的跳跃与长期的停顿相交替，即在种形成期间进化加速，种形成后保持相对的稳定。

进化的形态改变与新物种的形成相关联，即大部分形态改变是发生在相对较短的新物种形成时期，在可能长达数百万年的物种生存期内不会发生显著的形态改变。两种模式各有一些有利于自己的证据，这些证据本身还需进一步研究才能证实。进化的节奏和方向包括以下3点。

（1）**进化速率**：单位时间内生物进化改变量。衡量进化速率必须确定两个尺度：时间尺度和进化改变量的尺度。时间尺度有两种，即绝对地质时间和相对地质时间，一般应使用绝对地质时间尺度。

（2）**进化趋势**：从长的时间尺度来看生物进化呈某种方向性（可能是自然选择的导向），但这并非说自然界存在着既定的进化轨道，这里说的方向性是"统计学"的趋向。

（3）**进化方向**：拉马克主义信奉终因论，认为进化实质上就是从低等走向高等，从原始走向高级，从简单走向复杂，从不完美走向完美。

现时中，现存生物类群群居的横断面中，数量占绝大多数的 r 对策生物与少数的、顶级的 K 对策生物的博弈，人类也在其中。历史的纵断面和现时的横断面，构成生态学的过去、现在和将来的立体结构、生态秩序和生态安全的序列图。

因此，人类动植物繁育工程的最重要的生态理念就是：生物进化的纵向及横向系列的立体结构、生态秩序和生态安全是不可以有较大的、超过生态容量的"扰动"的。具体地说：动植物繁育中应该尊重常规的有性繁殖途径，嫁接、压条、扦插、组培等方法对生态秩序扰动不大，而"串种、串属、串科、串目、串纲"甚至"串界"的基因工程的转基因方式，其对进化秩序的"扰乱"程度，有待于进一步进行技术与风险上的双重评估。

8.3.2 繁育工程的原则

繁育工程的生态理念就是必须尊重生物进化的客观自然规律，这也是不能违背亿万年来形成的生态习性、生态秩序和生态安全的原则。具体原则如下。

（1）**协同进化原则**："生物圈 2 号"试验的失败说明，到目前为止人为的"生物圈"不可能完全替代地球生物圈的作用。所有物种在进化过程中在种内关系、种间关系及与生存环境的互动中发生相互适应性的共同进化。宏观的生态关系与微观的基因层次的协同互动作用表现在多个方面，宏观的生态适应会通过结构与功能的改变，生物的相互作用也影响基因并通过遗传基因的方式继承和表达出来。因此，在最微观的基因层次，用物理化学思维的方式作出"改变"，短时期满足人类的"征服"之"虚荣心"，未来的进化进程与现时及将来生态结构、秩序中蕴藏的生存风险不得而知。

（2）**生态习性原则**：习性学把动物的固定动作模式称为习性。性质是在一个种内（特别是在同性个体中）其表现形式是极端一致的，可能是天生的，个体每次重复这些行为时，形式都是一样的。生态习性是生物物种长期适应中形成的一系列固定的生活节律，如动物的冬眠、发情期、哺育习惯，以及植物生长、发育过程中的固定节律（物候）。人类"日出而作，日落而息"属于昼行而不是昼伏夜出的夜行生物。繁育工程需要尊重数十亿年形成的生态习性，掌控物种的生态节律或节奏，不然就是一种不同程度的对生态习性的"扰乱"，结果轻者使物种从常态转换为病态、眠态甚至死态，重者可能造成整个生态系统的结构和功能层次上的混乱。

（3）**生态秩序原则**：自然生态秩序作为其他一切秩序的基础，人类所构建的一切社会秩序都应与之相协调、相适应。自然生态秩序虽然有一定的自我恢复能力，但是当人类活动对它的影响和破坏超过一定限度（生态容量）时，它便失去了自我恢复的能力，出现生态秩序的紊乱。环境危机实际上就是人与人之间（种内关系）及人与其他生物之间（种间关系）及天人关系三层次生态秩序的失谐，实质上也是自然生态秩序的破坏和人与自然关系的失衡。人类社会应该向自然生态秩序回归，因此繁育工程需要保持及维护正常的自然生态秩序。

（4）**生态安全原则**：狭义的生态安全是指与人类生存息息相关的生态环境及自然资源基础（特别是可更新资源）处于良好的状况或不遭受不可恢复的破坏。广义的生态安全是相对"物理安全"而言的，是指种内关系、种间关系及天人关系三层次生态秩序的高效和谐。

如果人类进行的繁育工程罔顾自身的生态安全，混乱后的生态秩序中大多数 r 对策生物很快就会适应，而作为 K 对策的人类将面临极大的生存风险。因此，生态安全的维护，需要人类尊重自然秩序，因为自然秩序是自然规律的体现，它制约着人类的一切实践活动，人类的活动必须在尊重自然规律的前提下，在自然规律允许的范围内进行。

8.3.3　协同进化的途径

由于生物个体的进化过程是在其环境的选择压力下进行的，而环境不仅包括非生物因素也包括其他生物。因此一个物种的进化必然会改变作用于其他生物的选择压力，引起其他生物也发生变化，这些变化又反过来引起相关物种的进一步变化，在很多情况下两个或更多的物种单独进化常常会相互影响形成一个相互作用的协同适应系统。实际上，广义的协同进化可以发生在不同的生物学层次，可以体现在分子水平上 DNA 和蛋白质序列的协同突变，也可以体现在宏观水平上物种形态性状、行为等的协同演化。

协同进化的核心是选择压力来自于生物界（分子水平到物种水平），而不是非生物界（比如气候变化等）。协同进化必然是生物适应进化的结果，人类进行的繁育工程，不能存在"主观故意"性质地对其进行严重的干扰。

生物的协同进化在生物进程中有如下意义。

（1）**促进生物多样性的增加**：很多植食性昆虫和寄主植物的协同进化促进了昆虫多样性的增加，遗传连锁性状相关基因在分子水平上的协同进化，促进了遗传隔离并导致物种分化。

（2）**促进物种的共同适应**：该方面主要体现在众多互惠共生的实例中，如传粉昆虫与植物的关系（昆虫获得食物，而植物获得交配的机会），蚜虫与蚂蚁的关系（蚜虫获得蚂蚁的保护，蚂蚁获得蚜虫的蜜露），昆虫和体内共生菌的关系（两者相互获得生活必需的特殊营养物质）。

（3）**基因组进化方面的意义**：细胞中的线粒体基因组的形成，可能源于体内内共生菌的协同演化（内共生起源理论），核基因组中"基因横向转移"现象也可能来源于内共生菌协同进化的结果。

（4）**维持生物群落的稳定性**：众多物种与物种间的协同进化关系，促进了生物群落的稳定性。另外，众多并不是互惠共生的协同进化关系，如寄生关系、猎物-捕食关系的形成等，都维持了生态系统的稳定性。

协同进化是一个物种的性状作为对另一个物种性状的反应而进化，而后一物种的这一性状本身又是作为对前一物种性状的反应而互相影响、互相促进的进化。包括：①**特定性**：每一个性状的进化都是由于另一个特定的性状引起；②**相互性**：两个性状互相影响，并在相互关联中同步进化；③**同时性**：两个性状互相影响，并在不同的地域同时进化。

协同进化表明了物种对生物环境的互动性、适应性和整体性。人类进行的繁育工程如果是微观层次的"修改"，通过"牵一发而动全身"而干扰协同进化，人类在局部的"胜利"有可能收获的是宏观扰动中作为 K 对策生物的"被动"及生存危机。

8.4　繁育生态工程的规划要点

> 繁育工程必须尊重生物进化的客观自然规律，遵循生态习性、生态秩序和生态安全的原则，在整个生物及人类的进化方向、进化速率及进化趋势方面做一个总体把握，这就是相应的规划原则和规划要点。

广义的人类繁育工程包括人类、植物、动物、微生物四大体系。人类的生殖体系一直都在传统的两性结合中进行，而人类的繁育体系甚至仅仅包括不孕的搭桥和试管婴儿，这是人类繁育生态工程将要面临的人性的、伦理的、道德的、法律的，甚至经济产业的难题。关于这些"高科技技术"及形成的相关产业，到底是在为人类的种群品质进化提供"正能量"，还是负面的扰乱人类进化的秩序或进程，是干扰人类生物进化中自然淘汰机制，还是为小家庭、个人生活谋求现代科学技术下的"和谐安宁"？现实中十分纠结。

人类的繁衍体现出典型的生态进化机制。父母遗传、精卵融合：来自父亲的遗传信息和来自母亲的遗传信息通过受精卵结合，遗传因子中有显性和隐性两种表达方式。有 5%左右的概率是两种极端的"优优"和"劣劣"组合，高达 95%以上的是"优劣"组合。自然环境下经过自然淘汰"劣劣"组合，保存"优优"及"优劣"组合中的大部分（饥荒、瘟疫、战争时期例外），人类在自然选择中"物竞天择，适者生存"。

人类文明社会的历史大约 1 万年，真正现代医学发达仅仅只是近 300 年的时间，人性关怀、关爱，同情救助弱者是人类"平等、博爱"的重要组成部分，但是，现代医疗技术有一部分肯定是"冲抵"自然选择中那一部分"劣劣"型的生命进化淘汰机制的。有一部分携带重大遗传疾病基因的人类可以选择不生育的方式，将其"基因或遗传回流"的路径阻止在人类族群的繁衍的"基因传递"系列之外。

对于与我们伴生的动物，繁衍工程有两大类：一是野生动物；二是家畜。

当然，大规模产业化的动物繁育工程主要是"喂肥吃肉"的家畜受"市场导向"、"经济效益"的严重影响，家畜的"速生快长"、"瘦肉型"思维几乎贯穿了整个繁育的大方向。

植物的繁育主要是造林工程和园林绿化、园艺花卉、主粮副食、经济作物、蔬菜等类型。

因此，目前我国动、植物繁育生态工程的规划有以下要点。

（1）完善优生优育的政策，禁止近亲、重大疾病患者结婚及生育的法律措施，完善"领养"制度，朝着人类种群进化机制的方向循序渐进地推动伦理、道德、法制、经济补偿、赡养制度的建立和完善；

（2）对野生动物的小种群繁衍不可操之过急，应该遵循进化机制、繁衍速度循序渐进；

（3）对家畜的繁育应该遵循自然生态习性，实行自然放养，圈养动物逐步实现自然营养，制定法律、规章制度禁止填鸭式、速生快长激素刺激、抗生素添加等只追求经济效益，忽视人类整体生态安全的"畸形"饲养业的发展；

（4）园林花卉、苗木要注意乡土植物的引种、驯化，改变目前外来植物比例占绝对优势的局面；

（5）动植物繁育中应该尊重常规的有性繁殖途径，嫁接、压条、扦插、组培等方法对生态秩序扰动不大，而"串种、串属、串科、串目、串纲"甚至"串界"的基因工程的"转基因"方式，有待于进一步进行技术与风险上的双重评估，运用在产业化的生物繁衍中一定要慎重，特别是要注意"基因漂移或逃逸"的生态安全问题。

复习思考题

1. 名词解释：

　　繁育　　有性繁殖　　无性繁殖　　克隆　　扦插　　嫁接

　　压条　　分兜　　组培　　实生苗　　速生快长

2. 简述按自然区划和良种的分布，规划建设良种繁育基地的步骤。

3. 简述自然生态秩序之下的动植物良种繁育的主要方式、方法。

4. 简述良种基地的经营管理问题。

5. 简述动植物繁育工程中的生态习性、生态秩序、生态理念和生态安全等问题。

第9章　养生生态工程与规划

> 人类第一代"华夏文明"的精华就在"修身、养性、齐家、治国、平天下"，中国是最先感悟三层次生态关系的"高效和谐"之道的国家，从儒家、道家到现代的中医养生，惠及广大民众，但同时也"鱼龙混杂"。从整个民族、国家的养生生态工程来进行策划、规划及实施，将为全人类提供理论升华及实践案例。

目前，中国百姓已经进入"饱暖思淫欲（骄奢）"的小康时代，并且正在向"富裕"的生活水平快速迈进。在人们衣、食、住、行等方面的基本需求得到满足之后，必然会更加关注精神及健康方面的问题。随着人们生活节奏的加快，自然生存环境因环境污染而不断变化，城市亚健康群体日益增加，社会公众的健康问题也越来越突出。而"养生"则成为了培养生机性情、预防疾病、争取健康长寿，争取幸福指数的必然需求。

物质生活条件的改善和生活质量的提高使人类的平均寿命普遍延长，人们的健康观念不断发生变化，中国古代的儒家、道家、墨家等诸子百家就开始了"修身、养性"与"齐家、治国、平天下"相联系的理论探讨和千百年来的社会实践。如今，儒家的"仁爱之心"、道家的"顺其自然"，以及现代中医学的养生保健的理念正深入人心，社会对养生保健的需求也不断增加，促进了各种形式的养生保健服务产业的迅速发展。

养生学是一门涉及诸多学科的综合科学，它包括生态学、中医学、康复学、营养学、美学、心理学、物理学、化学、艺术学、烹饪学、运动学、哲学，以及佛学、道学、儒学等。

养生是指通过各种方法颐养生命、增强体质、预防疾病，从而达到延年益寿的一种人类行为或活动。养，即调养、保养、补养之意；生，即生命、生存、生长之意。现代意义的"养生"指的是根据人的生命过程规律主动进行物质与精神的身心养护活动。修身养性包括使身体健康的"修身"和使心智本性不受损害的"养性"。通过自我反省体察，使身心达到完美的境界。养生有以下三个层次。

（1）**基本层次**：属于最基本的、被动式的保养，是指遵循生命法则，通过适度运动，加之外在护理等手段，让身体机能及外在皮肤得以休养生息，恢复应有机能；

（2）**第二层次**：属于高一层次的主动涵养（忍耐性质的），是指开阔视野、通达心胸、广闻博见，通过对自身的道德和素质的修炼和提升，让身心得到一种静养与修为，从而达到修心、修神的目的；

（3）**第三层次**：属于最高层次的主动滋养（身心合一的），是指通过适时、适地、适人，遵循天地四时之规律，调配合宜食疗，以滋养调理周身，达到治未病而延年的目的。

近代名人在养生方面不仅身体力行，而且还著述颇丰。清代修养完美的"完人"曾国藩不信医药、不信僧巫、不信地仙，守笃诚、戒机巧，抱道守真、不慕富贵。"人生有穷达，知命而无忧。"他认为古人修身有口诀可效："慎独则心泰，主敬则身强，求人则人悦，思诚则神钦"。曾国藩总结了修身自律的 12 条款的心得如下：①神敬；②静坐；③早起；④读书；⑤读史；⑥谨言；⑦养气；⑧保身；⑨慎独；⑩省心；⑪作字；⑫夜不出门。

曾国藩认为人格修炼对一个人的事业有很大的帮助：

（1）**首先是诚**：为人表里一致、自然本色、襟怀坦白、光明磊落；

（2）**第二个是敬**：常保敬畏之心，内心不存邪念，持身端庄严肃而注重威仪；

（3）**第三个就是静**：需要随时调节心、气、神、体都要处于安宁放松的状态；

（4）**第四个字是谨**：谨言慎行，不说大话、假话、空话，实实在在，有一是一、有二是二；

（5）**第五个字是恒**：生活有规律，饮食有节、起居有常。最高境界是慎独，保持生活及身体的常态，调节偏态，防范病态。

曾国藩每天记日记，对每天言行进行检查、反思，一直贯穿到他的后半生。他不断给自己提出更多要求，要勤俭、要谦对、要仁恕、要诚信，知命、惜福等，在自始至终的修身、养性境界中不知觉、非主观地打造自己成为了近代中国的圣贤之一。

许多人都认为人格修炼是空虚的东西，认为"修身"是虚无缥缈的幻想，甚至还是迂腐的。但作为"立德、立言、立功"的"人格完人"的曾国藩，"修身"才是他事业成功最重要的原因。

国运昌盛，人民安居乐业。当下讨论全国全民层次的养生生态工程与规划恰逢其时，如果能够上升到国家层面的政策引导和行为规范，更是惠及子孙千秋万代，甚至为全人类树立榜样和标杆。

9.1　养生生态工程的目的、手段及策略

> 有利个人身心健康的要诀，在延续千年的"华夏文明"中，从诸子百家学说就归结了。儒家、道家及现代中医理论，为个人、群体、民族的身心健康打下了坚实的物质和精神方面的基础。我国养生生态工程的目的就是缔造个人身心健康、心情舒畅、益寿延年、安居乐业的和谐幸福社会，成为地球人类的楷模，造福人类的千秋万代。

从整个社会的需求来看，在专业养生及相关的工程建设方面，中医养生必将是未来的重要发展方向之一。随着人们养生意识的增强，中医养生行业市场将逐渐发展起来。据国家卫生和计划生育委员会（国家卫生计生委）统计，我国健康产业包括保健产业、医药产业及与健康相关的产业仅占国民生产总值（GNP）的 4%～5%，比许多发展中国家还低，而发达国家一般占到了15%。我国健康产业规模预计将达到 15 万～20 万亿，不同层次的需求，比如青少年保健、中年保养、健康老龄化、全民全程养生等都在快速增长。

9.1.1　目的

倡导养生的基本目的是整体性地提高中华民族的体魄，继而通过树立榜样把华夏文明的和文化推向全人类、全世界。中医养生方法融合了儒家、道家、释家多种文化的精华，关键是用"生态思维"还是"物理思维"来看待人类的第一代"华夏文明"的成果。

珍惜儒家、佛教（释家）、道家及中医养生的千年实践，通盘考虑全国的养生生态工程与规划，主要目的是弘扬华夏文明中的经典中医知识、挖掘民间养生方剂、推广养生文化、扩大华夏文明的影响，实现人类个体、群体生态的常态均衡，纠正偏态并正确地防范病态。

客观、公正、通俗地评价中国文化，尊重不同文化背景对中国文化的理解，并在平等交流的基础上增加人们对中国文化的正确认识。

用"生态思维"来辨析中华文化中的"三层次生态关系高效和谐"的成分，则无论是第一代"华夏文明"、第二代"宗教文明"还是第三代"近现代（物态）文明"，都应该在"美人之美"、"各美其美"的融合中，朝着人类的第四代"生态文明"迈进。

在全国范围内推行养生生态工程，要走出目前存在的以下误区。

（1）误区之一：**养生是中、老年人的事**。养生的目的是为了保持躯体的常态均衡，从出生开始到幼年、童年、少年、青年、中年再到老年，养生在于调和阴阳，流通气血，保持身体健康，同时提高心理的调适能力。对任何年纪的人来说，养生都是必需的功课，是常态生活的保证。

（2）误区之二：**中医就是吃草药**。以《本草纲目》为代表的中医中药，是在透析人类与植物、动物等相互生态关系的基础上，对于人类躯体的非常态或者偏态、病态的调整、治疗的重要手段。中医把人类身体和精神当做整体，非物理化学思维的"阴、阳"二气（阴阳五行学说）相互对立又相互依存，常常是通过让身体恢复到正常均衡的状态，不适状况也就治愈了。中医在把握人类躯体的"偏态"及"治未病"或者在预防方面有许多成功的案例。

（3）误区之三：**只相信西医药丸**。西医把身体当做一部机器，运用的是物理化学思维及手段，好比是某个"零件"坏损，更换维修一下，往往是治标不治本。西药是物理化学基础上的提炼或浓缩，频繁地打针、吃药会降低人体自身的免疫能力。由于"是药三分毒"，西药或多或少都有一些副作用。所以要健康，增强自身抵抗能力是第一位的。实施养生生态工程的目的之一，就是要用人类躯体的常态保持来防患于未然，即使有轻微偏态或者不舒服，也能够通过正常的饮食起居进行自行调养，恢复健康。

中华民族的国学中有许多修身要诀：其一为"自处超然，处人蔼然；有事斩然，无事修然；得之淡然，失之泰然；思之坦然，为之善然。"其二为"一身浩然气，二袖清白风，三分傲霜骨，四时读写勤，五谷吃得香，六神常安定，七情有节制，八方广结缘，九有凌云志，十足和善心。"

这是中国版的"修身养性"，也是人类生态中个体层次中的常态维持、偏态调整、病态在源头上去除的"定心真言"，且是通俗易懂、融合在日常生活之中行为指南之内的诀窍。

9.1.2　手段

养生生态工程与规划的目的是维持常态、调整偏态、源头上去除病态，手段相应的就是利用中国传统医学的宝典、诸子百家以来的实践，结合现代的经济、社会体制，寓"阳春白雪"于"下里巴人"之中。

具体来说，就是要从中国几千年来的对人类三层次生态关系的感悟、透析、观察、临床试验之中，透过人类的内源性食物、外源性药物及行为准则的调节，达到状态把握及调整的理想境界。

现代中医的养生方法实际上融合了儒家、道家、释家多种文化的精华，主要包括经络养生、体质养生、气功养生、运动养生、房事养生、情志养生、睡眠养生、环境养生、起居养生、膳食养生、顺时养生、四季养生、乐娱养生、部位养生、药物养生、沐浴养生、减毒养生、静神养生、瑜伽养生等内容。主要包括"睡眠、饮食、便利"三大方面及心理、食膳、药膳、针灸、按摩、气功6个部分。这就是实现国家、民族、个体躯体等层次养生生态工程与规划的具体手段，只是需要更加精炼，并通过工程及规划的形式表达出来，实施下去，效果反馈。

在中国古代、近代及现代的数以千计的著述和难以计数的临床案例中，我们可以把养生生态工程及规划的主要手段，归结成为以下几类。

（1）**食养手段**：人类躯体维持常态、调整偏态的主要手段是从饮食入手的，食物不仅仅物理化学成分不一样，更重要的是食物是人类进化过程中生理结构和生态习性的支持者和驱动者。中医将人类的躯体疾病根据"阴、阳五行学说"归结为"毒、郁、虚"三大类，以及阴阳偏盛、阴阳偏衰、阴阳互损、阴阳格拒和阴阳亡失的5类9种的阴阳失调，所有的这些偏态、病态问题都可以通过食疗手段进行应对。

（2）**汤药手段**：中医中药不是建立在物理构成及化学元素分析的基础之上的，而是建立在人类的种内、种间及天人三层次的生态关系及互动的基础之上，《本草纲目》《黄帝内经》《伤寒论》等著作比较系统、全面地诠释了人类与植物、动物通过"食物链关系"构成常态、偏态、病态互动、可逆的生态关系。因此，那些至今从化学分子式上确定不了成分的中药，以及炮制的手段和过程，也是养生生态工程中通过饮品、外敷、熏蒸等方式方法的重要手段之一。

（3）**气功手段**：在中医理论中，人的形体是由气构成的，"气聚则形成，气散则形亡"，气主宰着生命。在体表，可以见到的皮肤、毛发、五官和躯体的生命活动现象；在肌肉骨骼、五脏六腑，"气"的作用可以通过"意沉丹田"或者深呼吸体现出来。养生功法手段中，太极拳、气功等中国功夫已经风靡全球。但这不仅仅是擒拿格斗，更是养生的重要手段之一。

（4）**保健体操**：在强身健体的理念中创立的风靡全球的中国武术的基础上，包括日本的柔道和韩国跆拳道，剔除好勇斗狠的成分之后，都可以保健操、健身操化。结合人体的经络、穴位理论，可以推出一批简短适用的眼睛、面部、护肩、护膝等的保健操。

（5）**精神手段**：中华文化中关于"修身、养性、齐家、治国、平天下"的文献是最多的，几乎所有的经典著作都与此有关。例如，《史记》《道德经》《论语》《古文观止》《菜根谭》等古代典籍中都有大篇幅论述，包括"穷则独善其身，达则兼济天下"，精神上的诚心正意十分重要。中医甚至认为：正气凛然，邪气难侵。

中医认为世界事物并非独立分离的，而是处于相互和谐状态。古代中国人对自然界的关系及规律有独特的见解；他们以一个整体观来认识世界，更创立阴阳、五行理论去解释各种复杂现象。

统计学表明，癌症除了先天遗传之外，与长期性格压抑、郁闷引起的"气瘀、食瘀、血瘀"有很大的关联。因此，保持心情乐观豁达，积极养生气血畅通、食物配搭，益寿延年是必然的。

这些中华文化中的养生生态工程的手段，并非枯燥无由的臆想，完全是从一个人孤独生活、家庭集聚、社会打拼等方面，总结、升华的人类个体、群体生态的常态维持之要诀。确实地落实下去，将有益自己的身心健康，也惠及家庭、亲人、朋友、同事、国人及整个人类的幸福安康。

9.1.3　策略

以上枚举的手段很多，可以是物质方面的，也可以是精神方面的。但是，社会层面的实施策略只有一个，而且是精神方面的。总归结为 8 个字：**严于律己，宽以待人**。

没有这 8 字真诀，以上多种多样的手段都是实施不下去的，即使标榜常用，结果也会是偏执失态。养生本质上就是理性管制感性地严格要求自己，理智上的放纵就会让自己的躯体走偏常态、病态，甚至死态。宽以待人会使自己超然洒脱，无忧无虑，心情舒畅。

养生生态工程与规划的策略是从经济秩序、政治体制、宗教信仰等方面遴选出来的，在目前这种"物态"文明的主流意识是"物质利益最大化"的时代，选择用生态工程的手段而不是经济、政治、宗教的方式，就是其最大的生存和发展、壮大的策略。

这种策略可以具体到养生工程实际操作层面的潜意识及指导思想。

（1）**自然生态维持策略**：从人类生态的个体生理结构和生态习性出发，严于律己、保持常态、纠正偏态、控制病态。

（2）**生态化策略**：把人类生态学的原理物化成为"工艺"技术，建构人类社会物态工程中的生态机制、生态机巧，取得人类个体、群体健康的"高效和谐"效果。

（3）**物态手段生态效果策略**：还可以直接运用"物态"科学的方法，促进人类躯体系统的常态运转和偏态调整，以及病态的治疗。

中华民族是一个"超然洒脱"的民族，并不像现代西方人那样"开放奔放"热衷个性独立。中国传统文化中"严于律己宽以待人"、"采菊东篱下，悠悠见南山"、"不为五斗米折腰（陶渊明）"，羡慕的是"闲云野鹤"式的"桃花源"式的田园生活。

因此，在感悟三层次生态关系"高效和谐"的过程中，对"居家过日子"中的"修身养性"之道，对于养生生态工程与规划的个人行为的精神指导策略，还有以下"6 道"式的诠释。

（1）**心胸开阔、感恩之道**：陆游有"放翁胸次谁能测？万里秋毫未足宽"来形容人类的心胸。心胸开阔的回报是将人类"喜、怒、哀、乐、惊、思、恐"的情致调节到平稳的状态。养我者父母，育我者天地，常怀感恩之心的回报是诚惶诚恐，避免过度的贪欲和不切实际的诉求。

（2）**志存高远、胸襟之道**：要有高远的志向，站在理论的高地，立足于全人类的福祉，超越个人、小集体的既得利益，甚至超越国家、民族的利益，达到"天下为公"的境界，为建立人类的和谐家园、理想家园而夙夜在公、砥砺前行。

（3）**万物同命、善良之道**：物种面前，种种平等。关爱世间弱者，以及万事万物，改善人类的种内（人与人）、种间及天人关系，走向高效和谐。

（4）**谦虚谨慎、包容之道**："三人行，必有吾师"，海纳百川有容乃大。为人应该不卑不亢，自卑和妒忌是心胸的问题，会无谓地占用了大量的时间和精力并直接伤害躯体的情致，静下心来"一日三省吾身"，不断完善自己，达到"内圣外王"才是正道。

（5）**克己奉公、自律之道**：人很想占领制高点，掌握话语权，而对待自己却容易放纵、任性。人的潜意识中有懒惰、自私、放纵、任性、感性，如果你没有这样的危机感，就不可能想到要自我控制。中华文化中"严于律己，宽以待人"，古今的"完人"都是自律而成，并非制度监控的必然。

（6）**安居乐业、静心之道**。雷锋用"愿做永不生锈的螺丝钉"、白求恩用一个医生的敬业精神获得"毫不利己、专门利人"的赞誉。安贫乐道、安居乐业、独居守心、群居守口。

世界卫生组织提出健康四大基石：**均衡营养、适量运动、充足睡眠、良好心态**。膳食平衡首选即个性化科学食疗，检查偏食后补缺食、限过食，达到膳食平衡——异病同治。个性化科学食疗可以预防近百种常见身心智疾病，对于已病人群有促进康复作用。

数千年以来，健康食物、平衡膳食一直被认定是达到长寿的关键因素，不合理的饮食习惯则被认为是使健康出现问题的根源。预防疾病也是养生的重要一环。通过有规律的锻炼，正确使用药物，适当地进行食补，以及其他的有益于健康的活动，每个人都可达到强身健体，延缓衰老之目的。

9.2　养生工程的方式、方法及途径

> 延续千年的人类第一代"华夏文明"为人类留下了儒教、佛教、道教及现代中医的各种养生方式、心诀和方法，加以现代生态学三层次生态关系"高效和谐"的最新理论的"打磨"、升华和凝结，结合现代人类的社会、经济、制度、行为规范及"工程"的方式，一定能为这个"逐利"的世界，增加"和谐"及"健康长寿"的正能量。

2014 年 6 月 5 日，在国家中医药管理局和国家卫生计生委联合召开的新闻发布会上，时任国家卫生计生委宣传司副司长姚宏文表示，国家卫生计生委将主要从以下三方面推进中医养生保健工作，提高民众中医健康素养。

第一、将提高中医养生保健素养纳入《全民健康素养促进行动规划（2014~2020 年）》；

第二、将中医养生保健素养作为健康教育的重要工作内容；

第三、将中医养生保健素养作为"健康中国行"活动的重要内容。

从国家层面上，开始实施"全民健康素养促进行动"。这样，源远流长的"华夏文明"中"和文化"的精华将在近、现代"物态文明"中重新焕发"青春"。因此，我们可以认真地追本溯源，重新梳理作为国学重要组成部分的传统文化的方式、方法和途径。

9.2.1　儒、释、道家的养生方式

儒家功法以心性修养为主要对象，以"存心养性"为工夫，讲究"仁者爱人、仁者无敌"；佛家以"明心见性"为本，得道高僧"四大皆空、六根清净"；道家以"无为而治"为工夫，讲究的是"顺其自然、清心寡欲"。以下分别梳理之。

1. 道教养生

道家学说是春秋战国时期以老子、庄子为代表的先哲们对人类三层次生态关系"高效和谐"的感悟，他们的学术思想在中华文化的形成过程中产生过重要的影响。

道家因崇尚自然高远，鄙弃狭隘功利主义，长期以来被认为是"唯心主义"错误，片面地夸大道家思想一些历史局限性和消极面，以至于对中国传统文化产生了深深的误解。

要正确理解道家思想中的"无为"，并非就是"不求有所作为"，而是指凡事要"顺天之时，随地之性，因人之心"，而不要违反"天时、地性、人心"之客观生态规律，凭主观愿望和想象行事。其中蕴含着深层次的人类种内、种间及天人三层次生态关系"高效和谐"的真谛。

从《道德经》的全篇哲学思想和生态理念来看，"无为"其实就是"无主观臆断"的作为，无"人为"之为，是一切遵循客观生态规律的行为。

《道德经》的精髓在于"顺其自然、清心寡欲、无为而治"，在生态学上要具有较深的功底才能够理解其一千多年之前的生态学感悟，这不是"消极"而是消除人类各种生态关系的"偏执和极端"，是当代生态学所能够认识到的"高效和谐"之最深层次、最浅显地表达。《道德经》主要包括以下内容。

（1）**无私寡欲、气定神闲**：《道德经》所说的"少私寡欲"。这种以养神长寿的思想，一直为历代养生家所重视，浸透到养生学中养精神、调情志、气功导引、健身功法等各方面。

（2）**上善若水、返璞归真**：老子在实际生活中观察到，水是柔弱的"利万物而不争"，但却富有生命力；事物强大了，就会引起衰老。他在《道德经》中指出："坚强者，死之徒；柔弱者，生之徒"。如果经常处在柔弱的地位，就可以避免过早地衰老。所以，老子主张无欲、无知、无为，回复到人生最初的单纯状态，即所谓"返璞归真"。

（3）**形神兼养、虚怀若谷**：庄子养生倡导去物欲、致心静以养神，但也不否认有一定的养形作用。《庄子·刻意》说："吐故纳新，熊经鸟申，为寿而已矣。此道引之士、养形之人，彭祖寿考者之所好也"。由此可见，我国古代的导引术是道家所倡导的，从其产生开始就是用于健身、治病、防病的。

当人类饮食无忧的时候，从自身的健康角度去关怀一下生命的本质，从"物态"到"心态"到"生态的"终极问题中，"顺其自然、清心寡欲、无为而治"也许是人们"老有所乐、老有所为"的健康之道。

2. 儒教养生

儒家学派创始于春秋末期，后世把孔子、孟子作为儒家学说的代表人物。其学术思想被后世封建社会统治阶级封为正统思想，对中华民族精神生活影响很大，自然也影响到养生学。

儒家在"修身养性"方面注重以下几点。

（1）**倡仁德**：施"仁"于人。儒家宣扬"仁"的学说。孔子提出"己所不欲，勿施于人"的观点。"己欲立而立人，己欲达而达人"。"仁"者寿：孔子提出"仁者寿"，"智者寿"。"仁"是修养品德，勤奋学习的结果。仁德之人乐观大度，没有忧愁。孔子明确告诉后人说："发奋忘食，乐以忘忧，不知老之将至云尔"。这种勤奋好学品德是孔子所提倡的"学而不思则罔，思而不学则殆"的治学精神。

（2）**讲孝道**：敬老爱幼。《孟子》云："爱人者人恒爱之，敬人者人恒敬之"，"老吾老以及人之老，幼吾幼以及人之幼"。

（3）**和为贵**：孔子在《论语》中曰："礼之用，和为贵"。《中庸》云："和也者，天下之达道也"。　孟子提出："天时不如地利，地利不如人和"。荀子提出："万物各得其和以生"。"和"的思想是中华民族普遍具有的价值观念和人生追求。"和"就是强调"天人调谐"，其包括和谐、和睦、和平、和善、祥和、中和等含义，蕴涵着和以处众、和衷共济、共生共荣、政通人和、内和外顺等深刻的处世哲学和人生理念。"和"的思想，是人类文明的重要组成部分，是养生健身之道，也是社会发展之道。

（4）**欲而不贪、知足常乐**：儒家提倡中庸之道，主张勤俭节用，克己复礼。孔子曰："欲而不贪，泰而不骄"。常以"修己"、"克己"约束自己，不放纵自己的欲望，只有这样才能产生知足常乐的作用。《孟子尽天下》也说："养心莫善于寡欲"。《论语》中指出："非礼勿视，非礼勿听，非礼勿言，非礼勿动"。孔子赞扬其弟子"一箪食，一瓢饮，在陋巷"的艰苦作风，抨击统治阶级的贪得无厌的丑恶行为。

（5）**因人而异、养生"三戒"**：孔子根据人的年龄不同，总结出著名的养生"三戒"——君子有三戒，少之时，血气未定，戒之在色；及其壮也，血气方刚，戒之在斗；及其老也，血气既衰，戒之在得。这确为经验之谈。

（6）**顺应天道、养气中和**：西汉前期儒家大师董仲舒将中庸思想和养生相结合，强调养气中和。他说："循天之道，以养其身；中者，天地之所始终；和者，天地之所生成也。能以中和养其身者，其寿极命"。这种以"天人感应"为中心，以中和之道养身健体的思想是颇有道理的。

孔子是美食家，他非常提倡饮食卫生及饮食养生，并提出饮食原则和宜忌。饮食精美：《论语乡党》中说"食不厌精，脍不厌细"。《礼记内则》中言："凡和，春多酸，夏多苦，秋多辛，冬多咸，调以滑甘"。这种顺应四时的饮食烹调，可使饮食精美，烹调味美，可增加食欲，促进吸收，有利健康。

3. 释家（佛家）养生

佛家养生法以其独特的宇宙观、人生观解除人的心理疾患和障碍，通过心理调整达到治疗身心疾病的目的。包括了佛教信仰、教义、修持实践等内容，是一种身心的自我调节与自我控制方法。

从医学心理学的角度看，佛家对身心的调控，主要是通过去除烦恼心志、淡化心理应激、改善人格体质、纠正不良行为等途径来实现的。

心态是一种稍微、持久而弥散的情绪状态。烦恼心态对人体健康有很大的影响，传统中通过细微的观察和总结，有"喜伤心"、"悲伤肺"、"怒伤肝"、"思伤脾"、"恐伤肾"的观察结果。现代医学研究也证实愤怒、焦虑、忧悲等不良心态能引起高血压、冠心病、恶性肿瘤、溃疡病、支气管哮喘等很多身心疾病。为了保持身心健康，必须经常调节情绪，以保持良好的健康心理状态。

佛教信仰"大慈大悲、普度众生"的菩萨，可以帮助信徒"脱离苦海"，而现实中的佛家修持的理论和实践，确实都有助于信仰者消除烦恼情绪，改善不良心态。

佛家养生百字诀：

"晨起未念塌，静坐一支香；穿着衣带毕，必先做晨走；睡不超过期，食不十分饱；接客如独处，独处有佛祖；平常不苟言，言出大家喜；临机勿退让，遇事当思量；勿妄想过往，须思量未来；负丈夫之气，抱小儿之心；就寝如盖棺，离床如脱屐；待人常恭敬，处世有气量"。

明代绮石先生更是分析了不同人格特征所对应的容易"罹患"病症之不同，他认为：

"人之禀赋不同，而受病亦异。顾私己者，心肝病少；顾大体者，心肝病多。不及情者，脾肺病少；善钟情者，脾肺病多。任浮沉者，肝肾病少；矜志节者，肝肾病多。病起于七情，而五脏因之受损。"

正是各种"任性"的人格特征，会使得特别的心境"持续"，情志刺激强化而导致"气瘀、食瘀、血瘀"在不同的部位，从而引发相关脏器的一些疾病。佛家"孤灯蚕眠"的养生的方法有改善人格体质、促进"气顺血畅"的作用。人格体质得到一定程度的改善，就一定程度地"祛除"了身心脏器疾病的一些内在的根源。

4. 中医养生

中医养生主要有预防观、整体观、平衡观、辨证观。主要是指通过各种方法颐养生命、增强体质、预防疾病，从而达到延年益寿的一种医事活动。

中医养生重在整体性和系统性，目的是预防疾病，治未病。中医理论的著名代表作品是《黄帝内经》。目前流行的中医养生理论基本上都是来自古代医学经典，当代中医却在"物态"思维中彷徨，在物理化学化及保持自身独立发展之间十分纠结，值得后人继续在融合"生态"思维的包容过程中进行研究和开发。

中医的养生观由于养生和生活的关系决定了养生观点的多面性，认为可以通过怡养心神、调摄情志、调剂生活等方法，从而达到保养身体、减少疾病、增进健康、延年益寿的目的。中医养生的要点包括：

（1）未病先防、未老先养。

（2）天人相应、形神兼具。

（3）调整阴阳、补偏救弊。

（4）动静有常、和谐适度。

中医的养生法则认为养生就是"治未病"，是通过养精神、调饮食、练形体、慎房事、适寒温等各种方法去实现的，是一种综合性的强身益寿活动。其深度的思想包括以下几点。

（1）**天人合一的养生观**：中医认为，天地是个大宇宙，人身是个小宇宙，天人是相通的，人无时无刻不受天地的影响。就像鱼在水中，水就是鱼的全部，水的变化，一定会影响到鱼。同样的，天地的所有变化都会影响到人。所以中医养生强调"天人一体"，养生的方法随着四时的气候变化、寒热温凉要做适当的调整。

（2）**阴阳平衡的健康观**：阴阳平衡的人就是最健康的人，养生的目标就是求得身心阴阳的平衡。中医认为"阴"就是构成身体的物质基础，"阳"是能量。"阴与阳"是相对的：凡是向上的、往外的、活动的、发热的都属于阳；凡是向下的、往里的、发冷的都属于阴。身体之所以会生病是因为"阴、阳"失去平衡，造成"阳"过盛或"阴"过盛。"阴虚"或"阳虚"，只要使"阴阳"再次恢复原来的平衡，疾病自然就会消失。

（3）**身心合一的整体观**：中医养生注重的是身、心两个方面。不但注意"有形"身体的锻炼保养，更注意"心灵"的修炼调养。身体会影响心理，心理也会影响身体。两者是"一体"的两面，缺一不可。

《黄帝内经》在开篇《上古天真论》首先就是关于"功能衰退"和"寿命"的问题，"余闻上古之人，春秋皆度百岁而动作不衰，今时之人，年半百而动作皆衰者，时世异耶？人将失之耶？"《神农本草经》则不断提出"不老"的问题，并自问自答。

《道德经》上曾经讲到，那些善于"养生"的人们懂得如何避免身心受到伤害。他们知道如何通过正确的饮食和健康的生活方式避免疾病的侵害，从而获得健康，会比一般人的生命更长久。当人们能够远离病痛，自然就能延缓衰老，延长寿命。

延续千年的中华文化绝对不是唯心主义的产物，其中有延续千年的科学"假说"，以及延续至今的科学规范研究和临床性的反复实证。2008 年 6 月 7 日，中医养生经国务院批准列入第二批国家级非物质文化遗产名录，标志着中医养生可以正式登堂入室。

9.2.2　方法

与"物理化学"思维的西方医学完全不一样的是，中医与其说是"治病"，不如说是"调态"，是在不断地为人类调整生活的状态。

在生态学中的"常态、病态、眠态和死态"四态之间，甚至在常态中的"喜、怒、哀、乐、悲、思、恐"中观察到了"喜伤心"、"悲伤肺"、"怒伤肝"、"思伤脾"、"恐伤肾"。中医养生中特色疗法分为：针灸、拔罐、按摩、刮痧、气功、药膳，以及"修身养性"的个人修养和精神境界。

（1）**针灸**：针法是根据人体经络穴位理论，按一定部位针刺入患者体内，运用捻转与提插等手法来调理、治疗人类的躯体疾病。灸法是把燃烧着的艾绒按一定穴位熏灼皮肤，利用热的刺激来调理、治疗躯体疾病。

（2）**拔罐**：古称"角法"。这是一种以杯罐作工具，借热力排去其中的空气产生负压，使其吸附着于皮肤，造成瘀血现象的一种疗法。古代医家在治疗疮疡脓肿时用它来吸血排脓，后来又扩大应用于肺痨、风湿等躯体疾病。

（3）**按摩**：是以中医的脏腑、经络学说为理论基础，从性质上来说，它是一种体外的治疗方法。从按摩的手法上，可分为保健按摩、运动按摩和医疗按摩。

（4）**刮痧**：它是以中医体质理论为基础，用牛角、玉石等工具在皮肤相关部位刮拭，以达到疏通经络、活血化瘀之目的。刮痧可以扩张毛细血管，增加汗腺分泌，促进血液循环，对于高血压、中暑、肌肉酸疼等所致的风寒痹症常有立竿见影之效。经常刮痧，可起到调整经气，解除疲劳，增加免疫功能的作用。

（5）**气功**：是一种以呼吸的调整、身体活动和意识的调整为手段，以强身健体、防病治病、健身延年、开发潜能为目的的一种身心锻炼方法。

（6）**药膳**：发源于我国传统的饮食和食疗文化，是在中医学、烹饪学和营养学理论指导下，严格按食物药性进行配方，将特殊炮制的中药与某些具有药用价值的食物相配伍，采用我国独特的饮食烹调技术和现代科学方法制作而成的具有一定色、香、味、形的美味食品。

对于女性，中医认为相对男性来说"一缺气、二寒气、三肾亏"。加上生理结构及体质的不同，即使是同样的"生气"，与男性也有许多的不同。女性愤怒会刺激毛囊，引起毛囊周围的炎症，出现色斑、伤乳腺和刺激子宫。情绪特别冲动时呼吸急促，甚至过度换气，危害肺健康。经常生气会使甲状腺功能失调，加速衰老。

因此，女性的养生方法包括以下几种。

（1）**正常的阳光雨露**：经常参加一些力所能及的体育锻炼和户外活动，即使不参加运动也应该保持每天 4～6 小时以上的自然光线时间。散步、慢跑、游泳、打球、跳舞、健美操等露天活动，不但会使体质增强，抗病能力增加，同时还会增强造血功能。特别是刚生育过的妇女，更应该重视自然光过程，要避免长时间在室内的灯光下停留，这样才有利于尽快恢复躯体的常态，使经血调和，并防止虚胖、懒散。

（2）**充足的睡眠**："日出而作，日落而息"，人类的这些生态习性对女性的生活规律更加重要，因为这方面的紊乱很容易在面色、眼神、精神上十分灵敏地表现出来。女性起居有时、劳逸结合、娱乐有度、性生活有节，特别是保证充足的睡眠、戒烟少酒，会使经血畅顺、面色红润、精气神上乘，对于青春常驻、延缓衰老有十分重要的意义。

（3）**宁静平和的心态**：女性在嘈杂动乱的社会环境或家务劳动中容易身心过于疲惫，导致心情比较杂乱易烦易怒，这时一个安静平和的心态要靠日积月累的心灵修养和养生指引才有可能做到。养生的理念可以使人达到宁心养神、身心皆静，大脑疲劳恢复，宁静致远的效果。

（4）**脾胃的调理**：人类躯体中最劳累的五脏器官为脾胃，女性比男性更加柔弱。食量小、抗伤害能力差，所以必须更加重视饮食调养。要注意保持脾胃的健康和旺盛的食欲，饮食要有节，适当多吃富含"造血原料"的食品，如豆制品、鱼、虾、鸡肉、蛋类、大枣、红糖、黑木耳、桑葚、花生、黑芝麻、胡桃仁以及各种新鲜蔬菜和水果等。注意种类搭配，少吃多餐。

（5）**偏态的调整**：女性的月经周期为其提供了生理高、低潮期的明显指引，正确接受指引并顺势而为地进行相应的生活节律的配套，就比男性更容易获得与自身生理周期相符合的作息规律的耦合效果。女性出现血虚或患有月经不调及其他慢性消耗性疾病者，首先应该是调整作息规律，顺应生理周期，还可以采用食养和药补的方式进行躯体偏态、病态的调整。

对于男性来说，"酒、色、财、气"是其需要把握或者超越的根本。男性养生的方法也就是围绕着这四种原始的冲动所造成的直接躯体行为而量身定做。中医认为男性的根本在于肝和肾，酒与气伤肝，色与财伤肾。所以男性最根本的还是护肝、养肾。

中医养生学上的男性养生方法为以下几种。

（1）**境界**：男人的思想境界决定了其是小富即安、饱暖思淫欲还是家国天下、严于律己。不能够自律的男人谈不上养生，纵欲伤身的例子可以纵观中国历史记载的 528 个皇帝的平均年龄只有 28 岁，其中创业皇帝的平均寿命远远高于守业皇帝。因此，男人养生的第一要务或者方式方法是严于律己，也就是要管住自己。

（2）**心胸**：只看到眼前利益，看不到中、长远利益；只看到个人利益，看不到集体、民族、国家甚至全人类的利益；这是心胸狭隘的特征。心胸的包容性决定了一个人躯体行为的普适性和持续性。不具备持续性的心胸是养生的大敌。因此，心胸开阔、虚怀若谷、持之以恒是养生的重要方法。

（3）**涵养**：男人的修养决定了其掌握"喜、怒、哀、乐、惊、思、恐"的能力，特别是对于以别人的过错伤害自己的暴怒。怒则伤肝，肝主藏血，人经常生气的话就会伤肝血，耗精。所以，养生就是要控制好自己的脾气、制怒，学会心平气和地接人待物。可以说，养生就是另一种提法的个人涵养锻炼方法。

（4）**阳光**：男主外的社会中，男人是不会缺少自然光沐浴的，每天 4～6 小时以上的自然光线时间对挑起人类物态及生态生产大梁的男人应该是不成问题的。但是，由于工作的原因，"地下"工作性质的矿工、地铁司机、常年夜班者光照严重不足，这对于人类骨质密度、阳气补充、生态节律都是有缺陷的。所以，补充充足的阳光雨露，是一切养生中的基本，是以后食疗、药疗难以弥补的。

（5）**足眠**：中医认为人类躯体会在充足的睡眠中排毒，白天的"熊猫眼"就是明显的睡眠不好的见证。长期昼伏夜出、阴阳倒错、熬夜错更的人一般面色晦暗、印堂发黑。虽然男性并不像女性那么注重容貌的稍许变化，但是，保持充足的睡眠是养生的重要方法之一。

（6）**寡欲**：中医里有"情动则肾动，肾动则精动"，认为精成于血，是血的变现，所以要保护好精血。男人在"酒、色、财、气"中最难把握的是"色"，因此，节欲是男人养生养肾的第一条大法。

（7）**慎味**：暴饮暴食是养生的禁忌，人类的躯体以五谷来养精，但应该在生态学的"三基点原理"（最高、最低和最适）之中。许多男人好酒，酒能够动血，但饮酒过度就会造成气血的紊乱，扰乱睡眠及生活节律。中医提倡的护肝、养肾要侧重在养精蓄锐，饮食中的慎味、戒酒十分重要。

（8）**疏财**：中国男人的一种思想境界就是"仗义疏财"。像西方小说中的葛朗台式的人物，情致不高，性格吝啬，守财奴的生活睡眠肯定不好。吃得香、睡得着、心里安、阳光足，与"天生我材必有用，千金散尽还复来"的爽朗性格是分不开的，也是养生中"心底无私天地宽"的方法之一。

人至中年、老年，生活节律已经面临重要的、必然出现的"拐点"。以前能够吃的，现在不能吃；以前能够多吃的，现在必须控制数量；以前能够不怕冷不怕热，现在大不如前。总之，老人养生的方法实际上是人生的一次重要的生活习惯的转型，具体地应该包括以下几点。

（1）**不贪精**：老年人和自己年轻时不一样，长期讲究食用精白的米面，摄入的纤维素少了，就会减弱胃肠的蠕动，易患便秘。

（2）**不贪肉**：老年人和自己年轻时不一样，膳食中肉类脂肪过多，会引起营养平衡失调及新陈代谢紊乱，易患高胆固醇血症和高脂血症，不利于心脑血管病的防治。

（3）**不贪硬**：老年人和自己年轻时不一样，胃肠消化吸收功能减弱，如果贪吃坚硬或是煮得不熟烂的食物，久而久之易得消化不良或胃病。

（4）**不贪迟**：老年人和自己年轻时不一样，三餐进食时间宜早不贪迟，有利于食物消化与饭后休息，避免积食或是低血糖。

（5）**不贪热**：老年人和自己年轻时不一样，饮食宜温不宜烫，因热食易损害口腔、食管和胃。老年人如果长期服用烫食刺激，还易罹患胃癌、食道癌。

（6）**不贪快**：老年人和自己年轻时不一样，因牙齿脱落不全，饮食若贪快，咀嚼不烂，就会增加胃的消化负担。同时，还易发生鱼刺或是肉骨头鲠喉的意外事故。

（7）**不贪酒**：老年人和自己年轻时不一样，长期贪杯饮酒，会使心肌变性，失去正常的弹力，加重心脏的负担。

对于长寿乡百岁以上的长寿老人的长寿原因研究中，很多都只是注意到空气清新、水源洁净和食物原生态等问题，经常被忽略的是自然光线下的"全光照"现象。保持每天的全额自然光照是健康长寿的重要因素之一，人类在现在"物态"文明中的"灯光"下乐此不疲，实际上这是用物理光环境替代自然生态光环境的重大误区。

人生的不同阶段，有着不同的养生策略和方法。更重要的是，要在人类生态的个体层次把握常态，纠正偏态，控制、治疗病态。

9.2.3　养生的生态科学策略

属于人类第一代"华夏文明"的养生文化，在第三代"近现代（物态）文明"的主流"物理思维"的冲击下，被边缘化为"唯心主义"的糟粕，能够上"台面"的提法是"传统文化"或者被冠于"国学"。实际情况中，在"中医是不是科学"的争吵中，连中医自己都把持不住所谓"中西医结合"的"西医化"趋势十分明显。

更加窘迫地是,传统文化中的养生部分大部分只能"龟缩"在道馆(道教)、寺庙(佛教),以及走街串巷的"街头卖艺"甚至招摇撞骗的"江湖术士"的骗术之中。

国家的策略是想让中医承担起科学化养生的职责,但是,中医似乎对"行医"的兴趣大过"保健",况且在"中医是不是科学"的争吵中,在"物理(化学)思维"中,中医的"望闻问切"似乎不是现代"理化检测"技术基础上的高科技检测仪器的对手,中草药十分明显地向"青蒿素"那样"西药化"、"中成药化"。

我们不能用"物理思维"来看待传统文化或国学中的养生及中医理论。我们应该用同属于现代科学的"生态思维"来看待中医,这样就能得出中医是在细致观察人类各脏器之间"生态关系"、内在联系的整体表征(病症、症候)的基础上,长期观察、研究、假说、规范、实证(临床)的关于人类种内、种间、天人三层次生态关系"高效和谐"的学科。

中医是一门诞生在生态科学之前,不择不扣的、精准的人类生态学。在人类身体的非物理、化学结构被解析之前,中医就用生态学理论解构了人类脏器之间,以及人类的面部五官的"表征",并创造了"望闻问切"的实用技术。填补了现代生态科学的空白,其研究理论完全可以在现代生态学理论中,更加科学,更加完善。

9.3 养生工程的生态理念、原则

人类长期适应环境中形成的生态习性,决定了人类必须"日出而作,日落而息",因此道教的"顺其自然"就有尊重客观规律的生态学涵义;"病从口入、祸从口出"也与人类的行为生态准则中"群居相安需为公"及"饮食"养生原理相耦合。人体生命系统的结构和功能系统的整体性和非目的性决定了人类养生的生态要诀是去除"投入产出"、"前因后果"的物理思维,保持心理、生理的均衡平稳,避免大起大落、极端冷热、狭隘偏激,公心向善、仁者无敌。

养生的理论和方法诞生在现代"物态"科学之前的一千多年里,用"物理(化学)思维"是很难解释的。要用"生态学"中的"状态"转换理论,理解通过人类的心致、饮食、行为、思绪、理智来把握"常态"中各种情绪波动在"平稳"的范围,调控"常态、病态、眠态及死态"之间的转换朝着平稳"常态"的方向稳步前行。

9.3.1 生态理念

养生工程的生态理念就是用当代最新的生态学理论、方法研究探讨"保持生命常态"的科学途径,并通过人类社会及其体制的基础,用工程学的手段表达出来,并取得贯穿"生态思维"的人类经济社会"常态"或"新常态"中的高效和谐地可持续发展。

养生工程的生态理念,可以通过人类的心致、饮食、行为、理智等方式表达出来。

(1)心致表达:人类生态理念的心致表达是"无私寡欲、气定神闲"。这种"养神长寿"的思想,一直为中国历代养生理论所重视,甚至浸透到"养精神、调情志"的各个方面。庄子倡导"去物欲、致虚静"以养神,形神兼养、虚怀若谷,可以达到有病治病、无病健身防病的效果。

（2）**饮食表达**：食疗养生的思维简称"食养"，即利用食物来影响机体各方面的功能，使其获得健康（保持"常态"）或愈疾、防病的一种养生方法。中国传统膳食讲究平衡，食疗养生是根据不同的人群、不同的年龄、不同的体质、不同的疾病，在不同的季节选取具有一定保健作用或治疗作用的食物，通过科学合理的搭配和烹调加工，做成具有色、香、味、形、气、养的美味食品，这些食物既是美味佳肴，又能养生保健，防病治病，能吃出健康，益寿延年。

（3）**行为表达**：中国人主张"德高为师，身正为范"，认为"桃李无言，下自成蹊"。千年中国的"仕途"来自"学而优则仕"。因此，养生工程的生态理念是"顺其自然、返璞归真"。

（4）**理智表达**：中医养生注重的是身、心两个方面，特别强调"身心合一"的整体观。不但注意"有形"身体的锻炼保养，更注意"心灵"的修炼调养。身体会影响心理，心理也会影响身体。两者是"一体"的两面，缺一不可。中医还认为天地是个大系统，人身是个小系统，"天人"是相通的（生态学认为"宏微同构"）。人无时无刻不受"天地"（自然环境）的影响，于是"天人合一"的养生观出现，这与生态学中生态系统有机整体观是一致的。

随着社会的发展，传统的养生文化应该和现代科学相结合，特别是与包容物理、化学的生态科学相结合，在新时代的"修身养性"和"齐家治国平天下"之间找到均衡点，达到生态学的三层次生态关系"高效和谐"。

9.3.2　原则

养生生态工程的原则从现代生态学的主要理论出发，结合中国传统文化中的"修身养性"和"齐家治国平天下"之间的均衡，以"生态思维"及"生态机巧"性地保持人类及整个生态世界"生命常态"并"高效和谐"地可持续发展为第一原则。同时，还包括以下原则。

（1）**生态和谐原则**：人类个体身心健康、愉悦、安全和安稳，且对其他人、其他物种、"天人关系"层次上的"高效和谐"就是人类生态科学的内涵。

（2）**修身养性之"平等博爱"原则**：根据本书前文的"群居相安需为公"的生态学原理，人类政治上的"自由、平等、博爱、人权"都必须建立在个人的"修身、养性"的基础之上，"清心寡欲"才是惠己及人、及物的长寿之道，"平等博爱"的根基和必然。

（3）**"严于律己、宽以待人"原则**：中华文化及人类第一代"华夏文明"中的"严于律己、宽以待人"的原则，不仅仅能够化解人与人、人与其他物种、人与大自然三层次的矛盾，更重要的是：要实现"个人养生之身心健康、愉悦、安全和安稳"，这个原则是其根本保证。

（4）**"己所不欲，勿施于人"原则**：要得到真正的"个人养生之身心健康、愉悦、安全和安稳"，还需要的是"推己及人"的换位思考。这是在个人、民族及国家层面上少许"纠结"的重要原则，也是个人修身养性的重要内涵之一。

（5）**"美人之美，各美其美"原则**：当代文明主流中人类政治及意识形态上的"自由、平等、博爱、人权"的最高境界是第一代"华夏文明"创造的"美人之美，各美其美"原则。世界是"多样性导致稳定性"，生态进展演替的结局是多元顶级（坦斯黎）及顶级格式镶嵌（怀迪克），当然也包括克列门茨的群落演替顶级理论。

人类第一代"华夏文明"中诸子百家著述中，用现代生态科学来解读《论语》，则是一部重要的关于"修身、养性"和"齐家、治国、平天下"巧妙融合的著作。至今仍然闪耀着透析、感悟、升华人类三层次生态关系原则及诀窍的光辉，我们受用不尽。

现代"物态"科技文明的科学与技术代替不了人类生态关系的准则，中国历史上就曾有"半部论语治天下"之说。对于养生工程的生态原则，人类个体身心健康、愉悦、安全和安稳，且对其他人、其他物种、"天人关系"层次上的"高效和谐"才是真正意义上的养生及长寿、幸福之道。

9.4　养生生态工程的规划要点及框架方案

　　　　　　个人及群体、民族及国家层面的"养生"要走向规范化、制度化，要走过从全民健身到全民养生的理念更新的历程。并以此为契机，改善三层次的生态关系，使全人类走向"高效和谐"的理想家园。

养生生态工程与其说是为了国人的幸福安康，还不如说是为了"华夏文明"和现代"物态"文明、人类的"生态"与现代"物态"科学与技术的融合，最终的目的是走向生态文明及人类经济社会可持续的"高效和谐"。

我们应该用"生态思维"，看到中华文化中的养生理论弥补了关于人类生态学理论中人类的"常态、病态、眠态及死态"的转换，精细的观察和临床实证把握人类的"状态（生态）"，甚至深入到了"喜、怒、哀、乐、惊、思、恐"与人类的"情致"及"脏器"的层次。

当然，这种结构与化学元素、无机化合物、有机化合物、有机体、蛋白质、脂肪、氨基酸、DNA 的结构大相径庭，甚至不符合"物理化学"思维上的"科学逻辑"，没有办法用"看得见、摸得着"的物质"因果关系"来推理、论证、证实或者证伪。

但是，"物理思维"是"拆分思维"，而生命除了可以被拆分以外，更重要的是"整合"，哪怕是"笼统"地整合，或者不要那么"细碎"地被拆分得"不成样子"。

人类（生命）的识别系统中至今"计算机（物理）系统"无法超越的是"模糊识别"，在对地球生态系统的"模糊识别"理论中，"金、木、水、火、土"的"五行学说"比无机化合物、有机化合物、有机体、蛋白质、脂肪、氨基酸、DNA 结构等"识别系统"，在解释"循环、再生、相生、相克"或者"正反馈、负反馈"等方面，在解释生态系统中不可分割的"组分"之间的生态关系方面，更加精致、准确，甚至可以说，有过之而无不及。

中医独创的"望闻问切"的临床技术，在一千多年前就达到了就是现代最新的"物态技术"、物理化学仪器都不能替代的水准，这种宏观、整体"把握"的"模糊识别"技术，也正是物理学"仿生工程"还需要走的一段相当长的路。

9.4.1　规划理念

在这个章节里，我们讨论的养生生态工程的规划理念，运用第一代"华夏文明"的"和文化"中的"修身养性"与"齐家治国平天下"一体的融合方式。要达到个人养生、益寿延年；民族养生、和睦安康；国家养生、和平红利；地球养生、天下为公、世界大同的物质和精神境界。

作为养生生态工程与规划的理念，最基本的把人类生态学的三层次生态关系的高效和谐理念通过工程与规划的形式、手段表达出来。包括是把目前的"物态"人类社会，生态化到梯次递进的以下三重境界。

（1）**严于律己、宽以待人（或物）**：每一个单位都制订有"员工守则"，其实千条万条的守则、纪律、规章及法律条文，除了针对"违法犯罪"的，都没有这句"严于律己、宽以待人（或物）"简单易记、易行，通俗易懂。如果能够人人融入"潜意识之中"，人人都可以"切问近思、神闲气静、智深勇沉"。养生生态工程与规划的第一重要的规划理念，就通过人类社会的生态化方式，进入一种个人幸福安康、益寿延年及国家层面和谐安宁的新境界。

（2）**美人之美、各美其美**：现代文明中倡导个性自由，主张"物质利益最大化"，不仅仅造就了经济的繁荣，也产生了利益的纠葛及观念的纷争。众说纷纭，莫衷一是，谁也说服不了谁的时候，我们需要的不是冷战或者热战，而是"美人之美、各美其美"的思想观念，这也是养生生态工程与规划的重要理念之一，将取得"和而不同"的平静、安宁、安定、团结的发展红利，不仅仅有利于个人心情舒畅，人民安居乐业，也将大大提升个人及平均寿命，益寿延年。

（3）**仁者爱人、仁者无敌**：已经是物质财富丰富的小康甚至富裕的社会，这个时候的"仁义道德"应该是可以开动媒体，正面弘扬的正气歌。这与"天下为公"，"为人民服务"、"毫不利己、专门利人"、"解放全人类最后解放自己"的口号意念一致，如果通过养生生态工程及规划的理念来表达，就更通俗、更古典、更传统、更具有前瞻性和可操作性。

9.4.2　规划要点

据调查分析，在中国青少年群体当中，至少有 50%的人存在着不同程度的"脑疲劳"。一般说来，"脑疲劳"通常表现为心理紧张、精神不振、心绪不宁、思维紊乱、情绪波动、反应迟钝、记忆衰退、注意力分散、头晕头痛等。及时调整与治疗"脑疲劳"与国家层面的养生生态工程同步，包括全民的普及"健身、养生"运动，主要内涵为"严于律己，宽以待人"基础上的国家层面的养生生态工程的规划。其规划的要点主要是个人层面的行为生态学的规范及准则。

（1）**戒自卑**：人与人之间是"平等"的，"自卑"是一种"偏执"的情致。要学会努力丰富自己，自强而后崛起。

（2）**戒妒忌**：嫉妒是一种让人寝食难安的"病态"情绪，无益健康也于事无补，只有提高完善自己，才会获得更有竞争力的机会。

（3）**戒治气**：生气是人类负面情绪中的一种，一个人如果经常生气，就会使身心受到损害。"气大伤身"，尤其对肝脏损伤严重，"生气"实际上是拿别人的错误来惩罚自己。

（4）**戒浮躁**：暴怒容易使人失去理智，所以，一定要学会控制自己的情绪，任何时候都应保持心灵的平静，这样才是给自己的心脏、肝脏减负荷。

（5）**戒小人**："君子坦荡荡，小人长戚戚"，为人应该做襟怀坦白、光明磊落的谦谦君子，要特别防止自己变成"小人"。

（6）**戒私心**：要力戒权力、金钱、美色等各种诱惑，保持一份健康平和的"公心"，才会吃得香、睡得稳，有益健康，益寿延年。

人类躯体的常态与心态、情致极其相关，"严于律己，宽以待人"是根治目前国际、国内，人际、人内生态关系及状态的要点、制高点和切入点。规划当认认真真、实实在在把握之、实践之。

9.4.3　规划的框架方案

从个人"修身养性"惠及"身心健康、幸福快乐"入手，国家层面的养生生态工程的规划的框架方案为以下几点。

（1）推广全民"严于律己，宽以待人"的核心理念，开动媒体、图书、著作及影视作品；

（2）推广家庭版"顺其自然、早起早睡"模式（昼伏夜出，不仅仅伤身体，也浪费能源）；

（3）幼儿园、托儿所的"爱心关爱"活动，培养孩子互相关爱、热爱植物、动物和大自然；

（4）中小学的语文课、科学课、品德课中融合"严于律己，宽以待人"的核心理念，通俗易懂地代替一些"说教"范式；

（5）大学里推广"严于律己，宽以待人"的核心理念，提倡诚实、认真、刻苦、进取、向上、专心、钻研、攀登等精神；

（6）企业、机关、公司、政府机构应推广在"严于律己，宽以待人"的核心理念基础上的"大公无私"品格，杜绝欺诈、蒙骗、造假、贪污、行贿、受贿、腐化、堕落，倡导公正、无私、豁达、奉献、奉公、廉洁、效率的品格和形象；

全民从"强身健体"而不是政治"说教"的方式推广传统中国文化与小康、富裕社会理念相融合的"修身、养性、齐家、治国、平天下"之理念——严于律己，宽以待人。

复习思考题

1. 名词解释：
    养生　　　食疗　　　按摩　　　诚　敬　静　谨　恒　气定神闲
    形神兼养　身心合一　天人合一　美人之美，各美其美
2. 简述世界卫生组织提出健康四大基石"均衡营养、适量运动、充足睡眠、良好心态"的生态工程理论基础和应用。
3. 在三层次生态关系和谐理论的基础上简述儒、释、道家的养生方式，以及中医养生的理念、方式及方法。
4. 简述人类的"情致"之"喜、怒、哀、乐、惊、恐、悲"与其脏器状态的生态关联问题，设想可以进一步用现代"物态"科学的定性定量观察、实验证实或者证伪之吗？
5. 简述养生生态工程的规划要点及框架方案。

第10章 医疗生态工程与规划

在人类第三代"近现代（物态）文明"的主流思维中，西医成为全世界普遍接受的医疗体制，而中医只有中国、日本、朝鲜、泰国、越南、马来西亚得到官方承认。目前，在我国是西医和中医并立的时代，而"中医是不是科学"尚在争论之中。两派尖锐对立，谁也说服不了谁。

这种情形之下的国家层面的"医疗生态工程"何去何从？又该如何规划？

中医是相对西医而言的，产生于原始社会。春秋战国时期，中医的理论就已经基本形成，望闻问切的 "四诊"就已经开始采用，治疗方法有砭石、针刺、汤药、艾灸、导引等。

我国最早的一部医学典籍作为传统医学四大经典著作之一的《黄帝内经》，就是一部涉及了人体生理学、病理学、诊断学、治疗学和药物学的医学巨著。延续千年的中医在理论上建立了"阴阳五行学说"、"脉象学说"、"藏象学说"、"经络学说"、"病因学说"、"病机学说"、"病症学"、"诊断学"、"养生学"及"运气学"等学说。

西医学即西方医学，起源于古希腊而后发展于西方的医学体系。古希腊医师希波克拉底（公元前460～前377年）是其奠基人，最先提出过"体液学说"。古罗马医师盖仑（公元130～200年）创立了初步的理论体系，为西方解剖学、生理学和诊断学的发展奠定了一定基础，其学说在公元2～16世纪时期被奉为经典信条。

欧洲16世纪文艺复兴以后，随着西方的资产阶级革命和"物态"科学技术革命的发展，西方医学进入全新的发展阶段。维萨里的解剖学、哈维的实验生理学、莫尔迦尼的器官病理学、魏尔啸的细胞病理学，以及巴斯德和科赫的病原微生物学等，构筑起近代西方医学的新体系。

随着欧洲"物态"文明向世界各地的扩展，西方医学逐步流传到世界各国，并不断吸收各国医学家研究的新成果和"物态"科学技术的新成就，日益成为具有世界性和"现代"意义的医学体系。

西医学具有许多不同于中医学的特点，主要是倾向于"还原论"的"拆分"思想，强调定性定量的分析、实验、试验的研究，对于人的健康和疾病的认识注重"物理化学"平台上的"生物学"内容，注重人体"死态"中的"形态解剖"结构和局部定位，注重"特异性"的病理改变、病因和治疗等。

在中国，20世纪50年代以后"中西医结合"工作开始，实际上是从"主观上"把中医西医化，在临床医疗和预防保健等方面广泛开展之中，也曾涌现出一批优秀的研究成果。特别是在临床中，用"中西医结合"诊治常见病、多发病、难治病已较普遍，效果十分显著。

有人认为"中西医结合"就跟西医和营养的结合一样，是一种自然而然的事情，并不存在什么学术之争、领域之争，只是治疗、康复过程中的不同分工而已。

在中国现行的中医和西医"并立"的医疗体制中，疾病的诊治完全由一个"全能的"医生既开中药又开西药是不可能的。于是，患者可以看完了一个西医后，又立即去看另一个中医。不少患者就这样中、西医轮流地"看"，混合地"治"，以为这就是"中西医结合"。

有人认为真正的"中西医结合"，其精髓是在坚实地掌握国际先进的西医诊断和治疗的基础上，再结合使用我国传统中医进行治疗，这样会源于西医而高于西医，抑或源于中医而高于中医。也有人认为"中医不是科学"，所谓的"中西医结合"，只不过是"去医留药"般地用西医彻底改造中医而已。

因此，我国国家层面的医疗生态工程与规划面临岔路口上的抉择，任重道远。

10.1 医疗生态工程目的、手段及策略

医疗生态工程的目的是人民健康幸福，而"中医"与"西医"显然只是手段。由于这是起源于人类第一代"华夏文明"之"和文化"与起源于人类第三代"近现代（物态）文明"的"拆分文化"的两种迥然不同的"思维、方式和方法"，比较折中的所谓"中西医结合"似乎得到了大多数人的认同，但反对声也不绝于耳。特别是很多中医名家认为这是一种"不伦不类"的"邯郸学步"。"中医"就是"中医"，所谓的"中西医结合"只是一条"迷失自我"的歧途。

因此，当今中国的医疗生态工程的手段及策略注定是一个争吵不休的话题。而作为阳谋的"规划"却经常是在这种情形中为之探路。

中医学和西医学是产生于截然不同文化背景下的两个"医学"体系，两者不但思维方法不同，所采用的研究手段也有很大的差异。

有人认为：西医是治"病"，而中医是"救"人。人类第一代"华夏文明"的"和文化"中，对整个世界的把握的"整体观"的"模糊"把握蕴藏在中医理论之中，输出的是"望闻问切"的临床诊断方式方法，以及"药食同源"的人类生态中的"常态与病态"之间的"调理"及"治未病"之"防患于未然"的巧妙对策。

人类第三代"近现代（物态）文明"的"拆分文化"建立在物理学革命中的"唯物主义"的基础之上。"世界是物质的，物质是在不断运动的"，在定性定量的观察、实验、试验中，遵循逻辑通道推导结论是现代科学的内涵及外延，也成为一种理论是否"科学"的判断标准。

西医是"科学"的，因为西医的理论建立在定性定量的解剖、观测、观察、实验、试验的基础之上。所有的药物都经过十分严格的化学分析、化学结构清晰明确（能写出化学分子式），生物学药理实验（包括动物模拟和小规模人体实验）通过，并反复进行适应人群、毒副作用、剂量、拮抗、解毒等方面的论证。

西医的诊断一般有严格的物理仪器、化学检验、生物试剂、生理检材、毒理病理学理论支撑，内科的用药和外科的手术都十分便捷、快速、精准。所以，急病、急征、外伤等首先想到的是西医而不是中医。

在现代文明的主流思维中，"中医是不是科学"这个尖锐的问题被提了出来。用"物理思维"对照中医，从理论到方法都十分地"混沌"及"模糊"，而且，很多地方是不太严格地"符合"逻辑的。

就像第三代"物态"文明虽然占据时代的主流，也不可能完全替代第一代"华夏文明"一样，文明的多样性导致这个世界更加精彩，西医和中医可以融合，但也可以保持"自我"，

因为生态学思维中是"多样性导致稳定性"。

10.1.1　目的

无论中医还是西医，其直接的目的是"惩前毖后、治病救人"。而作为国家层面的医疗生态工程的目的是个体及全体人民的幸福、安康，而中医与西医就显然只是其中的实现手段之一或之二。

中、西医学的以上诸多差异，使两者的评价体系也不相同。西医学评价人体的生理病理、临床疗效、科研设计、科研成果时，是以形态（组织切片）、物质结构（器官的、细胞的、分子的、基因的），以及相关理论作为评价的指标体系。中医学评价人体的生理、病理、临床疗效，则是以临床实践为基础，以患者的反应状态（即"象"）作为评价的指标体系。这是中医几千年来经历亿万人次的反复验证而获得的珍贵财富。

对于中医、西医的地位"平衡"问题，不但有认识上的问题，也有其他诸多原因。我们不能忽视中、西医学是在不同地域、不同文化背景下发生的两个"医学"知识体系，中医、西医是医疗生态工程的两只"手"，我们不可能"自断一臂"，应该"两手抓、两手都要硬"。

10.1.2　手段

中、西医学分别表现出理论体系的开放性和封闭性特征，但两者的开放性和封闭性特征是相对的而不是绝对的。就西医理论的开放性特征而言，一方面使其理论的发生以解剖学为基石并贯穿各个层面的始终，认为人体内脏及细微的结构都是完全裸露的、可以直视的；另一方面，在其理论的发展完善过程中，不断地吸纳其他自然科学的成就，并以最快的速度将其他学科研究的成果接纳并融入自己的知识体系之中，如物理学的 X 光、核磁共振、化学分析、机械工程学制造的仪器、生物学的药理实验等。但"物理（化学）思维"西医也有封闭性一面，如对中医学相关理论、知识和方式方法的吸纳、消化、接受及运用，基本上是一律"拒之门外"的。

中医学是建立在"华夏文明"的基础之上的，受中华民族传统文化的影响本身也属于其中的一个重要的组成部分，自诸子百家的理论"百花齐放、百家争鸣"之后，《内经》、《难经》所奠定的中医理论建立在对人与人、人与其他物种、人与大自然的相互关系的观察、感悟、分析、演绎和升华之中，特别是人体内部的各脏器与人体"眼、耳、鼻、舌、身、意"之间的"相互关系"，中医十分入微的观察和体验、假说和临床实证，奠定了"望闻问切"甚至在一千多年前就可以基本上"替代"现代的物理仪器、化学实验、生物病理的基础。例如，肝病从"目赤"、"眼凸"的表征反映出来，酒糟鼻代表肺部或呼吸系统的问题，舌苔与身体机能、心脏关系密切，耳朵是肾脏的指示部位等。还有"闻"味道、"问"过程，加上一手"切脉"的绝活，甚至可以通过"号脉"辨别孕妇腹中的胎儿的性别。

当然，1840 年鸦片战争以后，第三代"近现代（物态）文明"的坚船利炮把整个中华民族及延续千年的"华夏文明"都打"懵了"，在面临"物理化学"之"拆分思维"的西医时，我们竟然不知所措。在全民族一片学习西方的热潮中，那些为国学、为中华文化、为传统、为中医苦苦坚守的人们，忍辱负重、步履维艰，但是，毕竟走到了民族复兴之希望的今天，等到了用"华夏文明"的"和文化"比拼"物态文明"之"拆分思维"，发现其根深蒂固的深层次缺陷而无力自拔的 21 世纪。应该到了用"生态思维"包容"物理思维"的时代了，走向"生态文明"的中国梦会伴随着对中医、中国文化、华夏文明的重新认识而辉煌灿烂。

10.1.3　策略

1840 年鸦片战争以来,中医在发展的过程中遇到了诸多困难和问题,甚至对于中医学的"是否属于科学"的问题,一直争论不休。学术界的争论可追溯到 19 世纪末,现代医学(西医)传到中国之后,一些主张医学现代化的人士,主张废除中医,中医学出现"生死攸关"的重大危机。直到今天,"中医学是否归属于科学"及中医药是否"有效"等,仍备受主流"物理思维"的科学界之质疑。

(1) 1879 年,俞樾发表《废医论》最早提出了废除中医中药的主张。

(2) 1915 年,江苏的袁桂生将"废五行说"作为一项提案交神州医药总会讨论,题为《拟废五行生克之提议》。据称可能是最早的提出废除"五行理论"的文章。

(3) 1929 年,当时的国民政府通过了《废止旧医以扫除医事卫生事业之障碍案》。

(4) 2005 年,中南大学张功耀教授在《医学与哲学》杂志上发表了《告别中医中药》,将中医存废之争推向新高潮。

中国政府公开表态"中医学是一门科学"。2005 年 11 月 19 日国家将"中国中医研究院"更名为"中国中医科学院"。但是,还有一些人认为:"中医源于古人对人体与自然规律的感性及感官认识,其本质并非科学,但可以用适当的现代科学方法去研究和发挥部分的中医理论"。

1929 年在一场废除中医的尝试失败之后,上海中医药界人士为了庆祝这一胜利,把每年 3 月 17 日定为"中国国医节"。

第二届国医大师、北京中医药大学的孙光荣教授认为:"中医药学作为中国独有的医学科学,既古老又现代。古老,是指其传承历程久远而延伸。现代,是指其理念与方法在诸多方面超越了当代理化生物等现代科技的认知度,是具有原创优势的科技资源"。

"中医药学具有天人合一的认知特征、整体相关的诊察特征、动态平衡的思维特征、辨识正邪的思辨特征及燮理中和的施治特征,而这些都是用现代理化检查达不到的元素,是从化验单无法看到的结论,但却恰恰是中医辨证思维的重要元素,是中医因人、因时、因地制宜进行整体辨证施治的重要依据。"

孙光荣还认为,"中医学、西医学,都是人类防治疾病、维护健康的医学科学,目的一致,但又是不同的医学体系:

(1) 西医学属于自然科学,中医学既属于自然科学,也属于社会科学。

(2) 西医学追求生物—社会—心理医学模式,中医学则讲究整体医学模式。

(3) 西医学是在还原论的指导下,基于解剖学的基础上发展起来的,诊疗思维着重于寻求致病因子和精确病变定位,然后采用对抗式思维,定点清除致病因子,使机体恢复健康。

(4) 中医学则是在整体观的指导下,基于天人合一、形神合一的中国古代哲学基础上发展起来的,诊疗思维着重于寻求致病因素和正气、邪气的消长定位,然后采用包容式思维,非定点清除致病因子,而是通过扶正祛邪、补偏救弊使机体恢复健康。

孙光荣特别强调:"人类的生命科学至今还是一个尚未打开的迷宫,科学认知中医科学,对丰富世界医学事业、推进生命科学研究具有积极意义"。

原卫生部部长陈竺是中医的坚定支持者。他说:"在多年医学研究的经历中,我能够真切地感受到中医药是中华民族的瑰宝。它构成了我国医学体系的一个特色和优势，也是医疗卫生事业的重要组成部分。"

他以国人熟知的"两小儿辩日"的故事，来阐释了人们对中、西医学两种不同的认知：两个小孩争论太阳距离的远近，一个认为日出时近，中午时远，因为用肉眼观察日出时大，中午时小，而近的东西看起来大，远的东西看起来小；另一个则认为相反，因为日出时凉快，说明太阳离得远，中午时炎热，说明太阳离得近。

陈竺认为这个比喻形象地阐述了东、西方医学认知方法的不同：①东方文化中占主流的认知方法一直是经验和直觉，讲究从整体上来认识和处理包括疾病和生命等复杂问题；②西方则是沿着"实证＋推理"的思维来发展其认知方法，导致在这两种文化背景和认知方法下发展的医学也大不相同。

陈竺认为："西医遇到病人会考虑是功能性还是器质性，通过检查可以精确到具体病变部位，进而深入微观搞清楚什么是致病源。中医则考虑病人处于什么证型，是饮食不当还是七情不调，是操劳过度还是季节变换，进而为病人进行整体调理。正是中、西医学在观察和思维方式上的不同，导致了人们对中医药学和西方医学的不同认识"。"尊重中医药学，前提是要科学地认识它。而搞清这两种认知方法的关系，可以帮助我们更好地认识中医。"

陈竺坦言："中医在比较长的时间里停留在经验和哲学思辨的层面，没能跟上现代科学体系相伴随的解剖学、生理学等的发展。同时，现代科技对人类自身的认识也远未尽善尽美，因此长期以来形成中医理论无法用现代语言来描述、中医与西方医学无法互通互融的局面"。

对此，陈竺建议，如果能将更多的中医典籍精华用公众能理解的现代学术语言来表达，那么它必将为现代医学提供更多的治疗思想和方法手段。"虽然目前中、西医学之间仍有壁垒，但只要兼收并蓄，不故步自封，既立足于历史，又着眼于未来，就有机会建立起融中、西医学思想于一体、兼取两者长处的现代医学体系"。

中国科学院院士韩启德也认为"中西医结合是一个非常好的道路"，但却有着另一层忧虑："两个体系、两个哲学体系要把它合在一起谈何容易。"

10.2　医疗生态工程的方式、方法及途径

> 西医与中医犹如中国医疗生态工程的两根"顶梁柱"，分别支撑着一片"天空"，如果再加上一个"中西医结合"的"梁柱"不是更好吗？只不过这根柱子千万不要是将可以独自支撑一片"天空"的"中医"之柱替换的，未来的中国医疗生态工程应该是三根、四根 "顶梁柱"，而绝不可以仍然是故步自封的状态。

人类已经越来越依赖"医院"而生存，生活中除了吃饭，吃药也成了其中一个十分重要的部分。因此，惠及所有老百姓的"医疗生态工程"应该从内涵和外延两大方面，分析深层次的原因，为全国人民，也为中华民族的整体繁衍、可持续发展做出应有的贡献。

纵观世界上的医疗体系的发生、发展历史，大致上可分成以下几个阶段。

（1）人类第一代"华夏文明"创立的"自然论医学体系"（经验相传、模糊识别、药食同源）：认为疾病的发生是由于自然环境的变化或人的生活方式不正常所造成的，如气候的变化、饮食习惯、人情绪变化等。中医学、藏医学、顺势疗法等即属于此类。

（2）人类第二代"宗教文明"创立的"拟人论医学体系"（宗教神学、信仰观止、心理自愈）：认为疾病的发生是由于超自然物（神灵）力量所造成的，如撒旦、鬼、神等，巫医、乩童、符咒等即属于此类。

（3）人类第三代"物态文明"创立的"物态科学论医学体系"（实验设计、定性定量、严格因果）：经由设立假说、实验设计，并利用演绎、归纳等方法呈现结果，或借由科学仪器侦测所产生的医学，是近现代医学的主流，如西医。

目前，全世界范围内仍然是"三个模式"并行，只不过是西医是世界主流。全世界几乎所有城市都有悬挂红色或绿色"十字"的西医医院，而西医、中医医院并立的城市，只有中国。在美国、英国、法国等西方国家，甚至经过英国殖民之后回归的中国香港地区，中医的行医资格不被官方承认，还不能建立公开合法的中医医院，只能以保健的名义开业。

自从现代医学从西方传入中国之后，两种医学体系的比较就一直在进行。贬低中医的人曾使用"旧医"来称呼以区别"新医"的西医。支持中医的人则用"国医"、"中医"这样的名称。现在比较中性的称呼是"现代医学"和"传统医学"。

国家层面的医疗生态工程的方式，无外乎单一（只认西医）、双轨（中医、西医并举）、融合（合二为一或合二为二）、多样化（包括中医、西医、融合西医的中医、融合中医的西医、中西医混合 5 种医疗系统）四种方式。

中医（traditional chinese medicine）一般指以中国汉族劳动人民创造的传统医学为主的医学，所以也称汉医。它是研究人体生理、病理及疾病的诊断和防治等的一门学科。中医诞生于古代的原始社会，春秋战国时期中医理论已基本形成，之后历代均有总结发展。对汉字文化圈国家影响深远，如日本汉方医学、韩国韩医学、朝鲜高丽医学、越南东医学等都是以中医为基础发展起来的。

中医承载着中国古代人民同疾病作斗争的经验和理论知识，从"物态思维"来论是在古代朴素的"唯物论"和自发的"辨证法"思想指导下，通过长期医疗实践逐步形成并发展成的医学理论体系。

中医学以"阴阳五行"作为理论基础，将人体看成是"气、形、神"的统一体，通过"望闻问切"四诊合参的方法，探求病因、病性、病位、分析病机及人体内五脏六腑、经络关节、气血津液的变化、判断"邪、正"消长，进而得出"病名"，归纳出"证型"，以辨证论治原则，制订"汗、吐、下、和、温、清、补、消"等治疗方法，使用中药、针灸、推拿、按摩、拔罐、气功、食疗等多种治疗手段，使人体达到阴、阳调和而康复。

中医治疗的积极面在于希望可以"协助"恢复人体的阴阳平衡，而消极面则是一般不能像西医那样药到病除、立竿见影。

10.2.1 西医的起源、演变和形象识别标志

有文字可考的古希腊医学，起源于公元前 8 世纪的荷马时期。还可追溯性到公元前 1500 年的米诺斯时期，其强有力的证据有两个：一是保存至今的米诺斯王宫遗址中的卫生设施和排水系统；二是古埃及医书中明显记载了来自克里特人的医药配方。

荷马时代的希腊医学明显具有经验性的特点。自公元前 7 世纪起，一些希腊的早期智者开始了摆脱神秘主义的努力，他们试图以可被理解的方式理解自然界，他们以自然哲学的方式研究人类生理和病理，并成为指导人们救人的理论基础医学体系，现代把之叫做自然哲学的医学。这种"哲医学"以希波克拉底（Hippocrates，公元前 460～前 377）所著的《希波克拉底文集》为初步形成的标志，希波克拉底的"医哲学"思想贯彻了与他同时代的希腊哲学思想，尤其是恩培多·克勒的"四元素说"。

在希波克拉底看来，人体构造决定人的气质，而决定人的身体构造的是：血液、黏液、黄胆汁、黑胆汁。这四种体液对应于四种元素：

（1）血液对应于火：血液从心而来代表热；

（2）黏液对应于水：黏液从脑而来代表冷；

（3）黄胆汁对应于气：黄胆汁从肝而来代表干；

（4）黑胆汁对应于土：黑胆汁从脾胃而来代表湿。

这四种体液不是各自独立的。它们在不同季节会出现不同的汇合，从而决定人的身体生理状况。四体液如果失调或不能及时对应气候等外来因素的变化，身体就会发生病变转移，这就是希波克拉底的"体质病理"学说。

从西方医学的希腊起源来看，与同时代的中国传统医学的"华夏"起源的理论"脉络"十分相近，只是在近代"物态革命"之后，物理及化学在诠释"世界是物质的"这种"唯物主义"的观念中，开始了用元素周期表中的单质元素及其组合的化合物来解读世界，西方医学就开始走向了一条以物理、化学、生物学实验为主线的定性定量研究、逻辑通道推导结论的渠道。与传统的医学中的朴素的"生态"观念就分道扬镳了。

因此，真正的西医应该从其形象识别标志——红十字的历史正式开始。

1863 年 10 月，红十字作为救护团体（红十字会）及医院的识别标志正式开始使用。红十字标志通常是由五个大小相等的红色正方形拼合成。国际"红十字"的规章，对标志本身的大小、比例并没有严格的规定，只说明两条红色长方条成垂直相交，中心至各端的长短相等。随后的《日内瓦公约》明文指出红十字标志系"掉转"瑞士国旗的颜色而成，之所以这样做是为了对瑞士表示敬意，因为瑞士的日内瓦是红十字协会的发祥地。

由于商标注册问题，以前救死扶伤的"红十字"代表红十字协会和医院，现在的医院不能使用这个标志，所以大多数医院采用"绿十字"或者红边"白十字"（图 10.1）。

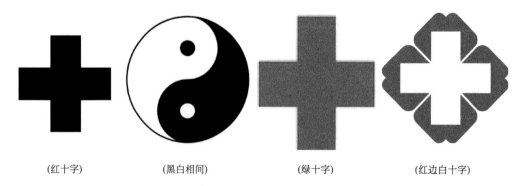

（红十字）　　　　（黑白相间）　　　　（绿十字）　　　　（红边白十字）

图 10.1　两种思维方式的医疗系统及其现象识别标志

10.2.2　中医的标志及其含义

西医的红、绿十字主要是为了战时救死扶伤过程中"醒目"而来,与中国传统中医的形象识别标志的含义,在其科学性、寓意性、识别性、趣味性、通俗性方面,就是按现代最新的商业形象识别系统的理论来评价,古老中国创立的这个"太极图"标志,西医可就是"望其项背"。可惜,这么好的标志蒙尘太多、斑驳陆离,已经被中医废弃不用了。

图 10.1 中的太极阴阳鱼是中国古代中医药的志徽。古代之所以用阴阳鱼当作中医药的志徽,是因为它不仅蕴含了中医的治疗原理,还表现了古代中医的高尚医德。

阴阳鱼学名为太极图,图案黑白回互,中间以"S"形曲线,两侧宛如两条颠倒的小鱼。它是古人概括阴阳易理和认识世界的宇宙模型。

太极图最外层的圆圈为太极或无极,表示宇宙万物乃由元气化生,并不断运动循环。圆内白鱼在左、头向上为阳,黑鱼为右、头在下为阴。鱼中又有小圈为鱼眼,展示阳中有阴、阴中有阳、左升右降。阴阳二鱼以"S"形曲线为隔,寓示在"负阴抱阳"中阴阳的平衡,不是"一刀切成"的两半圆式的对称,也非天平式的平衡,而是变化的、此消彼长的阴阳均衡。

古代道家、丹家、医家乃至儒家都以太极图为志徽,将其镌刻在道观、丹服、经学图书和宋代以后孔庙的殿梁上。中医药学以"阴阳五行学说"为理论基础,自然也就用了太极图为志徽,但多称之为"阴阳鱼"。

新中国成立之前,在医药书籍上常印有太极图,在中药铺门两侧的招幌上则是在一串膏药、丸药下面挂条鱼,既以"鱼"谐音"愈"(治愈),又左、右两鱼合而为一太极。但鱼是"不闭"眼睛的,这又寓意医生和药商要像鱼一样,昼夜不闭眼睛,随时服务于患者。

中医理论来源于对医疗经验的总结及中国古代的"阴阳五行"思想。其内容包括精气学说、阴阳五行学说、气血津液、藏象、经络、体质、病因、发病、病机、治则、养生等。早在两千多年前,中医专著《黄帝内经》问世,奠定了中医学的基础。时至今日,中国传统医学相关的理论、诊断法、治疗方法等,均可在此书中找到根源。

中医学理论体系是经过长期的临床实践,在唯物论和辨证法思想指导下逐步形成的。来源于实践,反过来又指导实践,通过对现象的分析,以探求其内在机理。

中医学独特的理论体系有两个基本特点:一是整体观念,二是辨证论治。中医的基础理论是对人体生命活动和疾病变化规律的理论概括,它主要包括以下学说。

(1)运气学说:又称五运六气,是研究、探索自然界天文、气象、气候变化对人体健康和疾病的影响的学说。五运包括"木运、火运、土运、金运和水运",指自然界一年中春、夏、长夏、秋、冬的季候循环。六气则是一年四季中"风、寒、暑、湿、燥、火"六种气候因子。运气学说是根据天文历法参数用来推算、预测来年的天象、气候、疾病发生流行的规律,并提供预防、养生的方法。

(2)精气学说:气是构成天地万物的原始物质。气的运动称为"气机",有"升、降、出、入"四种形式。由运动而产生的各种变化,称为"气化",如动物的"生长壮老已"、植物的"生长化收藏"。气是天地万物之间的中介,使之得以交感相应,如"人与天地相参,与日月相应",天地之"精气"化生为人。

(3)阴阳学说:阴、阳是宇宙中相互关联的事物或现象对立双方属性的概括。最初是指日光的向背，向日光为阳，背日光为阴。阴阳的交互作用包括"阴阳交感、对立制约、互根互用、消长平衡、相互转化"。

（4）五行学说：即是用"木、火、土、金、水"五个属性来概括客观世界中的不同事物属性，并用五行相生、相克的动态模式来说明事物间的相互联系和转化规律。五行学说中以"五脏配五行"为：肝与木、心与火、脾与土、金与肺、水与肾。五脏与五行相生、相克应保持相对平衡和稳定，和谐相处。如果五脏与五行发生失调，出现太过、不及或反侮，也会致疾病的发生，这对于推断疾病的好转和恶变，治疗方法，提供了充足依据。中医主要运用五行学说阐述五脏六腑间的功能联系，以及脏腑失衡时疾病发生的机理，也用以指导脏腑疾病的治疗。五行学说体现了具备这"五种属性"的人体五大系统的相互关系。五行的交互作用包括"相生、相克、制化、胜复、相侮、相乘、相及"等相互作用。

因此，中医的科学性就蕴含在"不言之中"的太极阴阳图之中，只不过不要用"物理思维"，要用生态学中关于种内、种间、天人三个层次高效和谐的原理，甚至进入"微观层次"中的五脏六腑、五官六感、七情六欲之间的生态（常态、病态、眠态、死态）之间的调理和科学转换。

10.2.3　中、西医结合的大方向

几乎所有的非医学人士都主张要"中西医融合"或者"中西医结合"，而医学界却在艰苦的"磨合中"发出了不同的声音。这就好像两架已经"成型"的马车，要"合并"或"融合"成为"一辆"，理论上似乎可以，但结果是什么就难以预料了，也许会事与愿违。

不管怎样，在我国从 20 世纪 50 年代初期开始，就大力推动中西医结合研究，60 多年过去之后回顾历程大体经历了以下几个阶段。

（1）60～70 年代中西医结合防治研究的开创阶段：其特点是各学科临床与实验研究开展，全面显示出中西医结合的优势。在临床上主要采用辨证分型的方式分析疾病，并开展实验研究，已经出现一批如针刺麻醉、中西医结合治疗骨折、治疗急腹症等方面的研究成果，而且，后来获得诺贝尔奖的青蒿素也是这个时期打下的基础。

（2）80 年代的临床研究与基础研究深化发展阶段：初步运用动物模型和实验研究观察手段，把中医的"把证"和经络的研究推到一个更为深入的层次。

（3）90 年代以后中西医结合学科建设发展阶段：1982 年国务院学位委员会将"中西医结合"设置为一级学科，招收中西医结合研究生，促进了中西医结合学科建设。1992 年，国家标准《学科分类与代码》又将"中西医结合医学"设置为一门新学科，促进了中西医结合研究把学科建设作为主要发展方向和历史任务。

（4）2015 年屠呦呦获得诺贝尔生理学或医学奖：60 年代为了在越南战争中控制热带丛林中的疟疾而用中西医结合的思维研制的青蒿素，因为拯救过数千万人的生命，成为继奎宁及其衍生物之后人类抵抗疟疾的唯一一张现时"王牌"而获得 2015 年度的诺贝尔奖。这样，为经过了几轮反复的"中医是科学吗"的争吵之后的中医画上了一个阶段性的符号。

目前，中西医结合的方式和途径有以下几个主要方面。

（1）结合的诊断方法：主要是用西医学和现代科学方法研究中医"望闻问切"四诊，或创造新的诊法。开展最多的是经络诊法和脉诊、舌诊。经络诊法是把中医学关于经络检查所见和西医诊断联系起来，通过相关性研究，创立耳穴诊病法和经络检查法。通过各种脉象

仪、舌象仪，把医生诊脉时的指下感觉用图像、曲线、数字等客观指标表示出来，把各种舌诊所见舌苔、舌质的变化通过病理形态学、细胞学、生物化学、血液流变学及光学等方法客观地反映出来；另外对脉象及舌象进行中医相关对照和从病理生理学、生物化学、微生物学、免疫学、血流动力学等多方面进行原因和机理探讨。这项研究有利于中医"四诊"实现仪器化、客观化和规范化。

（2）结合疾病的诊治：包括在诊断上的病征结合、在治疗时的综合协调、在理论上的相互为用。病征结合就是运用西医诊断方法确定病名，同时进行中医辨证，作出分型和分期。这样就从两种不同的医学角度审视疾病，既重视病因和局部病理改变，又通盘考虑疾病过程中的整体反应及动态变化，并以此指导治疗。综合协调是指在治疗的不同环节按中西医各自的理论优选各自的疗法，不是简单的中药加西药，而是有机配合、互相补充，这样往往能获得更高的疗效。理论上相互为用是根据不同需要，或侧重以中医理论指导治疗，或侧重以西医理论指导治疗，或按中西医结合后形成的新理论指导治疗。

（3）结合的治法、治则：主要集中于对活血化瘀、清热解毒、通理攻下、补气养血、扶正固（培）本等治则的研究。方法是在肯定疗效的基础上，摸清用药规律，筛选方药，进而对适用该治则的有关方药进行药理作用、成分、配伍机制的实验研究（中药西化："中成药"的思维），再将所取得的认识放到临床实践中验证。

（4）结合的基础理论：中医学基础理论内容十分丰富，与西医学的"物态（理）思维"理论完全不同，以往曾开展对阴阳学说、脏象学说、气血学说及有关"证"的研究等，主要是从西医角度去探索。其方法是先以临床为据确立研究对象的特征，然后通过建立中医理论的动物模型或动物疾病模型以寻找中、西医理论上的结合点。

（5）结合方剂药物：包括用西医理论和方法，对传统方剂的作用加以说明。其特点是医、药结合，临床与实验结合，单味药物研究与复方研究相结合。

（6）结合针灸及经络（5个方面）：①是把针灸应用于西医临床各科，所治疾病已达 300 余种；②是传统针刺技术与西医理论和方法结合，创立头皮针、耳针疗法和电针、激光针疗法、穴位注射方法等；③是用生理学、生理化学、微生物学及免疫学方法研究针灸对人体各系统的作用机制，为针灸提供现代科学依据；④是通过对针刺麻醉的临床应用和对针刺镇痛原理研究进行结合；⑤是在肯定经络现象、总结循经感应规律的基础上，融合中西医理论，以现代实验方法与科学抽象方法相结合，探索经络机制。利用现代科学技术和实验方法研究经络及针灸作用原理的一门新学科——实验针灸学，已经在中西医结合的过程中逐步形成。

很显然，目前这种中西医结合的层次仍然属于"物理搅拌"阶段，虽然貌似"结合"，但基本上仍然是水乳不融，或者说泾渭分明。

10.3　医疗生态工程的生态理念、原则及策略

西医学与中医学中，前者是"物理（化学）思维"主导，而后者才是全程的"生态学思维"，因此，医疗生态工程的生态理念应该是在"中医"基础上的对"西医"的整合，中西医结合的途径中不是侧重于中医西化，而是侧重于西医中化。并且，中医理论和方法更多地应该挑起保健、养生的重大责任。

中国的医疗体系建设问题，也是全人类的问题。这涉及人类三代文明的融合趋势，中医和西医是第一代和第三代人类文明的产物，要用"物理、化学"的方式生硬地统一起来，事倍功半。我们需要转换思维，深刻地把握现代"物态科学"的精髓和方式方法的"脉络"，并结合同样属于现代新兴科学的生态学最新的理念和思维，方式和方法，才能真正为中国、为人类、为全世界找到一条通往"生态文明"之路。

10.3.1　生态理念

国家层次的医疗生态工程的生态理念，首先应该包括对延续千年的中医进行生态解读：从生态学的立场来看，中医具有比较系统、完整的理论体系，其独特之处在于透彻地观察、感悟、透析、升华人类种内关系、种间关系及天人关系高效和谐的要诀，建立了"天人合一"、"天人相应"的整体观及辨证观。

中医认为人是自然界的一个组成部分，由阴、阳两大类物质构成。阴、阳二气相互对立而又相互依存，并时刻都在运动与变化之中。在正常生理状态下，两者处于一种动态的平衡之中，一旦这种动态平衡受到破坏，即呈现为病理状态（病态）。

在治疗疾病，纠正阴、阳失衡时并非采取孤立静止的方法，而多从动态的角度出发，即强调"恒动观"。人的生命活动规律及疾病的发生等都与自然界的各种变化（如季节气候、地区方域、昼夜晨昏等）息息相关，人们所处的自然环境不同及人对自然环境的适应程度不同，其体质特征和发病规律亦有所区别。因此在诊断、治疗同一种疾病时，多注重因时、因地、因人制宜，并非千篇一律。

认为人体各个组织、器官共处一个统一体中，不论在生理上还是在病理上都是互相联系、互相影响的。因而从不孤立地看待某一生理或病理现象，头痛医头，脚痛医脚，而多从整体的角度来对待疾病的治疗与预防，特别强调整体观。

（1）**整体观念**：整体是指人体的统一性和完整性。中医认为人体是一个有机整体，是由若干脏器和组织、器官所组成的。各个组织、器官都有着各自不同的功能，决定了机体的整体统一性。

（2）**生态关联**：人与自然的统一性，自然界存在着人类赖以生存的必要条件。自然界的变化可直接或间接地影响人体，而机体则相应地产生反应。在功能上相互协调，相互为用，在病理上是相互影响。

（3）**辨病辨证**：疾病是具有特定的症状和体征的，而"证"则是疾病过程中典型的反应状态。中医临床认识和治疗疾病是既"辨病"又"辨证"，并通过"辨证"而进一步认识疾病。例如，感冒可见恶寒、发热、头身疼痛等症状，病属在表。但由于致病因素和机体反应性的不同，又常表现为风寒感冒和风热感冒两种不同的"证"。只有辨别清楚是风寒还是风热，才能确定选用辛温解表还是辛凉解表方法，给予恰当有效的治疗，而不是单纯的"见热退热"、"头痛医头"的局部对症方法。

（4）**辨证治病**：所谓"证"是机体在疾病发展过程中某一阶段的病理概括。包括病变的部位、原因、性质及邪正关系，能够反映出疾病发展过程中，某一阶段的病理变化的本质，因而它比"症状"能更全面、更深刻、更准确地揭示出疾病的发展过程和本质。所谓"辨证"，就是将四诊（望、闻、问、切）所收集的资料，症状和体征，通过分析综合、辨清疾病的原因、性质、部位及邪正之间的关系，从而概括、判断为某种性质证候的过程。所谓"论治"

又叫施治，则是根据辨证分析的结果来确定相应的治疗原则和治疗方法。辨证是决定治疗的前提和依据。论治则是治疗疾病的手段和方法。所以辨证论治的过程，实质上是中医学认识疾病和治疗疾病的过程。

（5）**治未病、调状态**：中医对人类个体的常态与病态之间的转换，以及"喜、怒、哀、乐、惊、恐、悲"等情致与脏器运行之间的状态关系都观察地十分细致、入微，通过情绪的调整、食物的调整、身心的净化和适量的运动，透彻地把握了人类益寿延年的真谛。

从生态的角度来看中医与西医有以下区别。

（1）中医是整体把握的"生态思维"，相对于西医有把人体看成"整体"的观念，中医的基础理论建立在对人体各种脏器相互关系及与人体的情致、心理、食物、运动等过程关联的细致观察、演绎的基础之上，对人体生命活动和疾病变化规律的理论概括与现代生态学理论相耦合。

（2）中医理论建立在对人与人、人与其他物种、人与大自然的相互关系的观察、感悟、分析、演绎和升华之中，特别是人体内部的各脏器与人体"眼、耳、鼻、舌、身、意"之间的相互关系。中医十分入微的观察和体验、假说和临床实证，奠定了"望、闻、问、切"甚至在一千多年前就可以基本上"替代"现代的物理仪器、化学实验、生物病理的基础。

（3）西医建立在物理解剖及化学"拆分"理论基础之上，强调定性定量的物理化学分析、实验、试验的研究，对于人的健康和疾病的认识注重"物理化学"平台上的"生物学"内容，注重人体"死态"中的"形态解剖"结构和局部定位，注重"特异性"的病理改变、病因和治疗等。

（4）西医的诊断一般有严格的物理仪器、化学检验、生物试剂、生理检材、毒理病理学理论支撑，内科的用药和外科的手术都十分便捷、快速、精准。所以，急病、急征、外伤等首先想到的是西医而不是中医。

（5）西医学是在因果论、还原论的指导下，基于人体"死态"解剖学的基础上发展起来的，诊疗思维着重于寻求致病因子和精确病变定位，然后采用对抗式思维，物理（外科）、化学手段（内科）定点清除致病因子，使机体恢复健康。

（6）中医学将人体看成是"气、形、神"的统一体，探求病因、病性、病位、分析病机及人体内五脏六腑、经络关节、气血津液的变化、制订"汗、吐、下、和、温、清、补、消"等治疗方法，使用中药、针灸、推拿、按摩、拔罐、气功、食疗等多种治疗手段，使人体状态调整为"常态"均衡而康复。

医疗生态工程的生态理念，对中医和西医的各自独立、互相促进的模式，以及二者互相融合的范式，或者是"二变五"（包括中医、西医、融合西医的中医、融合中医的西医、中西医混合 5 种）的模式都成立，那就是要用人类三层次生态关系"高效和谐"的生态理论指导国家层次的医疗生态工程规划与建设。

10.3.2　原则

如果我们只看到东方文化中的中医其占主流的认知方法是"经验和直觉"，讲究从"整体"上来认识和处理包括疾病和生命系统中的复杂问题；而西方文化中的西医或"现代科学"则是沿着"实证＋推理"的思维，来发展其认知方法，导致在这两种文化背景和认知方法下发展的"医学"也大不相同，就大错特错了。东方文化中的中医同样是在用"实证＋推理"

的思维，假说、推导、规范和实证中医的所有理论的，只不过是"物理（化学）思维"和"生态思维"的不同罢了。

西医的理论来自"物态革命"以后的现代化学及"元素论"的兴起。门捷列夫创立的元素周期表上目前共发现的 118 个单质元素包括：①第一周期：2 个；②第二周期：8 个；③第三周期：8 个；④第四周期：18 个；⑤第五周期：18 个；⑥第六周期：32 个；⑦第七周期：32 个（未完全发现）。

一般来说，到第七周期后面就基本上都是人造元素了，人造元素极其不稳定且需要大量能量，故元素周期表应是在第七周期截止，总共 118 个元素。

现代化学对"唯物主义"的诠释，世界是由单质元素和其排列组合后的化合物组成的。到目前已知的化合物的数量究竟有多少？各方面的统计不太一致。比较公认的是美国《化学文摘》编辑部的统计是："已发现天然存在的化合物和人工合成的化合物大约有 300 多万种"。这些化合物有的是由两种元素组成的；有的是由 3 种、4 种甚至更多的化学元素组成的。每年依然有新合成的化合物数量达 30 余万，其中 90% 以上是有机化合物。

化合物主要分为有机化合物、无机化合物、高分子化合物、离子化合物和共价化合物等。

（1）有机化合物：含有碳氢化合物，分为糖类、核酸、脂质和蛋白质。

（2）无机化合物：不含碳氢化合物，分为酸、碱、盐和氧化物。

（3）离子化合物：一般含有金属元素，如氧化钠。

（4）共价化合物：如水。

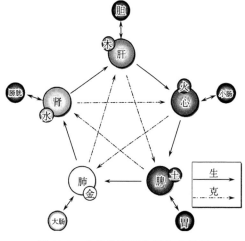

图 10.2　人体的脏腑之间生态关系
以及"五行"均衡说

这就是现代"科学"中的"世界物质本原"的解释。也是用西医的"思维"解释中医中药的时候，让中药最"纠结"的地方。

问题是，人体的五脏心、肝、脾、肾、肺是可以拆分为一批"单质及化合物"，但是这些相同、类似的"单质及化合物"能重新组成心、肝、脾、肾、肺吗？即使是将来能，也存在"拆分"与"整体"、"分子"与"器官"的差异问题。

图 10.2 中的"金、木、水、火、土"理论（中医的五行理论），完全是"假说＋推理＋实证"的科学理论。

对与不对，科学允许进一步证实或者证伪。

所以，医疗生态工程的生态原则是：用生态思维包容物理、化学思维，更加强调生命的整体层次、整体结构和整体功能，更加强调的人类个体生命的常态及新常态的调整。最通俗的原则就是：中医在与现代科学中的物理化学融合的过程中绝不可以"邯郸学步"。

10.3.3　策略

国家层次的医疗生态工程的生态策略是：在以下四种方式中选择，推举一种或数种模式作为未来的国家医疗体制改革及发展的大方向。

（1）单一路径（只认西医）：就像西方发达国家一样，只有西医；

（2）双轨路径（中医、西医并举）：保持目前的态势，各自门庭独立；

（3）融合路径（合二为一或合二为二）：各自向对方学习，包括中医院开西药，西医院有中医门诊；

（4）多样化路径（包括中医、西医、融合西医的中医、融合中医的西医、中西医混合 5 种医疗系统）：在观念上更新，重新开辟人类医疗的五大方向，确保未来的子孙们的"生态安全"。

很显然，在这个主流文明为"物态"而非"生态"的世界里，"视生为物"的偏激观念是典型的"反生主义"。正是因为人类的"生态安全"是建立在生物多样性基础上的，是人类与已定名的 150 万种伴生生物在种内、种间及天人三层次生态关系的"高效和谐"，所以，面对未来人类还是要选择"多样性导致稳定性"的生态策略。

10.4　医疗生态工程的规划要点及框架方案

　　　　　未来中国医疗生态工程的"顶梁柱"应该是五根：中医、西医、中医西化、
　　　西医中化、中西医融合。要把西医学中的"物理（化学）思维"及先进的物理、
　　　化学、生物的检验、检测、监测方法及仪器与中医的望、闻、问、切的技能统
　　　一结合起来，并将中医学中全程的"生态学思维"贯穿到西医的诊断过程之中，
　　　完成从医到药到医疗体制、保健养生一体的改革历程。

将传统的中医中药中的"生态思维"与西医西药的"物理、化学思维"结合起来，在养生、保健及提高临床疗效的基础上，阐明人体生态的常态维持及病态调整、医疗机理进而建立多样化的医疗体系。

中西医结合是新中国建立之后政府长期实行的方针，中西医结合是中、西医学的交叉领域，也是医疗生态工程的规划的一项工作方针。中西医结合发轫于临床实践，今后将逐渐演化为有明确发展目标和独特方法论的理疗学术性体系。

人类的生命科学至今还是一个尚未完全打开的迷宫，科学地认知和推动中医、西医科学，对丰富人类的医学事业、推进生命科学的常态、病态、眠态及死态的研究及转换具有重要的理论和实际意义。

10.4.1　规划理念

中医中药在中国古老的大地上已经运用了几千年，经过几千年的临床实践，证实了中国的中医中药无论是在治病、防病，还是养生上，都是有效可行的。

在西医未传入中国之前，我们的祖祖辈辈都用中医中药来治疗疾病，挽救了无数人的生命。中医对疾病的治疗是宏观的、全面的。但是到了现代，随着西方自然科学和哲学的进入，西方医学的"理化"思维方式和研究方法构成了对中医学的挑战。

一些学者认为，中医已经跟不上了时代先进科技的发展，"老药罐子"煎药还在使用，中医"四诊法"的诊断还拿不出确凿的科学实验依据。随着科学进步和人们思维观念的不断更新，中医是否科学、中医究竟是否有效受到了严重的质疑，甚至有的学者提出"废除"中医。在中国近现代历史中，中医也不止一次受到过质疑，但随着中国中医科学院的屠呦呦研

究员获得 2015 年度诺贝尔生理学或医学奖，这一切争论将烟消云散。

中医学的价值远远没有得到发挥，也没有得到应有的重视。传统技术和理论的科学性（特别是生态科学性）将会随着社会的进步而逐步显现出来。因而复兴人类第一代"华夏文明"成为中医学发展的另一个前景。在这种"物理思维"与"生态思维"的争鸣中，各种主张下的学者做了不同方向的努力，使中医学与所有学科一样呈现出不同的发展端倪。

中医应该在现代科学中新兴的生态科学理论的诠释下，从以下几个不同角度努力，把包容"物理思维"的"生态思维"落实下去。

（1）坚持传统：希望回到原汁原味的中医。

（2）坚决辨证施治：一切辨证施治，走新中国学院派的道路。

（3）融合最新物理化学平台：走中西医相结合道路。

（4）中医现代化：用现代医学来理解和解释中医，甚至解释经络。

（5）现代中医学：用中医方法分析各种医学资料，努力解除疾病。所有的学科都在分化，这是一个总的趋势，中医也不能例外。

中医应该发扬传统、吐故纳新、中西结合、面向当代。生态发展，将成为我国中医学及其医疗体制发展的态势，即将成为全世界关注传统古老的中医学的焦点。

西医的进步依赖物理仪器、化学药物和生物学的突破，与现代科学保持高度一致并同步发展，但是，所有的西医方式对人体或多或少都是一种"扰动"，很多药物都具有副作用而且短期还显现不出来。因此，西医中开始出现中成药的概念，诸如青蒿素之类的中药化学萃取的方式，也是一个重要的方向。

可以将西医的诊断中的物理仪器、化学检验、生物试剂、生理检材、毒理病理学等理论当成"医学检验平台"，在中医院、西医院都一并搭建，再分别进行中医、西医方式的治疗。

总之，拆除"篱笆"，但并不强行融合，可以联合，也可以融合，当然也可以并行不悖。

10.4.2　规划要点

从生态学的角度来看，中医可以被定义为：在研究人类种内关系、种间关系和天人关系基础上，研究人类常态、病态和眠（死）态及其调控机巧的人类生态学。

中医对人类的"常态"细致地观察到了"喜、怒、悲、思、恐"等短时甚至瞬间的程度，并在"精、气、神"理论的基础上，总结出了"喜则气缓、怒则气上、悲则气消、思则气结、恐则气下"的规律。

在种间关系方面，中医最先厘清植物与人类的生理生态方面的关系，将几乎所有植物作为人类"食物（具药用成分）"的性质达到了"定量"的程度，植物中对人类剧毒的箭毒木（桑科）、断肠草（马钱科）、鱼藤（豆科）及含小毒、中毒的植物类型都是中医率先发现的。

在"拆除'篱笆'、不强行融合、可以联合、也可以融合、也可以并行不悖"的理念指引下，医疗生态工程的规划要点为：

（1）中医：保持常态，与生态科学的定性定量观测实验联系起来，为中医已经发现的人体的内在联系、各种理论、范式进行规范与实证的科学求证研究，并更加完善方式方法、发明新的仪器、寻找新的互动联系，走一条完全独立的中医或人类生态学之路。

（2）西医：与最新的物理、化学、生物科学的进展相联系，更新物理仪器设备、寻找新型化学药物、探索新的微观生命科学理论，把细胞生物学、分子生物学、基因工程的最新进展融合进来。

（3）融合西医的中医：把西医的物理仪器、化学药物、生物学微观研究成果应用到中医中，增加中医经验性诊断的科学性，以及治疗过程的快速性。

（4）融合中医的西医：应该更加开阔视野，研发中成药，减少化学药物的毒副作用和后期毒理风险，增加"调理"与"治疗"并重的思维，固本强基不仅仅是"营养学"能够胜任的。

（5）中西医融合：完全冲破现有的中医、西医观念，两者不是数学相加，也不是物理相加，而是生物融合。

在多样性发展的 5 类医疗体系中，打造长久的人类社会的生态安全及可持续发展。

10.4.3 框架方案

即使是"物理"，华中理工大学邓聚龙创立的"灰色系统"理论也从"控制论"的角度，主张科学的决策可以从黑箱（系统完全不透明，控制输入、输出来验证因果关系）、白箱（透明）和灰箱（半透明）中获得。而生态学中的系统生态学认为人体生态系统的结构、功能、演变、均衡应该在"有生命的开放系统"的前提下，重视其过程观、整体观和均衡状态。

实现国家层面上的医疗生态工程的规划的框架方案如下：

（1）建立全民素质教育中的医疗卫生科普知识推广体系；

（2）建立中小学医疗卫生科普知识推广体系；

（3）建立中等职业、专科、大学的医疗卫生科普知识推广体系；

（4）设立中西医混合大学、普及双医混合教育，改革目前的医学院、中医学院的分离体制，培养全科双医教育体制的本科生和研究生；

（5）在目前并行的医疗体制上，增加建设混合大型医院；

（6）开展 5 类医疗体系的科学研究；

（7）建立大型综合数据库、专家系统平台，会诊及远程会诊体系。

通过以上规划方案把西医"治病"，中医"调态"在 5 类医疗体系中推动、发展、运转起来。

复习思考题

1. 名词解释：

中医　　西医　　四诊　　病因　　病机　　病症　　去医留药　　中西医结合

2. 简述作为国家层面的"医疗生态工程"的目的。

3. 简述两种思维方式的医疗系统及其现象识别标志，以及医疗生态工程的方式、方法和途径。

4. 简述医疗生态工程的生态理念、原则和策略，以及中、西医结合的大方向。

5. 简述医疗生态工程的规划要点及框架方案。

第三篇 宏观生态工程与规划

> 宏观生态工程建立在人类种内、种间及天人关系的"无废无污、高效和谐"的基础之上，是运用生态学机制及机巧、技巧进行的生态工艺与生态流程的最佳组合，也是生态学理念向所有的"物态"工程的渗透、融合及推广，将获得生态系统的结构、功能、演变、平衡的最佳融合与完善的回馈。

生态工程包含微观和宏观两大层次，宏观层次上的生态工程在生态理念的融合、渗透上基本上是无所不包的，这是因为生态规律本身就是客观自然规律，是人类经济、社会及所有"物态"工程的内生变量，不管人类理解或不理解、执行或不执行，甚至主观抗拒生态机制，生态规律都会发挥其客观自然规律的作用。

宏观性质的"物态"工程中物理、化学工艺与技术流程的应用十分广泛，物理化学思维及系统工程、控制理论与方法的应用，相当精确的数理模型、动态模拟，其工艺与流程十分精妙，材料与成品的巧妙转换，投入产出效果显著，成本效益盈亏明显。

但是，物理工程与物理安全有可能是建立在对三个层次生态关系的侵犯、亵渎，甚至是毁灭性的伤害的前提之下。大型水利工程扰乱水生生物的生态秩序及生存机制，高强度的城市化消减人类的生态纵深及腹地，高碳能源的耗竭加速全球变暖及温室效应，大规模的填海造陆导致海岸红树林及底栖动物的生存灾难等。

目前，国家正在推进青海三江源生态保护，长江、黄河、珠江等流域的防护林水源涵养林工程，天保林工程，沿海防护林工程，三北防护林工程，国家主功能区规划区划，三废污染治理及低碳转型，农业生态工程，工业生态工程，城市生态工程等重大工程。

目前，国家紧急启动了京津风沙源治理工程，国家发改委数据显示一期工程实施的 10 年间，国家累计投入资金 412 亿元，完成退耕还林和造林 9002 万亩[①]，工程区森林覆盖率提高到 15%，完成草地治理 1.3 亿亩，小流域综合治理 1.18 万平方千米。

国家通过的《京津风沙源治理二期工程规划（2013～2022 年）》，二期总投资达 877.92 亿元。实施范围扩大至包括陕西在内的 6 个省（区、市）的 138 个县。未来将继续提高造林补助标准，鼓励各类社会主体投资治沙造林，到 2022 年基本建成京津及华北北部地区的绿色生态屏障。

从广东省碳交易市场的启动，京津冀晋蒙鲁六省（自治区、直辖市）签订跨区域碳排放权交易合作研究协议，到《全国资源型城市可持续发展规划》的发布，仅从政策发布的频率来看，生态工程的推进速度在明显地加快。从近期政策的方向上看，新政策中环境治理逐渐被弱化，更多以生态环境修复、生态工程等形式出现，追求长效机制。

---

① 1亩＝666.7 平方米

宏观生态工程的推进主要包括以下三个层面。

（1）区域森林资源和水资源的基础生态安全层次：人类种内、种间、天人关系层次的"生态分配"，以及区域生态经济协调发展、精准扶贫脱贫、经营生态效益及碳汇补偿、碳交易、碳均衡、碳中和等问题的生态安全机制建立，为人类社会的可持续发展奠定基础，并提供保证。

（2）生态经济转型的产业生态工程层次：用循环经济、低碳经济及生态经济的理念推行的"废料变原料"的生态工艺，结合工厂之间、产业之间的循环连接的工业生态、生态工业及产业绿化，打造人类"物态"生产的生态转化途径。

（3）生态经济转型的城市生态工程层次：对于已污染部分包括区域和城市进行"退化"地的复原，使相关的城市土地、河流恢复到原有形态生态秩序，改善居民的种内、种间生态关系，提高环境承载力（生态容量）等天保林工程、蓝天碧水工程，并实现从城市生态到生态城市、理想家园的建设及回归。

未来生态工程之路将从生态恢复入手，系统地解决目前严峻的环境污染、耕地红线及土壤修复问题，河流湖泊等的蓝天碧水工程、循环经济、低碳转型及生态农业、生态工业、生态花园城市及所有产业的"绿化"将是一条必由之路。

第11章 水资源生态工程与规划

> 人类逐水而居，水资源的空间布局一定程度决定了生物分布的种类和数量；人类社会也是一样，水资源的时空不均匀导致生产力布局及城镇体系的规模、形态和布局。
>
> 分管中国水资源的相关部门只能管理河流、湖泊和水库，而与之十分密切相关的森林、植被、工业布局、产业污染、水土流失、洪涝灾害等，都鞭长莫及。
>
> 因此，水资源生态工程与规划不是水利部门的"规划"，而是全国一盘棋中，为人类树立水资源综合管理、使用、布局、建设、治理、减灾、防灾的统筹谋略。

水是维系生命与健康的基本需求，地球虽然有71%的面积为水所覆盖，但是淡水资源却极其有限。在全部水资源中，97.47%是无法饮用的咸水。在余下的2.53%的淡水中，有87%是人类难以利用的两极冰盖、高山冰川和永冻地带的冰雪。

人类真正能够利用的是江、河、湖泊以及地下水中的一部分，仅占地球总水量的0.26%，而且分布不均。因此，世界上有超过14亿人无法获取足量而且安全的水来维持他们的基本需求，估计到2025年世界缺水人口将超过25亿。在许多层面上，水资源决定了城市的起源、工农业及商业的布局，以及军事要塞的位置。

我国的淡水资源总量为28 000亿立方米，占全球水资源的6%，仅次于巴西、俄罗斯和加拿大，名列世界第四位。但是，人口总量及分布严重"东偏"，从总体上看我国仍然是一个干旱缺水比较严重的国家。我国的人均水资源量只有2300立方米，仅为世界平均水平的1/4，是全球人均水资源最贫乏的国家之一。可是，我国又是世界上用水量最多的国家，平均每年全国淡水取用量达到5497亿立方米，大约占世界年取用量的13%，是美国年度淡水供应量4700亿立方米的约1.2倍。

当然，地球也十分眷顾中国的南方，沿北回线穿过的世界各地基本上都是沙漠，比如从中国云南往西有印度的塔尔沙漠、沙特阿拉伯沙漠、北非的撒哈拉沙漠、美洲的墨西哥沙漠，而只有缅甸、中国云南、广西、广东、台湾南部是青山绿水、雨量十分充沛的亚热带，年降雨量为1300～2500毫米。

"水利万物而不争"，水资源既带来滋润大地的甘露，也带来洪涝灾害及大面积的水土流失，引起土地的严重退化甚至沙漠化、石漠化及荒漠化。水资源牵动着各行各业，却又不是哪一个独行独业管得了的，因此，水资源的生态工程与规划行业跨度大、难点多、挑战性很强。

11.1　水资源生态工程目的、手段及构想

　　　　我国的平均水资源虽然不算丰沛，但中、东部地区还是在地球平均水平之上的；分布时间、空间上的不均匀，是可以调配的；与工业、城市、经济生产力在空间上错位，也是可以在规划上加以统筹的；大面积水土流失、水旱灾害，也是可以用生态工程的理念和方式对策的。

　　我国主要受西伯利亚寒流和印度洋暖流的控制，冬天北方来的寒流决定天气的冷暖，夏天南方的暖流决定炎热，春秋两季南北气流交织就形成两个时段的锋面"梅雨"季节。

　　我国地域辽阔、地形复杂，海洋性季风气候非常显著，因而造成水资源地区分布不均和时空变化的两大特点。降水量从东南沿海向西北内陆递减，依次可划分为多雨、湿润、半湿润、半干旱、干旱五种地带。

　　由于降水量的地区分布很不均匀，造成了全国水土资源不平衡现象，长江流域和长江以南耕地只占全国的 36%，而水资源量却占全国的 80%，黄、淮、海三大流域水资源量只占全国的 8%，而耕地却占全国的 40%，水土资源的"错位"相差悬殊。

　　降水量和径流量的年内、年际变化很大，并有枯水年或丰水年连续出现。全国大部分地区冬、夏少雨，春、秋多雨。东南沿海各省，雨季较长较早。降水量最集中的为黄淮海平原的山前地区，汛期多以暴雨形式出现，有的年份一天大暴雨超过了多年平均年降水量。

　　降水量的年际变化，北方大于南方，黄河和松花江在近 70 年中出现过连续 11～13 年的枯水期，也出现过连续 7～9 年的丰水期。有的年份发生北旱、南涝，另外一些年份又出现北涝、南旱。这种水资源特点是造成我国水旱灾害频繁，农业生产不稳定、工业及城市布局错位的主要原因。

11.1.1　目的

　　水资源生态工程目的是在立足现状的基础上，分析水资源的时间、空间布局，达到"盘活"水资源的目的，为经济社会的可持续发展提供必需的基础条件。其目的如下。

　　（1）水资源的时间、空间上的分布与人口、植被、粮食生产、生产力布局的协调；

　　（2）工业、城市、经济生产力空间上布局现状，对水资源、水污染的影响及生态对策；

　　（3）大面积水土流失、水旱灾害的生态工程的理念和对策；

　　（4）水资源的可持续利用。

　　我国国土面积 960 万平方千米，多年平均年降水总量约 6 万亿立方米，折合年平均降水量为 628 毫米，比亚洲平均年降水量少 114 毫米。根据 1956～1979 年同步期年径流资料分析计算，全国河川年径流量的多年平均值为 27 120 亿立方米，中等干旱年为 24 530 亿立方米，严重干旱年为 22 420 亿立方米。

　　我国河川径流总量与世界各国比较，次于巴西、苏联、加拿大、美国、印度尼西亚五国，居世界第六位。按人口平均每人占有年径流量 2670 立方米，相当于世界平均数的 1/4；按耕地平均每亩占有年径流量 1800 立方米，约相当于世界平均数的 2/3。

　　因此，如此复杂的水资源问题，涉及方方面面，而生态工程的目的不仅仅是满足人类的

直接、间接需要，还应该保证伴生生物物种与人类的种间关系及天人关系的和谐。

11.1.2　手段

对水资源的规划控制手段是根据降水量、蒸发量、地表径流（包括过境水）和地下径流来控制的，其区域水量平衡公式为：

区域总水量=降雨量＋过境水=蒸发量（包括蒸腾量）＋地表径流＋地下径流－出境水

而区域资源"复合面积之重心求法"的生态重心计算方法，可根据面积再依力矩原理，求出重心坐标并确定重心位置。

在实际应用中，A 可以是各种属性，如面积、GDP、人口、森林面积等，其结果 $(\overline{X}, \overline{Y})$ 表示相应属性的重心。例如，A 被赋予 GDP 属性，则能计算出相应的经济中（重）心；如 A 被赋予人口属性，则能计算出相应的人口中（重）心；如 A 被赋予水资源属性，则能计算出相应的水资源中（重）心；以此类推。

计算公式为：

$$A = \sum_{i=1}^{n} A_i \tag{1}$$

$$A\overline{X} = \sum_{i=1}^{n} A_i X_i \tag{2}$$

$$A\overline{Y} = \sum_{i=1}^{n} A_i Y_i \tag{3}$$

式中，A_i 为各简单形状之面积，即是各个分力；(X_i, Y_i) 为各个面积之重心坐标，即是分力臂；A 为复合形状之总面积，即是合力；$(\overline{X}, \overline{Y})$ 为复合面积之重心，即是合力臂。

故

$$\overline{X} = \frac{\sum_{i=1}^{n} A_i Y_i}{A} \tag{4}$$

$$\overline{Y} = \frac{\sum_{i=1}^{n} A_i Y_i}{A} \tag{5}$$

采用复合面积之重心求法，计算我国水资源重心的位置，其中 A_i 为我国各省市水资源总量，X_i 为各省市省会经度，Y_i 为各省市省会纬度。将统计数据代入公式（1）～（5）计算我国水资源重心的经、纬度。

$$A = \sum_{i=1}^{n} A_i = 27\,475.20$$

$$A\overline{X} = \sum_{i=1}^{n} A_i X_i = 2\,944\,462.67$$

$$A\overline{Y} = \sum_{i=1}^{n} A_i Y_i = 810\,676.02$$

得

$$\overline{X} = \frac{\sum_{i=1}^{n} A_i X_i}{A} = 107.17$$

$$\overline{Y} = \frac{\sum_{i=1}^{n} A_i Y_i}{A} = 29.51$$

计算结果是我国水资源重心位于东经 107.17 度,北纬 29.51 度。根据经纬度,确定其位于重庆涪陵附近的周边地区。

计算出来的结果与我国人口、产业、城市、经济布局综合分析中的"缺水地区"有一定的重合或交错。但是,这种方法对于规划的制高点、中心点和切入点的综合分析,还是有一定的参考甚至指导意义的。这也是包括水资源在内的所有生态工程规划常用的分析手段之一。

11.1.3 构想

利用现代信息、统计及 3S 技术(RS 遥感、GIS 地理信息系统、GPS 全球定位系统)建立水资源、降雨量、蒸发量、径流量、蒸腾量、水库库容及植被、森林、人口、经济和气象气候指标,如气温、湿度、日照、风速、风向等的云数据库,为水资源综合生态工程与规划做基础平台建设工作。

建立全国联网的水文数据、水情、旱涝灾害等数据平台,分区成片、整个流域性地联动社会经济、产业活动、气象气候变化,进行区域及行政范围的水资源动态分析,不断完善区域水资源与社会经济资料的联动模型,为盘活水资源提供科学规划、决策的依据。

根据 1985 年《中国水资源评价》的资料,全国多年平均水资源总量为 28 041 亿立方米。各个流域的产水模数(万立方米/平方千米)北方的温带地区明显小于南方的亚热带、热带地区,如浙闽台诸河片、珠江流域片、长江流域片、西南诸河片的产水模数为 53.01~108.04,而海滦河流域片、黄河流域片、辽河流域片、黑龙江流域片为 9.32~16.67,相差 5~7 倍。北方六片(含额尔齐斯河)的 8.75 与南方四片的平均值 65.33 相差 8 倍。内陆诸河片的产水模数只有 3.49,与 108.04 相差 30.9 倍。

2009 年中国的水资源总量为 2.8 万亿立方米。其中地表水为 2.7 万亿立方米,地下水为 0.83 万亿立方米,由于地表水与地下水相互转换、互为补给,扣除两者重复计算量 0.73 万亿立方米,与河川径流不重复的地下水资源量约为 0.1 万亿立方米。按照国际公认的标准:①人均水资源低于 3000 立方米为轻度缺水;②人均水资源低于 2000 立方米为中度缺水;③人均水资源低于 1000 立方米为严重缺水;④人均水资源低于 500 立方米为极度缺水。

中国目前有 16 个省(市、自治区)人均水资源量(不包括过境水)低于严重缺水线,有 6 个省、自治区(宁夏、河北、山东、河南、山西、江苏)人均水资源量低于 500 立方米。排在世界第 6 位的中国水资源总量并不算多,人均占有量只有 2240 立方米,在世界银行统计的 153 个国家中排在第 88 位。

中国水资源量评估在 20 世纪 80 年代初,在水利部的支持下,全国开展了水资源评估工作,并根据水文气象资料对全国水资源量进行了评价。水资源地区分布很不平衡,长江流域及其以南地区,国土面积只占全国的 36.5%,其水资源量占全国的 81%;长江以北地区国土面积占全国的 63.5%,其水资源量仅占全国的 19%。

　　对于水资源的生态涵义，应该从湿地或水生生态系统的概念来理解、保护及利用，因为湿地是介于陆生生态系统和海洋生态系统之间的界面生态系统。根据生态边缘效应原理，这里可能集聚区域最大的生物多样性。从三层次生态关系高效和谐来看，水资源生态工程规划与水土保持工程、退耕还林工程、沙尘暴治理防治工程、江河湖泊保护工程、沿岸防护林工程，以及海岸滩涂防护工程都紧密相关。

　　中国排名前五位的淡水湖是鄱阳湖、洞庭湖、太湖、洪泽湖、巢湖。随着统计资料的不断完善及围湖造田和退田还湖两种模式的进退，中国的五大淡水湖实际排名需要更新：

　　（1）江西鄱阳湖面积：3960 平方千米。

　　（2）湖南洞庭湖面积：2740 平方千米。

　　（3）浙江太湖面积：2445 平方千米。

　　（4）湖北洪泽湖面积：1851 平方千米。

　　（5）安徽巢湖面积：782 平方千米。

　　淡水湖是湖水含盐量较低的湖泊。中国的淡水湖主要分布在长江中下游平原、淮河中下游和山东南部，这一地带的湖泊面积约占全国湖泊总面积的三分之一。

　　由于过去没有从湿地的角度来看待湖泊，比较关注水深、水量和通航能力，所以，如果从湿地面积来看，六大淡水湿地的排名纯粹按照实际面积来划分，则中国五大湿地的排名应该如下：

　　（1）兴凯湖湿地：面积 4380 平方千米（中俄界湖，中国境内 1220 平方千米）；

　　（2）鄱阳湖湿地：面积 3960 平方千米；

　　（3）洞庭湖湿地：面积 2740 平方千米；

　　（4）太湖湿地：面积 2338 平方千米；

　　（5）呼伦湖湿地：面积 2315 平方千米；

　　（6）洪泽湖湿地：面积 2069 平方千米。

　　所以，总体的构想中，不能"以水论水"、"就水论水"，应该站得更高、看得更远、想得更深一些。

11.2　水资源生态工程的方式、方法及途径

　　　　水资源生态工程应该在现实水资源分布格局上进行，注重区域三层次生态关系的"高效和谐"，立足于区域用水结构的调整，主要是增加循环利用和时间、空间错位组合机制，在认真研究方式方法和途径的基础上，适应循环经济、低碳经济的转型。

　　2004 年全国总用水量 5548 亿立方米，其中生活用水占 11.7%，工业用水占 22.2%，农业用水占 64.6%，生态用水占 1.5%。与 2003 年比较，全国总用水量增加 227 亿立方米，生活和工业用水比重逐渐减小，农业用水比重逐渐增大。

　　水资源的第一用户是种植业、养殖业为主的农业。由于饥饿始终是旧中国的一大难题，作为农耕立国的中国农业发展水平却极为低下，有 80% 的人口长期处于饥饿、半饥饿状态，遇有自然灾害，更是饿殍遍地。1949 年全国每公顷粮食产量只有 1035 千克，人均粮食占有

量仅为 210 千克。新中国成立后，进行了土地改革，大力发展粮食生产，中国用占世界 7% 左右的耕地，却养活了占世界 22%的人口。

1995 年与 1949 年相比，粮食总产量增长了 3 倍多，年均递增 3.1%。这时中国粮食总产量位居世界第一，人均 380 千克左右（含豆类、薯类），达到世界平均水平。人均肉类产量 41 千克、水产品 21 千克、禽蛋 14 千克、水果 35 千克、蔬菜 198 千克，均超过世界平均水平。

据联合国粮食及农业组织统计，在 20 世纪 80 年代世界增产的谷物中，中国占 31%的份额。中国发展粮食生产所取得的巨大成就，不仅使人民的温饱问题基本解决，生活水平逐步提高，而且为在全球范围内消除饥饿与贫困作出了重大贡献。

据海关总署统计，2014 年中国进口谷物（即国际统计下的粮食口径）1951 万吨，同比增长 33.8%，创历史新高。进口大豆 7140 万吨，同比增长 12.7%。包含大豆在内的中国统计口径的粮食，进口突破 9000 万吨，占国内粮食产量的 15%。

因此，我国对粮食安全的定位要考虑一个很严酷的现实，土地资源自给率只有 80%，只能满足国内 90%谷物、油料等农产品的消费需求，必须利用外部资源。而且，随着城市化占地，耕地资源减少趋势也是必然的。截至 2010 年底，中国人均耕地面积减少至 1.38 亩，仅是世界平均水平的 40%，而中国人均水资源拥有量不到世界平均水平的 1/4，是全球 13 个人均水资源最贫乏的国家之一。也就是说，中国的资源约束也到了极限。

所以 2013 年底，我国重新界定了粮食安全的内涵与边界，从保全部转向保重点：谷物基本自给、口粮绝对安全，并第一次把适度进口作为粮食安全战略的内涵之一，要求更加积极利用国际农产品市场和农业资源，有效调剂和补充国内粮食供给。

不过，目前面临的形势还要更为复杂一些。在双重约束下，粮食仍然实现了"11 连增"。据国家统计局数据，2014 年全国粮食总产量达 6.07 亿吨，同比增 0.9%。这反而是一个问题。如果不考虑其他外部效应，这个数字提供了一种幻觉和心理安慰。因为"耗水"问题，无论是财政代价还是生态代价，已经超出了我们对粮食安全的定义。

在我国 600 个城市中，有 400 多个城市供水不足，约 200 个城市严重缺水，其中最缺水的城市有 110 个，城市缺水总量达到 60 亿立方米。水利部《21 世纪中国水供求》预测 2010 年后，我国将开始进入严重缺水期，至 2030 年，我国将出现缺水高峰，现在的情况正在逐步印证之中。

11.2.1　工程的方式

我国的水资源分布与大地形西高东低有很大关系，西边是亚洲大陆的高原腹地，有黄土高原、青藏高原。我国的河流有两大流向，一个是从西到东，如黑龙江、海河、黄河、长江、珠江；还有一个是由北向南，主要是四川、西藏、云南横断山脉中的河流，如红河、澜沧江、雅鲁藏布江等。这对我国南方的雨量有较大的影响。

我国的水资源与农业、城市布局、人口密度是基本适应的，但是长期自由、免费、低价、大量用水的习惯导致对水资源的浪费、污染和过度消费等问题日益突出，使南方因环境污染而"水质型缺水"，北方对水资源的调配、布局、囤积也出现水资源短缺的问题。

水资源生态工程的方式不是试图改变目前水资源的分布格局，而是要将目前的用水结构加以调整，增加循环利用和巧妙组合用水的机制，在"总量"既定，过程扰动不大，生态干扰最小，注重区域三层次生态关系，促进高效和谐的基础上进行。

11.2.2　方法

采用复合面积之重心求法确定国家人口、经济、生态、粮食中心的位置，比对水资源分布的空间错位及耦合问题。

计算我国重心时，可以将国家按照现有行政分区，分成 23 个省、5 个自治区、4 个直辖市、2 个特别行政区。各行政区的重心以省会的经度代表 X，省会的纬度代表 Y。

在实际应用中，赋予 A 不同的属性，如 A 为面积，则计算结果为几何中心；A 为人口，则结果为人口重心；A 为经济，则结果为经济重心等。

在公式中，取 A_i 为 2008 年我国各省市（包括台湾省和西沙）面积、各省市人口、各省市 GDP、各省市森林面积、各省市水资源总量、粮食产量，X_i，Y_i 取各省市省会经纬度，分别计算我国陆地几何中心、我国全版图（包括陆地和海洋）几何中心、我国人口重心、我国的经济重心、我国的生态重心、我国水资源重心和粮食重心。其中在计算我国的几何中心，为了避免政治分歧，陆地几何中心要包括台湾省和西沙；我国版图的几何中心包括渤海、黄海、东海和南海，其重心经纬度依据《中华人民共和国领海及毗连区法》取平均值。

采用复合面积之重心求法确定我国人口重心的位置，其中 A_i 为我国 2008 年各省市人口；X_i 为各省市省会经度；Y_i 为各省市省会纬度。将数据代入之前公式（1）～（5）计算我国人口重心。

$$A = \sum_{i=1}^{n} A_i = 133\,883.58$$

$$A\overline{X} = \sum_{i=1}^{n} A_i X_i = 15\,227\,466.70$$

$$A\overline{Y} = \sum_{i=1}^{n} A_i X_i = 4\,321\,213.72$$

得

$$\overline{X} = \frac{\sum_{i=1}^{n} A_i X_i}{A} = 113.74$$

$$\overline{Y} = \frac{\sum_{i=1}^{n} A_i Y_i}{A} = 32.28$$

计算结果：我国人口重心位于东经 113.74 度，北纬 32.28 度。根据经纬度，确定其位于河南桐柏。

采用复合面积之重心求法确定我国经济重心的位置，其中 A_i 为我国 2008 年各省市 GDP，香港、澳门、台湾的 GDP 都按当年外币转换率转换成人民币；X_i 为各省市省会经度；Y_i 为各省市省会纬度。代入之前公式（1）～（5）计算我国经济重心。

$$A = \sum_{i=1}^{n} A_i = 960.12$$

$$A\overline{X} = \sum_{i=1}^{n} A_i X_i = 100\,665.06$$

$$A\overline{Y} = \sum_{i=1}^{n} A_i Y_i = 34\,160.00$$

得

$$\overline{X} = \frac{\sum_{i=1}^{n} A_i X_i}{A} = 115.17$$

$$\overline{Y} = \frac{\sum_{i=1}^{n} A_i Y_i}{A} = 28.37$$

计算结果：我国经济重心位于东经 115.17 度，北纬 28.37 度。根据经纬度，确定其位于江西高安。

采用复合面积之重心求法确定我国生态重心的位置，其中 A_i 为我国 2008 年各省市森林面积；X_i 为各省市省会经度，Y_i 为各省市省会纬度。代入之前公式（1）～（5）计算我国生态重心。

$$A = \sum_{i=1}^{n} A_i = 19\,128.52$$

$$A\overline{X} = \sum_{i=1}^{n} A_i X_i = 2\,125\,339.33$$

$$A\overline{Y} = \sum_{i=1}^{n} A_i Y_i = 632\,270.62$$

得

$$\overline{X} = \frac{\sum_{i=1}^{n} A_i X_i}{A} = 111.11$$

$$\overline{Y} = \frac{\sum_{i=1}^{n} A_i Y_i}{A} = 33.06$$

计算结果：我国生态重心位于东经 111.11 度，北纬 33.06 度。根据经纬度，确定其位于湖北十堰。

采用复合面积之重心求法确定我国粮食重心的位置，其中 A_i 为我国 2008 年各省市粮食产量；X_i 为各省市省会经度，Y_i 为各省市省会纬度。代入之前的公式（1）～（5）计算我国粮食重心。

$$A = \sum_{i=1}^{n} A_i = 52\,870.92$$

$$A\overline{X} = \sum_{i=1}^{n} A_i X_i = 6\,061\,018.26$$

$$A\overline{Y} = \sum_{i=1}^{n} A_i Y_i = 1\,822\,783.34$$

得

$$\overline{X} = \frac{\sum_{i=1}^{n} A_i X_i}{A} = 114.64$$

$$\overline{Y} = \frac{\sum_{i=1}^{n} A_i Y_i}{A} = 34.48$$

　　计算结果：我国粮食重心位于东经 114.64 度，北纬 34.48 度。根据经纬度，确定其位于河南杞县。

　　以上的计算可以分省、分大区域，也可以分小区域进行，对于建立区域里的人口、资源、环境、粮食、经济布局与水资源分布的耦合模式，有重要的理论和实际意义。

11.2.3　途径

　　区域的人口、资源、环境、粮食、经济布局与水资源分布的耦合分析，可以在有限的水资源的时空驻留的期间，针对性地分析、模拟、计算、策划、规划、设计"理水"的规模、路径和模式，并在循环利用、巧妙对接等方面下工夫。

1. 退田还湖、减灾防灾

　　2008 年北旱南涝，全国平均年降水量为 654.8 毫米，折合降水总量为 62 000 亿立方米，比常年值（多年平均值）整体偏多 1.9%。但是，从水资源分区分布来看，北方的松花江、辽河、海河、黄河、淮河、西北诸河 6 个水资源一级区（简称北方 6 区）平均降水量为 322.6 毫米，比常年值偏少 1.7%；而南方的长江、东南诸河、珠江、西南诸河 4 个水资源一级区（简称南方 4 区）平均降水量为 1244.3 毫米，比常年值偏多 3.7%。在 31 个省（自治区、直辖市）级行政区中，降水量比常年值偏多的有 14 个省（包括自治区、直辖市），其中广东和海南偏多 20%左右；降水量比常年值偏少的有 17 个省（自治区），其中宁夏和黑龙江的偏少程度超过 10%。这种情况下的旱涝灾害，一方面是降雨偏多或偏少引起的，另一方面是人类社会人口密集占据河道、水道，大片湿地、湖边、滩涂"造田"、"造地"引起的。因此，防治的根本对策是"退田还湖"、"退地还水"、"退位还湿（地）"。

2. 水利工程及森林生态工程

　　2008 年全国地表水资源量 26 377 亿立方米，折合年径流深 278.6 毫米，比常年值偏少 1.2%。从水资源分区看，北方 6 区地表水资源量比常年值偏少 16%，南方 4 区比常年值偏多 1.7%。在 31 个省级行政区中，地表水资源量比常年值偏多的有 12 个省（自治区、直辖市），比常年值偏少的有 19 个省（自治区、直辖市），其中海南、天津、上海、广东、广西偏多程度在 36%～20%，黑龙江、河北、山西、内蒙古、甘肃、宁夏偏少程度在 50%～30%。2008 年从国境外流入中国境内的水量为 233 亿立方米，从国内流出国境的水量为 6057 亿立方米，流入国际边界河流的水量为 647 亿立方米，全国入海水量为 16 101 亿立方米。这样的水资源的"波动"可能是受"人为"活动的影响，也是一种客观自然规律，水资源生态工程规划的途径是加强"调蓄"水利工程的建设，以及增加以森林为主体的植被的水源涵养功能，防治水土流失。

3. 水源涵养及蓄水工程

对 2008 年全国大中型水库蓄水动态的分析表明：500 座大型水库和 2980 座中型水库年末蓄水总量为 3083 亿立方米，比年初蓄水总量增加 360 亿立方米。其中大型水库年末蓄水量为 2751 亿立方米，比年初增加 345 亿立方米；中型水库年末蓄水量为 332 亿立方米，比年初增加 15 亿立方米。北方 6 区水库年末蓄水量比年初共减少 52 亿立方米，其中黄河区减少 35 亿立方米；南方 4 区水库年末蓄水量比年初共增加 412 亿立方米，其中长江区和珠江区分别增加 242 亿立方米和 142 亿立方米。各省级行政区水库年末蓄水量与年初比较，湖北、广西、贵州等 17 个省（自治区、直辖市）水库蓄水量增加，共增加蓄水量 430 亿立方米，河南、青海等 12 个省（自治区、直辖市）水库蓄水量减少，共减少蓄水量 70 亿立方米。水源涵养不仅仅是水利工程中的"水库"，还有以森林为主体的植被涵养功能，森林土壤的涵养水源、保持水土功能相当于"水库"而面积更大。还有河流、湖泊等湿地的水源涵养和调蓄功能。

4. 地下水位的保持

我国的水资源消耗大户主要是耗水型的水稻种植农业（农业用水占 64.6%），而农业主要集中在东北的松辽平原、淮河、黄河、长江、珠江中下游的平原上。关于北方平原区浅层地下水动态的分析结果是，北方 17 个省级行政区对 77 万平方千米平原地下水开采区进行了调查研究，年末浅层地下水储存量比年初减少 38 亿立方米。在各水资源一级区中，仅海河区和辽河区地下水储存量增加，西北诸河区、黄河区、淮河区、松花江区均有不同程度的减少，其中西北诸河区减少 32 亿立方米，其余 3 区减少幅度在 2 亿～8 亿立方米。按省级行政区统计，地下水储存量增加的仅有 6 个省级行政区，其中河北和辽宁增加较多，分别增加近 5 亿立方米；储存量减少的有 11 个省级行政区，其中新疆减少最多，达 28 亿立方米，陕西、黑龙江、甘肃、减少幅度为 4 亿～6 亿立方米。北方少雨（年降水量在 600 毫米以下），于是平原上的农业灌溉依靠"打井"来进行，井越打越深，地下水位也随之降低，最后是表层土壤愈加干旱。最后陷入"越旱越打，越打越旱"的怪圈里。地面沉降、底栖生物灾难，这一切应该用"统筹"性加强农业灌溉的基础设施来解决。

5. 水量平衡

按照 2009 年的统计，中国水资源总量约为 28 124 亿立方米，位居世界第六。排在前五位的分别是巴西、俄罗斯、加拿大、美国和印度尼西亚。当然，计算人均水量我国的排名要靠后许多，但是，我国的水资源如果统筹解决，加上五千年的"水利工程"的累积建设和最新的测绘测量技术、循环经济、低碳转型的水源涵养、水土保持、水污染防治的策略，水资源生态工程的预期效果是可以实现的。

11.3　水资源工程的生态理念、原则及策略

水是生命的介质，区域地带性生物种群、群落在长期的水资源分配及生存中形成了一定的相互依赖的适应关系。过大地改变区域水资源的分布、供应格局，超过生物生存的限度，就会对区域的生物多样性发生较大的扰动，甚至使

一些珍稀濒危物种遭受灭顶之灾。

因此，水资源的生态理念、原则及对策中要超越人类"本位主义"的立场，不仅仅要与区域的人口、植被、经济、城镇布局等相关，更是要兼顾三层次生态关系的高效和谐。

中国自然灾害非常严重。南方严重的低温雨雪冰冻灾害，涉及 20 个省（自治区、直辖市），水利设施遭受严重损失。2008 年四川汶川特大地震灾害，曾经造成 8 个省（直辖市）大量水库、水电站和堤防受损，并形成众多的堰塞湖。黄河曾遭遇 40 年来最严重的凌汛，出现重大险情。沿海地区平均每年有 10 个台风或热带风暴登陆，珠江经常发生流域性的较大洪水。以前比较罕见的长江流域晚秋汛出现频率增加，东北、华北、西北和黄淮等部分地区近年来严重的干旱，部分地区因旱发生饮水困难。

这不仅仅是大气候的异常，局部人类活动的"天灾人祸"，更主要是人类水资源利用的宏观生态理念问题。

11.3.1　生态理念

水资源生态工程最大的生态理念是不要忘记区域水资源不仅仅是人类的，也是该区域以及跨区域中所有生物物种（如候鸟）的，人类如果要以三层次生态关系的高效和谐及经济社会的可持续发展为目标，就需要在水资源分配上兼顾区域生态秩序，眷顾区域动物、植物、微生物的生存境况，避免"自我"与"任性"。

2008 年是一个水资源分配问题比较突出的一年，全国用水消耗总量 3110 亿立方米，其中农业耗水占 74.7%，工业耗水占 10.7%，生活耗水占 12.4%，区域环境补水消耗占 2.2%。全国综合耗水率（消耗量占用水量的百分比）为 53%，干旱地区耗水率普遍大于湿润地区。各类用户耗水率差别较大，农田灌溉为 62%，工业为 24%，城镇生活为 30%，农村生活为 85%。

与 2007 年比较，全国总用水量增加 91 亿立方米，其中生活用水增加 19 亿立方米，工业用水减少 7 亿立方米，农业用水增加 65 亿立方米，区域环境补水增加 14 亿立方米。在各省级行政区中用水量大于 400 亿立方米的有江苏、新疆、广东 3 个省（自治区）。用水量少于 50 亿立方米的有天津、青海、北京、西藏、海南 5 个省（自治区、直辖市）。农业用水占总用水量 75% 以上的有新疆、宁夏、西藏、内蒙古、甘肃、海南 6 个省（自治区）。工业用水占总用水量 30% 以上的有上海、重庆、福建、江苏、湖北、贵州、安徽 7 个省（直辖市），生活用水占总用水量 20% 以上的有北京、重庆和天津 3 个直辖市。

耗水率差别之中，农田灌溉中兼顾了区域湿地动植物的一些生态功能，但是通过比较科学的设计与规划，其中水资源利用与农业生产及环境保护的技巧应该可以比较充分地表达出来。工业、城镇生活、农村生活的耗水因为循环利用的问题，需要进一步生态规划与设计提高利用的生态、经济和社会效益。

11.3.2　原则

我国南方属于海洋季风气候的热带和亚热带地区，年降雨量超过 1000 毫米，雨量充沛且雨热同季，但是以广州为代表的珠江三角洲地区，人均水量是全国平均水量的 3 倍，但仍然是"水质型缺水"。所以，水资源生态工程规划的第一原则是根治大气、土壤、固体废弃物及水污染。

2008 年全国人均用水量为 446 立方米，全国废污水排放总量 758 亿吨，人均污水排放量 50～60 吨，万元国内生产总值（GDP，当年价格）用水量为 193 立方米。城镇人均生活用水量（含公共用水）为每日 212 升，农村居民人均生活用水量为每日 72 升。农田实灌面积亩均用水量为 435 立方米，万元工业增加值（当年价）用水量为 108 立方米。

污水的产生与工业和城市生活、商业用水息息相关，从人均用水量这个我国各省级行政区的用水指标值可以看出污水处理的压力及循环利用水资源的潜力。以下以人均用水量为尺度：

（1）大于 1000 立方米：新疆、西藏、宁夏分别达 2500 立方米、1315 立方米、1208 立方米，主要是因为灌溉的用水指标较大和人口数量较小；

（2）大于 600 立方米：黑龙江、江苏、内蒙古、广西、上海、青海、广东、湖南、湖北等省（自治区、直辖市），主要是因为北方的灌溉及南方的炎热用水量较大的缘故；

（3）小于 300 立方米：山西、天津、北京、陕西、山东、河南、四川、贵州、河北、重庆 10 个省（直辖市），主要是因为基础设施、节水习惯等原因；

（4）小于 200 立方米：山西最低，仅 167 立方米，与节水习惯有关。

因此，合理的"人均用水量"也是水资源生态工程与规划的原则之一。

与此相关的指标还有万元 GDP 用水量作为衡量耗水经济产出的指标。

从万元 GDP 用水量指标来看，新疆和西藏 2 个自治区较高，分别为 1209 立方米和 948 立方米；小于 100 立方米的有北京、天津、山东、山西、上海、浙江 6 个省（直辖市），其中北京、天津分别为 30 立方米和 34 立方米。从中看出北京、天津的节水、用水的效率是全国最高的。

2013 年全国人均综合用水量为 456 立方米，万元 GDP（当年价）用水量为 109 立方米。耕地实际灌溉亩均用水量为 418 立方米，农田灌溉水有效利用系数 0.523，万元工业增加值（当年价）用水量为 67 立方米，城镇人均生活用水量（含公共用水）每天 212 升，农村居民人均生活用水量每天 80 升。

按东、中、西部地区统计分析，人均用水量分别为 393 立方米、468 立方米、545 立方米；万元 GDP 用水量差别较大，分别为 63 立方米、129 立方米、158 立方米，西部比东部高近 1.5 倍。耕地实际灌溉亩均用水量分别为 379 立方米、378 立方米、512 立方米。万元工业增加值用水量分别 44 立方米、70 立方米、54 立方米。

水资源生态工程与规划的原则指标还包括污水处理率、水资源循环利用率、分质供水工程率、区域水量均衡率、水土流失面积、森林覆盖率、单位面积上的林木蓄积、生物多样性指标、旱涝灾害频率等。

11.3.3　策略

继 2008 年以后的 2013 年，我国干旱、洪涝及台风灾害又开始频发、重发，黑龙江、嫩江、松花江发生流域性大洪水，其中黑龙江下游洪水百年一遇。

全国一些地区发生了较为严重的暴雨洪水和山洪地质灾害。这一年有 14 个台风影响我国，9 个在东南沿海登陆，双台风甚至 3 台风生成较多，风雨潮洪交织影响。

而我国的西南贵州、云南，西北的陕西等地发生冬旱、春旱，江淮、江南及西南部分地区发生严重夏季干旱。这种"南旱北涝"的格局与我国的水资源分布严重"错位"（北方整体缺水却水灾，南方山清水秀却旱灾）的现象，使我国水资源的生态工程与规划面临严峻的挑战。

从整体上看，水资源的生态工程与规划的整体策略为以下几点。

（1）**循环经济策略**：在区域水资源是一个变动幅度不大的常数时，区域的水量平衡十分重要，而且必须满足包括人类在内的所有生物类群的正常需要，保护生物多样性就不能有大起大落、大干大涝的时间、空间起伏。因此，采用区域水资源的循环经济策略就是要在污水处理率、水资源循环利用率、分质供水工程率、区域水量均衡率、水土流失面积、森林覆盖率、单位面积上的林木蓄积、生物多样性指标、旱涝灾害频率等指标上，通过循环的方式增加森林植被的水源涵养功能，水利工程的调节手段和工商业城市生活用水的循环系统，达到区域水资源的总量平衡。

（2）**低碳经济转型**：低碳经济的三大手段是直接节能减排、碳中和及新能源替代，都与水资源的利用有直接或间接的联系。循环用水本身就减少了水资源在长途搬运中的能耗、物耗，增加森林碳汇功能的同时也增加森林水源涵养、防止水土流失的功能，水能（水电站）、潮汐能、地热能等是新能源替代中的重要组成部分。

（3）**生态经济对策**：包括低碳转型、循环经济在内的退田还湖、水源涵养、水利设施、减灾防灾等措施在对区域水资源量的"盘活"中有重大的意义，水资源除了"开源节流"之外，循环利用是其关键。

国家层面上实行最严格水资源管理制度是有显著成效的。国务院办公厅印发《实行最严格水资源管理制度考核办法》，32 个省（自治区、直辖市）全部建立由政府主要负责人总负责的，最严格的水资源管理制度行政首长负责制。绝大部分省（自治区、直辖市）完成控制指标分解到地级行政区域。重要跨省江河流域水量分配工作有序推进，基本实现省界缓冲区水质断面监测全覆盖。

节水型社会建设深入开展，水利部联合国家质量监督检验检疫总局开展节水产品普及推广和质量提升行动，联合工业和信息化部、国家机关事务管理局、教育部开展节水型企业、单位、教育基地等节水载体建设。水资源论证、取水许可管理、入河排污口监管不断强化，地下水治理与保护逐步加强。

国家印发《水利部关于加快推进水生态文明建设工作的意见》，启动 46 个全国水生态文明城市建设试点。实施应急水量统一调度，妥善处置突发水污染事件。全国七大流域综合规划（修编）经国务院批复实施，水利规划体系不断完善。第一次全国水利普查全面完成，普查成果得到广泛应用。

11.4　水资源生态工程的规划要点及框架方案

规划的要点是南方"理水"和北方"节水"，全国一致推广循环经济、低碳经济转型，保护森林植被、退耕还林、退耕还草、退田还湖、退地还水。

实施根治、杜绝水污染的蓝天碧水工程、天然林保护工程、沿海沿河沿江防护林工程、水源涵养林工程、碳汇林工程等生态工程。

"世界水日"是人类在 20 世纪末确定的又一个节日。为满足人们日常生活、商业和农业对水资源的需求，联合国长期以来致力于解决因水资源需求上升而引起的全球性水危机。1977 年召开的联合国水事会议，向全世界发出严正警告：水不久将成为一个深刻的社会危机，继石油危机之后的下一个危机便是水。

1993 年 1 月 18 日，第四十七届联合国大会作出决议，确定每年的 3 月 22 日为"世界水日"。1988 年《中华人民共和国水法》颁布后，国家水利部即确定每年的 7 月 1 日至 7 日为"中国水周"。

考虑到世界水日与中国水周的主旨和内容基本相同，因此从 1994 年开始，把"中国水周"的时间改为每年的 3 月 22 日至 28 日，时间的重合，使宣传活动更加突出"世界水日"的主题。

由于管理不善、资源匮乏、环境变化及基础设施投入不足等原因，全球约有 11 亿人无法获得安全的饮用水，26 亿人缺乏基本卫生设施。同时，水污染也进一步蚕食着大量可供利用的水资源，并危害着人类的健康。全球的水资源的危机主要是因为缺乏统一的规划，以及与整个人类社会的方方面面整体地进行"协调"的缘故。

11.4.1　现状与分析

以 2013 年为例：全国总供水量 6183.4 亿立方米，占当年水资源总量的 22.1%。其中，地表水源供水量占 81.0%；地下水源供水量占 18.2%；其他水源供水量占 0.8%。在地表水源供水量中，蓄水工程占 31.6%，引水工程占 32.6%，提水工程占 32.2%，水资源一级区间调水量占 3.6%。在地下水供水量中，浅层地下水占 84.8%，深层承压水占 14.9%，微咸水占 0.3%。其中，生活用水占 12.1%，工业用水占 22.8%，农业用水占 63.4%，生态环境补水（仅包括人为措施供给的城镇环境用水和部分河湖、湿地补水）占 1.7%。

北方六区供水量 2822.0 亿立方米，占全国总供水量的 45.6%，其中生活用水、工业用水、农业用水、生态环境补水分别占全国同类用水的 33.9%、24.0%、55.1%、65.6%；南方四区供水量 3361.4 亿立方米，占全国总供水量的 54.4%，其中生活用水、工业用水、农业用水、生态环境补水分别占全国同类用水的 66.1%、76.0%、44.9%、34.4%。

南方省份地表水供水量占其总供水量比重均在 88% 以上，而北方省份地下水供水量则占有相当大的比例，其中河北、北京、河南、山西和内蒙古 5 个省（自治区、直辖市）地下水供水量占总供水量的一半以上。

按东、中、西部地区统计，用水量分别为 2200.9 亿立方米、1993.2 亿立方米、1989.3 亿立方米，相应占全国总用水量的 35.6%、32.2%、32.2%。生活用水比重东部高、中部及西部低，工业用水比重东部及中部高、西部低，农业用水比重东部及中部低、西部高，生态环境补水比重基本一致。

另外，全国海水直接利用量 692.7 亿立方米，主要作为火（核）电的冷却用水。其中广东、浙江、福建和山东利用海水较多，分别为 270.4 亿立方米、204.0 亿立方米、58.4 亿立方米和 55.9 亿立方米。

2013 年全国用水消耗总量 3263.4 亿立方米，耗水率（消耗总量占用水总量的百分比）53%。各类用户耗水率差别较大，农业为 65%，工业为 23%，生活为 43%，生态环境补水为 80%。2013 年工业、第三产业和城镇居民生活等用水户排放的废、污水总量（不包括火电直流冷却水排放量和矿坑排水量）为 775 亿吨。

在这个时段中，全国总用水量总体呈缓慢上升趋势，其中生活和工业用水呈持续增加态势，而农业用水则受气候影响上下波动、总体呈下降趋势，这是因为城市基础设施的改善、生活水平提高用水量增加。商业和工业用水占总用水量的比例逐渐增加，农业用水占总用水量的比例则明显减小，主要是因为国家"工业化"的初期物耗、能耗比例过大的缘故。

北方六区的节水意识比南方要强一些，总用水量略有减少；南方四区由于生活水平和工商业的密集，总用水量有所增加。全国人均用水量基本维持在 430 立方米左右，万元 GDP 用水量和万元工业增加值用水量均呈显著下降趋势，按 2000 年可比价计算，万元国内生产总值用水量由 1997 年的 705 立方米下降到 2006 年的 329 立方米，万元工业增加值用水量由 1997 年的 363 立方米下降到 2006 年的 178 立方米。农田灌溉亩均用水量总体上呈缓慢下降趋势，由 492 立方米下降到 449 立方米。还仍然有进一步在推动"循环经济"、"低碳经济"以及生态经济的理念中，通过水资源生态工程的规划与实施进行具体落实的可能。

11.4.2　规划要点

考虑到污水处理率、水资源循环利用率、分质供水工程率、区域水量均衡率、水土流失面积、森林覆盖率、单位面积上的林木蓄积、生物多样性指标、旱涝灾害频率等指标、参数的控制。以人类三层次生态关系的"高效和谐、无废无污"为目标，除了已经实行了的三峡工程、各流域的防护林工程、沙尘暴防治工程、退耕还林等森林水源涵养、水土保持工程，以及正在实施的南水北调东线、中线和西线工程（中线已经在 2015 年底全线贯通），国家层面的水资源生态工程的规划中的规划要点如下。

（1）立足于全局，制订水资源的"水中"规划、"岸上"规划及全人类社会层面上的低碳转型、循环经济和生态经济可持续发展策略；

（2）进行区域水资源总量控制与平衡、时间及空间分布兼顾人类三层次的生态关系的"无废无污、高效和谐"；

（3）增加森林面积（覆盖率），提升森林质量，保护生物多样性，发挥森林植被的水源涵养、水土保持功能；

（4）建立工业、商业及城镇生活用水的"循环利用"，严格掌控区域污水排放量，严禁污染水源的事件发生，建立"河长"管理制度，区域行政官员兼任"河长"；

（5）建立水利工程体系，完善跨区域的水源调配与统筹，盘活水资源的总量、流量、存量和循环量；

（6）利用水资源规划缩短"搬运"历程，节约输送、回收过程的能耗、物耗；

（7）利用水资源开发新能源，在低碳经济转型中为"新能源替代"做出应有的贡献。

11.4.3　框架方案

区域最低的地方是河流，规划的实施与监督最简便的方式就是对区域内的河流进行点、线、面三个层次的监控，这对于水资源的生态工程规划就是问题的切入点、中心点和制高点。

对河流水质的本底评价及监测可以以 2008 年为基准，这一年对全国约 15 万平方千米的河流水质进行了监测评价：

（1）Ⅰ类水河流：占 3.5%；

（2）Ⅱ类水河流：占 31.8%；

（3）Ⅲ类水河流：占 25.9%；

（4）Ⅳ类水河流：占 11.4%；

（5）Ⅴ类水河流：占 6.8%；

（6）劣Ⅴ类水河流：占 20.6%。

全国全年Ⅰ～Ⅲ类水河流比例为 61.2%。各水资源一级区中，西南诸河区、西北诸河区、长江区、珠江区和东南诸河区水质较好，符合和优于Ⅲ类水的河流占 64%～95%；海河区、黄河区、淮河区、辽河区和松花江区水质较差，符合和优于Ⅲ类水的河流占 35%～47%。

这一年对 44 个湖泊的水质进行了监测评价，水质符合和优于Ⅲ类水的面积占 44.2%，Ⅳ类和Ⅴ类水的面积共占 32.5%，劣Ⅴ类水的面积占 23.3%。对 44 个湖泊的营养状态进行评价：贫营养湖泊有 1 个、中营养湖泊有 22 个、轻度富营养湖泊有 10 个、中度富营养湖泊有 11 个。下列湖泊可以作为定点监测、生态安全调节的湖泊、水库及水体。

（1）太湖：湖体水质均劣于Ⅲ类，Ⅳ类、Ⅴ类、劣Ⅴ类水面积分别占评价面积的 7.4%、27.2% 和 65.4%，除东太湖和东部沿岸带处于轻度富营养状态外，其他湖区均处于中度富营养状态。

（2）滇池：耗氧有机物及总磷和总氮污染均十分严重。Ⅴ类水面均占评价水面的 28.3%，劣Ⅴ类水面占 71.7%。全湖处于中度富营养状态。

（3）巢湖：西半湖污染程度明显重于东半湖。东半湖评价水面水质为Ⅲ类，西半湖评价水面为Ⅳ类，总体水质为Ⅳ类。东半湖处于中营养状态，西半湖处于中度富营养状态。

（4）水库水质：全国在监测评价的 378 座水库中，水质优良（优于和符合Ⅲ类水）的水库有 303 座，占评价水库总数的 80.2%；水质未达到Ⅲ类水的水库有 75 座，占评价水库总数的 19.8%，其中水质为劣Ⅴ类水的水库有 16 座。对 347 座水库的营养状态进行评价，中营养水库有 241 座，轻度富营养水库 86 座，中度富营养水库 18 座，重度富营养水库 2 座。

（5）省界水体水质。行政界限区域一般是"死角地区"，对全国 298 个省界断面的水质进行了监测评价，水质符合和优于地表水Ⅲ类标准的断面数占总评价断面数的 44.6%，水污染严重的劣Ⅴ类占 27.5%。各水资源一级区中，省界断面水质较好的是西南诸河区和东南诸河区，淮河区、海河区、辽河区省界断面水质较差。省界断面的主要超标项目是化学需氧量、高锰酸盐指数、氨氮、五日生化需氧量和挥发酚等。

（6）水功能区水质达标状况。全国监测评价水功能区 3219 个，按水功能区水质管理目标评价，全年水功能区达标率为 42.9%，其中一级水功能区（不包括开发利用区）达标率为 53.2%，二级水功能区达标率为 36.7%。在一级水功能中，保护区达标率为 65.5%，保留区达标率为 67.7%，缓冲区达标率为 25.9%。

（7）地下水水质。全国的情况根据 641 眼监测井的水质监测资料进行统计分析，分别在北京、辽宁、吉林、上海、江苏、海南、宁夏、广东 8 个省（自治区、直辖市）对地下水水质进行了分类评价，水质适合于各种使用用途的Ⅰ～Ⅱ类监测井占评价监测井总数的 2.3%，适合集中式生活饮用水水源及工农业用水的Ⅲ类监测井占 23.9%，适合除饮用外其他用途的Ⅳ～Ⅴ类监测井占 73.8%。

理论上看，各种河流、湖泊、湿地等的水资源生态工程与规划的最高目标当然是全部达到Ⅰ～Ⅱ类水质的标准，起码是在"循环"这个关键词中，消除"水质性缺水"的隐患，污水的循环达标处理（利用而非直排）是保证所有的城镇的饮用水源都能够达到Ⅰ～Ⅱ类水质的标准的重要手段之一。

对于水资源分布不均匀的问题，应该在不影响区域生物多样的前提下，适当地、慎重地进行跨区域调水的水利工程建设。南水北调的东线、中线、西线工程是一项跨气候区（从亚热带向暖温带）的大跨度的工程，其工程规模和生态影响应该从三层次生态关系而不是仅仅从人类的生产生活一个方面来进行科学论证和评估。

复习思考题

1. 名词解释：

微观工程　　宏观工程　　水资源　　　降水量　　　径流量

产水模数　　地下水　　　水源涵养　　水土流失　　蓝天碧水工程

2. 简述区域资源"复合面积之重心求法"的生态重心计算方法并计算所在区域省、市、县一级的各种资源重心的位置（利用经纬度或自己建立的坐标）。

3. 简述水资源工程的生态理念、原则及策略。

4. 简述区域水量平衡公式并利用集水区原理完成所在学校校园或某个小流域的水量平衡调查、计算分析。

5. 简述所在区域省、市、县一级的水资源生态工程的规划的方式、方法及途径要点和框架方案。

第12章　森林生态工程与规划

在全球变暖及温室效应中应对全球变化的人类低碳转型、循环经济、生态经济策略中，既能够解决区域贫困山区的脱贫问题，又能够调动全社会爱林、护林的巨大热情，还能够增加森林"碳汇"中和二氧化碳等温室气体的"碳源"能力，这就是用建立区域及国家层面的"碳汇交易"、"碳均衡"及"碳中和"的手段走向森林生态工程与规划理念、方式、方法和低碳经济、循环经济及生态经济的新途径。

森林是以乔木为主体的，包括植物、动物和微生物及土壤、气候的生物群落（生态系统）。森林不仅能够为人类提供大量的木材和多种林副产品，而且在维持生物圈的稳定、改善生态环境等方面起着重要的作用。

以森林为主体的植被系统通过光合作用，每天同化二氧化碳并释放出大量的氧气，这对于维持大气中二氧化碳和氧含量的平衡具有重要意义。森林植物都能够截留降水，减缓雨水对地面的冲刷，最大限度地减少地表径流，枯枝落叶层及森林土壤能够大量地吸收和贮存雨水。所以森林在涵养水源、保持水土方面起着重要作用，有"绿色水库"之称。

进入20世纪90年代以来，生态学研究已从面向结构、功能和生物生产力转变到更加注重过程、格局和尺度相关性。全球变暖及温室效应引起全世界对高碳能源排碳及森林对二氧化碳的同化能力（碳汇功能）的关注。因此，低碳转型中，循环经济、生态经济的理念促进森林生态工程与规划，将其重点、切入点和制高点集中在了森林植被在碳均衡中的"碳汇"潜力及"碳中和"的动态过程之中。

根据我国森林资源的总量和建立在光合系数上的二氧化碳参数，可以对我国各省的森林碳汇和碳排放量进行年度总量和年变化的数量评估。然后，根据碳均衡或碳中和原则，将我国的省份区分为碳汇省份、碳源省份和基本碳均衡省份。在产权明晰、初始产权分配合理、排污权交易机制不断完善的基础上，可以研究分析我国低碳经济转型中碳汇交易市场的建立、交易额度、定价机制、均衡过程。可以在节能减排、新能源替代和碳均衡三大机制中实现新经济、新分配、新效果，也可以为国家在国际"碳交易"的博弈中取得一定的实践经验，并为世界性的气候变化和低碳转型做出理论和实际贡献。

更重要的是，建立"碳汇交易市场"是用经济学思维解决低碳经济转型中节能减排的关键举措之一，也是革新经济分配方式的希望所在。作为"碳汇"供给的森林业主可以根据"按汇分配"的原则获得培育、维持、经营森林植被的经济效益，更加致力于森林培育、保护、维持和提升生态效益。

依照"排碳必须付费"的原则，碳源企业应当按排污权交易的原则为相应的排放买单，也可以选择直接地减排以达到全社会低碳运转的节能减排、新能源替代的效果。森林对整个社会经济的影响，将通过低碳经济转型中的碳汇交易市场表现出来。

森林生态系统是陆地生态系统的主体，是吸收、转化二氧化碳的碳库之一。陆地植被生态系统具有 86%以上、土壤有 73%以上的碳存量，是由木本乔木为主体的森林及森林土壤完成的。世界各国为实现"减排"常采用以下 3 种手段。

（1）一是直接减少温室气体的排放：这是最难实行的策略，在发展中国家基本上是十分困难的，而且短时期难以做到。

（2）二是增加温室气体的吸收：增加区域的以森林为主体的植被数量和质量，吸收同化碳源，并引进"碳汇"交易及分配机制，用经济学的方式解决生态经济学问题。

（3）三是新能源替代：森林的涵养水源、保持水土功能，能够延长水利工程，如水库、水电站的淤积、报废年限，增加再生能源水电的发电功能，一定程度上可以替代高碳能源的碳排放。

由于在短期及长期内直接减少排放，常常会对一个国家的经济产生一定的结构性负面影响，而在温室气体吸收方面，森林"碳汇"较其他减排措施更具有潜力。利用森林"碳汇"进行减排不仅在技术和经济上可行，而且在减缓气候变暖方面也将扮演更重要的角色。

森林生态系统与其他陆地生态系统相比具有较高的生产力，每年固定的碳能占到整个生态系统碳能的 70%左右。在调节全球碳平衡、减缓大气中二氧化碳等温室气体浓度上升与维护全球气候稳定等方面，森林生态系统具有不可替代的作用。

研究表明，我国的森林碳汇年年递增，正起着一个巨大的碳库（碳汇）的作用，如果能够从国家层面用"低碳转型"的循环经济、生态经济的思维进行森林生态工程与规划，将会开创一个全新的局面。

但是，从欧亚大陆的森林分布格局来看，宜林地往往与人类的人口密度、历史、文明程度相冲突，中国整体成为人类森林的薄弱地带，保护、培育、提升森林质量和数量的责任和义务都十分重大。

12.1　森林（林业）生态工程的目的、手段及构想

　　　　传统的森林生态工程是为林业及人类社会提供木材而服务的，走过了第一个阶段"大木头挂帅，砍完搬家"的森林工业的短暂阶段，就进入了长达 30~40 年的"以场为家，采育结合，多种经营"时代，仍然以"木材"作为林业生产、社会服务的第一产品。

　　　　这个时期的森林生态工程主要是经营木材的理念，以及围绕着"速生快长"的林木培育工程，主要是在苗圃选择、良种壮苗、抚育间伐、密度管理、轮伐期、森林蓄积量、生长量、消耗量等参数指标上融合进生态理念，属于林业产业内部生存之道的"森林或林业生态工程"的范畴。

森林生态工程是指依据生态工程学和森林生态学的基本原理，设计、建造的以木本植物为主体，协调种内、种间及人与自然关系的一种生产工艺系统。森林生态工程包含涵养水源、保持水土、防风固沙、美化环境、减少污染、森林疗养、森林旅游等，维护生态平衡、减少自然灾害、保障和促进工农业生产的发展，为人类创造一个良好的生存环境的内涵与外延。

对于森林生态工程来说，其主要内涵包括对工程学及生态学的相关原理进行相互融合、贯通，并以此对林业土地资源结构进行有效地优化并以此为基础，调动全社会人人参与到植

树造林及退耕还林的森林保育、繁育中去，以期对现有的森林资源进行有效的保护及科学合理的经营，达到"青山常在，永续利用"的可持续发展的效果。

对目前的森林结构及分布格局，进行面积、蓄积、生物量、生物多样性等方面的合理而有效地调整，并在保证森林生态系统结构优化及功能完善的前提下，充分挖掘其生态系统服务功能优势，对人类社会的经济发展和人民生活提供生态安全上的有力保障。

12.1.1　目的

对于森林（林业）资源的生态性来说，这是人类生态文明的重要标志之一。林业作为一个"产业"，能够对生态环境进行有效的改善，以及对林产品（主要是木材）的人类社会的"供给"功能进行有效的保障。因此，很长一段时期，从"经营木材"的角度，加强森林（林业）生态工程的建设，优化林业产业的生态结构，对我国林业的可持续发展及国民经济结构的优化具有重要意义。

事实上，生态资源包括物种生命过程所需的光、热、水、气等生态要素及物种生存生态策略、生态系统的内循环机制，以及地形、土壤、坡向、坡度、地貌、地质及生物水平分布及垂直分布等模式、区系和系统，物种个体、种群、群落、系统和景观的结构和功能、演变和均衡。森林作为陆地生态系统的主体，其中包含的生态资源及人类生态安全的要素，不仅仅是"木材"唯一的"产品"可比拟，但是，很长一段时间，林业作为产业的唯一为之生存的产品，最主要的就是"木材"。

生态资源是生态层次或生态理念上的生命（包括物质）要素的总和，人类和其他已知的150万种物种互为资源、互为环境。只见树木，不见森林，"物态"经济学中的所谓"森林资源"，不过是"木材"的代名词而已。而森林资源属于"生态资源"中"可更新"类型，主要是生物量生产（包括人类和野生动物的粮食）、特种效益和生态系统服务三大部分的"生态效益"等。

因此，按生态学理论生态效益可以分成以下三个层次或梯度。

（1）生物层次：包括已知的150万种动物、植物、微生物的所有种类、种群及群落数量、生殖、繁衍能力（人类的一切食物包括主食及副食都来自生态系统的生物量生产：第一性或第二性生产力），以及生态系统的结构、功能、演变和平衡的机制等。

（2）环境层次：包括光、热、水、气、声、电磁、地形、土壤、地理、地质等环境的"物质"要素。这一点包容"物态"经济学中所有不可更新及可更新的"资源"（包括人类社会的物态生产或经济生产：第三性生产力）。

（3）三层次的生态关系资源：包括种内关系、种间关系和生物与大自然的关系（天人关系），生态系统服务功能，维持机理等。

生态资源是国家和人类的宝贵财富。当今世界经济发达的国家往往生态资源匮乏，而经济欠发达的国家相对生态资源丰富。在国内，经济发达的地区往往生态资源匮乏，而经济欠发达的地区往往生态资源相对丰富。所以，在低碳经济、循环经济及生态经济的时代，森林生态工程目的应该从"经营木材"，走向"经营生态效益"。

12.1.2　手段

森林（林业）生态工程有经营面积上的辽阔性、经营周期上的长期性、经营过程的复杂性和经营步骤的有序性等特点，其中最为明显的两个特征是整体性特征和经营产品的单一性。在整个森林生态系统当中，动物、植物、微生物与森林土壤、气候环境有着密切的联系，在三层次生态关系上相互依存、相互作用，组成了一个有序的、完整的整体，而在过去最主要的产品却只是周期性"轮伐"木材。

随着人类社会的生态安全问题日趋严重，人们对林业的发展逐渐重视起来，特别是在低碳转型中进行了战略重心的转移，逐步形成了林业生态工程的新体系。这一体系对各个生态经济要素进行统筹兼顾，除了生态安全发展本身需求以外，还关注区域及国家经济的可持续发展。森林生态工程涉及多方面的技术问题，主要包括植树造林技术、林业科技技术、区域空间生态格局、土地生态资源、水资源的有效利用及目的树种的选择与繁育技术等。加强林业生态工程的规划与建设，主要是为了对区域及国家的生态安全环境进行有效地改善，同时带来巨大的生态、经济及社会效益。在这一过程中，需要通过科学合理的生态规划，以及先进的生态工艺来实现对于林业生态工程的有效建设。

国家层面的森林资源一类、二类及三类资源清查已经在我国大规模地，制度化地实现了多年，这也是森林生态工程与规划最重要的基础手段之一。

根据我国历次一类、二类及三类资源清查的数据，对我国森林资源变化过程的监测，基本上可以归结为3个不同的阶段。

（1）20世纪50～70年代末期：森林资源主要处于以"木材"利用为中心的发展阶段，林业为国民经济的恢复、建设和发展作出了重大贡献。根据1962年主要林区森林资源二类调查的结果，全国森林覆盖率为11.81%。1973～1976年开展了第1次全国性的森林资源二类清查，森林覆盖率为12.7%。1977～1981年第2次全国森林资源二类清查，森林面积不增反减，森林覆盖率为12.0%。在林种结构中，用材林所占比重高达70%以上，防护林所占比重不足10%。

（2）20世纪80～90年代后期：森林资源处于"木材"利用为主和兼顾生态建设的发展阶段（广东率先进入"分类经营"阶段）。在满足国家经济建设和人民生产生活需求的同时，逐步得到了有效保护与发展，步入了较快增长时期。这一时期的第3、第4、第5次全国森林资源二类清查结果显示，我国森林面积、蓄积出现了双增长的良好局面，森林覆盖率从12.0%增加到16.55%。全国用材林所占比例保持在60%以上，防护林所占比重有所加大，接近15%。

（3）20世纪末至今：以划分生态公益林并进行生态效益补偿的"分类经营"为标志，以及一大批森林（林业）重点工程开始实施，林业建设开始步入以"生态建设"为主的新时期，森林资源各项指标也同时进入快速增长的新阶段。

第6次全国森林资源一类、二类清查结果显示，近年来我国以"生态建设"为主的林业发展战略已初见成效，森林资源总量持续增加、质量不断提高、结构渐趋合理，生态建设已步入"治理与破坏相持"的关键阶段，森林资源保护与发展取得了显著成绩。清查间隔期内，我国森林资源变化呈现如下特点。

（1）森林面积持续增长：森林面积增加1596.83万公顷，其中国家特别规定的灌木林面积增加376.77万公顷。森林覆盖率由16.55%增加到18.21%，增长1.66个百分点。

（2）森林蓄积稳步增加：林木年均净生长量4.97亿立方米，年均采伐消耗量为3.65亿立方米，继续呈现长大于消的趋势。活立木总蓄积量净增7.98亿立方米，年均增加1.60亿立方米；森林蓄积量净增 8.89 亿立方米，年均净增 1.78 亿立方米。

（3）森林质量有所改善：林分每公顷株数增加 72 株，每公顷蓄积增加 2.59 立方米，中龄林和近熟林面积比例提高 2.99 个百分点，阔叶林和针阔混交林面积比例增加 3 个百分点，龄组结构、树种结构出现可喜变化。

（4）林种结构渐趋合理：防护林面积、特种用途林面积两者合计占林分面积的 42.81%，上升 21 个百分点；用材林面积 7862.58 万公顷，占林分面积的 55.07%，比第 5 次清查下降 19 个百分点。

（5）集体林区成效凸显：非公有制森林面积比例为 20.32%，森林蓄积比例为 6.77%。在现有的未成林造林地中，非公有制比例达 41.14%。

第 6 次全国森林资源清查结果，充分显示了我国林业建设取得的巨大成就，同时也深刻揭示出森林资源保护和发展工作中面临的一些问题。主要表现在以下几个方面。

（1）总量不大：我国森林覆盖率仅相当于世界平均水平的 61.52%，居世界第 130 位。人均森林面积 0.132 公顷，不到世界平均水平的 1/4，居世界第 134 位。人均森林蓄积 9.421 立方米，不到世界平均水平的 1/6，居世界第 122 位。

（2）分布不均：东部地区森林覆盖率为 34.27%，中部地区 27.12%，西部地区只有 12.54%，占国土面积 32.19% 的西北 5 省（自治区）森林覆盖率只有 5.86%。

（3）质量不高：全国林分平均每公顷蓄积量只有 84.73 立方米，相当于世界平均水平的 84.86%，居世界第 84 位。林分平均胸径只有 13.8 厘米，林木龄组（年龄）结构也不尽合理。

（4）经营管理水平低：人工林经营水平不高，树种单一现象还比较严重，森林生态系统的整体功能还非常脆弱。林地流失、林木过量采伐现象依然存在。可采资源严重不足，与社会需求之间的矛盾仍相当尖锐，保护和发展森林资源任重道远。

第 8 次全国森林资源清查于 2009 年开始，到 2013 年结束，历时 5 年。组织近 2 万名技术人员，采用国际上公认的"森林资源连续清查方法"，以省（区、市）为调查总体，实测固定样地 41.5 万个，全面采用了遥感等现代技术手段，调查、测量并记载了反映森林资源数量、质量、结构和分布，以及森林生态状况和功能效益等方面的 160 余项调查因子。

全国森林面积 2.08 亿公顷，森林覆盖率 21.63%。活立木总蓄积 164.33 亿立方米，森林蓄积 151.37 亿立方米。天然林面积 1.22 亿公顷，蓄积 122.96 亿立方米；人工林面积 0.69 亿公顷，蓄积 24.83 亿立方米。森林面积和森林蓄积分别位居世界第 5 位和第 6 位，人工林面积仍居世界首位。

清查结果表明，我国森林资源呈现出数量持续增加、质量稳步提升、效能不断增强的良好态势。两次清查间隔期内，森林资源变化有以下主要特点。

（1）森林蓄积持续增长：森林面积由 1.95 亿公顷增加到 2.08 亿公顷，净增 1223 万公顷；森林覆盖率由 20.36% 提高到 21.63%，提高 1.27 个百分点；森林蓄积由 137.21 亿立方米增加到 151.37 亿立方米，净增 14.16 亿立方米，其中天然林蓄积增加量占 63%，人工林蓄积增加量占 37%。

（2）森林质量不断提高：森林每公顷蓄积量增加 3.91 立方米，达到 89.79 立方米；每公顷年均生长量增加 0.28 立方米，达到 4.23 立方米。每公顷株数增加 30 株，平均胸径增加 0.1 厘米，近、成、过熟林面积比例上升 3 个百分点，混交林面积比例提高 2 个百分点。随着森林总量增加、结构改善和质量提高，森林生态功能进一步增强。全国森林植被总生物量

170.02 亿吨,总碳储量达 84.27 亿吨,年涵养水源量 5807.09 亿立方米,年固土量 81.91 亿吨,年保肥量 4.30 亿吨,年吸收污染物量 0.38 亿吨,年滞尘量 58.45 亿吨。

（3）天然林稳步增加：天然林面积从原来的 11 969 万公顷增加到 12 184 万公顷,增加了 215 万公顷；天然林蓄积从原来的 114.02 亿立方米增加到 122.96 亿立方米,增加了 8.94 亿立方米。其中,"天保工程区"天然林面积增加 189 万公顷,蓄积增加 5.46 亿立方米,对天然林增加的贡献较大。

（4）人工林快速发展：人工林面积从原来的 6169 万公顷增加到 6933 万公顷,增加了 764 万公顷；人工林蓄积从原来的 19.61 亿立方米增加到 24.83 亿立方米,增加了 5.22 亿立方米。人工造林对增加森林总量的贡献明显。

（5）逐步减少天然林采伐：森林年均采伐量 3.34 亿立方米。其中,天然林年均采伐量 1.79 亿立方米,减少 5%；人工林年均采伐量 1.55 亿立方米,增加 26%；人工林采伐量占森林采伐量的 46%,上升了 7 个百分点。森林采伐继续向人工林转移。

森林资源的一类、二类及三类资源清查是森林生态工程与规划最重要的基础手段之一,在现代 3S 技术的支持下,劳动强度大大降低,效率和数据的准确性大大提升,对于宏观控制森林资源的消长、面积蓄积及生物量结构、水平及垂直分布,以及水土保持面积、涵养水源功能及"碳汇功能"都是最重要的科学手段之一。

12.1.3　构想

在森林生态及林业的低碳转型过程中,目前状况下的林业生态工程建设仍然存在着一系列的问题,这些问题严重阻碍了林业生态工程的进一步发展,需要采取有效的措施进行解决。主要针对这些问题提出了如下的构想及相关的措施建议。

（1）彻底转变"经营木材"的观念：世界没有这样一个产业,把主要产品免费"送人",而自己却靠次要产品"过日子"。这个产业就是"林业",其最主要的产品是"生态效益",不是"木材"。因此,森林（林业）生态工程与规划建设,需要彻底地转变"木材经营"观念,加大对林业资源的保护力度,促使林业生态工程建设朝着"经营生态效益"的方向发展。

（2）优化森林生态布局："经营生态效益"森林（林业）生态工程与规划建设对于"经营木材"的林业生态工程来说,需要重新从生态防护、生态安全上,而不是从木材采运、集材、加工、搬运的角度讨论我国的森林分布及布局。

（3）完善生态经营机制："经营生态效益"的森林（林业）生态工程科学化建设,要求把属于"公共物品"的森林效益通过市场的方式兑现或者实现,因此,森林（林业）生态工程建设是一项与社会"互动"的大型工程,具有较高的复杂性,且涉及层面广。

目前,林业系统内部对转换经营理念认识和积极性都普遍不足,已经转变了收入模式的林业系统职工,在拿着"事业"的工资之后,还在"琢磨"着"砍树"的收益,甚至在一些贫困地区,真正能够用"采伐指标"堂而皇之"伐木"的是林业系统的职工。

12.2　森林（林业）生态工程的方式、方法及途径

中国的林业是经过了"大木头挂帅,砍完搬家"之后,又经过"以场为家,采育结合"（实际上是"重采轻育"）,一系列的"木材"思维之后的被迫转型。

森林分布的零碎性、残次性、人工性、单一性在全国性的分布图上，基本上难以形成生态防护、生态安全、生物多样性保护的合理格局。

转换思维之后面临的是相当长的时期、持续不懈地坚持和维护，才有可能在全国的版图上，实现真正意义上的"森林生态安全"的大格局。

传统的森林经营是"木材思维"的各种森林培育措施的总称。因此，森林管理的重要组成部分也是从宜林地上种植或培育森林起到"采伐更新"时止的整个过程，包括苗木繁育、幼林抚育、中林间伐、林分改造、护林防火、病虫防治、副产品利用、采伐更新等各项生产活动。

在全世界范围内，300 年来为获得木材和其他林产品（附带森林生态效益）而进行的营林活动，包括更新造林、森林抚育、林分改造、护林防火、林木病虫害防治、集材运材、伐区管理、木材加工等。"木材经营"阶段中的广义森林经营是指以森林为经营对象的全部采与育的系列管理工作，除营林活动外还包括森林调查和规划设计（一类、二类、三类调查）、林地利用、木材采伐利用、林区动植物利用、林产品销售、林业资金运用、林区建设和劳动安排、林业企业经营管理及森林生态效益评价等。

按经营目的森林生产效益可划分为以下两大类。

（1）生产（"物态"）性主营：主要是为了生产木材，还有薪柴、木炭及各种林副产品，如香菇、木耳、中草药、园艺植物等，如用材林、薪炭林、竹林、经济林（包括木本粮食、木本油料、水果、药材林等）的经营。

（2）生态性兼营：为了发挥森林的涵养水源、保持水土、净化大气、美化环境、防风固沙、减少污染等的生态效益，根据国家《森林法》及《水土保持法》建设一批如防护林、水源涵养林、水土保持林、防风固沙林、风景林、自然保护区的森林经营模式。

受利益驱动的限制，现实中的"木材思维"的生产性经营中实际上有掠夺式经营与永续经营、粗放经营与集约经营的区别。

（1）掠夺式经营：是对森林只顾采伐利用，不顾育林，仅靠天然更新成次生林的经营方式。

（2）永续经营：是在遵循森林采伐量不超过生长量的原则下利用森林，并注重人工培育，使森林资源越采越多，能持久发挥生态效益的"青山常在、永续利用"经营方式。

（3）粗放经营：主要依赖森林的自然更新与生长能力，只采不育、重采轻育，直接导致森林质量的下降，体现在单位面积上的生长量、蓄积量等指标的下降。

（4）集约经营：是在一定的林地面积上，投入较多的生产资料和活劳动，采用先进技术措施，获得较高的林木产量（单位面积上的生长量、蓄积量等指标上升明显）和较大的生态效益的经营方式。

由于传统生产、生活中，木质结构的房屋、薪柴、家具、铁路枕木、矿山坑道木等对森林资源的"木材"需求巨大，构成森林资源消耗量严重超过生长量。加上中国森林资源人均数量少，木材供需矛盾十分尖锐，直到国家下决心改变以上这种传统生产、生活的习惯，加上实行森林的"永续经营"，严格控制消耗量不得大于生长量，我国的森林经营才开始由粗放向集约经营转化。

中国特色的森林经营体制，按生产关系划分有以下 3 种模式。

（1）国家经营：属于国有森林，在全国主要的林区如大兴安岭、小兴安岭、长白山等，主要是国家所有的森林权属，走过了 20 世纪 50 年代森林工业局（采运局），60 年代开始的政企合一的林业局（一般相当于县，大兴安岭等林管局相当于地区级）几个阶段，现在开始向自然保护区、森林公园过渡的阶段；

（2）合作经营：国家和集体合作经营的模式，包括土地所有权和林权的分离的森林经营模式，这是国家曾经实行一段"谁造林，谁所有"的绿化荒山的产物；

（3）个体经营：我国南方属于"集体林区"，主要的森林权属于个人、村、乡、镇一级的集体所有的森林权属，现在正在探索实行"林权认证"制度。

东北、内蒙古和西南的大林区主要是由国家设立林业企业进行森林经营。长江以南的浙江、安徽、江西、福建、湖北、湖南、贵州、广西、广东等省、自治区的森林以合作经营为主，其中有的是集体统一经营，有的是由家庭承包经营全民所有和集体所有的山林。个体经营的主要是农村居民自有的、种植在房前屋后和自留山上的林木。

12.2.1　生态工程的方式

对于一个所有权交错的森林体系，要在"木材经营"思维中转型谈何容易？国家投入大量的人力物力，希望在"零零星星"分布的森林中，按照生态安全的策略筑起一道道生态屏障，起码是沿河、沿边、沿岸、沿线建设生态防护林体系。西北部地区的退耕还林、还草及遏制草原退化、沙化的生态工程迫在眉睫、势在必行。

生态规划的关键是寻找中心点、重心点、提领点和切入点，我国森林生态工程与规划的提领点和切入点在哪里呢？

在低碳转型、循环经济和生态经济的大背景之下，经营生态效益的关键是用生态经济学的思维，以及"市场实现"的方式，把森林生态效益包装成为"卖点"，通过经济杠杆来调节实现森林资源生态服务产品的资源最优配置。

这就是建立"碳交易"、"碳中和"或"碳均衡"方式的"碳源—碳汇"交易市场，这样，用工业、商业排碳的"碳汇"购买，来提升贫困山区的经济，使之全身心地投入森林培育、管护中去，实现低碳经济转型中的经济分配的创新。

运用"碳源—碳汇"交易的机制，将突破国营、合营、集体、个人交织的森林所有权的束缚，盘活所有的森林资产，促进森林培育、管护、升级的目标在市场经济的"看不见的手"与"看得见的手"之中的资源配置的公平和效率。

森林碳汇是指森林吸收、转换并储存二氧化碳的数量，或者说是森林吸收并储存二氧化碳的能力。利用方精云院士等的研究成果与方法，以及全国第 1～8 次森林资源连续清查（一类调查）和小班调查（二类资源调查）数据，在换算因子连续函数法的基础上，可以评估我国各个地区的森林碳汇及年度变化情况。

对于具体的应用，可以针对每一个地区、省份及全国的不同数据、参数，参考以下的公式进行"碳源—碳汇"的均衡模拟分析，以及定价、出清模式的演绎及推算。

1. 我国森林碳汇分省（或区域）分布的评估分析及理论数学模型

方精云等的换算因子连续函数法中使用的换算因子公式为：

$$BEF = a + \frac{b}{x} \tag{1}$$

式中，BEF 是生物量与森林蓄积量之间的换算因子，同时林分的蓄积量 x 综合反映了这些因素的变化。a、b 为常数、系数。林分蓄积量可作为 BEF 的函数，以用来反映 BEF 的连续变化。在成熟林中，BEF 趋向恒定值 a，在幼龄林中，BEF 比较大。

下式是在不同尺度上测算森林碳汇（Y）的计算公式。在样地尺度上：

$$Y = \sum_{i=1}^{m} \sum_{j=1}^{n} \sum_{l=1}^{k} A_{ijl}\, \mathrm{BEF}_{ijl}\, x_{ijl} \tag{2}$$

式中，i、j 和 l 分别为省区、地位级和龄级；A_{ijl}、x_{ijl} 和 BEF_{ijl} 分别为第 i 省区、第 j 地位级和第 l 龄级林分的面积、平均蓄积量和换算因子；m、n 和 k 分别为省区、地位级和龄级的数量。

在区域或者省区尺度上：

$$Y = \sum_{i=1}^{10} \mathrm{BEF}_i \cdot x_i \cdot A_i \tag{3}$$

式中，A_i、x_i 和 BEF_i 分别为某一森林类型在第 i 省份的总面积、平均蓄积量及所对应的换算因子。

在全国尺度上：

$$Y = A \cdot x \cdot \mathrm{BEF} \tag{4}$$

式中，Y、A、x 和 BEF 分别为全国的总碳汇量、总面积、全国平均蓄积量和所对应的换算因子。

我们可以建立森林碳汇与蓄积量的线性回归方程，从而利用各地区蓄积量的数据来计算其森林碳汇量。

2. 我国碳源（排放）分省（或区域）数量评估分析及理论数学模型

化石能源燃烧的碳排放量计算公式为：

$$\mathrm{EC} = \sum_{i=1}^{6} 3.67 \cdot \mathrm{CF}_i \cdot \mathrm{CC}_i \cdot \mathrm{COF}_i \tag{5}$$

式中，EC 为估算的各类能源消费的碳排放总量；i 为能源消费各类，包括煤炭、焦炭、汽油、炼油、柴油、燃料油和天然气共 7 种；F_i 为各省第 i 种能源的消费总量；CF_i 为发热值；CC_i 为碳含量；COF_i 为氧化因子。

利用上述公式可以计算我国各省份的化石燃料碳排放情况，并且利用上述计算结果可以建立回归方程对我国各省份未来的碳排放情况进行预测与评估。

3. 我国碳汇与碳源分省（或区域）碳均衡的理论分析

在碳汇和碳源分析的基础上，可以进一步均衡分析各地区的净排放情况，即将各地的森林碳汇归入，分析各地的净排放。分析标准如下：

碳源省份：

$$i\text{ 省森林碳汇量} - i\text{ 省排放量} < 0 \tag{6}$$

碳汇省份：

$$i\text{ 省森林碳汇量} - i\text{ 省排放量} > 0 \tag{7}$$

碳均衡省份：

$$i\text{ 省森林碳汇量} - i\text{ 省排放量} = 0 \tag{8}$$

如果一个地区的净排放为正，就可以认为其为碳源省份；如果其净排放为负，就认为此地是碳汇省份；如果一个地区的净排放接近或者等于 0，就认为其为碳均衡省份。

4. 碳交易市场模式及交易额度分析

最后，建立碳交易市场分析在不同的市场情景下上述三类型的省份加入碳交易市场的影响，按照各部门必须实现自身碳中和的原则，即其排放量必须等于其持有的碳汇量来建立碳交易市场。

我们设计如下的碳交易市场模型：由政府建立碳交易市场，并且碳交易市场的目的是实现在整个地区的碳中和，即

$$\sum_{i=1}^{N} i省份碳排放 - \sum_{i=1}^{N} i省份碳吸收 = 0 \qquad (9)$$

从而实现我国森林碳汇的供给量要等于国内各个省份的排放量。各个地区拥有的森林提供的碳汇可以进入碳排放市场充当排放权。并且规定每个部门的碳排放量与其持有的碳汇量要相等，每个部门可以通过在碳交易市场上购买碳排放权来增加自己持有的碳汇量。

如果有部门的实际排放量超过了自己持有的碳汇量，就要受到严重的处罚。在实际运行过程中，假定每个省份都选择尽量让省内的森林碳汇优先满足省内的排放需要，并对出售到省外的碳汇进行征税，而且对在省内销售的碳汇免税或者进行一定程度的补贴。

12.2.2　方法

目前，估算森林碳汇量的方法很多，主要有以下三种方法：①利用遥感气象技术，测定森林吸收二氧化碳的数量；②抽样测算森林生物量间接估算；③通过森林清查的相关数据，利用理论模型估算森林碳汇量。这里主要采用第三种，采用森林资源连续清查和小班调查的数据进行计算评估。

1. 我国森林碳汇分省（或区域）的存量及年度变化

方精云等（2007）曾经估算过我国 1999 年到 2003 年第 6 次全国森林普查时期我国森林的碳汇量为 5851.9 百万吨。我们在增加第 7 次全国森林普查数据的基础上，采用回归方法得到的结果为 5936.37 百万吨。森林碳汇在我国各个省份的分布并不平均，其中内蒙古、吉林、黑龙江、四川、云南与西藏的森林碳汇量比较大，这几个省（自治区）的森林碳汇之和占我国森林碳汇总量的 62.28%。其中仅西藏的森林碳汇量就占全国的 14%多。如果从人均碳汇量来统计，由于西藏人口稀少，其人均碳汇量更是高达 292 吨，其次是内蒙古，人均 23 吨，此外黑龙江与吉林人均森林碳汇也比较高。

2. 我国碳源（排放）分省（或区域）数量评估指标分析及数学模型（实证）

我国各地区碳排放情况，根据化石能源燃烧的碳排放量计算公式（5），计算的我国各省（自治区）的化石燃料碳排放情况。在 2000 年以前我国的碳排放相对比较平稳，位于 30 亿以下的水平上，进入 21 世纪之后我国的年碳排放量开始加速，在 7 年的时间内翻了 1 倍，年增长率高达 10.59%，2007 年的碳排放量已经达到 67.48 亿吨。前面我们提到我国 2008 年的森林碳汇量是 59.61 亿吨，而且年增长率约为 1.156%，都比我国近年来的排放量及增长速度小，按现在的排放量及增长速度，我国未来的排放需求压力还是非常大的。

从各地区 2007 年的碳排放情况来看，排放量最大的是山东省，高达 6.68 亿吨，其次是河北省，排放量达 5.16 亿吨。总的来看，排放量较大的主要集中在中、东部地区。2007 年

碳排放超过 3%的省（自治区）有山西省、内蒙古自治区、辽宁省、浙江省、河北省、山东省、江苏省、河南省、广东省，主要集中在中部地区。

3. 我国碳汇与碳源分省"碳均衡"分析及数学模型（实证）

根据 2000～2008 年的数据分析，从各省份碳汇与碳源的碳均衡情况来看，碳净排放大小不一，全国的二氧化碳净排放为 815.74 百万吨，是典型的"碳源"国家。其中排放量较大的有河北省、山西省、辽宁省、江苏省、浙江省、山东省、河南省、湖北省、广东省等，主要集中在中东部地区。

我国的碳汇省（自治区）主要有：内蒙古、吉林、黑龙江、福建、江西、广西、海南、四川、云南、西藏、陕西、甘肃、新疆等。可以看出这些省（自治区）基本上都是位于边远地区或者是经济落后地区。我国主要的碳源地区有：北京、天津、河北、山西、辽宁、上海、江苏、浙江、安徽、山东、河南、湖北、湖南、广东、贵州、宁夏。可以看出，碳源地区大部分位于中东部经济发达地区，或者是森林稀少，森林碳汇缺乏的地区。

12.2.3　途径

通过区域"碳源—碳汇"的"碳均衡"之"碳中和"、"碳交易"的手段，实现对森林经营上的"低碳转型"，既可以大大减轻近期节能减排的直接压力，又可以筹集资金针对贫困地区（一般是老少边穷地区，也是森林覆盖率较高的源头水地区）的"脱贫"问题，实现国家的"主功能区规划"的关于"禁止开发区"、"限制开发区"的经济转型策略，开辟低碳经济中节能减排、新能源替代和碳中和的新途径。

不同类型的省份，市场交易价格是可以不同的。从整体上看，碳汇省份的碳交易价格可能较低，碳均衡省份的价格整体上要高于碳汇省份，碳源省份的碳交易价格可能是最高的。这就会在不同的省份，因为碳交易价格的高低与当地森林碳汇的供给能力相关，而通过"价格"途径实现跨区交易的形成。

而对于碳源省份的政府来说，由于本省的森林碳汇供给无法满足其需求，其碳中和必须靠从省外购买碳汇来实现。为了实现省内的碳中和，减少对省外碳汇的依赖，碳源省份的政府应该对森林碳汇采取一定的扶持政策，如加大对森林碳汇的补贴，来刺激森林碳汇拥有者对当地森林碳汇的开发力度，进一步提高本省的森林碳汇存量，同时政府也应该鼓励生产者，进行由粗放型生产模式向集约型生产模式的转变，开发新技术，引进先进生产设备来提高本省的能源利用效率，从而减少排放需求量。

12.3　森林生态（碳中和）工程的生态理念、原则及策略

当木材市场因为需求和政策限制萎缩之后，社会对森林生态效益的需求随生活水平的提高及环境的整体退化、环境污染等原因而升高的时候，低碳转型中"经营生态效益"的理念就应运而生了。

在实行"分类经营"的框架中，各省的经济"转移支付"的实力及力度是不一样的，关键是这不是用市场机制配置资源，因此，建立"碳源—碳汇"之"碳中和"的"碳汇交易"机制，将会是国家层次的森林生态工程与规划的中心点、重心点、提领点和制高点，当然，近期立即执行也会成为切入点。

各省和各地区的自然、经济情况有所不同，对森林各种功能所需要的方面与程度也不尽相同。例如，广东的情况就很特别。广东最富裕的地区是珠江三角洲，具体来说，就是以广州、深圳、珠海为三个支点的三角形地带，这里集中了广东近80%以上的财富。但是，这个区域属于珠江主航道八大出海"口门"的冲击沙洲，是一些平均海拔不超过7米的冲击沙洲（岛）。西江从云南、贵州发源经过广西进入广东，是广东最大的水系；北江发源于湖南，从韶关、清远流下来，在佛山的三水市与西江交汇（北江、西江交汇成为珠江，顾得名三水）。所以，广东的历届领导都十分重视山区的森林保护，第一个消灭"荒山"、第一个实施"分类经营"的省份都是广东，广东是全国"经营生态效益"的理念创生和执行得最早的省份之一。

目前，我国仍然是一个缺林少绿、生态脆弱的国家，森林覆盖率远低于全球31%的平均水平，人均森林面积仅为世界人均水平的1/4，人均森林蓄积只有世界人均水平的1/7。森林资源总量相对不足、质量不高、分布不均的状况仍未得到根本改变，"盘活"森林资源还面临着巨大的压力和挑战。

（1）森林覆盖率的增长已经接近极限：从用地性质来看，城市建成区、道路（包括铁路、高速公路、公路）、工业、村镇、水面、农地等的面积是不可以"造林"的，因此，森林覆盖率增长是有限度的。从第7次资源清查的情况看，现有宜林地质量好的仅占10%，质量差的多达54%，且2/3分布在西北、西南地区，立地条件差，造林难度越来越大、成本投入越来越高，见效也越来越慢，如期实现森林面积增长目标还要付出艰巨的努力。

（2）严守生态红线压力很大：各类建设用地违法、违规占用林地面积年均超过200万亩，其中约一半是有林地。局部地区毁林开垦问题依然突出。随着城市化、工业化进程的加速，生态建设的空间将被进一步挤压，严守森林保护的生态红线，维护国家生态安全底线的压力日益加大。

（3）林分改造任务重：我国林地生产力低，森林每公顷蓄积量只有世界平均水平131立方米的69%，人工林每公顷蓄积量只有52.76立方米。林木平均胸径只有13.6厘米。龄组结构依然不合理，中幼龄林面积比例高达65%。林分过疏、过密的面积占乔木林的36%。林木蓄积年均枯损量增加18%，达到1.18亿立方米。进一步加大投入，加强森林经营，提高林地生产力、增加森林蓄积量、增强生态服务功能的林分改造任务还很大。

（4）供需矛盾十分突出：转换经营观念以后，我国木材对外依存度接近50%，木材安全形势严峻；现有用材林中可采面积仅占13%，可采蓄积仅占23%，可利用资源少，大径材林木和珍贵用材树种更少，木材供需的结构性矛盾十分突出。同时，森林生态系统功能脆弱的状况尚未得到根本改变，生态产品短缺的问题依然是制约我国可持续发展的突出问题。

森林生态工程与规划要站在三个层次生态关系高效和谐，以及人类经济社会可持续发展的高度，既满足人类社会的木材需求，更重要的是提供重要的、不可或缺的、不可替代的生态安全保障，需要超常的生态经济策略和精巧的生态规划理念和对策。

12.3.1　生态理念

森林是地球陆地生态系统的生态维持机制的主体之一。如何将投入与产出、成本与效益作为产业来经营，并达到"青山常在，永续利用"的境界，确实需要在"生态机巧"上下工夫。

森林作为生物多样性的承载体，需要渡过幼、中、近、成、过（熟）的不同时期，作为森林资源中最重要产品的"木材"本身生产的经营周期很长，一般要 5～60 年，甚至百年以上。

如何消除漫长的周期，使森林经营进入年年稳态收获，"青山常在，永续利用"的可持续发展状态？200 年前德国的林学家建立的"法正林"的经营模式，虽然缘由经营"木材"中的缩短轮伐期，但是，却为当代的可持续发展理念树立了先进的资源经营模式。也就是说，利益的可持续良性循环并稳态收获，其理论早就出现在两百多年以前的林业生产实践中。德国林学家们发现只要确定某种森林的合理轮伐周期，掌握其生长量，控制其采伐量，实施森林的"青山常在，永续利用"的经营策略，森林经营的可持续收益是完全可以实现的。其具体的作法是如下。

确定某种森林的合理轮伐周期为（N 年），经营的林地总面积为（S 公顷），每一年种植或造林的面积为（S_i），采伐面积为（S_j），只要开始造林的面积（S_i）为：

$$S_i = S/N$$

直到 N 年后：①面积 S 上布满森林；②第一年造的面积为 S_i 的森林已经达到轮伐期（年龄）进入成熟状态。

因此，只要从此以后永远使采伐面积为（S_j）＝造林的面积为（S_i），其中：$i=j=1,2,3,\cdots,N$，则该林业经营区域进入"青山常在，永续利用"的可持续收益的森林经营状态或称为"法正林"状态。

随后，美国林学家在此基础上为突破其简单再生产的格局并打破面积经营上的条条框框，提出了以下的修正条件。

（1）造林的面积（S_i）和采伐面积为（S_j）规定太机械，现实森林经营中不需要太死板，只要面积为（S）的森林在一个采伐周期内各年龄的面积分布均匀就可以了；

（2）不需年年造林，只需根据实际情况进行调整；

（3）可以实现一定程度的永续性扩大再生产。

根据以上经营思想建立起来的森林永续经营体系被称作"完全调整林"。

从以上两例森林经营的利益可持续良性循环来看，其模式对现阶段经营生态效益中的生物多样性资源的保护、开发、保持、累积都有举足轻重的重大意义。

在现代信息化及其管理的新时代，国家层面的森林生态工程与规划，应该在转变思维中重新用"经营生态效益"的生态理念通过"法正林"或"完全调整林"的思维模式、方法及途径去落实到具体的规划及经营方案之中。

12.3.2　原则

森林生态资源的支撑点是生物多样性资源及其相关联的土壤、气候、森林及植被、景观（生态系统之和）资源，也是可再生资源的重要内容之一。包括四个层次：①基因及遗传多样性；②物种多样性；③生态系统多样性；④景观多样性。

森林经营的指导原则如下。

（1）经济原则：通过经营森林资源产品，以前的主要产品是木材，现阶段的产品是生态效益（包括碳汇），通过市场的方式包装成为"卖点"去兑现或者实现经济收益。

（2）生态原则：实现人类三层次生态关系的"无废无污、高效和谐"，经济社会的可持续发展。

（3）永续原则：坚持森林资源的消耗量不大于生长量，保持"青山常在，永续利用"的法正林或完全调整林的状态。

由于全球高度重视生物安全问题对环境、生物多样性及人体健康的影响，进而又以《生物多样性公约》中的生物安全议题为依托，谈判签署了《生物安全议定书》。生物多样性最集聚的地方是以森林为主体的植被系统，因此，森林的生态经营就是生态安全中的重中之重的问题。

12.3.3　策略

森林的生物多样性是生态资源的"物化"表达之一，森林生态工程与规划的基本策略包括在保护、开发、保持、累积生态资源的经营模式上，运用森林经营的"法正林"及"完全调整林"的模式和方法，取得经营生态效益的低碳经济、循环经济及生态经济可持续发展的效果。

节能减排、新能源替代及"碳源—碳汇"的"碳中和"，特别是对于可再生资源，巧妙地应用最新的生态经济理论，"循环又经济，经济大循环"而不是"循环不经济，经济不循环"。

森林经营的措施以森林经营的指导原则和国家制订的森林法规为依据。在中国，有以下主要实施策略。

（1）定期进行森林资源的一类、二类调查，从"经营生态效益"的思维方式编制新型的"森林经营方案"；

（2）实行"林权"认证制度，可以推广"林权"在市场交易中的可转让；

（3）实施天保林工程，保护生物多样性；

（4）在森林培育中，南方的森林培育要尽量采用封山育林的方式，促进天然更新成林；

（5）严格控制执行用材林的消耗量低于生长量的原则，控制森林年采伐量，在森林资源增长的基础上适当增加木材产量；

（6）森林采伐的当年或次年内完成更新造林，更新造林的面积和质量必须优于采伐的面积和质量；

（7）增加防护林、国防林、母树林、风景林、水源林等生态公益林比例，直到成为主要林分类型；

（8）严格保护自然保护区、森林公园的植物、动物和群落、生态系统及其景观；

（9）进行退耕还林、护林防火，禁止毁林开垦和其他毁林行为；

（10）积极开展经营转型的辅导工作，使群众通过经营"生态效益"，获得持久的、较多的经济收益。

考核森林经营好坏的主要指标是森林面积、单位面积上森林的蓄积量、生长量、生物多样性、生物量、生产力指标。采用这些指标有利于森林资源的持续利用，为森林资源的扩大再生产提供坚实的生态理论基础。

12.4　森林生态（碳中和）工程的规划要点及框架方案

建立"碳源—碳汇"之"碳中和"的"碳汇交易"机制，是国家层次的森林生态工程与规划的中心点、重心点、提领点、制高点和切入点。

因此，根据碳源、碳汇的生态经济定价机制，来确定交易的市场价格，应该避免主观臆断的行为，建立碳源、碳汇的供给及需求方程，动态地根据基础统计数据进行"供需均衡"决定交易价格的方式是值得研究、探讨的。

围绕着建设生态文明的主题，大力发展生态林业、民生林业，增加森林总量、提高质量、提升森林生态系统的服务功能及应对全球气候变化和温室效应的能力。以下内容是推动我国林业走上可持续发展道路的常规举措，也是必要和充分的条件。

（1）森林资源保护，严守生态安全绿线（区别于耕地红线、文物蓝线、湿地紫线）：科学划定并严格落实森林生态绿线，制订最严格的绿线管理办法。全面贯彻落实《全国林地保护利用规划纲要》，严格林地用途管制和林地定额管理。严控经营性项目占用林地，逐步推行林地的差别化管理，引导节约集约使用林地。坚持不懈地抓好森林防火、森林病虫害防治工作。建立健全严守林业生态红线的法律、法规，依法打击各类破坏森林资源的违法犯罪行为，坚决遏制非法征占林地和毁林开垦现象。

（2）退耕还林工程，确保生态安全目标：进一步增加造林投入，扎实推进宜林地的造林绿化进程。加大科技支撑力度，有效提高造林成林率。加快推进生态功能区生态保护和修复，继续实施林业生态建设工程，对重点生态脆弱区25度以上坡耕地和严重沙化耕地继续开展退耕还林。积极推进平原绿化、通道绿化、村镇绿化和森林城市建设，充分挖掘森林资源增长潜力。严格落实领导干部保护发展森林资源任期目标责任制，建立健全省、市、县三级森林增长指标考核制度，实行年度考核评价。

（3）经营生态效益，经济体制及理念转型：深化集体林权制度改革，进一步改革和创新集体林采伐管理、资源保护、生态补偿、税费管理等相关政策机制。积极稳妥地推进重点国有林区改革，健全国有林区经营管理体制。积极推进国有林场改革，按照公益事业单位管理要求，进一步明确森林的生态公益功能定位，理顺管理体制，创新经营机制，完善政策体系。建立健全森林资源资产产权制度，加强对"林权"流转交易的监督管理。大力推行林业综合执法和行政审批改革，强化林业执法监管职能，规范审批行为。

（4）分类经营、蓝天碧水、天保林工程：建立各种权属的森林经营规划制度，形成国家、省、县三级森林经营规划体系。完善森林生态效益补偿制度，加强森林抚育和低产低效林改造。推进国有、集体、个人等不同权属的森林经营的全面工作，带动全国森林经营朝着"经营生态效益"的方向科学有序推进。逐步停止东北、内蒙古重点国有林区森林主伐，严格、坚定、持续地实施天然林保护工程。

除以上常规的措施外，国家层次的森林生态工程与规划还应该从低碳转型、循环经济、生态经济的新思维、新理念，以建设"碳汇"市场为切入点、提领点、制高点的市场出清及帕累托最优的目标，完成以下基本理论、基本步骤、基本框架的规划设计方案。

12.4.1　规划思路

国家及区域层面的森林生态工程与规划，通过建立区域森林碳汇供给、需求曲线模型及其供给、需求的阶段性弹性分析，首先应该对区域森林的碳汇吸收总量和区域的碳源排放量做相关的定量模型研究。

在建立完全竞争市场并逐步达到市场出清的假设前提下，利用分别建立的森林碳汇供给、需求曲线模型做长期均衡分析。理论上可以在增加森林碳汇，并同时市场促进节能减排、新能源替代的前提下，达到长期的碳汇和碳源在等量上的碳中和或碳均衡。

在完全竞争市场条件下，当价格为 X 时，$S=D$，是市场出清，此时具有帕累托效率。在完全价格歧视的垄断条件下，碳汇稀缺的林权所有者可根据消费者（碳源）愿意出的价格差别定价，消费者剩余全归林权所有者（碳汇）所有，碳汇的生产者剩余最大并促进碳汇的整体提升，这时也是帕累托最优。

由于碳汇属于公共物品的性质，而碳源也属于政府掌控的尺度范围。如果政府坐在公正的裁判位置，制订完全竞争市场的制度保证，则市场出清后也可以达到帕累托最优。

如果政府出现 2C（command）命令式的偏袒碳源一方的现象，就可能在形成的垄断条件下，根据 MR（边缘效率）=MC（边缘成本），使碳源企业的利润最大化，虽然这时也是市场出清，但却不是帕累托最优。

因此，建立市场经济方式（而不是 2C 式：政府命令及控制方式）的完全竞争性质的碳汇交易市场才是促进节能减排、新能源替代和碳中和三位一体的诀窍或关键所在。

12.4.2　规划要点

根据对森林碳汇时间序列供给总量变动趋势的研究，以及对于供给价格弹性下森林碳汇供给量变动量研究，森林碳汇量均为逐年增长趋势，价格供给弹性为刚性供给。

根据对碳排放总量时间序列变动趋势的分析，以及对于价格弹性下对森林碳汇的需求量的变化分析，碳排放总量整体为逐年以递增的形式增加，对森林碳汇的价格需求弹性变化幅度较大，充分表现为弹性需求。

因此，在短期市场机制下，碳源对价格变动的反应没有足够的时间调整，对森林碳汇的需求仍为碳排放量，此时，仅仅依靠购买森林碳汇并不能完成节能减排指标、充分中和所排碳总量，企业会选择更多的人工减排方式；在长期，碳源会在购买森林碳汇之外积极寻求其他有效方式进行工业减排，如采用新技术提高能源资源使用率、调整能源结构、开发新能源等，从本质上减少碳排放量。

我们分别从短期和长期两个方面对国家及区域碳源、碳汇供需均衡状况进行分析研究。

1. 国家或区域的碳源、碳汇短期均衡、供求弹性及定价机制问题

在短期内，我们根据 1961～2011 年全国碳排放总量为对森林碳汇的实际需求，根据历年森林碳汇供给价格与森林碳汇供给量数据进行回归，得到森林碳汇供给曲线函数式：

$$P_{供} = 1.456 \times 10^{-6} Q^2 - 0.011Q + 50.44$$

式中：$P_{供}$ 为碳汇供给（百万吨）；Q 为市场价格（元/吨）。

在短期内，企业没有足够的时间与能力调整节能减排，降低碳排放的措施，因而仍然是通过购买森林碳汇完成节能减排目标，所以，各个碳源对森林碳汇的需求量仍为总的碳排放量，在短期森林碳汇需求曲线为：

$$P_{需} = 2.828 \times 10^{-11} Q^2 - 7.904Q + 192.81$$

式中，$P_{需}$ 为碳汇需求（百万吨）；Q 为市场价格（元/吨）。

联立以上两个方程求解，经过计算推导，Q 没有合意解。

在短期，将森林碳汇短期供给曲线与森林碳汇短期需求曲线在同一价格-供给量（需求量）坐标系中作图，横轴为供给量（需求量），纵轴为价格，如图 12.1 所示。

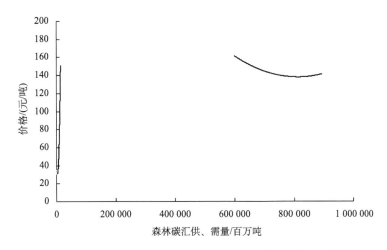

图 12.1　短期森林碳汇供给曲线与短期森林碳汇需求曲线的分离（引自钟晓青，2016）

图 12.1 表示在短期内，森林碳汇供给方与森林碳汇需求方（碳源）没有形成统一的市场定价机制，二者分别根据自己的卖方市场机制或者买方市场机制自行定价。在现实中的表现为森林碳汇的供给曲线与森林碳汇的需求曲线没有形成市场均衡，在短期没有均衡碳交易价格，不能达成均衡交易价格下的森林碳汇交易量。

同时，根据森林碳汇的绝对供给量与森林碳汇的绝对需求量，在任一价格下森林碳汇的供给量远远小于森林碳汇的需求量（即碳源的碳排放总量）。并且，森林碳汇的供给弹性小于森林碳汇需求弹性的绝对值，所以可以得出结论：在短期内，碳汇供给曲线与碳汇需求曲线没有交点，碳源仅仅依靠市场对碳定价来购买森林碳汇降低碳排放是不可行的，应自主寻求更多手段节能减排、减少碳排放量。

如果我们不是选择 2C 命令方式进行节能减排，而是选择完全竞争市场的方式的话，碳源与碳汇市场的竞争在市场过程当中是无处不在的。碳汇的卖方可能倾向于和其他卖方竞争，碳汇的买方（碳源）也可以倾向于和其他买方竞争，也可能出现碳汇的买方和卖方之间的博弈。

如果以上碳汇供应出现短缺，碳汇的买主（碳源）会互相竞争，或者是出高价竞买，或者是证明自己在定价更高的时候也愿意购买。竞价的过程会减少短缺。卖碳汇的森林林权所有者当然愿意能卖多贵就卖多贵，或者急于卖给出价更高的人。相反地，在碳汇过剩的情况下，卖方相互竞争，争相吸引顾客，甩掉多余的额度。不是买方和卖方的竞争，而是卖方和卖方之间通过降价产生竞争。

因此，价格在短缺的时候倾向于上涨，在过剩的时候倾向于下跌。竞价的过程一直要进行到短缺或过剩得到缓解为止。在这个例子里，就是直到均衡价格时为止。如果没有短缺，买方也就没有出高价的动机了；如果没有过剩，卖方也就没有降价的动机了。

2. 国家或区域碳源、碳汇长期均衡、供求弹性及定价机制

在长期，森林碳汇供给方与森林碳汇需求方（碳源）共同形成统一的森林碳汇交易市场，二者在自由交易市场的定价作用机制下，共同参与到森林碳汇的交易定价机制中去，就森林碳汇的交易价格形成统一定价，因此在长期，买方力量与卖方力量的共同作用下，我国森林碳汇供给与森林碳汇需求能够达成均衡。在供需均衡时，森林碳汇定价为供需双方共同形成的均衡碳价，此时的森林碳汇交易量为均衡交易量。同时，在长期，碳源除了利用市场对碳定价机制购买森林碳汇来中和一部分碳排放量之外，还有充分的时间和能力采取措施进行工业直接减排，从本质上减少一部分碳排放量。此时，碳源对森林碳汇的需求量要远远小于在短期中对森林碳汇的需求量。在需求图形中，短期森林碳汇需求曲线表示为在相同价格下向左平移。

基于对森林碳汇时间序列供给总量变动趋势的研究，与基于供给价格弹性下森林碳汇供给量变动量的研究，森林碳汇量均为逐年增长趋势，价格供给弹性为刚性供给，森林碳汇供给量随着价格变动增量趋于稳定，因此为了便于研究，在长期与短期，森林碳汇供给函数均采用相同的函数形式。

为了研究我国碳源、碳汇在长期条件下的均衡状况，现假设在相同价格下，长期碳源对碳汇需求量为原需求的1%。在长期，回归得到的森林碳汇供给方程为：

$$P_{供} = 1.456 \times 10^{-6} Q^2 - 0.011Q + 50.44$$

回归得到的理论上的森林碳汇需求方程为：

$$P_{需} = 2.828 \times 10^{-7} Q^2 - 7.904Q + 192.81$$

联立以上两个方程，均衡条件下 P、Q 有解，求得：

$$P = 138.26$$

$$Q = 13\,413.8$$

在长期均衡下，森林碳汇的均衡交易量（Q）（即碳源均衡碳排放量）为 13 413.8 百万吨，碳均衡定价（P）为 138.26 元/吨。

图 12.2 为森林碳汇长期供给与森林碳汇长期需求的长期均衡。在图 12.2 中，森林碳汇供给曲线是在图 12.1 的基础上做长期延迟回归得到的（在曲线拟合软件中可以作图得到）。因为碳排放总量的数值比森林碳汇供给量的数值大很多，因此在图 12.1 与图 12.2 中横轴与纵轴的刻度值是不一样的。

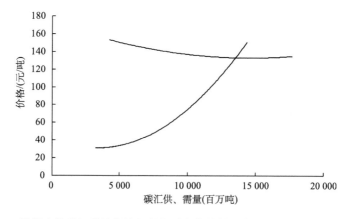

图 12.2　长期森林碳汇供给曲线与长期需求曲线的均衡点（引自钟晓青，2016）

3. 国家或区域的"碳中和"或"碳均衡"

此时，理论上森林碳汇供给与森林碳汇需求（碳源排放函数）存在一种均衡。从图 12.2 中或解联立方程可以得到均衡交易量改为 13 414 百万吨，均衡交易价格约为 138 元/吨。

森林碳汇供给缺乏价格弹性，碳源碳排放总量富有弹性，在短期，在绝对量上，森林碳汇供给总量远远小于碳排放总量，在增量上，森林碳汇供给增量的增幅小于碳源碳排放增量的增幅，因此，仅仅靠市场的定价机制促使碳源购买森林碳汇并不能完成降低碳排放总量；在长期，通过提高能源资源的利用效率、开发新能源、调整能源结构能措施从本质上降低碳排放，使碳排放总量的绝对量下降，能够更好地促进节能减排工作的开展。

假设碳交易市场在 X 元的成交价格时，全国市场的总碳汇供给量会出清。在大于 X 元的水平时，会有 P 数量的碳汇过剩，在小于 X 元的水平时，会有 Q 数量的碳汇短缺。

在自由市场中，森林碳汇的生产者当然可以想卖多少钱就卖多少钱，碳源排放者（碳汇消费者）也可以想出多少钱就给多少钱。但是，市场是由买方和卖方两方面组成的，卖方在价格较高的时候愿意增加碳汇产量（包括造林、抚育等增加单位面积森林蓄积量的措施），这时潜在的买主也可能减少预计的碳汇购买量（选择节能减排或新能源替代），对碳汇的需求量（购买）会降低。但是不管二者哪一种情况出现，都是我们追求的节能减排效果。

12.4.3　市场出清及帕累托最优（规划方案）

森林生态工程与规划中，设置的"碳源—碳汇"市场交易，市场出清的机制十分重要。只有市场出清的商品，其价格具有充分的灵活性，能使需求和供给迅速达到均衡的市场。在出清的市场上，没有定量配给，没有资源的闲置，也没有超额供给或超额需求。因此，"碳源—碳汇"交易市场会处于或趋向于供求相等的一般均衡状态。

但是，只有在完全竞争市场条件下，当价格为 X 时，$S=D$，是市场出清。此时是帕累托最优，因为社会总效率最大。这时增加或减少产量必然减少社会总效率要么减少生产者剩余，要么减少消费者剩余，总之会使一方受损。

如果，在完全价格歧视的垄断条件下：这时林权所有者可根据每个碳汇消费者（碳源）愿意出的价格分别定价，消费者剩余全归林权所有者（碳汇）所有，碳汇的生产者剩余最大。这时也是帕累托最优，因为这时的社会总效益最大，可以全部用于提升森林的数量和质量。

还有，碳汇交易中均衡点不是供给与需求曲线交点，也可以达到碳汇的市场出清。由于碳汇属于公共物品的性质，而碳源也属于政府掌控的尺度范围。如果政府坐在公正的裁判位置，并制定完全竞争市场的制度保证，则市场出清也是帕累托最优。

总之，可通过外部力量来分配效率，使双方的境况都有所改善，即帕累托改进。而政府采用 2C 模式下的市场出清不是帕累托最优。

目前，我国整体水平的碳排放总量为远远超过森林碳汇的实际消化能力，我国整体属于"碳源"国家。虽然我国的中西部有许多省份的碳汇大于碳源，但我国如果不整体提升碳汇能力，就摆脱不了向国外购买碳汇的格局。

我国现有的森林面积已经基本上逼近了极限最大值，但单位面积上的蓄积量（与碳汇能力成正比）与理论最大值尚有 20~50 倍的空间。现实中我们利用森林法基本上保证了森林面积或森林覆盖率的稳定和提高，但从根本上缺乏提升单位面积蓄积量的原动力措施。

正常情况下，森林在免受人为烧柴、间伐、改种低矮的果木林等正当"经营"的影响下，应该有复利式的5%～10%的生长量提升。实际情况不容乐观，建立碳汇交易市场，对于提升碳汇整体能力及山区林农的脱贫有重大的双重意义。

复习思考题

1. 名词解释

   森林　　碳汇　　碳中和　　碳均衡　　二类资源清查

   连续资源清查　　轮伐期　　法正林　　完全调整林

2. 如何消除漫长的经营周期（使任意 $N=1$ 年），并使森林经营进入年年"稳态"收获，达到"青山常在，永续利用"的可持续发展状态？

3. 建立所在区域的碳源（排放）数学模型并进行数量评估分析。

4. 建立所在区域的森林碳汇数学模型并进行数量评估分析。

5. 建立所在区域的碳汇与碳源碳均衡数学模型并进行数量评估分析。

6. 简述碳交易市场模式并进行交易额度分析。

7. 简述森林生态（碳中和）工程的规划要点及框架方案。

第13章 农业生态工程与规划

> 农业是国民经济的基础。这是因为农业不但是人类衣食之源，为工业提供大量原料又是工业产品的重要消费产业，在国民经济中占有极其重要的地位，而且更重要的是农业生态系统是整个生态系统中生态效益及生态容量的主要承担者，对人类社会具有生态保障作用，提供着物质生产和生态保障的双重功能。

中国是农耕和游牧文明纠结在一起长达几千年的国家，长城北面的游牧文化对南面农耕文明的"工程推动"，首先是通过"城墙"、"围墙"来表达的。

农耕文明需要"住家"，比较稳定、安静的生存、生活环境，较高的土地承载率和既定的生产秩序，延续数千年的发达"思考"、"感悟"、"实践"行为，使中华民族创立的"华夏文明"包含着农耕和游牧及海洋三种文化的纠结和融合。

人类最早的农业文献之一来自中国的《诸子百家》《齐民要术》等中国古典典籍，但是，现代意义的相关文献，可检索到的只有1971年美国密苏里大学的阿布拉齐教授（W.Abrecht）提出了生态农业思想；1974年美国出版了赫钦逊（G.E.Huchingson）等的论文集《生物圈》，其中提出了农业生产是生物圈中"物质能量循环"的农业生态经济观点；1981年英国的华盛顿（M.K.Washington）撰写的《农业与环境》，首先提出了"生态农业"概念。

生态农业是建立在生态循环的基础上的"废料与原料"连接的"无废无污、高效和谐"机制之上的一种农业发展模式。国外发表的可以通过科学检索系统的文献虽然占优，而中国早期的农业生态经济学实践创造的"桑基鱼塘"及以后的"花基"、"菜基"、"药基"、"果基"鱼塘中，以桑、花、菜、药、果的养鱼，草鱼养鲤鱼、鲤鱼养鲢鱼、鱼粪肥塘泥，塘泥培桑、花、菜、药、果土壤的循环模式，并不亚于后来国外文献上的总结和发表。

据史料记载，中国广东省的珠江三角洲早在汉代已有种桑、饲蚕、丝织的活动。珠江三角洲"池塘养鱼"最早记载在公元9世纪的唐代。

12世纪初（北宋徽宗期间），在广东的南海和顺德两县相邻的西江沿岸，修筑了著名的"桑园围"，说明当时南海、顺德一带已是重要种桑养蚕地区。明代初期，鳙、鲢、鲩、鲮已成为池塘养鱼的普遍鱼种，池塘养鱼地区亦已逐渐扩大，在珠江三角洲已逐渐发展为以南海九江和顺德陈村为中心的"基塘养鱼"生产地带。

"桑基鱼塘"自17世纪明末清初兴起，到20世纪初，一直在发展。特别在第一次世界大战后，由于欧洲各国忙于战后恢复工作，中国"生丝"在国际市场获得畅销，促使广东珠三角蚕桑业的迅速发展，珠江三角洲到处是"桑基鱼塘"，总面积估计约有120万亩，达到历史最高水平。

世界农业的发展，已经经历了原始农业阶段和传统农业阶段，正处于现代农业阶段。农业在经历了这三个阶段之后，一方面要消灭由于过量使用化石能源、化学肥料、农药所带来的土壤板结、地力下降、环境污染等一系列问题；另一方面又要提高单位面积上的产量、质量及生态、经济和社会效益。因此，走上无废无污的生态大农业前提下的"三高"和"四化"的道路是一种必然的抉择。

农业生态工程是应用生态学的物种共生与物质"开放式闭合循环"再生产的原理，多种生物与非生物的组分相互协调和相互促进或相互制约的功能原理，以及物质和能量多层次、多途径利用和转化的原理，采用包含"物态"工程思维的"生态"工程的最优化方法，而设计的分层次、多级别"无废无污、高效和谐"的农业生态系统工艺的总和。

因此，国家及区域层面的农业生态工程与规划应该是在农业的"四段论"的基础上，结合对欧美现代农业及亚洲人多地少的精细农业的继承及超越，走上一条与生态文明时代相呼应的农业生态工程或生态农业工程之路。

13.1　传统农业基本特征

传统的农业具有朴素的生态学合理性，整个过程是"无废无污"的，中国五千年的文明中延续至今的传统农业，如果不是"物态文明"的"坚船利炮"，以及"物质利益最大化"的思维方式，"城堡"中的华夏文明的农耕模式仍然是保持地力、开放式闭合循环的初级生态农业模式。曾经创造过"桑基鱼塘"、"花基鱼塘"、"菜基鱼塘"等生态经济、循环经济的样板。

传统农业在欧洲是从古希腊、古罗马的奴隶制社会（公元前5～前6世纪）开始，在中国起源于更早的尧、舜时期，直至20世纪初叶逐步转变为现代农业为止。从原始农业发展而来的传统农业从人类的奴隶社会开始，经封建社会一直到资本主义社会初期，甚至现在仍广泛存在于世界上许多经济不发达国家。

中国是一个历史悠久的以农耕文明为主体的农业古国，历来注重精耕细作、良种壮苗、农肥畜力，农田水利灌溉、轮作复种套种，种植豆科作物和绿肥以及农牧结合等。

中国传统农业延续的时间十分长久，起源于华夏始祖，在战国、秦汉之际已逐渐形成一套以精耕细作为特点的传统农业技术。在其发展过程中，生产工具和生产技术尽管有很大的改进和提高，但就其主要特征而言，没有根本性质的变化。

中国传统农业技术的精华对世界农业的发展有过积极的影响。重视、继承和发扬传统农业技术，使之与现代农业技术合理地结合，对加速发展农业，建设农业现代化、生态化具有十分重要的意义。

从技术经济学的角度来看，传统农业基本特征有以下几点。

（1）自给自足：技术状况长期保持不变，缺乏改革更新的原始动力，自给自足的色彩十分浓厚；

（2）小富即安：农民对生产要素的需求长期不变，基本上在"三十亩地一头牛，老婆孩子热炕头"的境界之中；

（3）封闭持续：传统生产要素的需求和供给处于长期均衡状态，虽然自我封闭，但年复一年，可持续性很强。

直到现在，已经延续了五千年的，作为中国传统农业标志性的工具——锄头，仍然扛在中国农民的肩上。现实中的中国农业生产的形态，仍然是以使用畜力牵引和人工操作的金属农具为主，生产技术仍然是建立在直观经验的积累上。

"华夏文明"中的农耕文化，自历史进入阶级社会以来，传统农业逐步形成进而占据统治地位，一直在"重农抑商"的主流意识中，发展并延续到近、现代，自给自足，泼水不进。

中国传统农业是"积极养地"的集约型农业，主要特点是因时因地制宜、精耕细作，以提高单位面积产量及土地利用率为中心，采取良种、精耕、细管、多肥等一系列技术措施。其形成与封建地主经济制度下小农经营方式和人口多、耕地少的格局。在农艺和产量上，中国传统农业曾达到古代世界的最高水平。

以种植粮食为中心，多种经营，是中国传统农业生产结构的主导形式。在这样的农区之外，又有游牧经济占主导地位的牧区，两者互相依存、互相斗争，在不同时期，又互有消长。

中国古代农业发展是不平衡的。精耕细作的农业区虽然不断扩大，但也有些地区粗放经营，甚至还保留有刀耕火种的原始农业残余。以精耕细作农艺的形成和发展为主要线索,中国传统农业大体经历了下述阶段。

先秦重要粮食作物有粟、黍、稻、大麦、小麦、大豆等。北方以种粟、麦为主，南方以种水稻为主。后来的世界性交融中，又引进了辣椒、马铃薯、玉米、番茄等作物。

中国古代衣被原料是大麻、苎麻、葛藤纤维、蚕丝和皮毛。棉花至迟在汉代已有种植，但长期局限于西北、西南和南方少数民族区，唐、宋以后从华南传到长江流域和黄河流域，元、明两代迅速推广，终于取得了主要衣被原料的地位。

在其他经济作物与经济林木中，首推茶、漆和甘蔗，明代从美洲大陆传入的花生、烟草也迅速成为重要经济作物。此外，中国古代还栽培种类繁多的蔬菜和果树。

南方除部分山区实行刀耕火种外，早就在比较低平地区经营水田，但在不同程度上较长时期保存了火耕（炼山、炼地）的习惯。隋、唐以后，经济重心转移到南方，人口增加和土地兼并促使人们向山地和水域开发，出现了田、梯田和圩田、涂田、沙田、架田等土地利用形式。

清代人口激增，造成人口多、耕地少的格局，大量人口涌向东南沿海岛屿、西南边疆、内地贫瘠山地和东北、内蒙古、新疆等传统牧区，使这些地区获得进一步开发。在这过程中创造出改造利用荒山、海涂、盐碱地的经验，但也使森林资源和牧养的环境受到破坏。

在扩大耕地面积的同时，中国古代发展农业的主要途径是提高耕地利用率。战国以来，"连作制"逐步代替"休闲"制成为主要种植制度。复种在局部地区早已出现，但较大的推广始于宋代南方的稻、麦"一年两熟"制。

明、清以来，江南的"双季间作稻"和"双季连作稻"发展较快，华南与台湾并出现"一年三熟"的记述。北方"两年三熟"也获得发展。多种多样的轮作、倒茬方式和多层次间套作等，适应连作、复种的需要也被创造出来。

水稻、甘薯、玉米等高产作物有利于养活更多的人口，而人口的压力又促进了更集约的土地利用方式的出现。在连作制中复种、套种的技术模式也被发明及推广开来。

讲求精细的土壤耕作和田间管理。在北方，针对春旱多风的特点，早在春秋时代就强调"深耕"，汉代以后发展成以创造蓄墒防旱的良好耕层为目的的耕、耙等整地技术，并重视中耕除草和轮作倒茬。

在南方，宋代以后创造了犁、耕、耙等适于水田耕种的整地技术，对育秧、插秧有严格的技术操作要求，对于稻田的耕耘、施肥以及灌溉排水都有科学的管理措施。

中国传统农业土地利用率、产量俱高，而地力历久不衰，主要是由于采取了上述综合技术措施。在采取这些措施时，贯彻了因时因地制宜的原则在先秦就已经出现。

《管子·地员篇》等著作在区别不同土壤及其宜种作物方面，强调不违农时尤其是掌握适宜的播种期，是自古以来的基本原则之一。战国时代已形成的"二十四节气"顺应作物的物候并掌握农时，就是这方面的独特创造。

13.2　现代农业（工程）的基本特征、土地利用模式及技术构成

　　　　　　现代农业有高投入、高产出、规模化、集约化、商品化的欧美模式，由于
　　　　　其耗费的能量和产出的粮食在能值上达到 1：1 的比例，被称作"石油农业"；
　　　　　还有"人多地少"但"精耕细作"的日本、韩国等的现代亚洲模式；总的特征
　　　　　是规模化、集约化、高科技化及商品化。与传统农业相比，优点是劳动生产率、
　　　　　商品化率及经济效益高，缺点是物耗能耗建立在"开放式闭合循环"连锁关系
　　　　　被"割裂"的基础之上，污染产生、品质下降及不可持续发展。

人类第三代"近现代（物态）文明"中，工业革命完成后世界农业以"机械化"为标志，发展成为近代、现代农业。现代农业真正兴起是始于第二次世界大战以后，在近代农业的基础上发展起来的以现代科学技术为主要特征的农业。

现代农业广泛应用现代市场理念、经营管理知识和工业装备与技术的市场化、集约化、专业化、社会化的产业体系，是将生产、加工和销售相结合，产前、产后和产中相结合，农业、农村、农民发展，农村与城市、农业与工业发展统筹考虑，劳动生产率、经济效益大大提高的现代产业之一。

18 世纪 60 年代以蒸汽机和纺织机的发明为标志的产业革命以后，农业机械逐步出现。到 19 世纪 40 年代，发达国家结束了几千年的传统农业阶段而跨入了一个新时期，以大机器的使用，农业的机械化为主要标志。叶谦吉教授把传统农业称作"有机农业"，把现代农业则称作"无机农业"。现代农业与传统农业相比有明显的区别，其主要特点如下。

（1）机械化：由以畜力为主到以机械为主，由手工工具到使用大机器，完成了农业机械化，并向联合作业、自动控制等方向发展，劳动生产率不断提高。农业机械和农艺相结合，也提高了土地利用率。

（2）石油化：机械的使用，能源的密集投放，使农业由粗放到集约，农业的投资增加，资本的有机构成提高。

（3）化肥与农药：从施用有机自然肥料到大量施用化学肥料，从畜力到机械力，使原有的有机循环为主的有机农业，转变为依靠外部投入无机能的无机农业。动力系统、土地营养平衡、病虫防治等都是靠无机物用有机的方法来维持。

（4）奶肉蛋型：从以种植业为主的谷物型农业，到以畜牧业为主的"奶肉蛋型"农业，延长了生产线，增加了粮食消耗，改变了食物构成，提高了人的营养水平。

（5）"物态"科学技术：在认识上由经验为主到形成建立在实验基础上的"物态"科学理论。人类认识、改造、预测自然的能力增强了，农业的发展越来越靠"物态"科学的进

步和管理水平的提高。

现代农业的以上几个方面的特点，也是其在近百年的实践中取得的巨大成就。这百年的发展历史，其"物态"生产力（不是"生态"生产力）的发展超过以往一万年人类社会中农业发展。其"物态"劳动生产率提高了20多倍，对推动社会"物质"文明进步立下了不可磨灭的殊勋。

但是，在人类借助化石能源和"物态"科学技术的巨大增产潜力的同时，也带来了各种各样的生态灾难。人类不断扩大自己的索取领域，从土地延伸到整个生物圈，大大加速了自然资源在经济过程中的消耗速度；人类在向自然开发和索取的过程中，忽视了人与生态环境的和谐性与统一性，逐步酿成了一系列生态灾难：耕地的锐减，土地的沙化和沙漠化，草原的退化，森林的破坏，物种的锐减和珍稀动植物濒临灭绝，环境的污染，气候的恶化等。生产与消费的矛盾虽有所缓和，而生产与自然的矛盾又不断被激化了。

现代农业从经济的角度上看，属于一类高投入高产出的集约型商品经济。有人以美国的现代农业为例，计算其投入产出之比，发现每产出一千克粮食，需要投入的能量（包括机械能、电能、化肥、农药等）折合成汽油大约为一千克，现代农业被称为石油农业。

高投入、高产出只是用经济观点或眼光看到的现代农业问题的一个方面，用生态学眼光或用生态经济学眼光就能看到现代农业问题的另一个方面，那就是高浪费、高污染和低效益。具体说来，现代农业在生态经济上的不合理性可归结为以下几个方面。

（1）集约农业生态系统，特别是单一经营的高度专业化系统，缺乏时间和空间上的连续性：种植农作物的农场和经营单一禽畜的牧场相互分离，不像传统农业那样植物、动物相互利用废弃物质和能量，因而物能不能充分利用。一方面是农田有机质不足，另一方面是牧场造成"粪害"，并且污染环境。从时间连续上看，系统稳态的维持，完全排斥了生物群落演替和在耐受限度内的自我调节，完全靠人工调节，耗费了大量的能量（经济能量），并且常常使土壤结构恶化，水土流失严重。

（2）从系统的结构来看，现代农业忽视或牺牲草牧食物链，导致系统紊乱：以大量的物质离开农业系统而输出，造成了系统有机质和养分的亏损。

（3）高能耗、高物耗及高污染：靠大量地投入机械、化肥、农药和饲料添加剂来维持农业系统的高产量和高产出，破坏了自耕农在某种程度上保存的一种农业系统内部的"控制机制"，也就是破坏了生态系统的自我恢复、自我缓冲、自我调节功能。

（4）种间多样性和种内异质性减低：系统的适应能力下降，使农业系统过分依赖于能源和人工控制，失去了自然力的"恩赐"。系统处于一个非自然的不稳定状态。

总之，现代农业没有在遵循自然规律的基础上，发挥农业生态系统的自我调节、自我缓冲、自我完善的重要功能，过多地进行人为的主观控制，造成了人与自然的过分分离。

13.2.1　基本特征

农业的特点是人类在复杂多样的生态经济系统中获取主食和副食的生产系统，生产对象是生物有机体，生产过程是对土地、生物、水、气候等自然资源和自然条件的改造和利用过程，可以不断补充、不断消耗、又不断恢复，形成良好的生态经济循环，持续地为人类提供越来越多的产品。

农业的生产工艺与工业的生产工艺中的物理过程、化学过程、采掘过程、机械过程及生化过程都大不相同，农业的生产工艺过程是受自然力作用的生命过程。关于生命的繁殖、生长、遗传、变异、衰老和死亡，我们还有许许多多的东西至今仍未弄清。我们现代农业所能做的，只是应该改善环境，按照生物有机体的已掌握的生理生态规律去促进高产高质的农业大丰收。

现代农业在生态经济上的诸多不合理性，以至像美国海洋生物学家莱切尔·卡逊所著的《寂静的春天》所描述的那样，引起人们对现代农业的发展方向进行反思。

（1）**生产过程机械化**：生产过程的机械化，是指运用先进设备代替人力的手工劳动，在产前、产中产后各环节中大面积采用机械化作业，从而降低劳动的体力强度，提高劳动效率。

（2）**生产技术科学化**："物态"科技是农业向现代化进化的动力源泉之一。农业生产技术科学化，其涵义是指把先进的"物态"及"生态"科学技术广泛应用于农业，从而收到提高产品产量、提升产品质量、降低生产成本、保证食用安全的效果。

（3）**增长方式集约化**：现代农业与传统农业相比，传统农业在"物态科技"方面是落后的。规模、集约经营与分散、粗放经营相比，后者是在技术与经济层面上落后的。粗放经营与传统农业，集约经营与现代农业有一定的对应关系。

（4）**经营循环市场化**：现代农业的一个显著标志是，市场成为农业经济运行的载体。面向市场来组织生产。

（5）**生产组织社会化**：就是对微观经济单元的组合布局进行引导、对社会分工进行协调，对专业化生产进行管理的实施过程。立足于整个社会来设计这种过程、实施这种过程，就是生产组织的社会化。

（6）**生产绩效高优化**：农业的现代化是高产、高质、高效（三高）的现代化。能否做到高产、优质、高效，这是农业现代化成功与否的决定性因素。

（7）**劳动者智能化**：劳动者智能化，在这里是指从事农业生产或经营的人，一定要具备现代化水平的文化知识和技能水平。劳动者是生产力构成中最具基础作用、最有活力的因素。对农业增产增效的贡献，占有相当的比重。

在农业生产经营过程中，基于"物态科技"先进的生产工具靠人去创造，先进的科学技术靠人去摸索，先进的管理经验靠人去总结，先进的经营体制和运行机制靠人去应用。无论是增长方式的转变，还是生产绩效的提高，都是在人的主观能动作用下得以实现的。所以，仅有先进的"物态科技"理念是远远不够的，"生态"理念应该在包容之的基础上实现超越。

13.2.2　土地利用模式

现代农业的土地利用模式中除了欧美现代农业的规模化、集约化、机械化、现代化之外，还有与我们同样属于亚洲，同样是"人多地少"难以规模化、机械化的韩国等模式。下面以我国台湾和韩国的模式为例。

1. 中国台湾的"农协模式"

1949 年以后，台湾农业的发展大致经历了"恢复—发展—停滞—转型"四个阶段，也反映了台湾农业的兴盛过程。

（1）20 世纪 20～30 年代，在日本所谓"农业台湾、工业日本"的殖民政策下，出现了台湾农业发展的一段以稻米和甘蔗为主的单一农业生产形态；

（2）1945～1952 年，台湾农业的恢复阶段，"光复"以后的台湾农业在国民党退居海岛的时代获得一次较大的发展机遇；

（3）1951 年人口激增的台湾"需求创造供给"，农业生产迅速恢复并超过第二次世界大战前最高水平，稻米产量达到 148.5 万吨，甘蔗产量为 202.2 万吨。这一时期，农业生产年平均增长率约为 13%，农业劳动生产力年增长率约为 6.3%，每年土地生产力约增长 9.2%；

（4）1953～1968 年台湾农业进入较快发展时期，被称为台湾农业发展的"黄金时代"。1953 年开始，台湾当局确定了"以农业培养工业，以工业带动农业"的经济发展战略。1953 年 1 月，台湾实行"耕者有其田"的农地改革，极大地激发了农民的生产积极性，进一步促进了农业生产的发展。

这一期间台湾的农业生产获得较快发展，生产产值从 1953 年的 103.9 亿新台币增至 1968 年的 488.8 亿新台币，增长 3.7 倍。最重要谷物稻米产量从 164.2 万吨增到 251.8 万吨，农业生产年平均增长 5.5%，土地生产力年平均增长 4.6%。

农业发展不仅保证了粮食的充分供应，维持较低的物价，而且农业部分剩余资金、农产品外销取得的外汇及农村劳动力大量流入工商业，支撑了非农业部门的迅速发展。

但是，1969 年是台湾农业发展的一个分水岭，此后农业逐渐进入停滞阶段。

台湾农业曾经有过相当成功的发展，对整个经济发展贡献甚大。80 年代以后，台湾农业发展则遇到许多新的问题与困难，尽管台湾当局采取许多措施进行改善，但一直未能从根本上解决问题。

（1）农村劳动力老龄化：农地闲置严重，农业经营日趋粗放。依 2000 年的最新普查，农业就业人口中，超过 50 岁的占 70%以上，主要负责人的平均年龄达 58 岁。

（2）农场规模零碎化：阻碍现代化农业发展。到 20 世纪 90 年代末，平均每户耕地面积为 1.1 公顷，每人耕地面积为 0.2 公顷。这样的农场结构严重阻碍着农业机械化的推行与生产力的提高，大型农业机械使用率偏低。

（3）主副食结构失调：稻米过剩，杂粮生产不足，严重依赖国际市场。

（4）农田污染严重：据调查，台湾土壤污染以铜、镍、锌、锰、砷等较为严重。另外，养殖渔业的发展，大量抽取地下水，造成地层下陷，海水倒灌，土壤碱化等。

（5）外贸市场冲击：农业面临贸易自由化与中国加入世界贸易组织后市场开放的冲击。

面对整体经济的转型与农业发展的困局，台湾当局大幅调整农业政策，改变过去重视"量"的增加，而转向"质"的提升，将农业发展与农民生活水平的提高、农村环境的改善相结合，试图实现"生产、生活与生态"的良性循环。

（1）一是调整农业生产结构，提高农产品质。1984 年，台湾就提出了发展"精致农业"的口号，即发展以"经营方式的细腻化、生产技术的科学化以及产品品质的高级化"为特征的农业生产。1990 年，台湾提出"农业零成长"口号，农业发展重点转向发展新的优良农产品，提高农产品质，如开发与推广优质米，开发多产期与高价值水果等。

（2）二是推动农业生产企业化、自动化与科技化，以提高农业生产力，促进农业升级。

（3）三是发展森林、海洋游乐与休闲农业。

（4）四是培养核心农民，增加农民福利。

（5）五是将部分不具竞争力或污染性的农牧业生产移向海外与大陆。

在台湾，除各种专业的合作经济组织外，农民自己的组织"农协"在组织农民、服务农民、引导农民等方面发挥着重要作用。

台湾的"农协"组织分为三个层次：省农会、县（市）农会、乡（镇、市、地区）农会。农会组织内设有会员代表大会、理事会、监事会等机构。

农会组织的职能和业务主要有四个方面。

（1）推广：承办农业方面的推广计划及相关业务，包括推广现代化的生产技术、优质的农特产品和先进的生产经营模式。对农业的奖补政策也通过农会兑现到农户。

（2）引导：通过教育培训的方式引导农民拓展销售渠道，提高经营效益，发展休闲农业，改善生活环境，辅导信用服务。

（3）供销：主要包括肥料等农资的供应，食盐、牛奶等商品的销售，农产品及加工产品的推介和营销。

（4）保险：主要办理农民保险、家畜保险等业务，同时还办理旅游平安保险、储蓄保险、机动车保险等业务。

台湾的"农协"组织是农民的"娘家"，是公益性的社团组织，对台湾农业和农村的发展起着十分重要的作用。这种体制、机制和运作模式相当于把我们的"公社"用纯经济学的方式办活了。

2. 韩国的"新村模式"

1970 年 4 月，当时的韩国总统朴正熙提出了"建设新村运动"的构想。韩国政府开始在全国开展"新村运动"，目的是动员农民共同建设"安乐窝"。

政府向全国所有 3.3 万个行政村和居民区无偿提供水泥，用以修房、修路等基础设施建设。政府又筛选出 1.6 万个村庄作为"新村运动"样板，带动全国农民主动创造美好家园。

"新村运动"在短短几年时间里改变了农村破旧落后的面貌，并让农民尝到了甜头。"新村运动"随后逐步演变为"农业、农村、农民"（三农）问题统一解决的自发的新兴运动。

韩国"新村运动"的最大特征，就是始终以农民为主体、以农民脱贫致富为内在动力。是以农民的亲身实践、政府扶持为主要形式的社会实践。"新村运动"的特征不是行政官员在办公室预先策划和设计好的，而是广大人民群众和学者、公务员通过亲身实践逐渐总结出来的。

通过启发农民从改善身边的生活环境，脱贫致富和增加农业收入开始，激励先进、鞭策后进、政府扶持、官民一体，最后成为建设家乡和农村家园的自觉行动。农民通过亲身实践，发挥个人和集体智慧、民主讨论、齐心合作、增加收入、增强了改变自家和家乡面貌的信心和决心，开始拉动国家经济发展。

"新村运动"获得巨大的经济、社会和生态效益，为我国解决三农问题，以及新阶段的"社会主义新农村"建设，提供了很好的样板。

13.2.3　技术构成

现代农业的技术构成，我们用亚洲模式中的日本作为代表，这是一个种植业、畜牧业、渔业、林业、农产品加工业门类齐全的大产业，作为海岛国家其"人多地少"的特征更加明显，在整个亚洲甚至全世界，都是一个不可多得的研究范例。

日本由北海道、本州、四国、九州 4 个大岛和若干个小岛组成，国土面积 37.8 万平方千米，仅占世界陆地面积的 0.27%，相当于我国的 1/25。人口 1.2695 亿，居世界第 7 位，其中城市人口 1.0047 亿，占总人口的 78.92%。日本的国土高处为石头山或火山（富士山），低处是滨海海滩，中间偏下的部位是城市和交织的农地区域，地狭人挤，是世界人口密度最大的国家之一，属典型的"人多地少"的国家。

日本的资源比较贫乏，山地和丘陵约占总面积的 80%，多火山、地震。最高峰富士山，海拔 3776 米。沿海平原狭小分散，关东平原最大。海岸线长而弯曲，约 3 万千米，多海湾和良港。温带海洋性季风气候，夏秋多台风，年平均气温在 10℃以上。大部分地区年降雨量为 1000～2000 毫米。

日本有大小湖泊 600 多个；河流短急，水力资源丰富，但不利于航行。日本土壤贫瘠，主要为黑土（火山灰）、泥炭土及海滩碱土，大部分冲积土已开垦为水田，形成特殊的水田土壤。

根据地理位置、气候、土壤条件和生产特点，日本可划分为北海道、东北、北陆、关东和东山、东海、四国、九州等农业区。

首都东京是国际性的大都市，人口 1182 万。既是全国的经济、金融、商业中心，又是全国的文化教育中心和最大的交通枢纽。东京聚集着全国 11% 的工厂，工业门类齐全。大阪是日本第二大城市，人口 255 万，是日本陆、海、空交通的枢纽，重工业和第三产业十分发达。横滨是全国最大的港口，也是亚洲最大港口之一，年吞吐量为 1.1 亿～1.3 亿吨。

日本现代农业的技术构成包括种植业、畜牧业、渔业、林业、农产品加工业，地狭人挤，资源贫乏，先天性生态禀赋条件并不算上乘，但是，日本却创造了大农业中的现代奇迹。

（1）种植业。近 20 年来，日本除稻米自给有余外（1993 年例外），其他作物的种植面积和总产逐年减少，自给率下降，进口增加。现在，日本的食物热量自给率只有 46%，食用农产品综合自给率 65%，主食谷物自给率 66%，饲料自给率 26%。

a. 稻谷和豆类：2002 年日本大米总产大致在 1126 万吨左右，大豆总产 28 万吨。自给率仅 4%，几乎全靠进口（从中国的进口占第 3 位）。红小豆自给率较高，不足部分主要从中国进口（年进口约 2.5 万吨）。饲用玉米 180 万吨，近年进口一直在 1600 万吨左右。

b. 蔬菜：蔬菜的年人均消费量一直保持在 110 千克左右。种类主要的有 29 种，叶、茎菜类蔬菜增加，果菜和根菜类减少。年产胡萝卜产量为 69 万吨、卷心菜 247.2 万吨、绿豌豆 3.2 万吨，新鲜叶茎类蔬菜 280 万吨左右。

c. 水果：日本的主要水果是柑橘、苹果和梨，年人均消费量 38.8 千克。因消费结构的变化，消费量减少，自给率也下降到 59%，进口的种类和数量都在增加。日本年产各种水果 485 万吨，其中蜜橘产量 168 万吨，单产 24 290 千克/公顷；苹果产量 104 万吨，单产 21 250 千克/公顷，2002 年日本蜜橘产量 10.2 万吨，单产 181 818 千克/公顷；苹果产量 91.2 万吨，单产 215 071 千克/公顷左右。

d. 花卉：随着收入水平的提高，日本对花卉的需求量增加。生产花卉的农户由 1960 年的 5.7 万户增加到 1993 年的近 15 万户。同期，花卉占总收入 80% 以上的农户由 6.6% 增加到 24.4%。当前世界花卉年销售额达 2000 亿美元，日本花卉销售额占世界第一，年约达 180 亿美元。近年来，日本的花卉进口持续增长，主要来自荷兰、泰国、新西兰、新加坡、美国及中国的台湾省。根据日本大藏省关税局的统计，1999 年上半年切花（含切花、切叶、切枝）进口量约为 1.1 万吨，比 1998 年同期增长 14%，进口额为 87.2 亿日元，增长 3%。在进口花卉中，泰国占 13.8 亿日元，荷兰占 10.6 亿日元，韩国占 6.4 亿日元。

（2）畜牧业。日本年存栏肉牛 465.4 万头、鸡 2.94 亿羽、生猪 961.2 万头左右。日本每户饲养成牛头数平均为 25.1 头，已经超过欧盟的平均水平（20.6 头），而北海道每户达到 38.8 头，接近荷兰 40 头的水平。日本将继续扩大规模，降低成本，同时引进高效省力的设备，加强经营基础建设。

日本的畜产主要集中在北海道等牧草地较多的地方。目前日本的农户均实行集约化饲养，或由几家共同饲养，或 1 家饲养数百头家畜，这样既可以节省时间，又可以降低费用。日本农家还对家畜实行机械化喂养，利用电子计算机进行管理。

（3）渔业。日本是世界第 4 大渔业国。在日本近海有世界三大渔场之一太平洋北部渔场，鱼类资源丰富。日本是世界上食鱼最多的国家，水产品在日本人的饮食中占有重要地位。1997 年度每人每天鱼的纯消费量（不包括头、骨和内脏）为 99 克。60 年代日本的捕鱼量大幅增加，远洋渔业 6 年内增加到了 2 倍，近海渔业也有所增加，但是随着世界各国先后划定了 200 海里渔业水域，加之 1973 年爆发石油危机，燃料费上升，远洋渔业受到打击。从 70～80 年代，近海渔业增长，成了日本渔业的中心。日本的捕鱼量在 1984 年达到最高为 1282 万吨，此后日本为保护鱼类资源，捕鱼量持续下降，1997 年为 741 万吨。近年日本大力发展水产养殖，但捕鱼量增长仍很困难。2000 年渔业产量仅为 575.2 万吨。

从 1960 年到 1990 年的 30 年间，日本的水产品进口增长到了 36 倍。1997 年日本进口鱼贝类 600 万吨，出口 42 万吨。1998 年日本进口水产品总额 16,425 亿日元，其中生虾占 22.2%，金枪鱼占 11.2%，鲑鱼和鳟鱼占 7.5%，鳗鱼占 6.8%，蟹占 5.8%，章鱼占 3.2%，墨鱼占 2.8%，虾类加工品占 2.4%，鳕鱼籽占 2.1%，冷冻鳕鱼肉占 1.8%，青花鱼占 1.5%，其他占 32.7%。日本进口的鱼贝类大部分为鲜活产品。

近年来，日本进口的鱼贝类数量和金额都达到了历史最高点，主要的进口国和地区依次为美国、中国、韩国和泰国。进口的主要鱼种有金枪鱼、鲣鱼（中国台湾省为主）、鲑鱼和鳟鱼（来自北美、智利、挪威、俄罗斯等国家和地区）。养殖虾的进口数量大幅度增加，主要来自中国、印度、越南等亚洲国家。

（4）林业。林业在日本的国土保护和涵养水资源方面的效益极为显著。日本的森林覆盖率高达 65%，居世界第二（仅次于新西兰），但每年进口木材占总需求量的 75% 左右。日本人工林约占森林总面积的 45%，国有林占 30%。日本森林面积占国土面积的近 70%。其中针叶林占 66%，阔叶林占 34%。

"木"文化在日本人的生活中占有重要地位，房屋和家具大量使用木材，所以木材消费巨大。1972 年，日本从国外进口木材超过了国内生产。1998 年日本木材生产 1932 万立方米，木材消费量 3940 万立方米。日本木材主要依赖进口，1998 年日本木材进口比率占消费量的 50% 以上，但是由于木材出口国为保护资源，控制原木出口，日本进口胶合板等木材制品大幅增加。日本主要木材进口地为美国、俄罗斯、加拿大、马来西亚、新西兰、巴布亚新几内亚、瑞典、智利、芬兰、印尼、中国。

（5）农产品加工业。日本的"食品关联产业"由食品产业（包括食品工业、流通、餐饮业）与农水产业（包括食用林产品）组成。日本食品产业占食品关联产业国内生产总值的 80% 以上。目前，日本食品工业的上市额占总制造业的 10%，从业人员占 11%，因此，在制造业中称其为"1 成（10%）产业"（欧美发达国家食品工业比重也是 10% 左右）。

日本在农村农产品加工业方面，特别强调与地域农业和农村发展相结合。不仅在发展地区经济和提供就业方面起了重要作用，而且为农村提供了稳定的产品销路。生产者从事农产品加工，发挥当地的比较优势，生产具有家乡风味的特产，在全国形成了"一村一品运动"（现在有的已扩大到"一县一品"）。闻名全国的有大分县种类繁多的酱菜、黄酱等特产，北海道的"十胜葡萄酒"，秋田县的"田园火腿"，山形县的"月山葡萄酒"，长野县的"信州黄酱"等。上述典型都在山区和半山区农村，年销售额少则 2 亿日元左右，多则 6.5 亿日元以上。

在日本，从事农产品加工业的"农协"逐渐增多，占总体的 35% 左右，年销售额超过 1 亿日元以上的"农协"占 15% 左右，有的产品已销往全国。

日本耕地少，土地瘠薄细碎，只有实行专业化集约经营，才是农业的根本出路。于是，日本政府把大量的涉农业务，委托给"农协"经办。

"农协"也当仁不让，围绕着专业化，开展了全方位的生产指导。大到农业发展总体规划，小到农户选种育苗、打药追肥，农协都一手操办。农协设有"营农指导机构"，聘用营农指导员，走村串户，提供信息，帮助农民制定增收计划，推广新品种、新技术，手把手地解决生产中遇到的问题。

在日本，许多农业基础设施，如育苗基地、孵化厂、冷藏库、饲料厂，都是"农协"自营，以保本价为农民提供服务。有的新产品、新技术，农民一时接受不了，农协甚至实行免费试用。

近些年来，日本农村青壮劳力不断涌向城市，在地里干活的，除了老人便是妇女。对此，"农协"又伸出援手，把这些活儿接了过来。这一交一接，无形中便实行了集约经营，优良品种、先进的耕作方式、新型农机具，便通过农协接手的业务，间接传到了农民手里。

农民要增收，重要的是在产、销两头做文章。为了帮助农民降低生产成本，国家、地方、基层三级农协联起手来，开展生产资料订购业务。基层"农协"将农民的订单层层上报，由"农协"的全国性组织筛选厂家，以低价格批量订货，并专门建立了农技中心，对货物进行检验。

农民从"农协"购买的生产资料，不仅价廉，而且确保都是优质品。农产品销售难，很多国家的农民深有体会。日本"农协"知难而进，基层"农协"建起了农产品集贸所，负责当地农产品集中、挑选、包装、冷藏，然后组织上市。农产品的销售，通常采取竞买的办法，只有那些出价高、信誉好的批发商，才能拿到出货单。

目前日本"农协"系统共有集贸所几千个，此外还有不少全国运输联合会，下设庞大的运输组织，农产品保鲜度高了，城里人购买力增强。由于"农协"的作用，日本农业才告别传统的经营方式，农民也不再守着一亩三分地过日子。

轻劳作、反季节、优品种、高收入，成了现代日本农业的典型特征。

13.3　生态农业（工程）的生态理念、原则及策略

生态农业是农业从原始农业、传统农业、现代农业三个阶段之后，融合传统农业的生态学"开放式闭合循环"的"高效和谐、无废无污"原理，以及现代农业规模化、集约化、商品化、高科技化等优点的农业生态经济、循环经济、低碳经济的新模式。在中国，经过了"赶英超美"几十年的"邯郸学步"之后，目光开始瞄准同样是"人多地少"的亚洲模式，并在此基础上实现融合、包容和超越。

区域农业生态工程与规划就是在一定的区域内，根据自然资源特点，运用"开放式闭合循环"的生态规律将山、水、林、田、路进行全面规划，协调生产用地与庭院、房舍、草地、道路、林地等的比例及空间配置，把种植、养殖、培育、加工、营销联成一体，"无废无污、高效和谐"地取得较高的经济、社会及生态效益。

在我国农村的村一级单位，往往是一个自然地理小单元。因此，以村为单位建立生态农业体系，是比较合理的，也比较容易成功。自大力发展生态农业以来，全面调整农村产业结构，走"种养培并举，农牧渔结合"的道路；引进和创造了多种生态农业技术，并因地制宜组装为多种生态农业体系。

通过"开放式闭合循环"将种植业、养殖业、林业、加工业结合为完整系统，以种植业为基础，以发展养殖业为重点，抓住农牧渔产品综合利用这一关键，形成产业"环流"大力发展生物质能，着重办好"沼气"的连接与转换。出现了由单一经济向种、养、培、加结合的综合型经济转变，由封闭自给性经济向开放性商品经济转变，由恶性循环向良性循环转变的新理念、新方式、新途径。

13.3.1　生态理念

20 世纪 70 年代以来，越来越多的人注意到，现代农业在给人们带来高效的劳动生产率和丰富的物质产品的同时，也造成了生态危机包括土壤侵蚀、化肥和农药用量上升、能源消耗加剧及环境污染。

面对以上问题，各国开始探索农业发展的新途径和新模式。集传统农业"无废无污"及现代农业"规模化、商品化、集约化"各种优势的生态农业便成为世界农业的必由之路，也是农业发展正确的方向。

（1）生态农业是世界农业发展史上的一次重大变革：纵观人类一万年的农业发展史，大体上经历了三个发展阶段：一是原始农业，约 7 千年；二是传统农业，约 3 千年；三是现代农业，至今 100～200 年。

（2）生态农业是"生态思维"的农业：简称 ECO，ECO 是 eco-agriculture 的缩写，是按照生态学原理和生态经济规律，因地制宜地设计、组装、调整和管理农业生产和农村经济的系统工程体系（区别于"物态"农业）。

（3）生态农业是生态学与农业的结合：指遵循生态学、生态经济学规律，运用系统工程方法和现代科学技术，集约化经营的农业发展模式，是按照生态学原理和经济学原理，运用现代科学技术成果和现代管理手段，以及传统农业的有效经验建立起来的，能获得较高的经济效益、生态效益和社会效益的"超"现代化农业。

（4）生态农业是相对于"石油"或者"物态"农业提出的概念：生态农业是一个农业生态经济复合系统，要避免高能耗、高产出的模式，将农业生态系统同农业经济系统综合统一起来，以取得最优的人类生态经济社会整体效益及可持续发展。

20 世纪 80 年代创造了许多具有明显增产增收效益的生态农业模式，如稻田养鱼、养鸭、林粮、林果、林药间作的主体农业模式，农、林、牧结合，粮、桑、渔结合，种、养、加结合等复合生态系统模式，杂草喂猪、猪粪喂鱼等有机废物多级综合利用的模式。

生态农业的生产以资源的永续利用和生态环境保护为重要前提，根据生物与环境相协调适应、物种优化组合、能量物质高效率运转、输入输出平衡等原理，运用系统工程方法，依靠现代科学技术和社会经济信息的输入组织生产。

通过食物链网络化、农业废弃物资源化，充分发挥资源潜力和物种多样性优势，建立良性物质循环体系，促进农业持续稳定地发展，实现经济、社会、生态效益的统一。因此，生态农业是一种知识密集型的现代化农业新体系，是农业发展的新型模式。

13.3.2　原则

生态农业最简单地字面上的理解是用生态学原理建立起来的农业。生态学原理是现代新兴的、蓬勃发展科学学科之一的生态科学与技术的理论基础，其原理与所有真正的科学原理一样，可与许多学科结合而形成新兴的分支学科。生态学理论研究日渐深入，在农业上的应用正朝着资源的永续利用的生态经济相统一的大方向迈进。

现代农业及农业的现代化理应采用和消化现代最新科学技术，其中当然包括最新的生态和生态经济科学的技术成果，也只有吸收、消化生态及生态经济科学等生命科学和社会科学的原理，才有可能走向一条无废无污、高效和谐的"三高"（高产、高质和高效）和"四化"（规模化、商品化、企业化和高科技化）的现代化道路。

生态农业有两个标志：一是整个生产过程中无废无污，是一个闭合循环的生态过程；二是属于商品农业的范畴。最基本最直观的标志是整个农业生产过程的无废无污。由于过量施用农药、化肥或人为割断农业生产的生态连锁关系而造成水、粪、渣、农药、化石能源污染的农业不是生态农业而是污染农业或石油农业。

生态农业同样主张合理使用化肥、农药，对机械、灌溉、集约饲养与其他所有提法的农业行式一样重视。当然，生态农业中反对超生态容量地滥用化肥造成土壤板结、地力下降、水源污染，反对滥用高残毒的农药造成人、畜的伤害。

生态农业的原则是不仅收获农副产品，供给人类满足其最基本的生态经济需求及生存生活的必需，而且还同时提供净化大气、减少污染、美化环境、调节气候、二氧化碳及氧气交换器的生态作用，创造着生态效益。

以生态学原理建立起来的生态农业新体系将最完美地兼顾经济、生态和社会三大效益的综合最优，是农业可持续发展最直观、最科学的体现，其应用前景无限。

自然生态系统中，能量和物质得到最充分、最经济的利用。无所谓废物，一种生物排出的废料正是其他生物的生存养料，也无所谓污染，一切都可以由自然所消化和净化。农业生产系统也应该运用生态经济开放式闭合循环的手段在提高资源的利用率的同时减少甚至消灭污染，达到资源循环往复地持续（或永续）利用的状态。

生态农业是采用物料的生态经济开放式闭合循环消除污染、提高效率的无废无污、高效和谐的农业发展的最新形式。现阶段在我国生态农业的发展方向是朝着工业农场式、庄园型的"三高"及"四化"的生态农业方向发展。完全可能用人工智能、机械化操作生产的全过程使生态农业的劳动强度降低到相当的程度，产业的经济效益、生态效益和社会效益综合最优。

任何形式提法的"农业"，抽去生态科学及生态经济科学的内涵只能是无本之木，无血肉的躯壳：农业和工业不同。工业是："机器＋生产工艺"，然后就可以输入原料获得产品；农业则是："原料＋气候＋土壤＋生命过程"。

所有的耕作和经营管理措施只不过是根据农业生理生态机理采取的一些相应的办法而已。生态生理的科学规律贯穿整个农业生产过程、经营过程的始终。

因此，不管是精久农业、有机农业、现代农业、持续农业等等各种各样提法的"农业"，抽去生态科学及生态经济科学的内涵只能是无本之木，无血肉的躯壳。农业的生态属性决定了从研究农业生态到发展生态农业这是一种必然的现代科学技术的应用过程。

可持续发展的内涵中最本质的问题是资源的循环性永续利用问题，是可再生的及不可再生的资源循环性永续利用问题。只有师法于自然，根据生态经济的物料开放式闭合循环原理，建立其生态经济连锁关系的物资循环体系，才能达到高效和谐、永续利用、持续发展的理想境界。

13.3.3　策略

既然可持续发展最本质的问题，是可再生的及不可再生的资源循环性永续利用问题，那么，根据生态经济的物料开放式闭合循环原理建立起来的生态农业体系，就正是一种农业的可持续发展模式。

中国几千年农耕文明的历史，缔造的是一部"重农抑商"的历史。计划经济时代中国造就了世界上最庞大的大农业（包括农、林、牧、副、渔）科研体制，农业（林业）科学研究院所几乎遍及所有的建制县、地区、省和国家层面，每个省都建有正规的农业大学，还分大区建立了华南、西南、西北、东北等农业大学。中国的农业科研不仅创造了袁隆平的杂交水稻等一批改变人类粮食状况的国家级、世界级的研究成果，还以政府的名义建立了乡镇一级及以上的农技、农机推广站。

国家及区域层面的农业生态工程与规划，在不同的地理条件下有不同的策略，如农、牧、渔农业生态工程，低洼地基塘农业生态工程，农、林、牧农业生态工程等。

（1）农、牧、渔农业生态工程：在有农田和较大水面的平原地区，过去以种植业为主，可实行农、牧、渔农业生态工程。实行种植业、养殖业、培育业及生物能生产相结合，陆地生产与水体生产相结合，取得比较高的饲料和能源自给能力，比较高的物质、能量和资金转化效率及环境自净能力。

（2）低洼地基塘农业生态工程：在以水面为主的低洼的湿地水网地区，过去以水产养殖业为主，可实行基塘式水陆结合生态工程。这是当地农民长期与低洼水淹作斗争所建立的高效能的能量和物质转换系统，盛行于珠江三角洲和太湖以及长江流域。由于当地地势低洼，常受水淹，农民把一些多灾的低洼田挖成鱼塘，挖出的土将周围地基垫高称为"基"，在基上种植桑、果、稻、蔗等，称为桑基鱼塘、果基鱼塘、稻基鱼塘和蔗基鱼塘等。基塘系统一般由2个或3个亚系统构成，基面亚系统和鱼塘亚系统是两个基本的亚系统。

（3）农、林、牧农业生态工程：在水面较少的山区、高原和平原地区，过去以种植业为主，或以养殖业为主，可实行农林牧结合的农业生态系统工程。这是黄淮海平原和西北黄土高原地区着力发展的生态工程，这些地区由于旱、涝、碱、沙、雹等灾害，影响到作物高产稳产，限制了畜牧业的发展，单独进行种植业或养殖业都难以获得较好的效益。建立农、林、牧生态系统，使农、林、牧结合，组成一个按比例发展的大农业体系，可以有效地扩大物质循环，提高能量转化效率，增加经济效益。

（4）生产自净农业生态工程：大型养殖场的废弃物（粪便、垫草等）不"循环"处理，就会给周围环境造成严重污染。随着工农业的发展，污水处理及牲畜粪便的合理利用日益受到重视。由于工业式污水处理技术的耗能高，在农村受到限制，因而使经济节能和具有广谱除污效能的技术，特别是多级氧化塘和土地净化技术得到发展。通过污水灌溉、污水塘养鱼和种植水生植物、沼气发酵等，利用污水增加生产，净化环境，使有害废物变成了一种农业资源。

（5）庭院经济农业生态工程：庭院农业生态工程就是利用庭院内外土地、水面、房舍等，从水平和垂直空间上进行多物种多层次科学配置综合生产。农家庭院生产经营场地狭小（一般 0.2～0.5 亩），必须根据各种农业生物的不同生长发育特性和它们对生态条件的不同要求，进行多物种、多层次的科学配置，最大限度地利用空间和时间，利用各种农业资源，才能提高庭院生产的经济效益。

各种搭配、基塘、庭院等农业生态工程的核心是全方位、多层次的利用庭院空间，包括陆地立体空间（地面、地下、地上、屋顶、阳台、墙体）和水体空间（水面、水下、水上）。由于庭院的土地被房屋或其他设施分割成为零星小块，造成光照、温度、水分、土壤肥力等生态环境的差异。因此，庭院利用应注意因地制宜，因种制宜，必须根据种植的作物或饲养的畜禽等的生长发育特性，适地种养。在种植上，在光照较强的环境中配置果树、蔬菜等阳性植物；在光照较弱的环境中配置阴性植物。

在养殖上，为了充分利用空间，可改传统的平面单层养殖为立体多层养殖，或利用不同动物种群混养（鸡、羊、猪混养等）、套养（同品种个体大小不同，畜、禽、鱼套养）、兼养（以一养为主，带养其他，如蚯蚓、鸡、猪兼养）及高空养殖，如房上养鸽、鱼、金鱼、水貂、福寿螺等；地下室可养蝎子、蜗牛、地鳖等。

庭院水体一般单一养鱼、养鸭或种莲藕。为了充分利用有限水体宜进行立体开发，以发展水生生物为主体，种养结合，分层养鱼，混养鱼禽等。池边种葡萄可用棚架拉引线引向水上空间。

在庭院总体利用上，宜采用水陆空并举，立体经营；池塘（河沟）养鱼，繁殖蚌珠和圈养鸭、鹅；陆地和塘边（沟边）种植藤蔓性作物及瓜类，向水面延伸，向空间发展，并在葡萄或瓜类棚架下圈养蛋鸡、肉鸡等，利用鸡粪养猪，猪粪生产沼气，沼液沼渣喂鱼，形成良性循环的立体生产体系。

13.4　农业生态工程的规划要点及框架方案

　　　　农业生态工程是应用生态学的物种共生与物质"开放式闭合循环"再生产的原理，多种生物与非生物的组分相互协调和相互促进或相互制约的功能原理，以及物质和能量多层次、多途径利用和转化的原理，采用包含"物态"工程思维的"生态"工程的最优化方法而设计的分层次、多级别"无废无污、高效和谐"的农业生态系统工艺的总和。

20 世纪初以来，为了克服常规农业发展带来的环境问题，许多国家发展了多种农业方式以期替代常规农业，如颜色农业、生物农业、有机农业等，其生产的食品也自称为自然食品、有机食品和生态食品等。

虽然提法不尽相同，大多数的宗旨和目的均是指在环境与经济协调发展思想的指导下，按照农业生态系统内物种共生，物质循环，能量多层次利用的生态学原理，因地制宜利用现代科学技术与传统农业技术相结合，充分发挥地区资源优势，依据经济发展水平及"整体、协调、循环、再生"原则，运用系统工程方法，全面规划，合理组织农业生产，实现农业高产优质高效持续发展，达到生态和经济两个系统的良性循环和"三个效益"的统一。

加速农业产业化进程，主要包括规模化、专业化、商品化。从宏观上讲，要使农村的非农产业不断发展，农村的种植业、养殖业走上专业化，为商品化生产奠定基础并逐步走上工业化、现代化。从微观而言，农村劳动力为主体的生产要素，从种植业大量流向种植养殖结合的途径，规模逐渐扩大商品率不断提高，使农民的劳动生产率和纯收入不断提高。

建设生态农业，坚持可持续发展战略，就必须树立建设市场经济才能从根本上解决问题的观点。生态农业和可持续发展战略的重要任务之一，就是要把农民从古老的、传统的自然经济的生产、生活方式中引导出来。

生态农业吸收了传统农业的精华，借鉴现代农业的生产经营方式，以可持续发展为基本指导思想，实现农业经济系统、农村社会系统、自然生态系统的同步优化，促进生态保护和农业资源的可持续利用。

13.4.1　存在问题

虽然在生态农业的理论研究、试验示范、推广普及等方面已经取得了很大成绩，但不能否认，还存在着一些问题。这些问题正成为限制生态农业进一步发展的障碍，主要包括下面几个方面。

（1）理论基础上不完备：生态农业是一种复杂的系统工程，它需要包括农学、林学、畜牧学、水产养殖、生态学、资源科学、环境科学、加工技术及社会科学在内的多种学科的支持。以前的研究，往往是单一学科的，偏重"物态"科技而忽略"生态"内涵，因此可能对这一复杂系统中的某种组分有了一定的，甚至是比较深入的了解，但是对于这些组分之间的相互作用还知之甚少。因此，需要进一步从系统、综合的角度，对生态农业进行更加深入的研究，特别是要素之间的耦合规律、结构的优化设计、科学的分类体系，客观的评价方法方面。这种研究应当建立在对现有生态农业模式进行深入的调查分析基础上，必须超越生物学、生态学、社会科学和经济学之间的界限，应当是多学科交叉与综合，需要多种学科专家的共同参与，需要建立生态农业自身的理论体系。

（2）技术体系不够完善：在一个生态农业系统中，往往包含了多种"生命系统"的组成成分，这些成分之间具有非常复杂的生态关系。例如，为了在鱼塘中饲养鸭子，就要考虑鸭子的饲养数量，而鸭子的数量将受到水的交换速度、水塘容积、水体质量、鱼的品种类型和数量、水温、鸭子的年龄和大小等众多条件的制约。在一般情况下，农民们并没有足够的理论知识和经验对这一复合系统进行科学的设计，简单地照搬另一个地方的经验是非常困难的，往往并不能取得成功。在生态农业实践中，还缺乏技术措施的深入研究，既包括传统技术如何发展，也包括高新技术如何引进等问题。

（3）政策方面存在着需要完善的地方：如果没有政府的支持，就不可能使生态农业得到真正的普及和发展。而政府的支持，最重要的就是建立有效的政策激励机制与保障体系。虽然中国农村经济改革是非常成功的，但是对于生态农业的贯彻，还有许多值得完善的地方。在有些地方，由于政策方面的原因，使得农民缺乏对土地、水等资源进行有效的保护的主动性。而农产品价格方面的因素，有时也成为生态农业发展的一个限制因子。因为对于比较贫困的人口来说，食物安全保障可能更为重要。但对于那些境况较好的农民来说，较高的经济效益，可能会成为刺激他们从事生态农业的基本动力。

（4）服务水平和能力建设不能适应要求：对于生态农业的发展，服务与技术是同等重要的。但目前尚未建立有效的服务体系，在一些地方，还无法向农民们提供优质品种、幼苗、肥料、技术支撑、信贷与互联网信息服务。例如，信贷服务对于许多地方生态农业的发展都是非常重要的，因为对于从事生态农业的农民们来说，盈利可能往往在项目实施几年之后才能得到，在这种情况下，信贷服务自然是必不可少的。除此以外，互联网信息服务也是当前制约生态农业发展的重要方面，因为有效的信息服务将十分有益于农民及时调整生产结构，以满足市场要求，并获得较高的经济效益。

（5）农业的产业化水平不高：发展生态农业的根本目的是实现生态效益、经济效益和社会效益的统一，但在中国的许多农村地区，促进经济的发展、提高人民的生活水平，仍然是一项紧迫的任务。生态农业的实际情况还不能满足之一需求，因为在一些地方，紧紧依靠种植业的发展，难以获得比较高的经济收益。

（6）组织建设存在着不足：在生态农业的发展过程中，组织建设是一个重要方面。正如世界环境与发展委员会在其报告《我们共同的未来》中所指出的那样，新的挑战和问题的综合与相互依赖的特征，与当前的组织机构的特征形成了鲜明的对比。因为这些机构往往是独立而片面的，与某些狭隘决策过程密切相关。中国当前的生态农业，也同样存在这种组织建设的不足。

（7）推广力度不够：虽然生态农业有着悠久的历史，政府也较为重视，但仍然没有在全国范围内得到推广。101 个国家级生态农业县与全国相比是一个非常小的数字。因为从总体而言，沉重的人口压力，对自然资源的不合理利用，生态环境整体恶化的趋势没有得到根本的改善，农业的面源污染在许多地方还十分严重。水土流失、土地退化、荒漠化、水体和大气污染、森林和草地生态功能退化等，已经成为制约农村地区可持续发展的主要障碍。从某种程度上说，生态农业试点，还只不过是"星星之火"，还没有形成"燎原"之势。

另外，尽管必要的激励机制是十分必要的，但生态农业应当更趋向于开发一种机制，以使农民们自愿参与这一活动。要想动员广大的农民自觉自愿，并能够自力更生地通过生态农业发展经济，能力建设自然就成为一个十分重要的问题。到目前为止，并没有建立比较有效的能力建设机制，对于更为重要的基层农民来说，得到高水平的培训与学习的机会很少。

13.4.2 规划要点

中国生态农业的基本内涵是按照生态学原理和生态经济规律，根据土地形态制定适宜土地的设计、组装、调整和管理农业生产和农村经济的系统工程体系。它要求把发展粮食与多种经济作物生产，发展大田种植与林、牧、副、渔业，发展大农业与第二、三产业结合起来，利用传统农业精华和现代科技成果，通过人工设计生态工程、协调发展与环境之间、资源利用与保护之间的矛盾，形成生态上与经济上两个良性循环，经济、生态、社会三大效益的统一。

中国生态农业与西方那种完全回归自然、摒弃现代投入的生态（自然）农业主张完全不同。它强调的是继承中国传统农业的精华"废弃物质循环"利用，规避常规现代农业的弊病（单一连作、大量使用化肥农药等化学品、大量使用化石能源等），通过用系统学和生态学规律指导农业和农业生态系统结构的调整与优化（如推行立体种植，病虫害生物防治），改善其功能，以及推进农户庭院经济等。在从村到县的各级生态农业的试点上，曾普遍取得良好的效果。

（1）**综合性**：生态农业强调发挥农业生态系统的整体功能，以大农业为出发点，按"整体、协调、循环、再生"的原则，全面规划，调整和优化农业结构，使农、林、牧、副、渔各业和农村一、二、三产业综合发展，并使各业之间互相支持，相得益彰，提高综合生产能力。

（2）**多样性**：生态农业针对我国地域辽阔，各地自然条件、资源基础、经济与社会发展水平差异较大的情况，充分吸收我国传统农业精华，结合现代科学技术，以多种生态模式、生态工程和丰富多彩的技术类型装备农业生产，使各区域都能扬长避短，充分发挥地区优势，各产业都根据社会需要与当地实际协调发展。

（3）**高效性**：生态农业通过物质循环和能量多层次综合利用和系列化深加工，实现经济增值，实行废弃物资源化利用，降低农业成本，提高效益，为农村大量剩余劳动力创造农业内部就业机会，保护农民从事农业的积极性。

（4）**持续性**：发展生态农业能够保护和改善生态环境，防治污染，维护生态平衡，提高农产品的安全性，变农业和农村经济的常规发展为持续发展，把环境建设同经济发展紧密结合起来，在最大限度地满足人们对农产品日益增长的需求的同时，提高生态系统的稳定性和持续性，增强农业发展后劲。

农业生态工程与规划的要点就是一种根据生物种群的生物学、生态学特征和生物之间的互利共生关系而合理组建的农业生态系统，使处于不同生态位置的生物种群在系统中各得其所，相得益彰，更加充分的利用太阳能、水分和矿物质营养元素，是在时间上多序列、空间上多层次的三维结构，其经济效益和生态效益均佳。具体有林地立体间套模式、农田立体间套模式、水域立体养殖模式，农户庭院立体种养模式等。

按照农业生态系统的能量流动和物质循环规律而设计的一种良性循环的农业生态系统，系统中一个生产环节的产出是另一个生产环节的投入，使得系统中的废弃物多次循环利用，从而提高能量的转换率和资源利用率，获得较大的经济效益，并有效地防止农业废弃物对农业生态环境的污染。具体有种植业内部物质循环利用模式、养殖业内部物质循环利用模式、种养加三结合的物质循环利用模式等。

这是时空结构型和食物链型的有机结合，使系统中的物质得以高效生产和多次利用，是一种适度投入、高产出、无废物、无污染、高效益的生产模式。

13.4.3　框架方案

农业生态工程与规划的内涵是生态农业理念的产业化，而实施框架则是中国特色的"社会主义新农村"建设，只有在生态学"无废无污、高效和谐"的三层次生态关系改善与维持的基础上，三农问题的解决就可以简化为从职业上消除"农民"这个职业，从体制上消除"农村"这种城乡二元体制中落后的那一端，把农业规模化、产业化、生态化最终以新农村的崭新面貌呈现出来。

社会主义新农村建设是指在社会主义制度下，按照新时代的要求，对农村进行经济、政治、文化和社会等方面的建设，最终实现把农村建设成为经济繁荣、设施完善、环境优美、文明和谐的社会主义新农村的目标。

中央农村工作会议提出，积极稳妥推进新农村建设，加快改善人居环境，提高农民素质，推动"物的新农村"和"人的新农村"建设齐头并进。

"建设社会主义新农村"是一个自 20 世纪 50 年代以来曾多次使用过概念。但在新的历史背景下，具有更为深远的意义和更加全面的要求。新农村建设是在我国总体上进入以工促农、以城带乡的发展新阶段后面临的崭新课题，是时代发展和构建和谐社会的必然要求。

当前我国全面建设小康社会的重点难点在农村，农业丰则基础强、农民富则国家盛、农村稳则社会安。没有农村的小康，就没有全社会的小康；没有农业的现代化，就没有国家的现代化。

世界上许多国家在工业化有了一定发展基础之后，都采取了工业支持农业、城市支持农村的发展战略。我国国民经济的主导产业已由农业转变为非农产业，经济增长的动力主要来自非农产业，根据国际经验，我国现在已经跨入"工业反哺农业"的阶段。因此，新农村建设重大战略性举措的实施正当其时。

国家《十一五规划纲要建议》中提出要按照"生产发展、生活宽裕、乡风文明、村容整洁、管理民主"的要求，扎实推进社会主义新农村建设。

（1）生产发展：是新农村建设的中心环节，是实现其他目标的物质基础。建设社会主义新农村好比修建一幢大厦，经济就是这幢大厦的基础。如果基础不牢固，大厦就无从建起。如果经济不发展，再美好的蓝图也无法变成现实。

（2）生活宽裕：是新农村建设的目的，也是衡量我们工作的基本尺度。只有农民收入上去了，衣食住行改善了，生活水平提高了，新农村建设才能取得实实在在的成果。

（3）乡风文明：是农民素质的反映，体现农村精神文明建设的要求。只有农民群众的思想、文化、道德水平不断提高，崇尚文明、崇尚科学，形成家庭和睦、民风淳朴、互助合作、稳定和谐的良好社会氛围，教育、文化、卫生、体育事业蓬勃发展，新农村建设才是全面的、完整的。

（4）村容整洁：是展现农村新貌的窗口，是实现人与环境和谐发展的必然要求。社会主义新农村呈现在人们眼前的，应该是脏乱差状况从根本上得到治理、人居环境明显改善、农民安居乐业的景象。这是新农村建设最直观的体现。

（5）管理民主：是新农村建设的政治保证，显示了对农民群众政治权利的尊重和维护。只有进一步扩大农村基层民主，完善村民自治制度，真正让农民群众当家做主，才能调动农民群众的积极性，真正建设好社会主义新农村。

社会主义新农村的经济建设，主要指在全面发展农村生产的基础上，建立农民增收长效机制，千方百计增加农民收入，实现农民的富裕，努力缩小城乡差距。

（1）政治建设：社会主义新农村的政治建设，主要指在加强农民民主素质教育的基础上，切实加强农村基层民主制度建设和农村法制建设，引导农民依法实行自己的民主权利。

（2）文化建设：社会主义新农村的文化建设，主要指在加强农村公共文化建设的基础上，开展多种形式的、体现农村地方特色的群众文化活动，丰富农民群众的精神文化生活。

（3）社会建设：社会主义新农村的社会建设，主要指在加大公共财政对农村公共事业投入的基础上，进一步发展农村的义务教育和职业教育，加强农村医疗卫生体系建设，建立和完善农村社会保障制度，以期实现农村幼有所教、老有所养、病有所医的愿望。

（4）生态建设：社会主义新农村的生态建设，内涵是生态农业理念的产业化，只有在生态学"无废无污、高效和谐"的三层次生态关系改善与维持的基础上，才能够实现时空结构型和食物链型的有机结合，使系统中的物质得以高效生产和多次利用，取得一种适度投入、高产出、无废物、无污染、高效益的生态文明之路。

（5）法制建设：社会主义新农村的法制建设，主要指在经济、政治、文化、社会建设的同时大力做好法律宣传工作，按照建设社会主义新农村的理念完善我国的法律制度。

建设社会主义新农村，是贯彻落实科学发展观的重大举措。科学发展观的一个重要内容，就是经济社会的全面协调可持续发展，城乡协调发展是其重要的组成部分。全面落实科学发展观，必须保证占人口大多数的农民参与发展进程、共享发展成果。如果我们忽视农民群众的愿望和切身利益，农村经济社会发展长期滞后，我们的发展就不可能是全面协调可持续的，科学发展观就无法落实。我们应当深刻认识建设社会主义新农村与落实科学发展观的内在联系，更加自觉、主动地投身于社会主义新农村建设，促进经济社会尽快转入科学发展的轨道。

复习思考题

1. 名词解释

　　农业生态　　桑基鱼塘　　原始农业　　传统农业　　现代农业

　　石油农业　　生态农业　　新农村运动　　日本农协

2. 简述传统农业基本特征、土地利用模式及技术构成。

3. 简述现代农业（工程）的基本特征、土地利用模式及技术构成。

4. 简述生态农业（工程）的生态理念、原则及策略。

5. 简述区域农业生态工程的规划要点及社会主义新农村的框架方案。

第 14 章 工业生态工程与规划

　　作为第二产业的工业起源于对第一产业的"服务"之中，从简单的手工业起步，在人类第三代"近现代（物态）文明"的直接推动下，经过了机器大工业、现代电子工业、人工智能工业几个发展阶段。工业实际上是利用"物理（化学）"思维上的"物态技术"，采集原料并把之加工成产品的工作和过程，分为直接加工生产生活用品的轻工业及制造机器和装备的重工业两大类。

　　"拆分"思维中的工业，面临的是"废料"和"污染"的困惑，以及能耗和物耗的纠结，因此，走一条包容"物理思维"的"生态思维"之路，走向"无废无污、高效和谐"的生态工艺及生态工业，势在必行。

　　从 18 世纪中叶开始，科学的技术化和社会化成为这个历史时期的突出特征。近代自然科学理论的"物态"革命发展转变为技术科学并以"工程"的方式输出，同时，"物态"技术的发展与革新，也为颠覆"生态"机理的"物理思维"方式的自然科学的理论研究提出了新的课题。

　　工业革命也称产业革命，其标志是蒸汽机的使用。19 世纪 40 年代，整个欧洲和美国都普遍使用了蒸汽机，蒸汽机带动着纺织机、鼓风机、抽水机、磨粉机，造成了纺织、印染、冶金、采矿的迅猛发展，创造了人们难以想象的"物态"技术奇迹。

　　蒸汽机的出现和广泛使用，也推动了几乎所有工业部门的机械化，引起了工程技术上的全面改革。在工业上，直接导致了机器制造业、钢铁工业、运输工业的蓬勃兴起，初步形成了完整的"物态"工业技术体系；在科学上，促进了热力学理论的建立。工业革命是一场以"物态"技术革命为中心内容的社会变革，在这场变革中，"物理"科学技术扮演了举足轻重的角色，造成了社会生产力的巨大进步，第一次凸显了"物理思维"中的科学技术之"人类"生产力（"物态"生产力：相对"生态"生产力而言）的功能。

　　第一台实用电动机诞生在 1834 年，标志着电动机进入了实用化阶段；第二次工业技术革命是继第一次工业革命之后的电力革命；第三次科学技术革命从 20 世纪 40 年代末起开始，以计算机、原子能、航天空间技术为标志。现在，是德国工业 4.0 以及中国制造 2025 及全世界"互联网+"的产业革命新时代。

　　几代工业或产业革命都带有浓重的相对于"生态"的"物态"性质，"物理思维"而不是"生态思维"贯穿始终，尽管工业智能化中有一个"仿生工程"的重要方向，但是，以"拆分"及"机械化"理念贯穿的工业化进程中割裂生态循环的连锁关系，"拆分"世界却忽视甚至遗忘"还原"，直接导致人类生存生活的世界物欲横流、乌烟瘴气、能源枯竭、资源浪费及环境污染。

　　如果我们能在这样的"物态"技术的实施生产过程中，输入生产系统的物质和能量在第一次使用、生产第一种产品以后，其剩余物是第二次使用、生产第二种产品的原料；第二次的剩余物又是生产第三种产品的原料；直到全部进入"废料—原料"连接的循环过程全程"使用"，那么，"无废无污、高效和谐"的生态理念就可以以"生态"包容"物态"的方式落到实处。

"生态工艺"就是有别于传统工艺的无废料生产工艺，又叫无废工艺，是运用生态学中物种共生及物质循环再生原理和系统工程优化方法，在工业的生产工艺中注入规划设计后的物质"废料—原料"连接的多层次"环环相扣"利用的生产新体系。

这是对生物圈物质运动的无废料生产过程的功能模拟，是以"生态"包容"物态"的转化和再生利用过程的生态机理或机巧的设计。这是实现资源的充分和合理地利用的必由之路，也是"物态"工艺思想"生态化"的重大变革。最重要的是，这是实现是人类摆脱当前"物态"技术生态困境的一个不可或缺的重要途径。

14.1　工业（工程）类型、聚集效应及五次技术革命

五次技术革命都建立在"物态科技"的层次之上，从 18 世纪六七十年代蒸汽机的发明和应用，到 19 世纪 70 年代电器化（内燃机、电力的使用），到 20 世纪 50 年代微电子技术的发展和应用，在"提速"及"产能"方面大幅度跃升，但并没有改变"物理思维"给人类世界带来的负面作用，工业的类型以及集聚效应与"生态学思维"大相径庭，颠覆人类三层次生态关系的"无废无污、高效和谐"。

直到 18 世纪英国出现工业革命，原来以手工技术为基础的工场、作坊逐步转变为机器大工厂及大工业，工业才最终从农业中分离出来成为一个独立的物质生产部门。

随着科学技术的进步，19 世纪末到 20 世纪初，进入了现代工业的发展阶段。从 20 世纪 40 年代后期开始，以生产过程自动化为主要特征，采用电子控制的自动化机器和生产线进行大规模的生产，改变了简单机器体系，走进智能工业的行业。

从 70 年代后期开始，进入 80 年代后，以微电子技术为中心，包括生物工程、光导纤维、新能源、新材料和机器人等新兴技术和新兴工业蓬勃兴起。这些新技术革命，正在改变着工业生产的基本面貌，也为人类世界的"物态"进步埋下了"生态"退化的隐患。

14.1.1　类型

工业（industry）是指采集原料，并把它们加工成产品的工作和过程。工业是社会分工发展的产物，经过手工业、机器大工业、现代工业、"互联网+"等几个发展阶段。

工业是第二产业的重要组成部分，分为轻工业和重工业两大类。2014 年，中国工业生产总值达 4 万亿美元，超过美国成为世界头号工业生产国。

在过去的产业经济学领域中，往往根据产品单位体积的相对重量将工业划分为轻工业和重工业。产品单位体积重量重的工业部门就是重工业，重量轻的就属轻工业。属于重工业的工业部门有钢铁工业、有色冶金工业、金属材料工业和机械工业等。

由于在近代工业的发展中，化学工业居于十分突出的地位，因此，在工业结构的产业分类中，往往把化学工业独立出来，同轻、重工业并列。这样，工业结构就由轻工业、重工业和化学工业三大部分构成。

也有把重工业和化学工业放在一起，合称重化工业，同轻工业相对。另外一种划分轻、重工业的标准是把提供生产资料的部门称为重工业，生产消费资料的部门称为轻工业。

国家统计局对轻重工业的划分接近于后一种标准，《中国统计年鉴》中对重工业的定义是：为国民经济各部门提供物质技术基础的主要生产资料的工业。轻工业为：主要提供生活消费品和制作手工工具的工业。

重工业按其生产性质和产品用途，可以分为以下 3 类。

（1）采掘（伐）工业：是指对自然资源的开采包括石油开采、煤炭开采、金属矿开采、非金属矿开采和木材采伐等工业。

（2）原材料工业：指向国民经济各部门提供基本材料、动力和燃料的工业，包括金属冶炼及加工、炼焦及焦炭、化学、化工原料、水泥、人造板及电力、石油和煤炭加工等工业；

（3）加工工业：是指对工业原材料进行再加工制造的工业，包括装备国民经济各部门的机械设备制造工业、金属结构、水泥制品等工业，以及为农业提供的生产资料，如化肥、农药等工业。

轻工业指按其所使用的原料不同，可分为以下两大类。

（1）以农产品为原料的轻工业：是指直接或间接以农产品为基本原料的轻工业，主要包括食品制造、饮料制造、烟草加工、纺织、缝纫、皮革和毛皮制作、造纸及印刷等工业；

（2）以非农产品为原料的轻工业：是指以工业品为原料的轻工业，主要包括文教体育用品、化学药品制造、合成纤维制造、日用化学制品、日用玻璃制品、日用金属制品、手工工具制造、医疗器械制造、文化和办公用机械制造等工业。

原来划归轻工业的"修理业"已经被国家统计口径，归为第三产业中的服务行业，其特点是产品是一种以非物质类型的虚拟产品，主要是"技术服务"性质。

实际上，目前除了轻、重工业两大类之外，还有一类新兴的工业类型——仿生工程中的"智能机器人"制造业。2016 年 3 月在韩国，机器人战胜韩国超一流九段围棋手，引起世人对这一行业的高度关注。"机器人能否完全超越并替代人类"的问题被媒体热炒，一时成为热点话题。

14.1.2　五次技术革命

19 世纪，伴随着电磁学理论的进展，工程技术专家敏锐地意识到电力技术对人类生活的意义，电力开发、传输和利用方面的研究开始兴起（表 14.1）。

表 14.1　"物态"技术层面上的世界工业五次技术革命

项目	第一次工业革命	第二次工业革命	第三次工业革命	第四次工业革命	工业 4.0（第五次工业革命）
年代	18 世纪 60~70 年代	19 世纪 70 年代	20 世纪 50 年代	21 世纪以来	2025 年以后
主要标志	蒸汽机的发明和应用	电器化（内燃机、电力的使用）	微电子技术的发展和应用	合成生物学与系统生物技术	智能机器人、无人机时代、生态化
工业生产的影响	采煤、冶金、棉纺织、机械制造等工业	电力、化学、石油开采、和加工、汽车制造、轮船制造、飞机制造等工业	电子计算机、核技术、高分子合成、基因工程、纳米技术、航空航天等工业	生物信息技术、个性化医学技术、生物芯片技术、生物太阳能技术、生物计算机技术	全世界"互联网+"的生态产业革命新时代

项目	第一次工业革命	第二次工业革命	第三次工业革命	第四次工业革命	工业 4.0（第五次工业革命）
工业布局方式	煤铁复合体型	煤铁复合体型、临海型	临空型	硅谷、生物岛	"互联网+"模式
工业布局变化	分散趋向集中	布局更加集中	集中趋向分散	实验室化型的分散	互联网型分散
影响工业布局的主要因素	燃料（动力）、原料	原料、燃料（动力）、交通运输	知识和技术、优美的环境、现代化的高速交通条件	知识和技术	互联网+知识
主要工业中心和工业区	英国的伯明翰（钢铁）和曼彻斯特（棉纺织）等	美国的五大湖区、德国鲁尔区、英国中部区、前苏联的欧洲地区、日本太平洋沿岸工业区	美国的"硅谷"，日本的"硅岛"，苏格兰（英国），慕尼黑（德国），班加罗尔（印度），中关村（中国）	美国、欧洲、日本、中国、印度等的生物岛	新兴国家和发达国家的生态化互联互通

1834 年，第一台实用电动机诞生，电动机进入了实用化阶段。与此同时，发电机也处在研制阶段。早期的一台发电机基本上只能供一家或几家照明用，后来发电机的功率越来越大，供电范围越来越广，便建起了发电站，于是产生了远距离输电的技术问题。

1882 年法国的一位电气技师建造了世界上第一条远距离直流输电的实验线路。1890～1891 年，从法国劳芬到德国法兰克福架起了世界上第一条三相交流输电线路。随着交流技术的不断发展完善，交流输电为电力工业的发展开辟了广阔的前景。

电力革命是继工业革命之后的第二次技术革命，再次大大促进了社会生产力的发展，并深刻地改变了人类的生活，也使产业结构发生了深刻变化。电力、电子、化学、汽车、航空等一大批技术密集型产业兴起，使"物态"生产更加依赖"物理、化学"科学技术的进步，技术从机械化时代进入了电气化时代。

20 世纪科学技术发展的速度，远远超过了以前所有的时代。40～50 年代以来，在原子能、电子计算机、微电子技术、航天技术、分子生物学和遗传工程等领域取得重大突破，标志着新的"物态"科学技术革命的到来。这次"物态"科学技术革命称为第三次技术革命。

21 世纪以来，系统生物科学与技术导致的是"物态"技术层面上第五次科技革命，包括合成生物学与系统生物技术带来的生物信息技术、个性化医学技术、生物芯片技术、生物太阳能技术、生物计算机技术等。其中生物能源技术，一类采用转基因与合成生物学改造富油生物，如藻类等生产生物柴油；另一类采用合成生物学与仿生学筛选生物有机分子或模仿细胞内叶绿体光合作用或叶绿素光电转换效应，从而将导致传统硅电子太阳能技术的变革，产生新能源的产业化前景。

工业4.0是德国政府提出的一个高科技战略计划。该项目由德国联邦教育局及研究部和联邦经济技术部联合资助，投资预计达 2 亿欧元。旨在提升制造业的智能化水平，建立具有适应性、资源效率及人因工程学的智慧工厂，在商业流程及价值流程中整合客户及商业伙伴，其技术基础是网络实体系统及物联网。

工业 4.0 已经进入中德合作新时代，在与中国制造 2025 规划对接中，中、德双方签署的

《中德合作行动纲要》有关工业 4.0 合作的内容共有 4 条，第一条就明确提出工业生产的数字化就是"工业 4.0"，对于未来中德经济发展具有重大意义。这项世界性的前瞻计划，将引领全世界"互联网+"的工业革命新时代的早日来临。也标志着中国自 1840 年鸦片战争以来，180 年来两个波次的"邯郸学步"中"恶补"物态科学技术的差距，取得了"弯道超车"、"后发先至"等"后发优势"上的明显效果。

14.1.3　工业的集聚效应

工业是"物态"生产之现代化劳动手段的部门，决定着人类"物质财富"的积累、创造及国民经济现代化的速度、规模和水平，在当代世界各国人民"财富"中起着主导作用。工业还为自身和国民经济其他各个部门提供原材料、燃料和动力，为人民物质文化生活提供工业消费品，也是国家财政收入的主要源泉之一。代表"物态"科学技术先进水平的工业基础是国家经济自主、政治独立、国防现代化的根本保证。

除此以外，"物态"技术的工业发展还是巩固人类社会经济制度的物质基础和政治保证，是逐步消除工农差别、城乡差别、体力劳动和脑力劳动差别，推动短缺经济社会向小康、富裕社会过渡的前提条件。

工业是人类利用"物态"科学技术，集中、规模化地"拆分"世界，并重新组合、组装、创造人类所需的"产品"的利润丰厚的产业，需要从原料采集、储运、粗加工、分工生产、总体组装、产品包装、市场销售等一系列的单位、组织、工厂、企业、公司的分工合作，所以"集聚"效应十分明显。

工业的集聚意味着中间运输、输送、输入、输出等环节中的"路线"优化与节约，意味着生产过程的紧凑和时间上的节约，因此，传统的工业区域十分集中，甚至成为工业集聚性质的"工业城市"的诞生。

传统工业的集聚的条件、门类、特点及问题如下。

（1）传统工业：代表地区如美国纽约、英国伦敦、比利时马斯河谷、日本水俣湾、德国鲁尔工业区、英国中部工业区、美国东北部工业区、中国东北辽中南工业区等。

（2）形成条件：丰富的原料资源、市场指向、人力资源等。

（3）工业部门：早期的煤炭、钢铁、机械、化工、纺织等传统"集聚"的工业。

（4）规模特点：大型企业为核心，工厂的分布高度集中，特别是集聚在河谷、山谷区域。

（5）存在问题：原料和能源消耗大，运输量大，空气、水、固体废弃物污染严重等问题。

（6）整治措施：调整工业结构与布局及生态工艺、循环经济、低碳经济及生态经济。

因为传统工业"集聚"造成的区域性生态后果不胜枚举，历史上曾经出现世界震惊的八大公害事件。这是在工业发展的初期或早期，工业的规模性"集聚"造成的对大气、水体、土壤和食品等多方面的污染，出现的惊人的环境问题。包括马斯河谷烟雾事件、多诺拉烟雾事件、伦敦烟雾事件、洛杉矶光化学烟雾、水俣事件、富山事件、四日市事件和米糠油事件等。

实际上，世界上大的污染事件远远不只这些。还有 1970 年 7 月 13 日发生在日本东京市的光化学烟雾事件，受害人达 6000 多人；1972 年发生在伊拉克的汞中毒事件，由于食用了经汞处理后的种子，至使 7000 人受害，500 人死亡；1950 年发生在墨西哥波查里加的硫化氢大气污染事件，受害者达 320 人，22 人死亡。1950 年发生在美国新奥尔良的大气污染事件；1964年发生在日本富山市和1946年发生在日本横滨市的大气污染事件也是相当严重的。虽然发达国家经过第一个阶段的"粗放经营"之后，都在"治理"方面更新换代，而发展中国家又不由自主地走其老路，导致现实中的地球世界仍然出现全球变暖及温室效应。

（1）温室效应：人们用玻璃或塑料薄膜等能透过阳光的材料制成封闭的房屋，一方面供热，一方面吸收太阳光的热能。由于红外线不易穿透玻璃或塑料薄膜，加之风的减少，使热量不易散失。从而使室内的温度比室外高，这种增温和保温的热效应，就称作温室效应。对于城市来说，就是城市中心平均温度比郊区高 1～5℃的现象。全球层次就表现为赤道附近的海水表层平均温度升高或降低 1～2℃，温度升高引起气候异常叫做厄尔尼诺现象，温度降低引起气候异常叫做拉尼娜现象。

（2）臭氧层的破坏：臭氧含量虽低，但它是大气中的重要组分，因为它能吸收太阳光中的紫外线，保护地上的动物不受紫外线的辐射，同时还决定平流层的温度分布。自然界由于火山活动每年排入平流层的氯有 1 万～10 万吨；而破坏臭氧的人为因素主要是冷冻装置释出的氟利昂及喷气式飞机高空飞行放出的氧化氮和水蒸气，还有化学氮肥分解产生的氧化氮等。

（3）酸雨：通常说的酸雨是指 pH 低于 5.6 的雨水。酸雨主要是由二氧化硫和氮氧化物造成的，来源于燃烧煤、石油等化石燃料的发电厂和冶金、化工等各种工艺的排放物，汽车废气中亦有相当数量的氮氧化物。这些气体废料进入大气后经过一系列的变化，形成酸化垂直降水，在数百乃至数千公里之外降落下来。

所以，工业的"物态"技术需要"生态"的转型，无废工艺、循环经济、低碳经济、生态经济的道路不仅仅是一个国家、某个区域，而是全世界整个地球村共同的责任和任务。

14.2　现代工业（工程）的基本类型、"物态"工艺模式及生产力布局

> 现代工业的基本特征是把原料"拆分"为产品和废料，"物态"工艺模式是高能耗及高物耗上的"成本效益"、"投入产出"及"物质利益最大化"，在工业的生产力布局方面忽视人类三层次生态关系的"和谐"，十分精准地计算的是"物态"关系而非"生态"关系，所以错误及纰漏已经让这个世界的"物理安全"及"生态安全"全部降临到了极限容忍的边缘。

由于全球化的影响，根据经济学的"比较优势学说"，很多原材料、半成品、产品等从国外进口比国内生产更有比较优势，所以保持一个完全 100% 的工业体系一般来说是没有必要的，反而会加重产品的成本及营运的风险。但是，经济学并不是国家策略的唯一指导理论，世界上大多数国土面积狭窄、人口不多、幅员不大的国家可以用这种"物理思维"或说生态中的"r 对策"，而幅员辽阔的中国却应该是另当别论。

一个 100% 的工业体系，其最大价值体现在人类种内斗争严重冲突的"战争"之中，能够自主生产一切战争产品而不会被外国"封锁"。在小国和大国的战争中，大国完全可以以少数尖端的产品就消灭小国。但是在大国之间的战争，尖端技术的差距还没大到一方完全无力反抗，所以在这种时候，能否大批量快速的生产"中端"武器，比慢慢生产少数昂贵的"高端"武器更有现实意义。

当然，在这个"物态"科技决定"话语权"的时代，"物理安全"的思维锤炼了 50 年代中国人"两弹一星"精神。也才使中国在核武器国家的大国中，没有让那些西方列强及两次大规模入侵过我们的"一衣带水"的邻邦所轻视。

新中国用"物态科技"追赶的成就，逐步解决了"挨打（跻身核武器国家之列）"及"挨饿[国民经济总产值（GDP）世界第二或小康社会]"两大难题。可是，在"物态思维"中的"生态"坚守中，要彻底解决"另类"的"挨骂"问题，任重道远。

14.2.1　基本类型

现代的工业体系中，所有的工业总共可以分为 39 个工业大类，191 个中类，525 个小类。完整的工业体系更注重的是大而全，而非高精尖。

完整的工业体系作用主要体现在对外竞争力和国防军事力量。按照工业体系完整度来算，中国以拥有 39 个工业大类，191 个中类，525 个小类，成为全世界唯一拥有联合国产业分类中全部工业门类的国家，联合国产业分类中所列举的全部工业门类都能在中国找到。如果一家制造业厂商在中国打半小时电话就能完成的配套工作，到其他国家可能要半个月才能完成。

按照"物态文明"中"物理安全"的思维，一个完整的工业体系对中国的价值是非常大的，起码对产业升级及产业配套、联动有重要的理论和实际双重意义。就算是各种被人诟病的高精尖产品，中国的很多技术能力也是排在全世界前几名。"物态"技术的落后与先进，180 年的追赶及恶补，我国逐步做到了"取长补短"。

为什么完整工业体系对一个国家如此重要。这是因为，如果工业体系对外依赖，那么这个国家的整个经济体系在冲突中，就有可能受到严重的损害。

完整工业体系在国家安全方面的意义非常显著，无论哪个国家想要威胁该国，他们都没有能力通过贸易禁运打垮该国的经济体系。这使得一个国家在可能的国际冲突中占据了有利地位。

从经济发展的角度讲，由于一国产业比较齐全，外国投资时，很容易就能从本地找到生产厂家，大大降低了产品生产的成本（从外国进口零件不但需要支付运费，往往还要支付关税）。这使得中国即便劳动力成本已经明显高于很多发展中国家，大量的产业还是不得不留在中国（当然，完善的基础设施也是一个重要的原因）。

14.2.2　"物态"工艺模式

对于整个工业体系来说，"物态"工艺模式就是"物质利益最大化"追求的"成本与效益"、"投入与产出"的正向比例。其计算原则从工业增加值的概念出发，一般遵循以下 3 条原则。

（1）本期生产的原则：工业增加值的核算必须是工业企业报告期内的工业生产成果。只有进入了工业企业报告期内的工业生产过程，通过工业生产活动所创造的产品和劳务才能进行工业增加的核算。非报告期内生产的工业产品，即使在报告期内出售，也不能作为本期的工业生产成果。反之，只要是报告期内生产的产品，不论是否出售，均应计入报告期生产成果。

（2）最终成果的原则：工业企业生产活动的最终成果，从产品形态上看，体现在本期生产出的、已出售、可供出售和自产自用的产品和劳务上，不包括用于生产过程中的产品和劳务。

（3）市场价格的原则：我国计算工业增加值所使用的计算价格是生产者的价格，即按生产者价格估算出的产出额，减去按购买者价格估算的中间消耗额。

a. 生产者价格：对工业品来说，就是出厂价格，其中包括产品销售或使用时所支付的产品税或应得到的补贴，但不包括发票单列的增值税和单独开发票的运输费用和商业费用。

b. 购买者价格：是购买者在购买单位货物或服务所支付的价值，其中包括指定时间和地点提取货物所发生的运输和商业费用，不包括可扣除的增值税。

c. 市场价格：生产者价格和购买者价格都是市场上买卖双方认定的成交价格，即为了保持工业增加值计算口径的一致性，工业总产值和工业中间投入一律按市场价格计算。工业总产值按生产者价格计算，工业中间投入按购买者价格计算。

工业增加值的计算方法有两种，即生产法和收入法（又称要素分配法）。以生产法的计算为例，说明工业增加值的评价方式。

生产法是指从工业生产过程中的产品和劳务价值形成的角度入手，剔除生产环节中投入的中间产品价值，从而得到新增价值的方法。其计算公式为：

$$工业增加值=工业总产出-工业中间投入$$

在工业增加值的实际计算中，工业总产出是直接用工业总产值（现行价格、新规定）代替的。这一指标的计算价格与工业中间投入的计算价格，一律与新税制的规定相一致，按不含增值税的价格计算。但是，增值税是企业所创造的新增价值的一部分，属于增加值范畴，为了确保工业增加值要素的完整，在计算工业增加值时，应将本期应交增值税计入工业增加值中。由此按生产法计算的工业增加值的实际计算公式应为：

$$工业增加值=工业总产值（现价、新规定）-工业中间投入+本期应交增值税$$

对于工业来说，市场经济前提下的"投入与产出"、"成本与效益"中的"物质利益最大化"以"盈利"的方式表达出来。但这种"盈利"建立在人类一方内部的"私相授受"基础之上，往往侵害第二方、第三方生物物种的生存生活权利，并对整体生态系统或环境造成伤害。

14.2.3　生产力布局

由于"物态"科学技术"集聚"的特性，加上没有"生态"后果思维布局的错误，已经造成了难以改正以及不可估量的损失。因此，工业的区位选择和生产力布局问题十分重要，而且，"生态学思维"的介入，将使工业布局及生产力布局更加科学、更加合理。

工业的生产，首先应考虑工厂的选址。工厂建在什么地方最合理，需要政府或厂商预先做出合理的决策。假设我们作为一个国家或地区的决策者，以社会现实为例，分析工厂的区位选择。应该知道，决定工厂的区位，应该全方位考虑问题，又以其主要因素为主。例如，属于"原料指向"的产业鞍钢、宝钢、首钢的选择主要因素中当然是接近原料、燃料产地，有便利的交通运输条件。除此之外，还应考虑动力、劳动力等因素；从经济利益看，厂址应当选择花费生产成本最低、获得利润最高的地方。

如果我们能把工厂建在原料和动力充足、劳动力质优价廉、市场前景广阔的地方，那当然是最理想的。但现实生活中这样理想的场所很少有，这就要求决策者要切合实际，因地制宜，把工厂建在具有明显优势的地方。还有，作为耗水型、空气污染、固废粉尘污染大户的钢铁工业应该"三离一放"（远离人口稠密区、水源区、风景区，一律放在下风下水方向）。

由上面的分析中可看出，影响工业的区位因素有很多。主要有：原料、动力（燃料或电力）、劳动力、市场、交通运输、土地、水源、环保、生态、政府政策等。在诸多的区位因素中，工业的区位选择所要考虑的主要因素可能只有一个或少数几个。一般以其主导因素为标准，形成不同的指向型工业，主要有以下五类。

（1）**原料指向型工业**：这类工业主要指原料不便于长距离运输或运输原料成本较高，加工后体积与重量大大减少而价格又低廉的工业。使用这类原料的工业企业多把工厂选择在原料的产地。节省运费，减少损失。这类工业即原料指向型工业。例如，甜菜制糖厂（制 1 吨糖一般需要 8 吨甜菜作原料）、甘蔗制糖厂、水产品加工厂、水果罐头厂（水产品、水果等容易腐烂、不能久贮，如要制罐头，更需就地及时加工）等。

（2）**市场指向型工业**：这类工业主要指产品不便于长距离运输或运输产品成本较高，或加工后成品体积增大又不便运输的工业，此类工业企业，多以靠近其销售地建厂。节省了运费，降低了成本。例如，饮料厂，其成品体积比原料大，运输中又易损耗，空瓶装上液体物质后，重量又增加很多，故就地销售较好。类似的工业还有家具厂（成品）、印刷厂、食品厂等。

（3）**动力指向型工业**：这类工业在生产、加工的过程中，需要消耗大量的能源，企业为降低成本，把工厂建在能源供应量大的地方。例如，有色金属冶炼厂。一个年产 10 万吨精铝的炼铝厂，就需要有 20 万～40 万千瓦的发电厂相配合，所以这类工厂多建立在电力生产成本低的大、小电站附近。

（4）**廉价劳动力指向型工业**：这类工业主要指需要劳动力的数量多，但技术要求不高，工人很快可以掌握生产要求，这类产业的劳动者工资低，对生产成本增加不多，而对利润的比例提高有很大作用。这类工业应接近具有大量廉价劳动力的地方。例如，普通服装、电子装配、包带、制伞、制鞋等工业。

（5）**技术指向型工业**：这类工业主要指对生产技术要求高，必须经过严格训练，具有一定水平，并适合操作机器的工人才能上岗生产的企业。这类企业要求工人素质较严，其内部生产分工很细，专业化很强，技术要求很高。这类工业应接近高等教育和科技发达地区。例如电子制造工业、卫星、飞机、精密仪表等工业及其研发基地。

随着人们环境意识的增强，以及低碳经济、循环经济的转型，环境质量已成为重要的工业区位因素。一些污染严重的工业，区位选择应非常慎重。而对环境十分敏感的一些高技术产业及食品等企业，则应以优质环境为区位选择的主导因素。

14.3　现代工业（工程）的生态理念、无废工艺及循环经济策略

废料是厂家认为利用起来不合算而必须扔掉的那部分原料，污染的本质是自然生态循环连锁关系被"割裂"产生"断头"的缘故。无废或生态工艺就是利用"废料原料"连接的过程重新建立"物资开放式闭合循环"。循环经济的理念就是在工厂内部、工厂与工厂之间、产业之间、产业与社会、自然环境之间，建立起"循环又经济，经济又循环"的产业生态新体系。

工业是国民经济的主导，也是污染环境、导致人们生活质量下降的主要因素之一。在现行的工业布局中，我们往往会在"三离一放"的原则面前无所适从，因为遵守这些原则说起来容易，做起来非常困难。

工业企业即使是严格遵守"三同时"（污染处理设施与工厂的建设同时设计、同时施工、同时运转）的严格规定，也仍然不能违反"三离一放"的原则，使工业布局方案矛盾重重、几近寸步难行之境地。处理好城市布局与工业发展之间的矛盾，只能是走无废（生态）工艺的二次资源化的循环利用的生态工业发展、循环经济、低碳经济及生态经济新模式的道路。

14.3.1　生态理念

单纯从技术的角度来考察，工业作为社会主要的物质生产部门，发展大致经历了三个阶段：以手工劳动为主、机器生产为辅的早期阶段；以机器生产为主的大工业阶段；目前正在向自动化、智能化、产业化生产的第三阶段发展。

如果从更加广泛的工业和自然的生态关系这一角度考察，工业生产也可归结为以下 3 种模式。这 3 种模式代表 3 个不同的发展阶段。

（1）传统模式：不顾环境的工业生产，即除了剧毒和能引起急性中毒的废料外，绝大部分工业生产废料均不加处理地直接排入环境，由环境充当"无偿清洁夫"的功能。生态学家奥德姆对此描绘道："人犹如环境的寄生虫，索取它想要的一切，而很少考虑到它的寄主（即它的生命维持系统）的健康"。人们从事工业生产的目的就是单纯地为了追求经济效益。在自然资源的开发利用上是以产品为中心决定舍取的。在工业总的规模不大、密集程度不高的情况，依靠自然的稀释作用和自净能力，工业废料还可以为自然所分解、消化和吸收，不至于造成大范围的污染。

（2）改进模式或现行模式：随着工业的发展、规模的扩大和密集程度的提高，工业排放的大量废料已经超出了自然所能容纳的量度，加上化学工业的兴起，产出大量人工合成的产品，这些产品原来在自然界是不存在的，因而有些不能被自然所消化吸收，这样就造成严重的工业污染，破坏生态平衡，危及人类的健康。为此国家对有害的污染物制定了一系列卫生法规，规定各种污染物在环境中的最高容许浓度及工业企业废弃物的最高容许排放标准。凡工业有害废弃物未经净化治理，没有达到容许排放标准的，即不允许排放或必须承担相应的经济责任。这就是目前我们所见到的工业发展的第二种模式：在卫生法规容许的范围内进行生产。此时企业不但要考虑经济效益，而且在一定程度上还要承担生态后果。

（3）无废生产的生态模式：工业发展的第二种模式有可能导致恶性循环，并不是解决自然—社会对抗的根本途径。于是人们认识到与其采取"兵来将挡、水来土掩"的消极被动的对策，不如从根本上改造工艺、消除废料。这就推动工业发展采取"无废生产"的新模式。实现这个模式是按照生态原则来组织工业生产，寻求社会和自然最佳的协调状态，并将这种最佳状态加以保持。这是合理利用自然资源、有效保护生态环境的根本途径。

循环经济基础上的生态工业体系应包括两个方面：一是单个的工厂中的所有工艺流程按循环利用原则实行生态工艺或无废工艺的改造；二是在一个大的区域里工厂按生态经济的要求尽量按其生态经济连锁关系配置成首尾相接的"废料—原料"的工业新区域。

这种位置不一定在地域上紧密相连，只要生态经济关系比较紧密，就能达到资源循环利用及无废无污、高效和谐的基本目的，这种循环经济的工业生态发展模式是当代所有的工业发展的重要方向。

14.3.2　无废工艺

废料在经济学上定义为"厂家认为利用起来不合算必须扔掉的那一部分原料"。由于人们具有这样的习惯观念，因此认为处置其最简便的方法就是扔弃于环境之中。废料基本上具有以下几种性质。

（1）废料本身是一种物质：其有一定的化学组成，包含一定的化学元素，"天生万物必有用"，因此，不存在有用和无用的问题，只是会用和不会用的问题。俄国化学家门捷列夫曾经指出：对化学来说，无废物可言，有的只是未经利用的元素。

（2）废料来自原料：废料是原料的一部分，即从原料总量中减去产品总量的那部分物料，而如上所述，产品最终也将变成废料，因此全部原料都将成为废料。所以从某些意义上来说，废料即原料，只不过它们在生产—消费过程中所处地位不同而已，如果按照自然界生态系统物质循环过程来看，只是前一轮和后一轮的区别。

（3）经济不生态：所谓不值得利用，这只是从单纯经济观点来看问题，这样的结果是经济不生态。而如果进一步"物态"化而不是"生态化"处理，结果恰恰相反：生态不经济。

如果我们能从比较全面的生态—经济观点来看待废料的废弃，就会看到它可能造成的经济损失和生态后果。在这种认识的基础上，可以采取相应的经济政策和法规制度及行政措施，推动废料的消除、回收和利用。

工业废料一般有以下几种类型。

（1）无用的或尚未找到用途的工业副产品，如矿山的剥离废石、选矿场尾矿等；

（2）可以利用但经济上暂时不值得利用的工业副产品，如黄铁矿烧渣、磷石膏、发电厂粉煤灰等；

（3）在生产过程中限于技术水平（工艺、设备方面的不完善）而流失于大气、水体中的部分物料，如随废水排出的酸、碱、盐，以粉尘形式散布于大气中的矿粉、化肥粉末、水泥，挥发在大气中的石油制品等；

（4）不能再用的工业产品，如放完电的干电池；

（5）用坏了的工业产品，如破碎的玻璃制品；

（6）不值得再用的工业产品，如陈旧的汽车，虽然还能开，但油耗大、速度慢、载货少、故障多、安全性差，不如报废了购置新车；

（7）不合质量要求的产品等。

产生废料的原因是和传统工业生产的概念和模式相联系的，即以产品为中心，单纯经济观点，利用廉价原料及一些无偿取用的自然资源，无代价地向环境排放废料等。具体原因在于以下几点。

（1）原料本身大多是综合性的，很少单一纯净的组成，而以往从特定的产品要求出发，凡对该产品无用的部分即视为废料。行业间的壁垒更强化了这种局面。

（2）在加工过程中可能有副反应存在，生成一部分"无用"的副产品。

（3）反应进行不完全，如化学中的可逆反应，只能达到一定的产率而难以得到完全的转化，这样在原料中会残剩一部分有用物质作为废料排放出来。

（4）工艺不完善，生产过程不稳定，得到不合格的产品。

（5）生产设备陈旧落后或设计不合理，造成物料跑冒滴漏白白流失，如回转窑中有10%～12%的水泥作为粉尘进入大气。

（6）因操作失误、指挥不当、管理不善造成废料的排放。

工业生产中的废料不是不可避免的。废料的存在及其数量主要反映了工艺发展的水平，可以说是工艺不完善程度的指示剂。随着科学技术的进步，很多废料变成了宝贵的原料，即使从传统工业的发展来看也不乏这样的例子。例如，炼焦产出的煤焦油，又黑又臭，当时曾是一种十分麻烦的废料，但后来却成了有机合成的重要原料，开拓出整个煤化工的工业部分。80年前，汽油也曾经是从石油中炼制煤油和矿物油的废料，而铀在40多年前不过是采矿提镭的废料。从这些历史事实之中，我们完全可以坚定二次、多次资源化的信心，用生态经济的连锁关系达到物资的循环再生利用，这种消除污染的生态工业新途径其前途是非常光明的。

14.3.3　循环经济策略

工业是人类社会进步的标志，工业是一个地区经济发展的主导，工业为人类的生活创造了物质产品和生产的工具。我们现在已无法离开工业，倒退到工业革命以前的历史时期中去。但是，我们不能因此而忽视工业造成的环境污染，因为那同样会严重危及人类的生存和发展。

因此，在看到工业对人类的重要性并坚定不移地去走工业化的道路的同时，我们也应该认认真真地研究一下工业引起的生态后果，探讨一条无废无污的新型工业发展的循环经济、低碳经济的新模式，持续地沿着生态经济的方向推动工业的高速发展。

在我国现阶段要建立生态工业的新体系，需要更新观念、加强法制、制订新的发展战略等方面的巨大努力，要动用经济这只"看不见的手"，也要动用行政这只"看得见的手"，还要睁大一双法制的"大眼睛"。具体地说，应该从以下几个方面着手。

（1）改正目前"物态"工业生产单纯追求经济指标，只算金钱上的投入产出的状况，建立起以追求经济、生态和社会效益三大指标的综合最优为核心的企业、干部等的绩效监督和评价体系；

（2）制定相应的法律和相应的奖惩法规，以法纠偏、以法制偏，保证生态工业走上法制的轨道；

（3）运用经济这只"看不见的手"和行政这只"看得见的手"，两手齐抓，结合行政干部的以取得三大效益为目标的政绩评估体系的建立，行政措施、政策、税收、价格、产权等方面的完善，正确地引导现行工业向生态工业的方向发展；

（4）用生态工业的思想指导城市、区域、产业规划和经济计划，指导大到整个行政区域甚至跨行政区域，小到单个工厂、单个工艺流程、设备、工厂的管理方面的计划和实施；

（5）大力开展科学研究，特别是针对目前主导产业的、主导工艺的高科技无废工艺的新技术的开发研究，更应该大力支持，力争在各个方面取得较大的突破；

（6）促进工业的规模经营水平的提高，特别是对市域范围内目前的相当一批"饿不死、长不大、跨不得"的乡镇及国营、私营企业，促进其向资源经济型的生态工业的道路迈进；

（7）加强环保队伍的建设，加强环保方面的立法、执法及监督体系的健全和完善；

（8）对空气、水等属于列祖列宗、子孙后代与我们当代人们共有的生态经济资源尽早进行产权界定，建立生态经济市场，实行公有资源有偿使用的制度，用市场经济的手段促进工业的生态经济化。

循环经济是对"大量生产、大量消费、大量废弃"的传统经济模式的根本变革。传统经济是"资源—产品—废弃物"的单向直线过程，创造的财富越多，消耗的资源和产生的废弃物就越多，对环境资源的负面影响也就越大。循环经济则是实施"废料—原料"的转换，同时获得生态经济和社会效益，从而使经济系统与自然生态系统的物质循环过程相互和谐，促进资源永续利用。

14.4　工业生态工程的规划要点及框架方案

用无废工艺、循环经济、低碳经济及生态经济的理念重新梳理"物态科技"支撑的工业体系的误区甚至错误，并引入最新的"无废无污、高效和谐"的理念，用生态思维包容并推动"物态"科技的方式，让人类的世界在三层次生态关系高效和谐可持续发展的基础上，取得新思维、新方式下的"新物态"科技的新模式、新途径，并通过工业 4.0 或者中国制造 2025、2035 等方式充分表达出来。

随着工业建设的发展，工业生产迅速增长，工业已经成为国民经济的主导部门。1949～1985 年间，工业总产值在工农业总产值中的比重由 30%上升到 65.7%；在国民收入总额中，工业创造的国民收入由 12.6%上升到 41.5%；国家财政收入已主要来自工业企业上缴的利润和税金。

各工业部门已拥有一批具有现代水平的产品、工艺和技术装备，冶金、机械、石油、化工和纺织等工业部门的技术水平都有了很大的提高。特别是电子工业已能成批生产大、中、小型电子计算机和微型计算机，并研制成功了每秒运转 10 亿～100 亿次的大型计算机。

原子能、自动控制、激光等尖端技术已开始运用于工业生产，核试验的成功、人造地球卫星的发射和准确回收及运载火箭方面的成就，是中国科学技术和工业生产技术进步的重要标志。

工业的发展，也改变了中国工业在世界工业中的地位。1949 年，中国的钢、煤、发电量和原油产量（1950 年产量）分别居世界的第 26 位、第 9 位、第 25 位和第 27 位；1985 年分别上升为第 4 位、第 2 位、第 5 位和第 6 位。1985 年中国的水泥、棉布产量均占世界第 1 位，化肥、硫酸产量均居世界第 3 位。2014 年，中国工业生产总值达 4 万亿美元，超过美国成为世界头号工业生产国。

14.4.1　现状与问题

新中国建立起独立的、比较完整的、有相当规模和较高技术水平的现代工业体系，实现了由工业化起步阶段到工业化初级阶段、再到工业化中期阶段的历史大跨越。

我国工业行业发生根本性变化。钢铁、有色金属、电力、煤炭、石油加工、化工、机械、建材、轻纺、食品、医药等工业部门逐步发展壮大，一些新兴的工业部门，如航空航天工业、汽车工业、电子工业等也从无到有，迅速发展起来。

家电、皮革、家具、自行车、五金制品、电池、羽绒等行业已成为中国在全球具有比较优势、有一定国际竞争力的行业。轻工产品已出口到世界 200 多个国家和地区，在世界贸易量中占有极大的比重，为世界人民享受到物美价廉的日用消费品做出了巨大的贡献。

我国能源工业取得了巨大成就。全国发电装机容量由 1949 年的 185 万千瓦，发展到 2008 年的 7 亿多千瓦，发电装机容量和发电量连续十多年稳居世界第二位。原油年产量由 1949 年的 12 万吨，增加到 2008 年的 1.9 亿吨，使我国一跃成为世界第五大油气生产国。2016 年保持在 2 亿吨以上，世界排名仍然是第五位。原煤产量从 1949 年的 0.32 亿吨，到 2008 年的 27.9 亿吨，供给由短缺转变为总量基本平衡。

我国装备制造业取得了长足的发展，形成了较为完整的产业体系。装备技术水平和国产化率显著提高。1000 万吨炼油设备国产化率已经达到 90%。30 万吨合成氨和 52 万吨尿素成套设备实现了国产化。水电设备生产技术由单机容量 30 万千瓦提高到 70 万千瓦，50 万伏直流输变电设备实现了国产化。日产水泥 4000～6000 吨规模生产线的装备国产化率达到 90%。一些电解铝、铜冶炼、铅冶炼、锌冶炼等的生产工艺已逐步跨入世界先进行列。

但是相关联的是：作为最大的发展中国家，我国在 2010 年开始成为全世界的二氧化碳等温室气体的排放"冠军"，节能减排、低碳转型的责任十分艰巨、严峻。

工业革命以来，高碳能源的过度使用使我们面对碳排放引起的全球变暖。联合国气候框架协议（IPCC）第四次评估报告中，将气候变暖的原因 90%的归结于人类活动所排放的温室气体，特别是源于化石燃料的使用导致的人为气体的排放。报告中还指出，如果人为排放温室气体的趋势照旧，预测 21 世纪温度可能继续上升 1.8～6℃。到 21 世纪末，世界上很多地区的地表温度都将有超过 50℃的灾难性天气。南北极冰川将加速融化，喜马拉雅等山脉的终年积雪线将不断提高，瑙鲁等太平洋岛国将沉入海底，海平面将持续上升，风暴潮将加剧。厄尔尼诺、拉尼娜现象将频繁发生，全球灾难气候将使人类面临十分严峻的生存生活形势。

全世界的低碳转型理念及节能减排的全球共识，起源于 1997 年 12 月在日本京都通过的《京都议定书》（全称《联合国气候变化框架公约的京都议定书》），是《联合国气候变化框架公约》的补充条款。由联合国《气候变化框架公约》参加国的三次会议制定，其目标是"将大气中的温室气体含量稳定在一个适当的水平，进而防止剧烈的气候改变对人类造成伤害"。

《京都议定书》规定发达国家从 2005 年开始承担减少碳排放量的义务，而发展中国家则从 2012 年开始承担减排义务。2005 年 2 月 16 日《京都议定书》正式生效。这是人类历史上首次以法规的形式限制温室气体排放，为了促进各国完成温室气体减排目标，我国在 2015 年的巴黎会议上做出了郑重的承诺，将把工业节能减排的责任认真落实下去。

14.4.2　规划要点

"中国制造 2025"是在新的国际、国内环境下，中国政府立足于国际产业变革大势作出的全面提升中国制造业发展质量和水平的重大战略部署。其根本目标在于改变中国制造业"大而不强"的局面，通过不懈的努力，使中国迈入制造强国行列，为到 2045 年将中国建成具有全球引领和影响力的制造强国奠定坚实基础。

坚持制造业发展全国一盘棋和分类指导相结合，统筹规划，合理布局，明确创新发展方向，促进军、民融合深度发展，加快推动制造业整体水平提升。围绕经济社会发展和国家安全重大需求，整合资源，突出重点，实施若干重大工程，实现率先突破。

在关系国计民生和产业安全的基础性、战略性、全局性领域，着力掌握关键核心技术，完善产业链条，形成自主发展能力。继续扩大开放，积极利用全球资源和市场，加强产业全球布局和国际交流合作，形成新的比较优势，提升制造业开放发展水平。

我国工业生态工程与规划的要点如下。

（1）首先：在"物态"生产的基础上，融合"生态"生产及循环经济、低碳经济、生态经济的理念，基本实现工业化，使制造业大国地位进一步巩固，制造业信息化水平大幅提升。掌握一批重点领域关键核心技术，优势领域竞争力进一步增强，产品质量有较大提高。制造业数字化、网络化、智能化取得明显进展。重点行业单位工业增加值能耗、物耗及污染物排放明显下降。制造业整体素质大幅提升，创新能力显著增强，全员劳动生产率明显提高，两化（工业化和信息化）融合迈上新台阶。重点行业单位工业增加值能耗、物耗及污染物排放达到世界先进水平。

（2）再者："物态"制造业整体达到世界制造强国阵营中等水平，"生态"制造的思维将贯穿人类三大生产类型的始终。创新能力大幅提升，重点领域发展取得重大突破，整体竞争力明显增强，优势行业形成全球创新引领能力，全面实现生态工业化。

（3）目标：新中国成立 100 年时，制造业大国地位更加巩固，综合实力进入世界制造强国前列。"物态"制造业"生态化"的主要领域，具有创新引领能力和明显竞争优势，建成全球领先的生态技术体系和产业生态新体系。

"中国制造 2025"将携手德国的"工业 4.0"，这是以智能制造为主导的第五次工业革命或革命性的生产方法。旨在通过充分利用信息通讯技术和网络空间虚拟系统—信息物理系统（Cyber-Physical System）相结合的手段，将制造业向智能化转型。

德国的"工业 4.0"项目应该在"物态"思维的基础上，贯彻工业"生态"化的主线，同样分为三大主题。①一是"智能工厂"：重点研究"物态"智能化及"生态"生产系统及过程，以及网络化分布式生产设施的实现。②二是"智能生产"：主要涉及整个企业的生产物流管理、人机互动及 3D 技术在工业生态生产过程中的应用等。该计划将特别注重吸引多层次、多维度的参与，力图使原创企业成为新一代智能化生产技术的使用者和受益者，同时也成为先进生态工业生产技术的创造者和供应者。③三是"智能物流"：主要通过互联网、物联网、物流网，整合物流资源和生态资源，充分发挥现有物流资源供应与需求双方的生态效率。

携手德国的"工业4.0"并结合生态工程与规划的理念，同样可以坚持"创新驱动、质量为先、绿色发展、结构优化、人才为本"的基本方针，坚持"市场主导、政府引导，立足当前、着眼长远，整体推进、重点突破，自主发展、开放合作"的基本原则，通过"三步走"实现"物态"及"生态"制造强国的战略目标。

为了节能减排，低碳转型中的新能源替代、碳汇与碳源对接的碳中和或碳均衡，将成为中国特色的国家级工业生态工程与规划的要点之一，这也是在面对全球气候变化、温室效应的"气候框架协议"下的作为一个负责任的大国的责任和义务。

14.4.3　框架方案

"物态"制造业是国民经济的主体，是立国之本、兴国之器、强国之基。18 世纪中叶开启工业文明以来，世界强国的兴衰史和中华民族的奋斗史一再证明，没有强大的"物态"制造业，就没有国家和民族的强盛。打造具有国际竞争力的"物态"制造业，是我国提升综合国力、保障国家物理安全、建设世界"物态"强国的必由之路。

新中国成立尤其是改革开放以来，我国"物态"制造业持续快速发展，建成了门类齐全、独立完整的产业体系，有力推动工业化和现代化进程，显著增强综合国力，支撑世界大国地位。然而，与世界先进水平相比，中国"物态"制造业仍然大而不强，在自主创新能力、资源利用效率、产业结构水平、信息化程度、质量效益等方面差距明显，转型升级和跨越发展的任务紧迫而艰巨。

当前，新一轮"物态"科技革命和"生态"产业变革，与我国加快转变经济发展方式形成历史性交汇，国际产业分工格局正在重塑。必须紧紧抓住这一重大历史机遇，实施"物态"与"生态"制造强国战略，加强统筹规划和前瞻部署，力争通过不懈的努力，把我国建设成为引领世界"物态"与"生态"制造业发展的制造强国，为实现中华民族伟大复兴的中国梦打下坚实基础。

"中国制造 2025"携手德国的"工业 4.0"和美国的"先进制造伙伴"计划，将成为中国工业"物态"与"生态"融合的国家生态工程与规划的框架，包括以下内容。

（1）目标：就是从"物态"制造业大国向"物态"制造业强国转变，最终实现真正意义上的"生态"制造业强国的目标。

（2）制高点：信息化、智能化、生态化的深度融合将引领和带动整个生态工业及国家制造业的发展，这也是必须要占据的制高点。

（3）步骤：通过"分步走"实施"五大工程"的战略，大体上每一步用十年左右的时间，来实现我国从"物态"制造业大国向"生态"制造业强国转变的目标。

a. **制造业生态创新中心（工业技术研究基地）建设工程**：围绕重点行业转型升级，形成一批制造业生态创新中心（生态工业技术研究基地），重点开展行业基础和共性关键技术研发、成果产业化、人才培训等工作。

b. **智能生态制造工程**：紧密围绕"物态"重点制造领域关键环节，开展新一代信息技术与制造装备融合的集成创新和生态工程应用。支持政、产、学、研、用联合攻关，开发智能产品和自主可控的智能装置并实现产业化。

c. **工业生态强基工程**：开展示范应用，建立奖励和风险补偿机制，支持核心基础零部件（元器件）、先进基础工艺、关键基础材料的首批次或跨领域应用。组织重点突破，针对重大工程和重点装备的关键技术和产品急需，支持优势企业开展政、产、学、研、用联合攻关，建成较为完善的产业技术基础服务体系，逐步形成整机牵引和基础支撑协调互动的产业生态创新发展格局。

d. **绿色（生态）制造工程**：组织实施传统制造业能效提升、清洁生产、节水治污、循环利用等专项技术改造。开展重大节能环保、资源综合利用、再制造、低碳技术产业化示范。实施重点区域、流域、行业清洁生产水平提升计划，扎实推进大气、水、土壤污染源头防治专项。制定绿色产品、绿色工厂、绿色园区、绿色企业标准体系，开展绿色评价。

e. **高端装备创新生态工程**：组织实施大型飞机、航空发动机及燃气轮机、民用航天、智能绿色列车、节能与新能源汽车、海洋生态工程装备及高技术船舶、智能电网成套装备、高档数控机床、核电装备、高端诊疗设备等一批创新和产业化专项、重大工程。开发一批标志性、带动性强的重点产品和重大装备，提升自主设计水平和系统集成能力，突破共性关键技术与工程化、产业化瓶颈，组织开展应用试点和示范，提高创新发展能力和国际竞争力，抢占竞争制高点。

（4）原则：第一项原则是市场主导、政府引导。第二项原则是既立足当前，又着眼长远。第三项原则是全面推进、重点突破。第四项原则是自主发展和合作共赢。

（5）方针：五条方针包括创新驱动、质量为先、绿色发展、结构优化和人才为本。

（6）领域：包括新一代信息技术产业、高档数控机床和机器人、航空航天装备、海洋工程装备及高技术船舶、先进轨道交通装备、节能与新能源汽车、电力装备、农机装备、新材料、生物医药及高性能医疗器械等 10 个重点领域。

其中的 5 大工程包括：

国家工业生态工程与规划是在"物态"制造的基础上，融合"生态"的内涵，将拆分后的资源通过循环途径进行还原，避免生态不经济，经济不生态的窘境，同时取得生态经济效益，兼顾三层次生态关系的高效和谐，寓"物态"生产于"生态"机制之中，消除能源瓶颈，实施低碳转型，在循环经济、生态经济的基础上取得人类经济社会可持续发展的效果。

复习思考题

1. 名词解释

　　工业生态　　生态工艺　　无废工艺　　工业 4.0　　"互联网+"模式

　　资源指向　　市场指向　　经济不生态　　生态不经济

2. 简述工业的类型、聚集效应及五次技术革命。

3. 简述"物态"工艺模式及生产力布局及世界震惊的 8 大公害事件的深层次原因或根源。

4. 简述现代工业（工程）的生态理念、无废工艺及循环经济策略。

5. 简述所在区域的工业生态工程的规划要点及框架方案。

第 15 章　城市生态工程与规划

　　雅典宪章规定的城市居住、工作、交通、游憩四大功能无一不是生态经济功能，城市是人类聚集的生态中心之一，是高度"人化"的自然。因此，城市生态工程与规划应该成为人类生态系统规划与设计的样板，应该在人类三层次生态关系"高效和谐"上建立"无废无污"的循环经济、低碳经济、生态经济的可持续发展的新模式。

　　城市生态工程与规划建立在城市生态学及城市规划、城市设计及生态工程学等学科交叉的基础之上。城市生态学（urban ecology）是以城市空间范围内生命系统和环境系统之间联系为研究对象的学科。由于人是城市中生命成分的主体，因此，城市生态学也可以说是研究城市居民与城市筑构环境（建筑与道路等基础设施）之间相互关系的科学。

　　城市生态学的研究内容主要包括城市居民变动及其空间分布特征，城市物质和能量代谢功能及其与城市环境质量之间的关系（城市物流、能流及经济特征），城市自然系统的变化对城市环境的影响，城市生态的管理方法和有关交通、供水、废物处理，城市自然生态的指标及其合理容量等。

　　由此可见，城市生态工程与规划不仅仅是研究城市生态系统中的各种生态、经济及社会关系，而是为将城市建设成为一个有益于人类"无废无污、高效和谐"地生存、生活的生态功能系统寻求工程方面的良策并付诸实施。

　　从乌托邦到田园城市、园林城市、海绵城市到生态城市，城市的形状从点状、线状、团状、环状、立体山状、整体楼状等，城市的形态与功能的争论及探讨从来就没有停止过。

　　生态城市是按照生态学原理建立起来的一类社会、经济、信息、高效率利用且生态良性循环的人类聚居地。换句话说，就是把一个城市建设成为一个人流、物流、能量流、信息流、经济活动流、交通运输流等畅通有序，文化、体育、学校、医疗等服务行为齐全，人类聚落（社会）文明公正，与自然环境和谐协调、洁净的生态体系。

　　科学的城市生态工程的规划与设计能使城市生态系统保持良性循环，呈现城市建设、经济建设和环境建设协调可持续发展的新格局。

15.1　城市生态系统的结构和功能

　　城市生态系统的结构是人、建筑、道路、城市绿地、开敞空间的组合，不仅是人类"占据"的领地和乐园，更是植物、动物、微生物与人类生态关系竞争和共生最激烈的地域，生态系统的结构被人类试图"简化"，但生态竞争中人类的潜在风险不是减少而是增大了。

　　城市中人类的"物理安全"代替不了"生态安全"，后者应该包容、包含前者。

在城市生态系统中，人起着重要的支配作用，这一点与自然生态系统明显不同。在自然生态系统中，能量的最终来源是太阳能，在物质方面则可以通过生物地球化学循环而达到自给自足。城市生态系统就不同了，它所需求的大部分能量和物质，都需要从其他生态系统（如农田生态系统、森林生态系统、草原生态系统、湖泊生态系统、海洋生态系统）人为地输入。

同时，城市中人类在生产活动和日常生活中所产生的大量废物，由于没有完全在本系统内分解和再利用，必须输送到其他生态系统中去。由此可见，城市生态系统对其他生态系统具有很大的依赖性，因而也是非常脆弱的一类生态系统。

15.1.1　城市生态系统的结构

城市生态系统是由自然系统、经济系统和社会系统所组成的。城市中的自然系统包括城市居民赖以生存的基本物质环境，如阳光、空气、淡水、土地、动物、植物、微生物等；经济系统包括生产、分配、流通和消费的各个环节；社会系统涉及城市居民社会、经济及文化活动的各个方面，主要表现为人与人之间、个人与集体之间及集体与集体之间的各种生态关系。

构成生态系统的各组成部分、各种生物的种类、数量和空间配置在一定时期均处于相对稳定的状态，使生态系统能够各自保持一个相对稳定的结构。

对生态系统的结构，一般从形态、营养、时间、空间关系等方面进行分析研究。

（1）形态结构：城市生态系统的人口类型、生物种类、种群数量、群落、生态系统、景观类型，包括人类的种族、城市的性质、交通网络类型、城市天际轮廓线、城市色彩、建筑体量、房屋风格造型、各种乔木、灌木和草本植物（花卉）等组成的城市特征及氛围等。

（2）营养结构：城市生态系统各组成部分之间建立起来的营养关系、营养结构，是生态系统中能量和物质循环的基础。城市生态系统中同样是通过食物链关系把多种生物连接起来，彼此形成一个以"食物"转换的连锁关系。按照生物间的相互关系，城市生态系统也是由食性食物链、寄生性食物链及腐生性食物链所组成。

a. 食性食物链：包括人类的食物"通吃"，以及城市动物、植物构成的食物链；

b. 寄生性食物链：城市并不缺失寄生性生物，如蚊子、苍蝇、蟑螂等；

c. 腐生性食物链：由腐食性生物所构成，如乌鸦、秃鹫、蚯蚓、千足虫、白蚁、蚂蚁、甲壳虫、细菌、真菌等。

在城市生态系统中，各种食物链关系往往更加复杂，相互交错，特别是病原微生物与人类的关系，目前是艾滋病、埃博拉、禽流感等与人类的"阵地战"及"游击战"的新阶段，且胜负未分，十分焦灼。

（3）时间（年龄）与空间结构：城市人与建筑、道路、供水、供电、垃圾处理等的空间配置（水平分布、垂直分布）的时间变化（发育、季相）和空间变化等构成了生态系统的时间、空间结构。

结构是功能的基础，功能是结构的表达。有什么样的结构，就有什么样的功能。城市生态系统的结构由于人类的"理性"扰乱，三层次的生态关系更加交织、纠结和复杂。

15.1.2　城市生态系统功能

城市生态系统的功能也就是城市生态系统在满足城市居民的生产（工作）、生活、游憩、交通活动中所发挥的作用。城市生态系统的结构及其特征决定了城市生态系统的基本功能和自然生态系统类似，城市生态系统也具有生产功能、能量流动功能、物质循环功能和信息传递功能等。

由于城市生产包括"物态"经济生产和生物的"生态"生产，"大概念"的生产囊括了城市的主要社会、经济和生态过程，因此城市生态系统的基本功能比自然生态系统要复杂得多。

一般将城市生态系统的基本功能概括为生产（工作）、生活（消费）和调节三个方面，此外，城市生态系统对人类区域生态系统具有主导、引导甚至决定作用。

（1）生产功能：生产功能是指城市为社会提供物资、能量和信息产品。城市之生命力来源于城市的大规模"物态"生产，有目的、有组织地"物态"生产，是城市生态系统有别于自然生态系统的显著标志之一。

城市"物态"生产活动的特点是空间利用率高、能流和物流高度密集、系统输入及输出量大、主要消耗不可再生性能源，且利用率低，系统的总生产量与自我消耗量之比大于 1，食物链呈线状而不呈网状。系统对外界的依赖性很强，主要包括以下几个方面。

a. 初级、次级生产：包括利用"生态生产力"的农、林、畜、水产、采矿等直接从自然界生产或开采农副产品及工业原料的生产过程。

b. "物态"生产：包括人类利用"物态"科学技术进行的机器制造、生活食品用品的加工、建筑道路、供电、供水等基础产业等。包括初级产品加工成半成品、成品及机器、设备、厂房等扩大再生产的基本设施和为居民生活服务的食品、衣物、用品、住宅、交通工具等。

c. 流通服务：金融、保险、医疗、卫生、商业、服务业、交通、通信、旅游业及行政管理等流通服务业构成的城市生产系统的第三产业。它保证和促进了城市生态系统内物流、能流和信息流、人口流、货币流的正常运行。

d. 信息生产：科技、文化、艺术、教育、新闻、出版等部门为城市生产信息、培训人才等，这是城市区别于动物社会的最大特征之一，也是城市区别于乡村生产的主要部分。

（2）生活功能：生活（消费）功能指城市具有利用域内、外环境所提供的自然资源及其他资源，生产出各类"产品"（包括各类物质性及精神性产品），为人类提供方便的生活条件和舒适的憩息环境的能力。

城市是人类"聚集"的地方，因而作为人的不断发展的需求最终都能反应到城市之生活功能上。随着社会的进步和时代的变迁，城市居民的生活需求也在逐渐演变：从基本的物质、能量和空间需求，到更丰富的精神、信息和时间需求；从崇尚多样性的人工环境到追求大自然的田园风光。城市的生活功能应能满足城市居民以下几方面的需求。

a. 基本需求：进行所必需的基本生活条件，包括基本的光照、空气、食物、淡水、日常生活用品、燃料、动力、供应等消耗性物品及基本的住房、交通和医疗卫生条件。

b. 发展需求：在基本物质生活条件得到满足的前提下，为了社会的持续发展及个性的充分发挥，人们需要更加丰富多彩的生活环境，追求从繁重的体力和脑力劳动中解放出来，需要与外面建立广泛的社会联系。

c. 自我实现的需求：城市为具有多种技能的人提供了生活舞台，为他们实现生活理想的目标提供了各种条件。自我实现的需求对城市的生态建设提出更高的要求，城市不光生态功能健康，而且能为城市居民提供健康的心理环境。

（3）调节功能：调节（还原）功能指城市具备的消除和缓冲自身发展带来的不良影响的能力，以及在自然界发生不良变化时能尽快排除侵扰，保证城市自然资源的永续利用和社会、经济、环境的协调发展的能力。具体包括以下几个方面。

a. 自然净化功能：污染物在进入水体、大气、土壤后，或者在绿色植物的作用下，污染物的浓度有自然降低的现象，成为自然净化功能。根据介质不同，可以分为水体自净化功能、大气自净化功能、土地的自净能力和绿色植物自净化功能。

b. 人工还原功能：由于城市人工干扰的范围十分大，城市的自然净化功能脆弱而且有限，必须进行人工的调节，主要是运用循环经济、低碳经济和生态经济的"开放式闭合循环"的理念进行"废料—原料"的驳接，取得人工"还原"的效果。

c. 人化自然功能：城市出于自然，可以在循环经济、低碳经济和生态经济的理念下，表达出高于自然的结果，只要人类注意三层次生态关系的高效和谐，城市就是人类生态最聚集的"生态家园"。

（4）区域主导功能：人类区域主导功能指城市是区域经济集聚增长的结果，是区域经济发展的增长极或中心地，可以引导着区域循环经济、低碳经济和生态经济的发展。具体可以包括城市的经济主导功能、城市的政治主导功能、城市的社会文化主导功能、城市的生态文明主导功能。

15.1.3　城市生态系统的演变

人类社会从工业文明向生态文明转变，昭示着人类住区将进入一个崭新的发展阶段。生态世界观把世界看成是相互联系的动态生命网络结构，超越了"物态"机械论的世界观而引向整体性、系统性、动态性、生命性的宇宙观，形成对人和自然相互作用的生态学原理的正确认识。

城市无论是自然生态集聚的起源，还是军事起源、经济起源、政治起源，城市生态系统的演变中，都走过了"从自然中来，回归自然中去"的人类从感性、知性、理性的生态过程。

（1）从自然中来，城市是人类背对已命名的 150 万种生物筑起的"城堡"：城市最早的来源是原始人类希望脱离野生和危险的自然界，以获取人类化的具有智能的单纯空间。传统城市的模式和文化由于各地的相对封闭性，具有千差万别的形态，并且以单纯和小量的绵延的实体聚合起来，希望远离自然丛林空间。

工业革命之后，城市以巨大的速度被现代主义改变，城市面貌以迅猛的姿态互相靠拢。形成规整、相似的实体建筑并排队而表达为街道的秩序。在新生的城市理论中，人类又追溯具有伦理化的原始生态情结。在生活环境的不断示警下，人们重新审视"头顶的星空"和"心中的道德律"，并意识到生命的载体之大地、森林、农田、水流、气象、湖泊、河流、海洋对于人类的生命意义，于是城市试图开始以"引进来、伸出去"的方式"亲近"自然。

（2）知性筑构建筑和理性家园探索的双重意义：城市是由人与建筑通过人的筑构而形成的。筑构既是单纯的又是复杂的。筑构找出了迥然不同的物体之间的潜在联系，但却忽略了各种生命之间的内在联系，可能是用人类"知性"的谎言去掩盖可能存在的生命机理。筑构使人类在"单优"的身份和"物质"利益之间找到一份固执、孤傲而又充满选择的博弈均衡。人类筑构的机智性在于各种思想无预料或有预谋的组合，是在"物态"层次上而非"生态"层次上对表面无关而内部隐秘联系的实体的发现，是物理概念的存储和"物态"思维模式的想象之后的集合和表达。

知性筑构建筑和理性家园探索一直使各个阶段的人类纠结，建筑物的"封闭与开敞"让人类无所适从。没有"封闭"就没有围合、没有隐私、没有财产，也就没有安全（物理性质）；没有"开敞"，就没有阳光、没有新鲜的空气、没有亲近的动植物，而微生物的发酵、发霉甚至发病就会紧紧地伴随着人类。

在这背对 150 万种生物筑起的"城堡"中，只有三层次的生态关系的"高效和谐"，才有可能在"协同进化"的道路上殊途同归。

（3）城市回归自然，地球生物共同的"乐园"：从城市的最初纯粹人类空间，到征服性拓展，再到"丛林"意义上的回归，城市面貌一直走在一条选择扬弃还是选择融入自然的协同进化式的轨道。城市色彩、体量、造型、风格、主题、氛围，以及面貌的选择，是人类主观抑或进化客观的观念难以分辨。但有一点可以肯定，城市不是人类"生态安全"的避风港，无孔不入的微生物群落及与我们相伴而生的动植物群落与我们的"生态距离"不能太远。

城市最初从自然界抽离出来，经历了传统城市模型、古典主义、现代主义的长期筑构，生态安全理念需要人们重新审视生活大环境，打造地球生物共同的"乐园"才是城市生态系统结构优化、功能完美和演变均衡的终极抉择。

15.1.4　城市生态系统的均衡

城市生态系统的均衡包括城市人口构成、经济结构和城市结构、功能的合理性或相对稳定性。包括城市的人口流、物质流、能量流、信息流等是否能保证城市的正常运转，城市生物及其活动的基本物质（如阳光、空气、土地、淡水、食物、能源、基础设施等）的保证程度，环境质量评价及其改善措施，以及确定城市生态合理容量和制订和谐、稳定、高效的城市生态系统中各种常态的集合或平稳状态。

（1）物质流：城市物质流高度密集、周转迅速，是物资生产、流通、消费的中心。包括自然物质流、农产品流、工业产品流三种，这些物质流的输入、转移、变化和输出用来保持城市的活力。

（2）人口流：高密度的城市人口和高强度的人口流动是城市的一个重要特点，如广州城市中心街道常住人口密度高达每平方千米 13 万人，其中还不包括流动人口。

（3）货币流：这是一种特殊的以交换媒介承载的信息流，它凝聚了各生产部门之间、生产和消费部门之间的物质和能量流动的大量信息，反映了产品的价值和需求程度。

（4）能量流：城市的能量流包括自然中的太阳能、风能、水能及煤、石油、天然气、电等人工辅助能源。进入城市的燃料包括碳和碳氢化合物，还包括少量的氮、硫、氧及其他微量成分的化合物。

（5）信息流：信息的特点是非消耗性、非守恒性、累积效果性、时效性和信用价值性。城市的信息流通过文字、语言、音像、思维及感觉传播，包括经营信息、生活信息、科技信息和社会信息等。

当然，城市生态系统的均衡不仅仅是人类社会经济系统"物态"思维下的人口流、物质流、能量流、信息流等的稳定秩序和常态运转，更重要的是人类三个层次生态关系上的"无废无污、高效和谐"。

15.2　从田园城市、园林城市（海绵城市）到低碳城市

　　　　早期欧洲在理想家园及城市的畅想中，有古希腊柏拉图的"理想国"、艾塞亚的"尘世天堂"、奥古斯丁的"上帝城"、托马斯·莫尔的"乌托邦"、培根的"新大西岛"、哈林顿的"大洋国"、傅立叶的"法郎基"、欧文的"和谐村"、赫茨卡的"自由之乡"、康帕内拉的"太阳城"，还有霍华德的"田园城市"、柯布西耶的"明日的城市"等。这些都只是进入"人与人之间"的种间关系层次，还没有进入循环经济、低碳经济和生态经济的三层次生态关系"高效和谐"的境界。

　　我国城市设计理论渊源可以上溯到 2000 多年前的《周礼·考工记》，其中"匠人营国"一节实际上是西周奴隶制王国国都的城市设计模式。这些理论对我国几千年的封建都城建设影响很大，在城堡设计上体现了封建统治者至高无上、唯我独尊的主题思想。

　　公元前 5 世纪，欧洲的希波达姆斯创建了棋盘式布局结构，加之这位建筑师出身的规划设计师对形态美的推崇，从而开创了城市规划学追求形态美学效果及姿态雄伟的风气之先河，其理论甚至成了以后十几个世纪规划工作的经典。

　　在这个阶段里，城市建设和城市建筑基本上停留在造型艺术之上。在城市建筑和城市建设方面，普遍忽视其功能标准，起决定作用的仅仅是美学标准。在这个阶段的后期，资本主义社会在欧洲的一些发达国家已经形成，并开始暴露出种种矛盾，这时许多规划建筑师开始针对当时的社会弊端，提出种种社会改良的设想，如托马其斯·摩尔的"乌托邦"、安得累雅的"基督徒之城"、廉帕内拉的"太阳城"、傅立叶的"法郎基"为单位的公社等。虽然他们开始把城市当作一个社会经济范畴，而且应为适应新的生活而变化，这显然比该阶段前期那些把城市建设和建筑仅当作造型艺术的观点要全面一些。但是，由于他们太脱离实际，与现实的社会经济状况相差太远，因此只是一些超阶段、超现实社会的主观空想。

15.2.1　田园城市

　　1898 年英国人霍华德（E.Benizer Howard）提出的"田园城市"理论，第一次把空想社会主义者欧文、圣西蒙等人的理想城市设想加以具体化，在城市设计上开了理想主义的先河。

　　英国宫廷建筑师霍华德构想"城市和农村结婚"，其田园城市的"构想图"中街道和城市主体建筑全部镶嵌在田野之中，导引了第二次世界大战结束之后开始的"新城运动"，在英国按大伦敦规划在伦敦周围建起了 8 座卫星新城。哈罗城是其代表之一，这是英国的第一代新城。

　　经过第二代伦康新城、霍克新城，还有密尔顿·凯恩斯为代表的第三代新城。除英国以外，法国、瑞典、芬兰等其他欧洲国家也建起不少新城。日本、美国也掀起了新城建设的热潮，苏联、东欧各国，直至中国也在效仿。

　　可以说新城运动几乎遍及世界所有的大城市。建设新城的目的是为了解决特大城市人口过于集中、环境恶劣的矛盾，并通过疏散大城市的人口，创造田园式的理想城市模式。尽管最初设想的疏散特大城市人口的目的未能完全实现，但却为特大城市进一步发展创造了条件。

由于新城规划思想的发展，也使城市设计的理论得到了发展。英国建筑师和城市设计师吉伯特是哈罗新城的设计者，他所著的《市镇设计》一书是一本比较有影响的论著。该书总结了英国新城建设经验，并把它上升到理论。强调城市设计是三度空间的环境设计，既要考虑功能，又要考虑艺术。

吉伯特的理论也有局限性。一是囿于英国新城理想模式和审美观，对现代化大城市高度复杂的功能、技术、艺术条件下的城市设计问题注意不够；二是过分强调现实，对未来新的设想、趋势不够重视，甚至排斥；三是还没有涉及三层次生态关系，仅是一个人与人之间的种内关系层次，也是在"物态"层次而非"生态"和谐之中考虑问题。

15.2.2 柯布西耶的"明日的城市"

1922 年，建筑大师勒·柯布西耶撰写的《明日的城市》一书中，面对大城市高度发展的现实，他主张依靠现代技术力量，从规划着眼，技术着手，来充分利用和改善城市有限空间。

他建议减少市中心建筑密度，增加绿地，增加人口密度，其具体办法是高层化。1925 年他提出了改建巴黎的方案，这个方案就是以摩天大楼、快速道路、立体交叉和大片绿地来彻底改造旧的巴黎市区。

柯布西耶的建筑艺术观是反中世纪古典艺术传统，以几何形体作为形式美的标准，将其作为新时代建筑的音符并表达出来。

柯布西耶对城市规划和建筑界的重大贡献还在于倡导成立国际现代建筑协会。该协会成立于 1928 年（1956 年解散）。在这个组织活动的 28 年中共召开了 10 次年会。这些会议对国际城市规划与设计、对现代建筑均起了很大影响。其中最有影响的是 1933 年在希腊雅典召开的第 4 次年会。在这次会议以后发表的"城市计划大纲"（又称《雅典宪章》）为现代城市规划奠定了理论基础。

《雅典宪章》强调城市功能分区，强调自然环境（阳光、空气、绿化）对人的重要性。对以后城市规划中的用地分区管理、绿环、邻里单位、人车分离、建筑高层化、房屋间距等概念的形成都起了不可低估的作用。在这些理论指导下的新城设计，有巴西新首都巴西利亚和印度旁遮普邦首府昌迪加尔。这两座新城在城市设计上都力图表现出新的主题思想，即功能和艺术上都要体现出的时代精神。在这方面这两个城市的规划和建设实践也确实取得了不少突破和成绩。但也存在着共同的缺点，这就是缺乏传统，很少考虑现状，一切都是人为，因而使人们感到陌生、呆板、缺少层次，缺少人情味及生命的活力。

15.2.3 钱学森的"园林城市"

在我国著名科学家钱学森的倡议下，中国城市科学研究会、中国城市规划学会、中国建设文协环境艺术委员会于 1993 年 3 月 28 日在北京召开了"山水城市：展望 21 世纪的中国城市"讨论会。会上首先宣读钱老题为《社会主义中国应建设山水城市》的论文。

文中结合实际论述了"城市总体设计"、"城市园林·城市森林和山水城市"等问题之后，明确指出："山水城市的设想是中外文化的有机结合，是城市园林和城市森林的结合"。在这次会议上，专家学者们在讨论中，深刻领会了钱学森教授的"山水城市"思想和精神实质，认为"山水城市"这个命题的核心是城市与大自然的结合，山水泛指大自然环境，城市泛指人工环境，山、水、城市三个要素是可以也应该是相得益彰的。

建设"山水城市"不仅要把大自然还给城市，还要把艺术的美赋予城市。著名的作家刘心武以一个市民的身份希望城市这个大作品的制作者规划师们和建筑师们，能够给市民一个美好的城市天际轮廓线。

城市的核心主体是人，建设山水城市就是要建造一个宜于居住、利于人的一切活动、有益于人的健康成长的、生态平衡、环境优美的城市。这应该成为城市建设和发展的最高目标。

北京大学陈传康教授在 1993 年第 3 期《城市问题》杂志上发表《从城市建公园到如何使市成为公园》的论文。开头的一段写道："传统的城市规划要求城市建公园供居民和观光客游玩，其实城市本身就应该是一个风景优美的公园。到处绿茵如画，建筑风格优美协调，名胜古迹得到保护，使城市变成为一个观光旅游的空间。山水园林城市应是城市规划发展的方向。"

15.2.4　海绵城市

在一轮田园城市、园林城市、山水城市之后，基于给排水专业思维的海绵城市开始成为 2016 年的流行语。这是新一代城市"雨、洪管理"的新概念，是指城市在适应环境变化和应对雨水带来的自然灾害等方面具有良好的"弹性"，也可称之为"水弹性城市"。国际通用术语为"低影响开发雨水系统构建"。下雨时吸水、蓄水、渗水、净水，需要时将蓄存的水释放并加以利用。

2012 年 4 月，在《2012 低碳城市与区域发展科技论坛》中，"海绵城市"概念首次提出。国务院办公厅出台"关于推进海绵城市建设的指导意见"指出，采用渗、滞、蓄、净、用、排等措施，到 2020 年将 80%的降雨就地消纳和利用。"指导意见"从加强规划引领、统筹有序建设、完善支持政策、抓好组织落实等四个方面，提出了十项具体措施。

（1）一是科学编制规划。将雨水年径流总量控制率作为城市规划的刚性控制指标，建立区域雨水排放管理制度。

（2）二是严格实施规划。将海绵城市建设要求作为城市规划许可和项目建设的前置条件，在施工图审查、施工许可、竣工验收等环节严格把关。

（3）三是完善标准规范。抓紧修订完善与海绵城市建设相关的标准规范。

（4）四是统筹推进新老城区海绵城市建设。从 2015 年起，城市新区要全面落实海绵城市建设要求；老城区要结合棚户区和城乡危房改造、老旧小区有机更新等，以解决城市内涝、雨水收集利用、黑臭水体治理为突破口，推进区域整体治理，逐步实现小雨不积水、大雨不内涝、水体不黑臭、热岛有缓解。建立工程项目储备制度，避免大拆大建。

（5）五是推进海绵型建筑和相关基础设施建设。推广海绵型建筑与小区、海绵型道路与广场，推进城市排水防涝设施建设和易涝点改造，实施雨污分流，科学布局建设雨水调蓄设施。

（6）六是推进公园绿地建设和自然生态修复。推广海绵型公园和绿地，消纳自身雨水，并为蓄滞周边区域雨水提供空间。加强对城市坑塘、河湖、湿地等水体的保护与生态修复。

（7）七是创新建设运营机制。鼓励社会资本参与海绵城市投资建设和运营管理，鼓励技术企业与金融资本结合，采用总承包方式承接相关建设项目，发挥整体效益。

（8）八是加大政府投入。中央财政要积极引导海绵城市建设，地方各级人民政府要进一步加大资金投入。

（9）九是完善融资支持。鼓励相关金融机构加大信贷支持力度，将海绵城市建设项目列入专项建设基金支持范围，支持符合条件的企业发行债券等。

（10）十是抓好组织落实。城市人民政府是海绵城市建设的责任主体，住房城乡建设部会同发展改革委、财政部、水利部等部门指导督促各地做好海绵城市建设相关工作。

海绵城市建设应遵循生态优先等原则，将自然途径与人工措施相结合，在确保城市排水防涝安全的前提下，最大限度地实现雨水在城市区域的积存、渗透和净化，促进雨水资源的利用和生态环境保护。

建设"海绵城市"并不是推倒重来，取代传统的排水系统，而是对传统排水系统的一种"减负"和补充，最大限度地发挥城市本身的作用。在海绵城市建设过程中，应统筹自然降水、地表水和地下水的系统性，协调给水、排水等水循环利用各环节，并考虑其复杂性和长期性。

15.3　城市生态工程的生态理念、原则及策略

城市生态工程与规划的生态理念是在循环经济、低碳经济和生态经济模式中的人类种内、间及"天人"三层次生态关系"无废无污、高效和谐"。工程与规划建设的原则是"生物多样性"保护及人类的"生态安全"，实行的策略是"废料—原料"首尾相接的"物资开放式闭合循环"。

研究"城市、城市化和城市问题"一直是经济地理、社会学、城市规划、经济学等学科的热点问题之一，其研究成果及其应用对加速城市化的进程起到了巨大的推动作用。

起源于研究个体生物与环境的相互关系的生态学在生命的概念超越物种的个体水平之后，也开始了研究城市生物，甚至把城市也当做一类特殊的"生命系统"来研究其的进程。在这里，我们从城市生态工程与规划的生态理念出发，用城市生态学和工程规划的方法，研究和探讨城市、城市化过程，以及相应生态工程的原则和策略。

15.3.1　城市生态工程生态理念

从经济学的角度来看，城市是一种经过人类创造性劳动加工了的、拥有更高的"价值"的凝结的人类物质环境或物质财富；从社会学的角度来看，城市是一种更符合人类自身需要的社会活动的载体及场所、人类自身塑造的理想的和进步的并合理的生活方式；从人类生态学的角度来看，城市是区别于农村的"人与自然"、"人与人"、"人与其他生物"等新型生态关系的总汇。

从城市生态学的生态理念来看，城市生态系统有如下的特点。

（1）属于完全依靠系统之外补充能量以维持其正常运转的有生命的开放系统。在这里，系统之内的绿色植物的光合作用对整个系统的运转无足轻重，而使系统赖以生存的能源基本上是从自然和半自然生态系统中的以粮食、汽油、煤、电等产品的形式输入的。

（2）是一类人类生物种群占绝对数量和质量系统之外优势的、单优种群构成的生物群落或生态系统。生物种群除人类以外，植物种群基本上被分割成个体呈单株散生的形式存在，

城市区域基本上不永久性地保留自然生长的植物种类，而仅仅以绿化、蔬菜、家庭养花等形式保留一些以个体形式存在的植物种类。动物的境况除动物园内养作观赏之外，基本上就只有当作宠物的猫、狗、鸟、鱼及当作食物的鸡、鸭、鱼、猪、兔、牛、羊之类。城市中令人类讨厌而又屡禁不绝的动物，如鼠、蚊子、苍蝇、蟑螂、虱子、臭虫等基本上被控制在最低的种群数量水平之下。微生物群落的存在，在城市居民普遍使用的消毒方法和洗涤技术的发达中保持与人类的躯体隔离开来的方式还是明显的。

（3）城市生态环境基本上是"人化"了的空间形式。城市的空间形式主要是以人类的构筑物组成的，而每一构筑物都基本上是某些人在某些时段上的某些思想、理念及行为的具体结果，因此，城市生物（主要是人）与自然生态系统中的生物其生存生活的方式有相同和不相同的两面性。相同的一面是所有的生物其自然生理生态节律是在生命的长期进化中形成的，不会因为其居住的生态环境改变而迅速地改变；不同的一面是城市是由遮风避雨的建筑组成的，人类可以感觉舒适地在围合的空间里不受自然界的风、雨、雷、电及昼夜的干扰而随心所欲。

（4）生态链关系被极度简化，甚至不成网络状而成线状。城市的建成区中，自然植被基本上被消灭，生态系统的第一性生产力及"生产者"也就随之消灭了。野生动物的数量极少，观赏及食用动物与人类及其他的生物及生态环境的生态链关系也被大大地简化。微生物与人、其他生物、其生态环境的连锁关系基本上被控制在不危及人类生存生活的水平。只有人与人之间的生态关系被大大地丰富和加强，这也是城市生态系统研究中的一个相当重要的方面和一个全新的领域。

（5）物质开放式闭合循环系统过程被割裂，"废料"产生，污染出现。开放式闭合循环是有生命的生态系统的重要特点，其中开放式指的是在循环中随时随地都可能进行输出或输入，闭合指的是循环无论是网络结构还是连锁结构都可能是环环相扣、首尾相接的。这是自然生态系统无废无污的普遍原理，高效和谐运转的基本保证。许多生态链关系特别是"还原"性的生态链关系被简化、省略、清除甚至被消灭。于是，生态系统中本来并不存在的"废料"出现了，带来了环境污染，并且有越来越重的趋势，成为当代严重的城市问题之一。

（6）人类社会的"物态生产"环节和整个城市生态系统的"消费"环节被强化，而自然的"生产"环节和整个城市生态系统的"还原"环节被弱化。在生态经济系统中，生产应该包含两方面的内容：一是以光合作用为基础的植物的初级性生产和动物的次级性生产，属于自然属性的生产；二是在人类社会中，利用自然、经济和人力资源等进行的社会化大生产，属于人类社会属性的"物态"生产。在城市生态系统中，自然属性的生产基本上在系统之内不存在，而人类社会属性的工业式的"物态"生产方式在城市之中被大大地强化，其目的是获取生存生活的必需生产产品及巨大的经济效益。

因此，在传统的具有朴素的生态思想的"田园"、"山水"、"海绵"城市的基础之上，赋予当代生态经济及其他相关学科的最新科学内涵，使生态花园城市建设进入了一个崭新的天地。

（1）生态经济物资循环规律给予我们的启示：生态经济"物质的开放式闭合循环"给我们的仿生学启示是生态经济系统中没有废物。所谓"废物"是经济学上定义为"厂家不需要的那一部分扔掉的原料"。因此，我们应把那些人为的生态经济循环被割裂的环节（也是产生废物的环节）再人为地把它们用生态链关系再连接起来，使之首尾相接，无废无污，高效和谐。

（2）正确认识城市绿化的生态经济功能：在城市建设中，绿化是规划者或建设者拾漏补遗的手段之一。实际上城市绿化系统是城市之"肺"，担负着城市空气"碳源—碳汇"均衡重要作用，是城市保障人类吐故纳新的空气循环系统中的重要环节，也是生态花园城市的最直观、最明显的标志。

（3）用循环经济、低碳经济打造生态城市：用经济循环、低碳转型的思想构造生态（花园）城市，最主要的一条是按生态链关系建立起"碳源—碳汇"均衡的、"废料—原料"对接的、人类三层次生态关系"无废无污、高效和谐"的城市生态系统，并使其结构优化，功能持续。

生态花园城是以生态经济循环的思想建立起来的无废无污、高效和谐的现代城市建设的科学模式。点、线、面结合在城市基础设施的循环经济、低碳转型基础上建设生态（文明）城市，构造人类"集聚"中心地域的"生态安全"。

15.3.2　城市生态工程设计原则

从生态学的角度来看，生态学一方面强调决不允许超生态容量地制造环境污染；另一方面也同样批判"生态恐惧"思想，即否认生态环境的自净能力，否认生态容量，认为"生态环境动不得"，"一动就破坏环境"的错误思潮；第三方面是生态学认为解决生态问题的最好办法是按生态学的方法，运用人类的生存生活的"生态安全"标准，建立起新的生态系统的物质循环系统，达到首尾相接、无废无污、高效和谐的生态效果。

现阶段的绝大多数城市面临的诸如人口拥挤、环境污染、交通堵塞、温室效应、生活质量下降等问题，不仅仅属于生态学问题，更主要的是属于生态经济问题。我们不能片面地用不全面的生态学观点，去追求视觉形态上"美丽"的"花园城市"，也不可以用不可持续的经济发展观念去追求短期的"发展"。我们应该运用生态经济相统一的基本原理，去追求生态与经济在时空融合的可持续发展，走向生态经济型的城镇新体系。

生态（花园）城镇体系的设计原则应该包括以下几个方面。

（1）实现城市设计从自然的或半自然的生态系统向人工的生态系统或所谓的"理智圈"进行"生态"方式的转换；

（2）既要强化人类生物种群的重要地位和作用，也要保护其他生物种群的数量和质量及其生态位势的变化过程；

（3）尽量保持能够自养（依靠绿色植物的光合作用）的生态系统中的"碳均衡"或"零碳城市"状态，并在不能够自养（异养）的城市生态系统中建立循环经济的模式；

（4）注重人类三层次生态关系的"无废无污、高效和谐"，人类社会经济的可持续发展。

城市生态工程基础上的城市规划和城市设计既有共同点，又有区别。共同之处是两者都是为人类创造一个良好的，有秩序的保证生态安全的生存、生活环境。不同之处，一是城市规划是一个二维空间的综合安排，而城市设计是一个三维空间的环境设计；二是城市规划是各种专家（如经济学家、社会学家、规划学家、地理学家等）共同合作的结果，而城市设计主要由建筑师、城市设计、园林规划、给排水、交通运输等市政工程专家来承担。

15.3.3　城市生态工程的策略

规划中有"不谋全局者,不足以谋一域"的原则,城市生态工程与规划的实施策略最具体的体现是现有的城市设计、建筑师、园林规划、给排水、交通运输等市政工程专家应该学习、融合、贯通与自己的专业背景完全不同的"生态思维",避免"物理思维"层次上对"生态理念"的过滤、误解和溶化。

城市设计的内容当然是合理地处理好城市的物理"骨架"空间、象征空间和目的空间,使之协调发展。不仅有质的要求,还要有量的概念。"物态"工程的城市设计内容包括城市总体空间设计、城市中心、城市广场、城市干道、城市商业区、城市居住区、城市园林、城市地下空间、旧城保护与更新空间、建筑小品和城市细部,以及各种城市基础设施的详细设计和施工图。

上面所述都属于"物态"工程的空间设计,各类"物态"工程方面的设计,由各方面的专业工程师配合进行。

城市"生态"工程与规划之"生态理念"的城市设计,目前最大的策略是呼唤城市设计及基础设施的"生态"自觉及人类的生态安全。

15.4　城市生态工程的规划要点及框架方案

> 从城市的"物质性"到"生命性",从"物理安全"到"生态安全",从人类的"物态生产"到"生态生产",以及城市的"还原功能"的恢复与运转,针对城市生态过程中的种种问题,城市生态工程的规划要点是通过"开放式闭合循环"实现"无废无污、高效和谐"地可持续发展。

从城市生态工程与规划来看,现实中城市的生态学过程中还存在不少生态问题且具有相当的严重性。只是目前存在的城市生态的问题并非城市所固有的,也并非城市化过程的不可避免的必然结果。

生态学的问题,应该用生态学的方式加以解决,因此,城市生态工程与规划最主要的是发现不同层次的生态问题,用"生态学思维"包容"物理思维",用生态安全包容物理安全,从人类三层次生态关系的"高效和谐"缔造人类的理想家园和宜居城市。

15.4.1　城市问题

城市生态工程与规划关注的是人类的城市生态问题,这些问题是"物态"产业革命以后伴随着城市化的进程接踵而至的,在当代甚至有越来越严重之势。而且,用"物理思维"解决是"药不对症"的。

我国的城市化的快速发展期时间不长,但国外的大部分城市化发展过程中出现的问题,几乎都能够在我国找到一些比较典型的案例或症状。

(1)人口密集,建筑拥挤。例如,据统计,广州城区户籍人口密集区在越秀、荔湾和东山三个区,人口密度分别为每平方千米 5.323 万人、4.546 万人和 3.219 万人。人口密度在每平方千米 9 万人以上的街道有 10 条,占总数的 53%。这仅指居家人口,不包括流动人口，荔湾区的多宝街的人口密度为全市人口密度之最，为每平方千米 13.445 万人。

（2）"富贵"病症，机体退化。现代城市病又叫现代"文明病"，基本上是由于现代城市"物态"生活方式的传播而导致的各种各样的、千奇百怪的病症，如电视病、电冰箱病、电风扇病、电脑病、空调病、玩具病，以及脚气病、水果病、火锅病、脂肪肝、肥胖症，现代居室综合征、地毯病、沙发病、公共交通综合征、拥挤综合征、视觉污染综合征等方面有关的数百种现代"富贵病"。

（3）种内种间，关系隔绝。在城市环境条件之下，人类集群一方面人口高度密集，另一方面人与人之间又相当地隔离。传统的亲（血）缘关系、地缘关系正逐步被经济关系、法律关系和利益分配关系所取代。在"物态文明"的"物质利益最大化"之下，人与人之间的关系靠"法律"纠纷来维持，人情淡漠、人格孤独、普遍焦虑症等心理疾病使"亚健康"流行。与其他物种的种间关系也十分紧张，特别是与微生物之间的关系，近年来艾滋病、禽流感、埃博拉、塞卡等病毒困扰着人类的生态安全。

（4）环境污染，灾害频发。城市生活对于人们来说，风、雨、雪、雹、水等自然灾害的风险明显地降低，但受地震、火灾、流行病或传染病、车祸等造成的伤害的风险却是有增无减。更加严重的是空气、水、固体废弃物的污染，以及京津唐地区的雾霾使生活质量大打折扣。

城市生态工程与规划的目的是注重综合效益的，包括经济效益、社会效益和生态效益。当前，急于取得较高的经济效益，往往忽视社会效益和生态效益的情况很普遍。应该从人类生存的长远利益着手，把生态理念融合到现有的城市规划、基础设施规划及详细的城市设计中去。

15.4.2 规划要点

当前在我国，城市功能、城市经济体制和城市社会都处在急剧变化之中。住房制度改革、土地使用权有偿转让、外资引入、旅游事业发展、城市流动人口剧增、第三产业发展等都冲击着原有的城市规划原则，也给城市生态工程与规划提出不少新要求，再加上改革开放所带来的人们"物态"科学技术观念的改变，都反映到建筑和城市生态工程的规划设计上来。

因此要做好变革中的城市生态功能规划、生态经济规划、循环经济规划，实施低碳转型，具体的规划设计要点应该重点放在物质"开放式闭合循环"，以及着重改善三层次生态关系上面。包括以下几点。

（1）协调人与人的种内生态关系：物理思维注重法制及社会制度建设，认为"制度管人"比"人管人"要重要得多，这是建立在短缺经济中追求"物质利益最大化"的基础之上的，其局限性是物欲横流、环境污染。法制、制度建设是必需的，也是必要的，但是"严于律己，宽以待人"的生态价值观在城市这个人类密集的区域，与相应的法制配合，将是城市生态工程与规划关于城市生态主体行为规范的关键之一。

（2）构建水循环体系：建立城市生活用水、工业用水、商业用水、清洁用水等用水系统的使用、排放、净化、回归江河的生态经济水循环基础设施新体系。

（3）建立循环经济模式：建立城市生活垃圾、工业垃圾、商业垃圾等垃圾的分类收集、人工及机械分选系统、分类回收、循环利用的"城市矿产"新模式。

（4）植物与人类种间关系新模式：建立以公园、绿地、花园式机关单位为"点"，以沿路、沿边、沿河、沿江绿化为"线"，以广大城市居民的住宅的屋顶、阳台、庭院为"面"的点、线、面结合的闭合状、立体性的城市绿地铺陈的新方式。

（5）微生物与人类种间关系新模式：目前人类对微生物的种间生态关系可以归结为"发酵"、"发霉"和"发病"三大类，城市生态工程与规划应该从宏观、微观两大层次重视与有益微生物、致病微生物及中间微生物的种间生态关系，保持适当的生态距离、协同进化、持续发展。

（6）打造绿色建筑与低碳模式：建立通风采光纳气、低碳节能、采用新能源、新理念、新安全观的城市"绿色建筑"新体系。

（7）推进绿色家园的新标准：以人类三个层次的生态关系"无废无污、高效和谐"为最基本的标准、尺度，构造城市生物协同进化、和谐发展的"理想城市"新模式。

城市生态工程与规划需经过周密、详尽的城市生态系统的结构、功能、演变、均衡的调查研究，在经济社会发展规划的基础上，进行城市生态布局和各专项的生态规划，同样需要通过多种方案的比较分析，充分论证、推敲，最后定案。

由于城市是一个不断发展变化的"生命体"，因此城市生态工程与规划需要不断调整和补充，是一种动态规划或称为"滚动式规划"，需要多学科协同并不断反馈修正其运行的轨迹。

15.4.3　框架方案

城市生态工程与规划实现是一个很复杂的问题，与社会制度、经济体制及思维方式有很密切的关系。特别是"物态思维"还是"物理安全"，"生态思维"还是"生态安全"就可能起到举足轻重的作用。

因此，为了更好地实现城市生态工程与规划，需要重视以下几个框架方案中的具体问题。

（1）一是解决资金问题。无论是城市保护或开发，都需要有资金来源渠道。过去主要是靠政府拨款，现在是多种渠道集资，包括外资、合资、集资、贷款等，而且大部分都是有偿的，因此要讲求效益，要能形成良性循环。

（2）二是建设方式和步骤。从国内外经验来看，循环经济及低碳转型中的综合开发是实现城市生态工程与规划的有效途径，不仅新区要综合开发，对旧区保护与更新及"循环对接"也需要整体构思。当然这种开发是多种多样的，有的以保护整治主，有的以修缮补充为主，有的以更新翻建为主，但都有一个循环"驳接"的问题，这是"无废无污、高效和谐"的关键。

（3）三是群众参与问题。城市生态工程与规划特别是关于旧城保护与整治和循环"驳接"，要依靠地方政府、群众组织和当地居民的积极参与，才能得以实现。现在全国有很多"共建"的精神文明街、区就是很好的例证。国外也很强调这一点，循环经济、低碳转型只有吸引群众参与，才能真正得到群众的支持，"无废无污、高效和谐"的建设过程中也会体现群众的心愿，建成之后也能得到群众的关心和爱护。这方面例子是很多的，这与"人民城市人民建，人民城市人民管"的方针是不谋而合的。

城市环境包括从宏观生态环境到微观空间环境，既需要严格的法令条例进行保护，也需要"天下为公"的正能量才能实现。作为第一代"华夏文明"之"和文化"的坚守者，中华民族在"严于律己，宽以待人"的传统道德中，缔造的就是"仁者爱人"的城市生态工程的生态和谐之规范。

发达国家在这些方面已有很多"物态"科技实施及法制、管理的经验，更多的是人类种内矛盾、冲突激化的教训。我国在这方面不是刚刚起步，早在春秋战国时期的诸子百家中儒家、法家、道家中的先贤、先哲们，早就为我们准备了"修身、养性、齐家、治国、平天下"的秘诀和典籍，我们只要在城市生态工程与规划的框架里加以消化、融合、升华、整合即可备用。

城市生态工程与规划中一些必要的法令条例相配套是必不可少的，这与我们城市规划、城市设计的工作深度有很大的法理关系。城市生态工程与规划的基本框架中，应该补足所缺乏的具体有效的法令条例，不然城市生态工程与规划的很多意图无法贯彻，甚至有的按设计实施之后，也难以得到很好保护、实施、长期有效的落实。

复习思考题

1. 名词解释

     城市生态   生物组成要素   城市生态系统   田园城市   园林城市
     海绵城市   生态城市   食性食物链   寄生性食物链   腐生性食物链

2. 简述从田园城市、园林城市（海绵城市）到低碳城市、生态城市的概念变化过程。
3. 简述城市的生态问题及生态思维框架下的研究方案。
4. 简述城市生态工程与规划的生态理念、原则及策略。
5. 简述所在城市的生态工程的规划要点及框架方案。

主要参考文献

贾克平. 1999. 对《全国生态环境建设规划》主体思路的评述. 云南林业调查规划设计, 24(3): 31-32

贾克平. 2001. 关于中国农民、农业、农村可持续发展的思考. 经济前沿, 21(5): 11-15

贾克平. 2004. 对未来世界发展方式的探索. 学会, 7: 8-12

贾克平. 2004. 确保我国生态安全势在必行. 中国国情国力, 12(7): 19-20

蔡昉. 2006. 应对老龄化挑战的五大方略. 人民论坛, 1: 41-43

蔡庆华, 唐涛, 刘建康. 2003. 河流生态学研究中的几个热点问题. 应用生态学报, 14(9): 1573-1577

曹明宏, 雷书彦, 姜学民. 2000. 论生态经济良性耦合与湖北农业运作机制创新. 湖北农业科学, 6: 7-9

陈传康. 1993. 从城市建设公园到如何使城市成为公园. 城市问题, 3: 5-6

陈东景, 张志强, 程国栋等. 2002. 中国 1999 年的生态足迹分析. 土壤学报, 39(3): 441-445

陈芳, 彭少麟. 2013. 城市夜晚光污染对行道树的影响. 生态环境学报, 22(7): 1193-1198

陈庆能, 沈满洪. 2009. 排污权交易模式的比较研究. 生态经济, 14(10): 153-155

邓红兵, 王庆礼, 蔡庆华. 2002. 流域生态系统管理研究. 中国人口资源与环境, 12(6): 18-20

邓晓红, 徐中民. 2012. 参与人不同风险偏好的拍卖在生态补偿中的应用——以肃南县退牧还草为例. 系统
    工程理论与实践, 32(11): 2411-2418

方时姣, 刘思华. 2004. 论农村和谐社会模式与农业发展的终极目的. 农业经济问题, 6: 57-60

付允, 马永欢, 刘怡君等. 2008. 低碳经济的发展模式研究. 中国人口·资源与环境, 18(3): 14-19

郭怀成, 黄凯, 刘永. 2007. 河岸带生态系统管理研究概念框架及其关键问题. 地理研究, 26(4): 789-798

胡鞍钢, 王亚华. 2000. 转型期水资源配置的公共政策: 准市场和政治民主协商. 中国软科学, 5: 5-11

胡鞍钢, 吴群刚. 2001. 农业企业化: 中国农村现代化的重要途径. 农业经济问题, 3: 9-21

胡鞍钢. 2003. 城市化是今后中国经济发展的主要推动力. 中国人口科学, 6: 1-8

华启清, 林卿. 2006. 福建林地可持续利用的制度方法选择. 林业经济问题, 26(2): 150-153

黄玉源, 钟晓青. 2000. 城市工业布局必须以生态经济学理论为指导. 广西农业生物科学, 19(2): 132-136

黄玉源, 钟晓青. 2001. 南宁生态型现代农业的发展战略研究. 生态经济, 16(12): 43-45

黄玉源, 钟晓青. 2007. 我国发展桉树纸业应注意的生态经济问题. 生态经济, 22(8): 38-45

黄玉源, 钟晓青. 2009. 生态经济. 北京: 中国水利水电出版社

江泽慧. 2006. 中国西部退化土地综合生态系统管理. 资源环境与发展, 2: 1-4

姜向群, 万红霞. 2005. 人口老龄化对老年社会保障及社会服务提出的挑战. 市场与人口分析, 11(4): 67-71

姜学民, 张敏. 2002. 根据"闭路开环"原理制定人口政策. 中国人口·资源与环境, 12(4): 18-23

姜玉鹏, 姜学民. 2007. 关于循环经济模式的基本理论问题研究. 山东社会科学, 10: 134-136

李明辉, 彭少麟, 申卫军等. 2003. 景观生态学与退化生态系统恢复. 生态学报, 23(8): 1622-1628

李勤奋, 韩国栋, 敖特根等. 2003. 划区轮牧制度在草地资源可持续利用中的作用研究. 农业工程学报, 19(3):
    224-227

李世东, 李智勇, 龙三群等. 2007. 生态状况外在判断指标体系研究. 生态环境, 16(2): 698-703

李周, 包晓斌. 2002. 中国环境库兹涅茨曲线的估计. 科技导报, 4: 57-58

李周, 黄正夫, 贾克平. 2003. 构建全球生态经济的初步探索. 布朗新著. 生态经济: 有利于地球的经济构想
    座谈会纪要, 调研世界, 5: 30-31

李周. 2002. 环境与生态经济学研究的进展. 浙江社会科学, 1: 27-24

林国华, 林卿. 2003. 论构建符合中国农业发展的技术壁垒体系. 农业现代化研究, 24(1): 36-39

刘加林, 严立冬. 2011. 环境规制对我国区域技术创新差异性的影响——基于省级面板数据的分析. 科技进步与对策, 28(1): 32-36

刘珉, 胡鞍钢. 2012. 中国绿色生态空间研究. 中国人口·资源与环境, 22(7): 53-59

刘思华. 2001. 可持续发展经济学企业范式论. 当代财经, 3: 16-21

刘思华. 2001. 生态农业建设的若干问题研究. 中国生态农业学报, 9(4): 1-5

刘思华. 2002. 生态文明与可持续发展问题的再探讨. 东南学术, 6: 60-66

刘思华. 2008. 关于发展可持续性经济科学的若干理论思考. 经济纵横, 7: 27-33

刘思华. 2009. 二十一世纪中国经济科学发展的终极目标及八大特征. 经济纵横, 9: 5-9

陆宏芳, 蓝盛芳, 李雷等. 2002. 评价系统可持续发展能力的能值指标. 中国环境科学, 22(4): 380-384

罗必良, 李孔岳, 吴忠培. 2001. 中国农业生产组织: 生存、演进及发展. 当代财经, 1: 52-55

罗必良. 2004. 科学发展观与中国农业的可持续发展. 广东农业科学, 4: 4-7

罗必良. 2012. 关于农业组织化的战略思考. 农村经济, 6: 3-5

罗跃初, 周忠轩, 邓红兵等. 2003. 流域生态系统健康评价方法. 生态学报, 23(8): 6061-1614

马传栋. 2003. 论全面提升山东半岛城市群的整体竞争力. 东岳论丛, 24(2): 28-32

马传栋. 2006. 论发展循环经济建设资源节约型、环境友好型社会. 山东社会科学, 2: 15-18

马世骏, 王如松. 1984. 社会—经济—自然复合生态系统. 生态学报, 4(1): 1-9

马世骏. 1991. 现代生态学透视. 北京: 科学出版社

马永欢, 牛文元, 汪云林等. 2008. 我国粮食生产的空间差异与安全战略. 中国软科学, 9: 1-9

牛叔文, 曾明明, 刘正广. 2006. 黄河上游玛曲生态系统服务价值的估算和生态环境管理的政策设计. 中国人口资源与环境, 16(6): 79-84

彭闪江, 黄忠良, 彭少麟等. 2004. 植物天然更新过程中种子和幼苗死亡的影响因素. 广西植物, 24(2): 113-121

彭少麟, 刘强. 2002. 森林凋落物动态及其对全球变暖的响应. 生态学报, 22(9): 1534-1544

彭少麟, 陆宏芳. 2003. 恢复生态学焦点问题. 生态学报, 23(7): 1249-1256

彭少麟, 任海, 张倩媚. 2003. 退化湿地生态系统恢复的一些理论问题. 应用生态学报, 14(11): 2026-2030

彭少麟, 周凯, 叶有华等. 2005. 城市热岛效应研究进展. 生态环境, 14(4): 574-579

彭长辉, 钟晓青. 1990. 杉木林中氮、磷、钾元素的动态模拟分析. 中南林学院学报, 10(2): 155-164

钱学森. 1993. 社会主义中国应建设山水城市. 城市问题, 3: 3-4

任海, 彭少麟, 陆宏芳. 2004. 退化生态系统恢复与恢复生态学. 生态学报, 24(8): 1763-1768

任海, 邬建国, 彭少麟. 2000. 生态系统健康的评估. 热带地理, 20(4): 310-316

沈满洪, 池熊伟. 2012. 中国交通部门碳排放增长的驱动因素分析. 江淮论坛, 1: 31-38

沈满洪, 高登奎. 2009. 水源保护补偿机制构建. 经济地理, 29(10): 1720-1724

沈满洪, 何灵巧. 2002. 外部性的分类及外部性理论的演化. 浙江大学学报(人文社会科学版), 32(1): 152-160

沈满洪, 贺震川. 2011. 低碳经济视角下国外财税政策经验借鉴. 生态经济, 16(3): 83-89

沈满洪, 吴文博, 魏楚. 2011. 近二十年低碳经济研究进展及未来趋势. 浙江大学学报(人文社会科学版), 41(3): 28-39

沈满洪. 2004. 论水权交易与交易成本. 人民黄河, 26(7): 19-23

涂忠虞, 沈熙环. 1993. 中国林木遗传育种进展. 北京: 科学技术文献出版社

王如松, 迟计, 欧阳志云. 2001. 中小城镇可持续发展的先进适用技术规划管理篇. 北京: 中国科技出版社

王如松, 林顺坤, 欧阳志云. 2004. 海南生态省建设的理论与实践. 北京: 化学工业出版社

王如松, 杨建新. 2002. 产业生态学: 从褐色工业到绿色文明. 上海: 科学技术出版社

王如松, 周鸿. 2004. 人与生态学. 昆明: 云南人民出版社

王如松. 1998. 高校和谐—城市生态学调控原理. 长沙: 湖南教育出版社

王松霈. 2001. 20 年来我国生态经济学的建立和发展. 中国生态经济学会第五届会员代表大会暨全国生态建设研讨会, 26-33

王松霈. 2001. 论经济的生态化. 中国特色社会主义研究, 6: 46-49

王松霈. 2003. 生态经济学为可持续发展提供理论基础. 中国人口资源与环境, 13(2): 11-16

王松霈. 2004. 在经济与生态协调基础上进行西部大开发. 中国生态农业学报, 12(2): 29-31

王松霈. 2005. 用生态经济学理论指导生态省建设. 江西财经大学学报, 1: 44-48

王松霈. 2007. 环境与健康——探索健康管理实践和理论的一个新领域, 第 4 届中国健康产业论坛暨世界抗衰老医学大会、中华医学会健康管理学分会首届年会、中华预防医学会健康风险评估与控制专业委员会第二届年会, 268-271

严立冬, 刘加林, 陈光炬. 2011. 生态资本运营价值问题研究. 中国人口资源与环境, 21(1): 141-147

严立冬, 麦琼翎, 屈志光等. 2012. 生态资本运营视角下的农地整理. 中国人口资源与环境, 21(12): 81-84

严立冬, 岳德军, 孟慧君. 2007. 城市化进程中的水生态安全问题探讨. 中国地质大学学报（社会科学版）, 7(1): 57-52

严立冬, 张亦工, 邓远建. 2009. 农业生态资本价值评估与定价模型. 中国人口资源与环境, 19(4): 77-81

严良, 向继业, 张春梅. 2007. 矿区可持续发展能力建设中的生态环境管理研究. 环境科学与管理, 32(7): 156-160

游应天. 1992. 林木良种繁殖策略. 成都: 四川科学技术出版社

张鼎华. 林卿. 2001. 南方山地林业经营中的生态经济问题探析. 生态经济, 16(7): 22-25

张建国. 2002. 森林经营与林业可持续发展. 林业经济问题, 22(3): 131-144

张建国. 2003. 试论林业经营的"生态利用"问题. 林业经济问题, 23(2): 119-124

张建国. 2004. 我国林业经济管理学科发展的探索. 林业经济问题, 24(3): 129-131

张敏, 姜学民. 2002. 我国环境政策的改革思路. 中国生态农业学报, 10(4): 137-139

张丕景, 姜学民. 2007. 我国第三方物流市场结构分析. 生产力研究, 16: 70-71

张三, 张建国, 吴志庄. 2000. 工业人工林经营理论与实践——进展与问题. 林业资源管理, 1: 25-30

赵平, 彭少麟, 张经炜. 2000. 恢复生态学——退化生态系统生物多样性恢复的有效途径. 生态学杂志, 19(1): 53-58

郑凤英, 彭少麟. 2001. 植物生理生态指标对大气 CO_2 浓度倍增响应的整合分析. 植物学报, 43(11): 1101-1109

中国年鉴编委会. 1998. 中国林业年鉴(1997). 北京: 中国林业出版社

钟晓青. 1982. 树干解析误差分析及其修正方法探讨. 中南林业调查规划, 2(2): 40-45

钟晓青. 1986. 湖南省会同县森林资源消耗的调查与分析. 中南林业调查规划, 6(4): 23-28

钟晓青. 1987. 南方集体林区森林资源消耗调查方法探讨. 中南林业调查规划, 7(2): 19-25

钟晓青. 1990. 灰色关联度分析在森林资源消耗系统研究中的运用. 中南林业调查规划, 10(2): 19-25

钟晓青. 1990. 广东南昆山毛竹林结构 Weibull 分布模型研究. 经济林研究, 9(1): 47-53

钟晓青. 1991. 广东南昆山毛竹林结构数量分类研究. 经济林研究, 11(1): 83-85

钟晓青. 1992. 县级森林生态经济效益评价及结构优化探讨. 生态经济, 8(1): 50-55

钟晓青. 1994. 南方内陆省市经济发展的一个构想——大长沙发展战略. 南方经济, 14(12): 58-59

钟晓青, 张宏达. 1994. 广州国际化大都市的特色名城——生态花园的构想. 广州: 广东人民出版社

钟晓青. 1995. 现行垃圾处理模式及其产业化途径, 生态经济, 11(6): 40-48

钟晓青. 1995. 工业发展的三个模式及建立生态工业新体系. 生态经济, 11(5): 37-40

钟晓青. 1995. 广东新会市人口、耕地、粮食问题及灰色模型预测. 热带地理, 15(4): 328-334

钟晓青. 1995. 珠江三角洲建立"三高"与"四化"型生态农业的探讨. 广东经济, 16(3): 13-15

钟晓青. 1996. 广东封开黑石顶一种亚热带常绿阔叶林群落演替动态研究. 林业科学, 32(4): 305-310

钟晓青. 1996. 广东新会荔枝大面积停果原因初探. 中山大学学报论丛, 16(2): 111-115

钟晓青. 1996. 绿色建筑新体系的若干理论问题探讨. 建筑学报, 38(2): 44-46

钟晓青. 1996. 从田园城市、园林城市到生态城市. 生态科学, 1(28): 42-45

钟晓青. 1996. 新会市道路网络系统结构及通行质量问题. 经济地理, 16(6): 90-96

钟晓青. 1996. 也探生态农业及农业可持续发展的几个理论问题——和刘巽浩先生商榷. 农业现代化研究, 17(1): 33-36

钟晓青. 1996. 油桐林分混交模式及其生态经济效益. 农村生态环境（学报）, 12(2): 58-59

钟晓青. 1996. 评香港策略性排污计划. 生态经济, 12(6): 22-25

钟晓青. 1996. 保靖县油桐林分生态经济效益. 中山大学学报论丛, 35(2): 111-115

钟晓青. 1996. 福田红树林桐花树和秋茄的生长过程研究. 中山大学学报(自然科学版), 35(4): 80-85

钟晓青. 1996. 新会市道路网络系统结构及通行质量问题. 经济地理, 15(6): 90-96

钟晓青. 1998. 城市及城市化的生态学过程及问题探讨. 城市环境与城市生态, 11(3): 16-18

钟晓青. 1998. 我校教学体制及学科建设中几个问题的探讨. 中山大学学报论丛, 37(2): 82-86

钟晓青. 1998. 广西北海市城市规划设计中的 CIS 战略问题. 经济地理, 18(5): 70-73

钟晓青. 1999. 北海车站广场景观生态设计与工程实施问题. 热带地理, 19(4): 300-306

钟晓青. 1999. 大亚湾红树林群落结构及初级生产力数量参数研究. 林业科学, 35(2): 26-30

钟晓青. 1999. 广西北海城市景观生态旅游问题研究. 城市环境与城市生态, 12(3): 32-35

钟晓青. 2001. 广东园林设计及生态花园城市建设问题研究. 中国园林, 17(3): 16-19

钟晓青. 2002. 创建东莞绿色国际制造业中心城市的构想, 生态经济, 18(11): 63-65

钟晓青. 2004. 广东样板小区园林: 岭南园林生态理念及手法. 广州: 广东科技出版社

钟晓青. 2004. 深圳内伶仃岛薇甘菊危害的生态经济损失分析. 热带亚热带植物学报, 12(2): 167-170

钟晓青. 2006. 广州市能源供需结构问题及趋势预测分析. 环境科学, 27(4): 620-623

钟晓青. 2006. 垃圾处理的"还原型"生态经济产业途径及循环经济模式. 再生资源研究, 26(3): 39-44

钟晓青. 2006. 我国 1978~2004 年生态足迹需求与供给动态分析. 武汉大学学报(信息科学版), 31(11): 1022-1026

钟晓青. 2007. 广州地铁供需均衡分析和票价价格弹性及降价增益问题. 中山大学学报(社会科学版), 47(4): 115-120

钟晓青. 2007. 从"治"到"化"的规模化养殖场废物处理的循环经济模式. 再生资源研究, 27(1): 14-20

钟晓青. 2007. 广州市能源消费与 GDP 及能源结构关系的实证研究. 中国人口·资源与环境, 17(1): 135-138

钟晓青. 2008. 汶川地震灾害原因分析及我国防震减灾管理体系的新思维. 广州城市职业学院学报, 2(4): 70-77

钟晓青. 2008. 野生红花荷属植物的驯化. 花卉园艺, 12: 48-49

钟晓青, 张万明, 李萌萌. 2008. 基于生态容量的广东省资源环境基尼系数计算与分析——与张音波等商榷. 生态学报, 9(28): 4486-4493

钟晓青, 叶大青. 2011. 我国生态中心计算方法及定迁都生态安全损益分析. 生态科学, 30(5): 465-474

钟晓青. 2009. 我国人口增长的总和生育率模型及人口预警. 生态学报, 8(29): 4464-4474

钟晓青. 2011. 基于重心、中心地理论的广东省主体功能分区. 应用生态学报, 22(5): 1268-1274

钟晓青. 2011. 马尔萨斯"警醒"与中国人口的国家干预政策. 生态科学, 30(4): 459-464

钟晓青. 2011. 健康老龄化和积极老龄化过程中的生态经济耦合机制. 中国公共卫生管理, (3): 304-308

钟晓青. 2014. 中国人口种群百年生育图及"TFR=1 或 2"的抉择. 中国公共卫生管理, 30(3): 316-320

钟晓青, 杜伊, 刘文等. 2012. 国内温室气体减排: 基本框架设计的生态经济问题——与刘世锦等商榷. 再生资源与循环经济, 5(12): 13-19

钟晓青, 魏开, 汪宜娟等. 2013. 全球温室气体减排: 再论理论框架和解决方案——和张永生等商榷. 再生资源与循环经济, 6(3): 13-19

钟晓青. 2013. 健康老龄化和积极老龄化过程中的生态经济耦合机制. 中国公共卫生管理, 29(3): 304-308

钟晓青, 杜伊, 张宏达. 2014. 山茶专类园设计: 种内种间关系及原种分类表达. 中国园林, 30(9): 71-74

钟晓青. 2015. 中国低生育人口陷阱及妇女生育欲望保护问题. 中国公共卫生管理, 31(2): 134-137

钟晓青, 汪宜娟, 廖立维等. 2015. 我国在世界碳汇市场的话语权及其提升策略. 鄱阳湖学刊, 2: 48-59

钟晓青, 黄安琦, 徐永成等. 2015. 市场出清原则下的碳交易定价机制研究. 鄱阳湖学刊, 2: 68-78

钟晓青, 邢晓静, 廖立维等. 2015. 我国区域碳均衡评价及碳汇市场交易额度评估. 鄱阳湖学刊, 2: 60-67

钟晓青. 2016. 偷换概念的环境库兹涅茨曲线及其"先污染后治理"误区. 鄱阳湖学刊, 2: 42-54

钟晓青. 2017. 香港经济社会发展的生态边缘优势效应. 鄱阳湖学刊, 2: 42-54

周升起, 姜学民. 2005. "闭路开环"原理在西部生态经济建设中的应用. 中国生态农业学报, 13(2): 22-24

周婷, 彭少麟. 2008. 边缘效应的空间尺度与测度. 生态学报, 28(3): 433-437

周婷, 彭少麟, 林真光. 2009. 鼎湖山森林道路边缘效应. 生态学杂志, 29(1): 231-239

周婷, 彭少麟, 任文韬. 2009. 东江河岸缓冲带景观格局变化对水体恢复的影响. 生态学报, 28(7): 3322-3333

Wenjun Zhang, Xiaoqing Zhong, Guanghua Liu. 2008. Recognizing spatial distribution patterns of grassland insects: neural network approaches. Stochastic Environmental Research and Risk Assessment, 22: 207-216

Xiaoqing Zhong. 1999. Ecological economic engineering workshop: The intergration of theory with practice in apply eco-economy. In: Farina A. Perspective in Ecology. Leiden: Backhuys Publishers

Xiaoqing Zhong. 2010. CO_2 Emission of High Carbon Energy and Absorbed by Vegetation in Guangzhou, South of China , The second China Energy Scientist Forum. 2010. Scientific Research Publishing, USA, 9: 1799-1803

Xiaoqing Zhong, Daqing Ye, Suqin Xiao. 2010. Substitution and Contribution of Biomass Energy Utilization for Energy-Saving and Emission Reduction in China. Conference on China Technological Development of Renewable EnergySource, 2010. Scientific Research Publishing, USA, 12: 2023-2028

Xiaoqing Zhong, Suqin Xiao , Yi Du et al. 2011. Price Prediction of Coal and Electricity Based on Ecological Costs. Conference on China Technological Development of Renewable EnergySource, 2011. Scientific Research Publishing, USA, 9: 1074-1078

后　记

　　生态工程与生态规划是生物学类、自然保护与环境生态类专业的重要课程，在中山大学生态学系我们把这两门课合二为一，已经连续开设了八年。

　　在反复地研讨课程教学内容、教学大纲、课时计划的同时，我们也承接了多项生态工程、生态旅游、生态工业、生态农业、生态城市、循环经济、低碳经济方面的研究课题和规划设计项目，在多年的教学、科研、产业推广的"产学研"实践中，将理论和实践经过锤炼、升华、凝结和演绎汇编成为此书，希望能为培养后续人才起到一些正面的推动作用。

　　感谢我带过的五十多位中山大学生命科学学院生态经济、生态园林设计方向的生态学（授理学硕士学位）及岭南学院人口资源环境经济学方向（授经济学硕士学位）的硕士研究生们，是他（她）们在我们共同的岁月里，为生态经济这门边缘学科默默地奉献，本书中有许多他们添砖加瓦的工作痕迹和工作成绩。

　　感谢湖南省湘西州原张家界市委书记胡伯俊先生，原永顺县委书记现湘西州副州长李平先生，湖南桂东县委常委县委办郭步清主任，广东汕尾人民政府骆金堤副市长，原汕尾市政协副主席、汕尾生态风景林学会会长彭小健先生，原汕尾市林业局沈泽雄局长，汕尾市林业局徐继军副局长，汕尾岭峰休闲度假有限公司刘海涛董事长，广东汕尾市生态景观林学会梁灿坚秘书长，广州市建工设计院付国良院长，中华时报总编辑曾晓辉博士，吉首大学城乡资源与规划学院院长陈功锡教授，华南农业大学年海教授，暨南大学东南亚研究所黎赟鸿副研究员的支持和帮助。

　　感谢广东省教育科学"十二五"规划 2013 年度研究项目（编号 2013JK002）；广东省普通高校特色创新（自然科学类）项目（编号 2016KTC0002）；国家哲学社会科学基金"可持续发展经济学研究"、"九五"重点项目（96AJB042）；华南理工大学亚热带建筑国家重点实验室开放基金项目"绿色空间研究"、"低碳社区研究"（20070401，2010KB10）；广东省自然科学基金项目"生态经济边缘效应研究"（974083）在研究方面的资助。

　　本书属于"中山大学品牌专业建设项目——生物科学大类"。特别感谢中山大学教务部陈敏主任，中山大学生命科学学院张雁副院长，教务员何素敏、周彦敏的支持和帮助。

钟晓青

2017 年 4 月 2 日中山大学康乐园